合成生物学
智能化设计与应用

Intelligent Design and Application of Synthetic Biology

滕越 主编

人民邮电出版社

北 京

图书在版编目（CIP）数据

合成生物学智能化设计与应用 / 滕越主编. -- 北京：
人民邮电出版社，2024.12
ISBN 978-7-115-63556-3

Ⅰ．①合… Ⅱ．①滕… Ⅲ．①生物合成－研究 Ⅳ.
①Q503

中国国家版本馆CIP数据核字(2024)第018352号

内 容 提 要

<blockquote>

　　本书以人工智能技术在合成生物学领域的理论、方法及应用为主线，详细阐述人工智能在合成生物学不同层面设计中的应用进展，深入讨论人工智能在合成生物学实际应用中面临的挑战与困难。本书先概述合成生物学与人工智能基本概念以及发展简史，然后介绍人工智能技术在生物元件、生物模块、生物系统设计方面的应用，并通过案例展示了人工智能与合成生物学技术在生物医药领域的研究进展，最后分析了人工智能驱动合成生物技术的发展趋势，并讨论了实际应用所面临的挑战和困难，以及展望该交叉领域的未来研究方向。

　　本书适合作为生物类、计算机类、化工类、环境类、医药专业的本科生及研究生的教学用书，也适合生物、信息、医药、化工、能源、资源和环境等领域的科研人员、程序开发人员参考。
</blockquote>

◆ 主　　编　滕　越
　　责任编辑　吴晋瑜
　　责任印制　王　郁　胡　南
◆ 人民邮电出版社出版发行　　北京市丰台区成寿寺路 11 号
　　邮编　100164　　电子邮件　315@ptpress.com.cn
　　网址　https://www.ptpress.com.cn
　　北京捷迅佳彩印刷有限公司印刷
◆ 开本：787×1092　1/16
　　印张：18.25　　　　　　　　2024 年 12 月第 1 版
　　字数：352 千字　　　　　　　2024 年 12 月北京第 1 次印刷

定价：129.00 元

读者服务热线：(010)81055410　印装质量热线：(010)81055316
反盗版热线：(010)81055315
广告经营许可证：京东市监广登字 20170147 号

编委会名单（排名不分先后）

主编： 滕 越（军事科学院军事医学研究院）
参编： 钟 超（中国科学院深圳先进技术研究院）
刘 玲（中国科学院微生物所）
齐建勋（中国科学院微生物所）
黄 牛（北京生命科学研究所）
张数一（清华大学）
孙 智（北京大学）
王 涛（天津大学）
陈为刚（天津大学）
史志远（天津大学）
田 健（中国农业科学院）
韩双艳（华南理工大学）
崔 巍（华南理工大学）
余 岩（四川大学）
刘 杰（中山大学）
袁 清（解放军总医院）
杨 飞（解放军总医院）
商 微（解放军总医院）
刘 萱（军事科学院军事医学研究院）
刘芮存（军事科学院军事医学研究院）
刘拓宇（军事科学院军事医学研究院）
罗博煜（军事科学院军事医学研究院）
庄滢潭（军事科学院军事医学研究院）

序

　　合成生物学自 20 世纪中叶以来，历经了从理论构想到技术实践的深刻转变。从 DNA 双螺旋结构的发现，到限制性内切酶的应用，再到基因工程的深入发展，这一领域逐渐形成了以定量、计算和预测为核心的工程化研究模式。随着基因组计划的推进和系统生物学的兴起，研究人员开始尝试重新设计和构建生物系统，如人工基因调控网络和生物传感器，这标志着合成生物学的发展进入全新时代。

　　合成生物学与人工智能技术的结合是当今科技领域的前沿热点，它们的交叉应用很有可能重塑生物技术的未来。在人工智能技术迅速发展的今天，众多科学家和研究人员，依托自身丰富的行业知识、专家经验，积极将人工智能技术运用到 DNA 改组技术、工程化载体的设计等复杂生物问题的解决方案中，以期为生物系统带来更多的可能性，以及提升生物系统的可控性。

　　近年来，我们将人工智能技术应用于生物元件设计、生物系统优化等研究工作，并就"合成生物学 + 人工智能"的深度融合如何推动生物医药、能源和环境保护等做了大量的探究性工作。我们希望能将自己的研究成果集结成册，出版一部兼具学术价值和实践指导意义的专业图书，为相关领域的科技工作者和从业者提供参考，进而为推动跨学科思维的培养和科技进步尽一点绵薄之力。

　　在这本书里，我们系统梳理了合成生物学的基本概念和历史发展脉络，着重探讨合成生物学的智能化设计与应用，揭示这一领域如何从传统的生物学研究转变为可量化、可预测的工程化科学，以及如何通过工程化思维改造生物系统。此外，我们还介绍了合成生物学与人工智能技术相结合的若干进展，包括智能算法在生物元件设计中的应用、基于机器学习的生物系统优化策略，以及如何利用大数据分析来预测和控制生物过程，以期帮助读者全面理解合成生物学的智能化设计与应用的相关内容，进而激发更多跨学科合作的灵感。

滕越

前　言

当前，全球科技革命与产业变革的浪潮汹涌而来，各学科之间的交叉融合不断深化，科学研究范式正在经历前所未有的变革。世界各国纷纷布局，大力推动科技创新战略和政策的制定及实施，以期提升自身的科技实力和竞争力，适应新的科技发展趋势。科技创新战略和政策的制定及实施，旨在加强重点领域的研发投入，如生物制造、人工智能、生物技术、新能源等具有重要战略意义的领域。这些领域的创新和发展，不仅有助于推动经济发展、提高人民生活水平，还将为应对气候变化、公共卫生等全球性挑战提供强有力的支持。

合成生物学是一个跨学科领域，其运用工程学理念，重新设计、改造甚至重新合成生物体，突破传统自然发生和进化过程，实现产量或性能的提升。通过合成生物学，科学家们可以设计和构建新的生物部件、设备和系统，以及通过基因编辑技术改进现有的生命系统。这促进了对生命密码从"读"到"写"的跨越，打开了从非生命化学物质向生命物质转化的大门，催生了继 DNA 双螺旋结构发现和人类基因组测序之后的"第三次生物科学革命"。

同传统的生物技术相比，合成生物学有以下三大突出优势。其一，推动生命设计新技术的发展，开启智创时代。合成生物学在生物技术颠覆性创新方面展现出无限可能和巨大潜力。其二，推动生物制造新战略的发展，实现产业升级。合成生物学具有"原料循环可持续、生产路径经济高效、生产产品性能优越"的优势；基于合成生物学设计的生物功能模块具有简单、可控的特点，使其更易实现标准化、工程化和规模化。其三，推动交叉领域新变革，凸显多重价值。合成生物学天然具有交叉学科属性，基因技术、纳米材料、信息科学等技术的迅速发展为合成生物学实现了"快充"式"蓄能"，而这种"能量场"的"高电势"又能在能源、农业、化工、医药等领域实现广泛"赋能"。

合成生物学在诞生之际，便与信息技术的发展紧密相关。生物学实验数据的纵深积累以及人工智能技术的快速发展，使得人工智能在合成生物学领域的应用成为必然。在合成生物学领域，人工智能的应用可以帮助科学家们更好地理解和预测生命系统的行为，从而优化设计和改造。也就是说，人工智能在合成生物学领域的应用将促进智能化、自动化、体系化的生物技术与生物体系的形成，加速医疗、农业、能源等多个领域的创新、创造，引领新经济模式的发展，对于保障经济社会可持续发展、支撑国家建设与国家安全具有重大战略意义。

　　本书对合成生物学的核心概念和原理进行系统的梳理，介绍人工智能技术在合成生物学不同层面中的应用概况，并探讨合成生物学技术在工业、农业、健康、能源、环境、材料等领域的潜在价值和战略意义，预测合成生物学与人工智能技术交叉融合的发展趋势，以期让从事生物、信息、医药、化工、能源、资源和环境等领域的相关科研人员从中有所收获。

　　"合成生物学"是高度汇聚各学科知识与前沿技术的新兴学科，又具有深度赋能各研究和应用领域的巨大潜力。鉴于此，在撰写本书的过程中，我们组织了多轮筹划组织、编写研讨和校稿提升工作，力求准确、全面地将相关内容呈现给读者。但由于该领域发展迅猛，且笔者自感自身水平有限，故书中难免有疏漏和不妥之处，诚盼读者在翻阅之余，拨冗指正，提出宝贵建议！我们会在后续的更新完善中不断提高。

　　最后，本书得以顺利付梓，离不开笔者所在单位领导的大力支持、诸多同行的鼎力相助以及实验室小伙伴们的积极参与，笔者在此表示衷心的感谢！相信在未来的研究和应用中，合成生物学与人工智能的交叉领域将会出现更辉煌的成就！

资源与支持

资源获取

本书提供如下资源：

- 本书思维导图；
- 异步社区 7 天 VIP 会员。

要获得以上资源，你可以扫描下方二维码，根据指引领取。

提交勘误

作者和编辑尽最大努力来确保书中内容的准确性，但难免会存在疏漏。欢迎读者将发现的问题反馈给我们，帮助我们提升图书的质量。

当读者发现错误时，请登录异步社区（https://www.epubit.com），按书名搜索，进入本书页面，单击"发表勘误"，输入勘误信息，单击"提交勘误"按钮即可（见右图）。本书的作者和编辑会对读者提交的勘误进行审核，确认并接受后，将赠予读者异步社区 100 积分。积分可用于在异步社区兑换优惠券、样书或奖品。

图书勘误		✎ 发表勘误
页码：　1	页内位置（行数）：　1	勘误印次：　1
图书类型：　● 纸书　　电子书		

添加勘误图片（最多可上传4张图片）

+

提交勘误

与我们联系

我们的联系邮箱是 wujinyu@ptpress.com.cn。

如果读者对本书有任何疑问或建议，请你发邮件给我们，并请在邮件标题中注明本书书名，以便我们更高效地做出反馈。

如果读者有兴趣出版图书、录制教学视频，或者参与图书翻译、技术审校等工作，可以发邮件给我们。

如果读者所在的学校、培训机构或企业，想批量购买本书或异步社区出版的其他图书，也可以发邮件给我们。

如果读者在网上发现有针对异步社区出品图书的各种形式的盗版行为，包括对图书全部或部分内容的非授权传播，请将怀疑有侵权行为的链接发邮件给我们。这一举动是对作者权益的保护，也是我们持续为广大读者提供有价值的内容的动力之源。

关于异步社区和异步图书

"异步社区"（www.epubit.com）是由人民邮电出版社创办的 IT 专业图书社区，于 2015 年 8 月上线运营，致力于优质内容的出版和分享，为读者提供高品质的学习内容，为作译者提供专业的出版服务，实现作者与读者在线交流互动，以及传统出版与数字出版的融合发展。

"异步图书"是异步社区策划出版的精品 IT 图书的品牌，依托于人民邮电出版社在计算机图书领域多年来的发展与积淀。异步图书面向 IT 行业以及各行业使用 IT 技术的用户。

目　　录

第1章　合成生物学概述

合成生物学（synthetic biology）是生物学与数学、物理学、化学、工程科学、信息科学、计算机科学等学科融合形成的新兴交叉学科，基于工程化设计理念，利用基因操纵、计算模拟、化学合成等技术手段，对生物体进行有目标的设计、改造乃至重新合成，突破了生命进化的自然法则，实现了生命密码从"读"到"写"的跨越，打开了从非生命化学物质向生命物质转化的大门，展现出无限潜力。

合成生物学通过对生命系统的重新设计和改造来推动生物技术产生新的跃升。也就是说，合成生物学基于元件工程、线路工程、染色体及基因组工程、合成细胞工程、生物大数据技术等生物技术，将原有的生物技术提升到工程化、系统化和标准化的高度，可以完成传统生物技术难以胜任的任务，甚至创造出自然进化无法实现的生物功能，大幅提升生物制造能力。

合成生物学颠覆了以描述、定性、发现为主的传统生物学研究方式，转向可定量、可计算、可预测以及工程化的模式，催生了继 DNA 双螺旋结构发现和人类基因组测序之后的"第二次生物科学革命"，被视为"改变未来的颠覆性技术"。

1.1　发展历程

"合成生物学"一词最早出现在法国科学家 Stephane Leduc 所著的《生命的机理》（*The Mechanism of Life*）一书中，至今已有上百年的历史。Stephane Leduc 在其著作中利用物理学理论阐释生命起源和进化规律，并认为"合成生物学"是"对形状和结构的合成"——这种描述与今天的"合成生物学"有较大的差距。

20 世纪中期，随着现代生物学的发展，合成生物学理论和技术基础逐步形成。1953 年，James Dewey Watson 和 Francis Crick 发现了 DNA 双螺旋结构，并提出遗传信息的"中心法则"；1961 年，法国科学家 Francois Jacob 和 Jacques Monod 用大肠杆菌做试验，提出了乳糖操纵子模型，推断出细胞中存在调控线路以响应外部环境，开创了基因调控的研究。进入 20 世纪七八十年代，随着 PCR 等分子克隆技术的出现与发展，基因操作在微生物研究中得到了广泛的应用，而人工基因调控技术手段的出现，使得基因工程在世界范围内迅速发展起来，进而使得合成生物学的理论和技术基础得到完善。1970

年，美国科学家 Kent Wilcox 和 Hamilton Smith 发现了第一种 Ⅱ 型限制性内切酶 Hind Ⅱ，而这种酶能够准确识别并切割基因特殊位点（这种酶又称为"分子手术刀"）; Kathleen Danna 和 Daniel Nathans 通过研究流感嗜血杆菌限制酶对 SV40 病毒 DNA 的特异性切割，得到了限制性内切酶图谱。

1978 年，波兰科学家 Wacław Szybalski 首次提出了合成生物学愿景，认为限制性核酸内切酶的发现不仅为科研人员提供了 DNA 重组工具，更引领人类进入了合成生物学领域。1980 年，"合成生物学"第一次作为文章标题（《基因外科术：合成生物学的开始》）出现在学术期刊上。

20 世纪 90 年代以后，人类基因组计划的实施、组学研究的兴起促进了系统生物学（systems biology）与生物信息学（bioinformatics）的快速发展。系统生物学是分子生物学之后现代生物学的新阶段，其研究对象是自然界中生物的系统整体，以实验、定量分析、数学模拟、仿真建模等方法作为技术手段，从生物动力学视角对生命现象进行研究，整合不同层次的信息以理解生物系统如何行使功能。

随着测序技术的不断改进以及测序成本的降低，基因组、转录组、蛋白质组、代谢组等生物信息数据呈指数级增长，使得数据挖掘和数据分析面临新的挑战，进而推动了生物信息学的迅速发展。由此可见，生物信息学是一个跨学科领域，其主要研究范畴包括开发用于理解生物数据的方法和软件工具，需要综合应用生物学、计算机科学、信息工程、数学和统计学来分析和解释生物数据。进入 21 世纪，科学家通过高通量测序技术分析 DNA、RNA、蛋白质、代谢产物等，运用系统生物学与生物信息学方法，解析大量细胞成分及其相互作用，为生物体和生命运动提供了"蓝图"，也为合成生物学的出现奠定了基础。

21 世纪初，合成生物学领域有一系列标志性成果陆续发布。2000 年，James Collins 等人构建了由相互抑制的转录因子组成的双稳态开关; Elowitz 和 Leibler 设计了由三重负反馈环组成的振荡电路，可进行周期性振荡的蛋白表达。这两项发表在 *Nature* 杂志上的工作成果，初步建立起了"设计 - 构建 - 测试 - 学习"的调试循环流程，标志着合成生物学作为一个新领域诞生。2002 年，纽约州立大学石溪分校的 Eckard Wimmer 在 *Science* 发表论文，通过化学合成病毒基因组获得了具有感染性的脊髓灰质炎病毒，即人类历史上首个人工合成的生命体。2003 年，Martin 等人在大肠杆菌中实现了青蒿酸前体（青蒿二烯）的人工合成，其通过异源表达酿酒酵母甲羟戊酸途径克服了大肠杆菌中萜类前体物合成的技术障碍。随着国际基因工程机器大赛（International Genetically Engineered Machine Competition，简称 iGEM）的举办以及合成生物学定义在国际范围内得到广泛认可，合成生物学里程碑式成果不断涌现，科研人员使用电子线路工程学原理研究基因线路设计和定量行为之间的关系，构建了自调节正反馈和负反馈的振荡器、各类逻辑门等简单基因线路，探索了真核和原核生物中基因表达和分子噪声间的关系，增进了对合成生物学的理解。随后，合成生物学迅速发展的新技术和工程手段使其研究与应用领域大为拓展。图1-1展示了合成生物学的标志性成果。近十年来，合成生物学使能技术更新换代，工程化、自动化平台建设逐渐完备，全面推动生物技术、生物产业和生物医药发展进入新阶段，在实现人类"能力提升"的宏伟目标上迈出了坚实的一步。

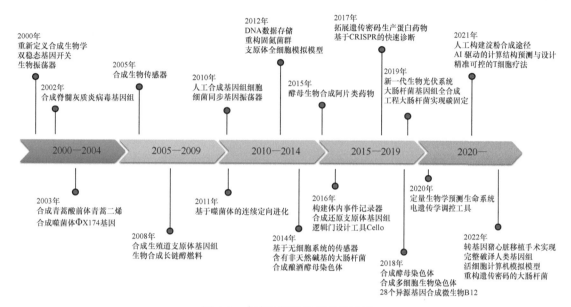

图1-1　合成生物学的标志性成果

1.2　定义与本质

2000年，斯坦福大学的Eric Kool等学者在美国化学学会年会上提出了"合成生物学"这一术语，用来描述利用有机化学和生物化学在生物系统中发挥作用的非天然分子合成。英国工程和物理科学研究委员会（Engineering and Physical Sciences Research Council，EPSRC）将合成生物学定义为"针对应用目的，对以生物为基础的元件、器件和系统以及对现有天然生物系统的重新设计和工程化"。

目前，对合成生物学的定义已经有许多类似的表述，大多是指利用基因技术和工程学概念来重新设计和合成新的生物体系或改造已有的生物体系。具体而言，合成生物学是指通过系统化和工程化手段，设计和构造自然界中不存在的元件（part）、装置（device）和系统（system），或者对现有元件、装置和系统进行重新设计以赋予其新的生物学功能，即有目的地设计、改造乃至重新合成"生命体"。我们也可以将合成生物学的本质概括为"造物致知，造物致用"："造物致知"，即通过合成生物学研究来增进对自然和人工生命体的基础认知；"造物致用"，即通过合成生物学研究来创造社会经济价值。

合成生物学区别于其他传统生命科学的关键在于其"工程学本质",主要体现其侧重于"自下而上"的正向工程学策略和"自上而下"目标导向的逆向工程学策略。在"自下而上"的策略中,对生物元件进行标准化表征,构建通用模块,利用抽提、解耦和标准化等方式降低生物系统复杂性,在经过简化的"细胞"底盘上构建人工生物系统并实现其运行的定量可控。从元件标准化到模块构建再到系统集成,打破了"自然"和"非自然"的界限,将"格物致知"研究策略推进到了"造物致知"的新领域。"自上而下"目标导向的逆向工程学策略则主要应用于人工生命体的构建。例如,在最小基因组的研究中,通过去除非必需基因来了解基因组架构并改善其特性,进而达到可模拟和预测的目的。

合成生物学的工程化研究融合了分子生物学、系统生物学和定量生物学的本质,提供了一条"从创造到理解"的研究思路和方法,即利用工程学的模块化概念和系统设计理论,在不同层次上对生物元件、模块到复杂途径网络的结构和功能进行解析、设计和模拟,这有助于更深入、更完整地理解生命的本质,进而改变了"从整体到局部"的经典生命科学研究模式。

1.3   基本原理

合成生物学运用基于多学科技术建立的"设计、构建、测试、学习"(Design-Build-Test-Learn,DBTL)工程学循环,可以获得具有特定功能的人工生物元器件和人工生物系统(结构更复杂、功能更强大、性能更优越),并实现其运行的定量和可控。

本节将从合成生物学的层级化结构和工程化设计两方面阐释合成生物学的原理。

1.3.1   层级化结构

合成生物学主要基于"自下而上"的正向工程学思想,通过三个基本层次进行层级化构建,即生物元件、生物装置和生物系统(见图 1-2)。生物元件是指具有特定功能的 DNA 序列,是遗传系统中最简单、最基本的生物积块(BioBrick)。具有不同功能的生物元件可以组合为更复杂的生物装置,而具有不同功能的生物装置协同运作就可以构成更复杂的生物系统。

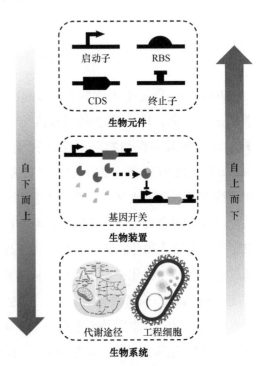

图 1-2   层级化结构示意图

1. 生物元件

生物元件是遗传系统中生命体发挥功能的最小单元，按照功能的不同，生物元件可以划分为启动子、核糖体结合位点、终止子、蛋白质编码序列等。

（1）启动子（promoter）。启动子是指通过控制 RNA 聚合酶与 DNA 的结合，从而控制目的基因转录的元件，即通过控制启动子的位置、操纵位点数量或者启动子序列本身来调控转录起始复合物与启动子的结合亲和力，从而控制转录强度。启动子可分为激活型启动子、阻遏型启动子和组成型启动子。激活型启动子会受到转录因子的正调控，转录因子水平的提升会使此类启动子的活性增加。典型的基于化学诱导剂的激活型启动子包括 pLac 启动子和 pBAD 启动子，这些启动子在基因线路中得到了广泛应用。除了基于化学诱导剂的诱导方式，"非接触式"激活型启动子可以满足对诱导方式的特殊要求，其中包括以光源等作为诱导剂的光敏启动子以及通过热激或冷激等作为诱导剂的温敏启动子。阻遏型启动子会受到转录因子的负调控，转录因子水平的提升会使此类启动子的活性降低。例如，在蓝光阻遏型启动子设计中，对蓝光敏感的蛋白结构域被插入大肠杆菌启动子的 -35 至 -10 区域内，当蓝光存在时，该蛋白形成二聚体并造成空间位阻，可以阻止 RNA 聚合酶的募集和转录。组成型启动子直接受到 RNA 聚合酶的影响，此类启动子的下游基因表达相对稳定，其表达强度取决于基因线路上所使用的组成型启动子的强度。值得一提的是，Anderson 启动子库是一种合成生物学常用库，提供了各种强度的组成型启动子。但需要注意的是，强度极高的组成型启动子会消耗细胞内大部分聚合酶和核糖体资源，进而给细胞带来一定的代谢负担，甚至会导致宿主细胞出现明显的生长缺陷现象。此外，可将两种或两种以上不同启动子元件融合构成新的启动子，即杂合启动子。例如，pTac 启动子为色氨酸启动子与乳糖启动子融合形成，兼具强启动能力和可调控性。

（2）核糖体结合位点（ribosome binding site，RBS）。RBS 是指 mRNA 分子中位于启动子下游、起始密码子上游的一段短核苷酸序列，用于募集核糖体以启动转录。由于核苷酸的变化可以改变 mRNA 5′ 端的二级结构，影响核糖体与 mRNA 结合自由能，从而改变蛋白质的整体翻译速率，因此 RBS 序列中的微小变化往往会导致表达效率上的巨大差异。Anderson RBS 库是广泛使用的 RBS 库之一，可提供各种转录强度的 RBS 序列。一些在线设计工具可以预测 RBS 序列的强度，可为用户设计提供所需强度的 RBS 序列。此外，在 5′ 端引入绝缘子（insulator）可提高预测效率。

（3）终止子（terminator）。终止子是指标志着转录结束的一段短 DNA 序列。原核生物的终止子在终止点之前都有回文结构，可使转录出来的 RNA 形成一个茎环式的发夹结构。一类终止子不依赖 β 因子，一般通过转录生成 mRNA 发夹结构，进而阻止 RNA 聚合酶继续沿 DNA 移动，使聚合酶从 DNA 链上脱落下来终止转录；另一类终止子则依

赖 β 因子，即转录终止需要 β 因子的协同。通常，为了防止转录终止子不能完全终止转录，我们可以使用双终止子使之完全终止转录。既往研究已发现并鉴定了大肠杆菌几百种不同强度的终止子，其中有 39 种强终止子适用于复杂的大型基因线路设计。

（4）蛋白质编码序列（protein coding sequence，CDS）。蛋白质编码序列位于 RBS 下游，是基因线路中表达的目标蛋白质。CDS 以起始密码子开始，以终止密码子结束，并保证在 CDS 中间没有提前出现终止密码子。如果 CDS 来自其他物种，应根据宿主菌的密码子使用频率进行密码子优化以改善蛋白质表达。

按在生物系统中的功能不同，生物元件可以分为响应元件、调控元件、报告元件和降解元件。

（1）响应元件（response element）。响应元件可以是 DNA、RNA 或蛋白分子，能够在分子信号的诱导下激活或抑制基因的表达。响应元件在生物传感器中具有广泛的应用前景，可用其设计生物学反应系统与信号感应系统，实现对生物系统的精确调控。常见的响应元件包括感光元件、温度元件、酸碱响应元件以及化学信号响应元件等。

- 感光元件一般为光感基因所表达的光敏受体蛋白，这些蛋白可以感受到不同波长的光信号，并转换成细胞内的生物信号，从而调控基因表达。
- 温度元件包括热激反应元件和冷激反应元件，可以根据外界温度变化调控基因表达水平。
- 酸碱响应元件通过转录因子或 RNA 稳定性等方式，根据细胞外环境的 pH 值来调控基因表达水平。
- 化学信号响应元件可以识别和结合特定的化学物质浓度和种类，进而通过细胞内信号转导改变基因表达水平。例如，一些小分子化合物（如阿拉伯糖、异丙基硫代 -β- 半乳糖苷）可以作为外部信号调控基因表达。

此外，还有声响应元件、电响应元件以及氧气响应元件等，在选择响应元件时，我们需要综合考虑应用场景、灵敏度、特异性及环境依赖性等因素。

（2）调控元件（regulator element）。调控元件通常为蛋白质或 RNA，能够与 DNA 序列结合并实现对基因表达的快速响应和精确调控。常见的调控元件包括强调控元件、弱调控元件、可变调控元件和组织特异性调控元件。

- 强调控元件通常具有较高的活性，能够快速驱动基因表达。
- 弱调控元件具有较低的活性，能够维持基因表达的稳定。
- 可变调控元件可以根据外部信号调节基因表达水平。
- 不同种类的组织或细胞中基因调控表达存在差异。组织特异性启动子是一种组织特异性调控元件，在该启动子调控下，外源基因一般只在某些特定的器官或组织部位表达。例如，Bilal 等人采用 Cre 重组酶双荧光报告基因小鼠作为实验动物，将在心脏具有特异活性的 Nppa 和 Myl2 启动子插入表达 Cre 的腺相关病毒（AAV9）载体中，最后将 AAV9 基因特异性表达载体应用在心脏腔室中进行基因特异性表达研究。

（3）报告元件（reporter element）。报告元件通常可以产生明显可观察的蛋白质或者 RNA 分子作为信号，用于监测生物系统的状态。典型的报告蛋白元件包括荧光蛋白（绿色荧光蛋白、红色荧光蛋白等）、生物发光系统（luxCDABE）、荧光素酶基因（Luc）和比色系统（LacZ 蓝白斑）。例如，β-半乳糖苷酶基因（LacZ）可以编码一种酶，能够将 X-gal 转化为蓝色产物。除了上述报告元件，还有许多其他的报告元件，例如荧光蛋白基因的突变体、荧光素酶的突变体等。在选择报告元件时，我们需要考虑其灵敏度、特异性、稳定性、不影响目标基因表达等因素，并结合具体应用场景进行优化和设计。尤其是，在研究基因表达动力学时，我们应该考虑到不同的荧光蛋白具有不同的荧光成熟时间——这可能在建模研究动力学时带来不必要的延迟。如果有其他蛋白质并行表达，可使用合适的荧光报告分子，例如以单体形式存在的超折叠绿色荧光蛋白（superfolder green fluorescent protein，sfGFP），可以最大程度地减少对其他蛋白质的干扰。

（4）降解元件（degradation element）。降解元件一般为能够催化 mRNA 降解的 RNA 分子，进而控制基因的表达和生物系统的代谢过程，可用于构建 RNA 干扰、基因沉默或者其他基因敲除技术。例如，RNase E（ribonuclease E）是大肠杆菌及相关微生物中的核糖核酸酶，能识别并切割特定的 RNA 序列，在 mRNA 降解以及 rRNA 和 tRNA 成熟中可起到关键作用；RNase Ⅲ（Ribonuclease Ⅲ）是大肠杆菌中的一种特异性核酸外切酶，能识别并切割 RNA 的双链结构；丁型肝炎病毒（hepatitis delta virus，HDV）的基因组中编码有一种核酸酶，能识别并切割其 RNA 的特定序列。此外，蛋白质降解决定子（degron）通过与目的基因融合表达，可被细胞内的蛋白酶识别，以介导蛋白质的降解。

2. 生物装置

将生物元件按一定的逻辑拓扑结构加以组合，使其发挥特定的功能，即可形成生物装置（biological device）。生物装置通过信号传导、代谢作用以及其他方式处理输入信号，进而生成输出信号。也就是说，生物装置内可发生一系列生物化学反应，包括转录、翻译、蛋白质磷酸化、变构调节、蛋白质相互作用以及酶反应等。

基础的生物装置包括报告装置、信号转导装置以及蛋白质生成装置。

（1）报告装置。报告装置是使产物可以被检出的装置。它将启动子、调控元件和报告元件加以组合，实现对生物系统的状态监控。

（2）信号转导装置。信号转导装置是环境与细胞或者细胞与细胞之间接收、传递信号的装置。细胞通过感受环境信号或其他细胞分泌的信号分子等，将信号转入细胞内部，通过信号转导逐级传递至效应蛋白，最终输出特定的信号。

（3）蛋白质生成装置。蛋白质生成装置是能够产生目标蛋白质的装置。它可以整合调控元件序列与蛋白质编码序列，按需求实现目标蛋白质的表达。

构建生物装置的基础是设计与合成基因线路，这也是合成生物学学科形成的标志性工作。所谓基因线路的合成，是指利用电气工程框架和数字电路的逻辑运算思想，按照电子工程学原理和方式设计、模拟，运用不同功能的基因和由生物分子组成的基本功能元件构建动态调控系统，通过特定的控制逻辑在活细胞内感知和处理信号分子。研究人员可以用相应的数学模型对这些简单的基因线路进行描述并利用外界信号对其加以调控，以及对设计方式进行评估并可重设计、重合成。2000 年，波士顿大学的 James Collins 课题组采用反馈调节设计出了双稳态开关（toggle switch），这是第一个真正具有合成生物学意义的基因线路功能模块，是构建具备设计功能的工程基因线路的开创性工作。同年，普林斯顿大学的 Elowitz 和 Leibler 设计并构建了基因表达振荡器，利用 3 个转录抑制模块实现输出信号的规律性振荡。随后，各种控制模块陆续得以设计、构建，包括基因开关、振荡器、放大器、逻辑门、计数器以及复杂组合基因线路。2008 年，研究人员在大肠杆菌中开发了快速、可持续并具有鲁棒性的遗传振荡器，使之通过负反馈线路实现时间延迟，产生功能性转录因子的细胞级联过程，并通过正反馈线路提升振荡器的鲁棒性和可调性，实现了振荡线路设计和理论研究方面的重大突破。2009 年，研究人员首次在哺乳动物细胞中实现了对基因表达的周期性调控，该振荡器基于正反馈与负反馈基因回路，可自主、自我维持，以及可调控完成基因的振荡表达。这项工作有助于理解哺乳动物昼夜节律钟的精准分子机制和表达动态。2010 年，研究人员通过合并群体感应制成了同步基因振荡器，该振荡器由正、负反馈线路组成，其工作原理是：单一细菌产生的信号分子可向外扩散并激活周边细菌的基因线路，通过在线路中表达可分解该信号分子的蛋白，为循环提供延时制动，单一细菌和相邻细菌中的不同基因线路发生动态相互作用，可用于建立信号分子和荧光蛋白的定期脉冲。这项工作为环境传感器以及药物输送系统奠定了强大的基础。

目前，基因线路的研究范畴已经从转录调控扩展至转录后和翻译调控，基因线路由此成为构建人工生命系统以及探索生命运行规律的强大工具。

3．生物系统

通过串联、反馈或者前馈等形式，我们将生物装置组合成更复杂的级联线路或者调控网络，即生物系统（biological system）。自然生物系统中的调控网络有转录调控网络、蛋白质信号通路和代谢网络。这里我们将以工程信号转导系统、人工细胞 - 细胞通信系统、代谢工程、生物传感器、最小基因组等为例，介绍生物系统的构建策略以及研究进展。

（1）工程信号转导（engineering signal transduction）系统。细胞与环境间的相互作用，以及许多细胞功能是由多个相互联系的工程信号转导级联系统介导的，这些工程信号转导级联系统由复杂的蛋白质线路组成，蛋白质线路则由许多不同的模块域组成，从而赋予了信号转导级联系统特定的功能和路径连接，并决定了信号网络的输入和输出。这些蛋白质可以通过直接修饰（如磷酸化）或者与特定配体结合来转导信号。蛋白质调控的级联线路对输入具有超敏感性响应，输入信号中的微弱变化就可能促使输出发生由低到高或由高到低的转换。了解和操纵信号转导机制可增加合成网络设计的复杂性和灵活性。Dueber 等人对酵母中变构蛋白信号开关进行了模块化的重编程，与诱导肌动蛋白 N-WASP 输出结构域变构激活的正常输入不同，该蛋白被设计成具有不同的自抑制输入结构域，可以响应不同的诱导剂。通过这种方式，肌动蛋白 N-WASP 输出与异源输入耦合，进而创建了全新的信号通路，使设计人员能够观察和理解某些参数如何影响开关的行为。酵母支架蛋白 Ste5 和 Pbs2 通常分别介导的是 α-factor 因子响应和渗透反应，但经过融合和改造，将 α-factor 因子输入引导至渗透反应输出；Howard 等人将磷酸酪氨酸识别结构域 Grb2 和 ShcA 融合到 Fadd 蛋白的死亡效应结构域，构建的新型嵌合蛋白可有效地引导有丝分裂或转化受体酪氨酸激酶信号以触发细胞死亡。

（2）人工细胞 - 细胞通信系统（artificial cell-cell communication system）。利用合成基因线路可构建人工细胞 - 细胞通信系统。Basu 等人利用由细菌种群中两种不同细胞类型组成的特性良好的自然模块设计了人工细胞 - 细胞通信系统。在该系统中，一种细胞负责发送信号，另一种细胞则用作信号接收器，可对发送细胞诱导剂信号的行为作出反应。该系统被设计为响应诱导信号时空特征的脉冲发生器，为了响应由发送细胞产生诱导剂增加的持久性，接收细胞以 GFP 的脉冲来响应。在接收信号细胞的基因线路中，GFP 和 lambda 抑制器都通过信号分子激活的 LuxR 转录因子响应 N- 酰基高丝氨酸内酯（N-acyl homoserine lactones AHL）浓度而表达，同时 GFP 的转录也可被 lambda 抑制元件所抑制。随着 AHL 浓度的上升，GFP 表达先上升，随后被同时表达上升的 lambda 抑制器抑制。结果表明，根据诱导剂浓度和两种细胞距离的变化，可通过数学模型定量描绘出对信号分子的动力学响应曲线，实现了脉冲发生器的构建。2015 年，研究人员利用细胞信号传导机制来调节多种细胞类型的基因表达，构建了由两种不同的细胞类型组成的合成微生物群落，即"激活剂"菌株和"阻遏剂"菌株，这些菌株产生了两个正交的细胞信号分子，在横跨两个菌株的合成线路中调节基因表达，形成种群水平振荡，这项工作通过研究种群水平动态进行编程的能力为具有多种细胞类型的复杂组织和器官的人工合成指明了方向。

（3）代谢工程（metabolic pathway engineering）。在大肠杆菌和酿酒酵母菌等模式生物中使用工程途径和模块化的生物合成级联，可以改变细胞原有的代谢途径，进而产生非天然的代谢物或提高目标代谢物的产量。代谢工程的一个重要特点是将新的途径整合到细胞中，并考虑到维持细胞基本功能所需的本地代谢物和操作手段。例如，青蒿素是治疗疟疾耐药性效果最好的药物，以青蒿素类药物为主的联合疗法也是当下治疗疟疾最有效、最重要的手段。青蒿素是由青蒿天然产生的，获取难度大、制备时间长且价格昂贵。为了降低青蒿素的成本，Ro 等人开发了酵母生产青蒿酸（青蒿素前体）的系统，使用一种改进的甲羟戊酸途径，通过使酵母细胞工程化来表达 amorphadiene 合成酶和细胞色素 P450 氧化酶（这两种酶都源自工程菌大肠杆菌），其中 P450 氧化酶通过三步氧化法可将 amorphadiene 氧化成青蒿酸。随着后续研究中产量优化和规模化采收，基于青蒿素相关治疗药物的生产时间将显著缩短，其成本也会降低。

（4）生物传感器（biosensor）。合成生物学的发展大大促进了生物传感器的发展。生物传感器利用待检测物质作为输入信号，通过构建的基因线路将输入信号转为细胞内的生化信号，并实现下游特定基因的表达。全细胞生物传感器的制造通常包含三个阶段：对输入的单一信号或多重信号感知、信号处理和产生可观测的输出反应。目标物理量的检测通常是通过转录因子发生别构效应（通过影响启动子区域来激活或抑制基因转录的启动）从而转换为内部生化信号，并触发随后的一系列细胞信号转导事件，从而将细胞内部的生化信号转化为外部可定量或定性检测的报告信号。合成生物学技术大幅提升了可用于生物传感器的元件数量和质量。例如，计算机驱动的蛋白质工程技术可设计具有全新结构的蛋白质结构域、蛋白质相互作用表面以及具有功能活性的酶，促进了生物传感器特定功能的实现。此外，基于细菌分裂与繁殖的全细胞生物传感器大幅度降低了制造成本，具有重要的经济意义，减少了将生物传感平台扩展到工业应用水平的障碍。

（5）最小基因组（minimal genome）。合成生物学的目标之一是更好地理解生命，以及在功能上整合组成细胞的系统。解决这个问题的主要策略之一是定义基因组中足以维持生命的最小组成部分。随着高通量 DNA 测序和合成技术的发展，研究人员构建了多种缩减基因组的底盘菌株。目前有两种互补的策略来研究最小基因组：一种是"自上而下"的策略，即去除非必需的遗传基因，进一步简化生物体基因组——随着大规模基因组测序与分析技术的发展，研究人员通过对来自不同生物体的基因组加以比较分析，揭示对于细胞生命和代谢途径等必不可少的基因；另一种是"自下而上"的策略，即合成基因组的每个组件，并通过组装实现基因组的人工合成。高速发展的生物技术使基因调控网络的设计、生物合成途径的开拓乃至整个基因组的构建成为可能，目前已成功合成的有病毒、细菌和真菌基因组。例如，研究发现，模式生物大肠杆菌的基因组大于 5 Mb，包含 4000 多个基因，其中 1000 多个为未知功能的基因。大肠杆菌可在多种环境（如好氧和厌氧，以及不同营养物质、pH 值和温度等）下繁殖，然而其基因组编码了许多实验室培养和工业发酵不需要的基因，这些基因会导致能量和原料的浪费（如非必需基因组片段复制，以及功能冗余的转录物、蛋白质和代谢物的合成），若删除这些不必要序列，则有可能使其成为生物制造产业中的优良细胞底盘。

1.3.2　工程化设计

设计合成生物学工程化系统所面临的主要挑战在于**生物元件复杂性**，例如正交性、环境依赖性、稳定性、可预测性等。就正交性来讲，源于自然界的生物元件经常与底盘细胞存在不可预知的干扰，而这样的干扰会影响人工生物系统的性能。良好的正交性即表示元件间或元件与宿主遗传背景间不存在不良相互作用或干扰。

本节将介绍实现合成生物元件、生物装置和系统模块化设计的几个必要步骤，即解耦、抽提和标准化。

1. 解耦

耦合是指系统内部各个部分之间存在相互依赖、相互影响、相互制约的情况，而解耦（decoupling）是指将一个复杂系统分解成较为独立的模块（类似于将一个复杂的问题分解成许多较简单的问题），这些模块可以独立工作，但也可以整合起来形成一个有效整体。这里给出解耦的两个代表性例子：在建筑工程领域，一个项目通常被分解成设计、预算、施工、项目管理和监查等可独立处理的任务；在软件工程中，解耦就是减少耦合的过程，即把各代码模块的关联依赖降到最低，让代码更加模块化、灵活、易于维护和扩展。

在合成生物学领域，遵循解耦的思想同样可以处理复杂生物系统的模块化和标准化问题。通过将生物系统解耦成一系列相互独立的模块，我们可以实现标准化模块的快速组装。例如，开发标准化底盘细胞，为搭载于细胞中的任何生物装置提供已知速率的核苷酸、氨基酸和其他资源（类似于电池），而这些与生物装置的细节无关。此外，为了解决生物元件之间以及元件与环境背景之间的干扰问题，我们应在构建生物装置时最大限度地实现"解耦"。具有良好特性的标准化生物元件可以满足"解耦"需求，进而构建包含不同功能或具有不同动力学参数的标准化元件库。当具有多个生物装置或生物系统时，我们应保证中心法则关键过程（复制、转录和翻译）的离散性，例如在基因线路工程中，使用独立的启动子来正交控制多个基因的转录——这可以通过选用具有正交性的转录因子实现。

2. 抽提

处理复杂天然生物系统的另一个策略就是抽提。抽提（abstraction）是指研究生物体各个元件的特征、功能等，并进行概括、抽象、总结，然后加以详细表征，以便于更广泛地使用，并使生物系统可以达到预期的功能。

目前主要有两种策略对生物系统进行抽提，如下所示。

（1）用分层次抽提来提取描述生物功能的信息，以降低生物系统的复杂程度。对于生物工程的抽象层次模型，只考虑在每一层次的信息，而不考虑其他层次的细节。原则上，不同层次的信息只允许有限交流。

（2）对于构成工程生物系统的模块，通过重新设计和构建，对其进行适当简化，以便模拟和组装。例如，天然启动子、核糖体结合位点和开放阅读框的新组合所产生的蛋白表达水平一般很难预测，而通过人工设计改造的上述元件可通过数学建模等方式进行表达量的预测。

3．标准化

随着高通量测序技术的快速发展、测序成本的降低以及组装方法的不断完善，已测序的基因组规模呈指数级增长，为合成生物学研究提供了更多天然的生物元件。这些天然的生物元件包括蛋白质编码序列、基因表达和信号传导的调控元件以及其他功能性遗传元件。然而，未经标准化的天然生物元件难以符合特定的工程需求，不能直接应用到合成生物学系统的构建中。

电子、机械等工程领域通常依赖于标准化元件，通过对自然界的原材料加以提炼和改造，生产出符合制造和使用标准的工业元件，进而集成工业产品。在设计合成生物学系统时，标准化的生物元件有助于实现方便、快捷的自动化或半自动化组装，从而灵活运用生物元件进行多种生物学实验操作，既可以避免大量重复劳动，又能降低时间成本。

将具有生物功能的元件经过 DNA 序列设计使之满足特定要求，即可形成标准化生物元件，即生物积块。标准化生物元件的典型应用例子是 BioBrick 组装，BioBrick 组装标准要求每一个生物积块使用相同的前缀和后缀序列，其中前缀序列包含 *EcoR* I 和 *Xba* I 两个酶切位点，后缀序列包含 *Spe* I 和 *Pst* I 两个酶切位点。因此，要兼容 BioBrick 组装标准，必须对生物积块进行设计，以确保基因编码序列不含有上述 BioBrick 限制性内切酶位点。除 BioBrick 组装方法之外，研究人员还开发了 BglBrick、Golden Gate、Gibson 组装以及同源重组等方法，成功实现了从单基因序列到完整基因组的组装。随着生物元件的数量越来越多，DNA 元件组装方法不断丰富，如何快速、有效地完成目标序列的标准化组装成了合成生物学的一个关键问题。Densmore 等人开发了 DNA 组装的自动化设计软件，该软件可针对需要组装的最终 DNA 序列设计最优的组装方案，通过高效利用元件库中的已有元件和不同序列间的共有序列，优化目标序列的合成途径，确定最佳的组装阶段数并最小化组装时间，加快 DNA 合成与组装速度。此外，生物元件产生信号的量化和度量也是标准化的一个重要方面。PoPS 是指 RNA 聚合酶分子每秒（RNA polymerase per second）通过 DNA 上某一定点的数量，用于衡量转录水平上元件输入 / 输出信号的强度。

截至目前，研究人员已建立了许多具有代表性的标准，例如 DNA 序列数据、微阵列数据、蛋白结构数据、酶命名法则、系统生物学模型和限制性内切酶活性等。研究人员可以通过收集、整理和保存各类生物元件来构建生物元件数据库，实现生物元件的共享，进而提高生物系统设计与构建的效率。

常见的标准化生物元件数据库名称如下。

（1）标准生物元件登记库（Registry of Standard Biological Parts，RSBP）。2003 年，麻省理工学院创办了国际基因工程机器大赛（iGEM），并组建了标准生物元件登记库。迄今为止，标准生物元件登记库已登记了超过 20000 个标准化生物元件，其中包括启动子、转录单元、质粒骨架、转座子、蛋白质编码区等 DNA 序列，核糖体结合位点、终止子等 RNA 序列，以及一些蛋白质结构域。值得一提的是，标准生物元件登记库中的生物学元件都是以载体形式保存的。

（2）生物积块基金会（BioBricks Foundation，BBF）。生物积块基金会由众多合成生物学领域专家于 2004 年发起，致力于推动合成生物学技术在更多领域的发展。生物积块基金会制定了元件使用与分享过程中的法律框架与相关标准，例如生物积块公共协议（BioBricks Public Agreement），以期促进和规范标准化生物元件的收集与共享。

（3）标准虚拟元件库（Standard Virtual Parts，SVPs）。标准虚拟元件库由英国学者 Cooling 等人创建，其包含模块化、可重复使用的生物学元件及相互作用模型，例如启动子、操纵子、蛋白编码序列、核糖体结合位点、终止子以及元件间相互作用模型，这些元件可用于基因回路以及生物系统的模型驱动设计。

（4）合成元件库（Inventory of Composable Element，ICE）。ICE 由美国能源部联合生物能源研究所（Joint BioEnergy Institute，JBEI）开发，是一个开源生物元件信息管理平台，包含质粒、菌株以及各种标准 DNA 元件。ICE 基于网络注册理念创建，既可以通过网络浏览器访问，也可以通过网络应用程序接口访问。

（5）标准生物元件知识库（Standard Biological Parts Knowledgebase，SBPkb）。标准生物元件知识库由华盛顿大学的研究人员创建，可查询和检索用于合成生物学研究的标准化生物元件。SBPkb 将生物元件信息转换为可以利用合成生物学元件语义框架进行计算的信息，这个框架被称为合成生物学公开语言语义（Synthetic Biology Open Language-semantic，SBOL-semantic），SBOL 也是目前合成生物学领域进行元件设计的标准语言。

（6）合成生物学数据与元件库（Registry and Database of Bioparts For Synthetic Biology）。这是中国科学院于 2016 年创建的国内第一个合成生物学元件库，其包括生物元件、底盘细胞、化合物、途径、基因组及模型等多类数据信息与实体。该库通过对公共数据库的序列进行筛选整合，共获得 36 万个催化元件信息，其中 7 万多个催化元件的表征信息具有实验数据支持。

1.4　主要技术方法

合成生物学的主要技术方法包括 DNA 合成、DNA 测序、DNA 组装、基因编辑、密码子扩展、非细胞合成以及定向进化等。本节将重点介绍 DNA 合成、DNA 测序、DNA 组装、基因编辑和定向进化。

1.4.1 DNA 合成

DNA 合成（DNA synthesis）技术是指按照预定的核苷酸序列，将脱氧核苷酸逐个进行人工链接合成 DNA 的方法，使人们可以从信息和原始化学物质出发，在不依赖 DNA 模板的情况下直接构建遗传物质。高通量、快速、低成本的 DNA 合成是合成生物学领域的核心技术。

DNA 合成一般采用固相亚磷酰胺三酯法，这种方法具有高效、快速偶联等优点，已在 DNA 化学合成中得到广泛应用。其反应过程主要是单个碱基经过保护基（deblocking）、活化（activation）、连接（coupling）、封闭（capping）和氧化（oxidation）5 个步骤连接到位于固相载体的 DNA 片段上，重复上述步骤可获得 DNA 粗片段，对粗片段再进行切割、脱保护基、纯化，即可得到目标 DNA 片段。合成的 DNA 片段构建到质粒中，并转入细胞进行复制。

除此之外，DNA 合成的方法还有柱式合成和酶促合成。柱式合成方法具有可合成任意序列、准确性高等优势，但其通量较低，无法满足未来 DNA 合成需求；酶促合成方法具有低成本、高保真、高效率等优势，但相关技术尚未成熟，其发展存在一定的不确定性。

近年来，DNA 微阵列原位化学合成法得到了飞速发展和广泛应用。这种方法是在固相亚磷酰胺三酯法的基础上，整合分子生物学、微电子学、光电化学等学科的相关技术，实现 DNA 序列的并行高通量合成。DNA 合成技术使研究人员可以在缺少 DNA 模板的情况下"从头开始"设计与合成 DNA 分子，进而在不同维度上实现基因元件、基因线路、信号通路及复杂生命体的设计与构造。

1.4.2 DNA 测序

测序是重建 DNA 样本中核苷酸原始顺序的过程。DNA 测序（DNA sequencing）技术分为一代 Sanger 测序、二代以 Illumina 测序平台为代表的高通量测序和三代单分子测序。1977 年，Maxam 和 Gilbert 等发明的化学降解法与 Sanger 等发明的双脱氧核苷酸末端终止法，标志着一代测序技术的诞生。Sanger 测序技术是通过核酸模板在核酸聚合酶、引物、4 种单脱氧核苷酸存在的条件下，在 4 管反应体系中分别按比例引入 4 种脱氧核苷酸，反应终止后用凝胶电泳分离大小不同的片段。其技术流程为文库制备、测序反应、测序示踪和计算机分析。

目前普遍使用的是二代测序技术，即以大规模并行方式读取相对较短的序列（片段），其步骤如下。

（1）将长序列切割为片段并使用聚合酶链反应（polymerase chain reaction，PCR）扩增。

（2）将DNA接头序列连接到扩增完成后的各条DNA链的两端。

（3）将双链DNA分离成单链并加入玻璃流动池，接头序列与流动池表面上的互补片段结合，并局部复制以产生相同DNA克隆簇。

（4）将被荧光标记的互补核苷酸加到每个克隆簇中的单链DNA末端，记录荧光颜色对每个克隆簇中的DNA进行测序。

（5）被荧光识别到的碱基结果会以文本格式存储。

二代测序技术具有成本低廉、快速和准确等特点，但其使用的短读长测序方式对片段长度具有严格限制。

以Oxford Nanopore Technologies公司的纳米孔单分子测序技术和Pacific Biosciences公司的single molecule real-time（SMRT）测序技术为代表的三代单分子测序技术近年来受到了学术界的广泛关注。与前两代测序技术相比，三代测序技术的特点是通过单分子测序实现长片段测序，从根本上改变测序数据的结构，提高测序能力。其中，SMRT测序技术利用荧光信号进行测序，而纳米孔单分子测序技术则利用不同碱基产生的电信号进行测序。纳米孔单分子测序技术的仪器小巧便携、成本较低且无须复杂的建库过程，使其可应用于快速、实时的基因测序中，在科学研究和临床应用中都有着非常重要的意义，具有广阔的应用前景。

1.4.3　DNA组装

DNA组装（DNA assembly）是指通过特定技术实现DNA序列的"切"和"连"，其是合成生物学的基础技术之一。在合成生物学和生物工程领域，遗传元件无缝拼接以及重复DNA序列串联，都需要用到高效的DNA组装技术，只有这样，才能满足发展迅速的基因组设计合成领域的需求。

基于酶切连接策略的DNA组装方法广泛应用于迭代DNA组装，主要有寡核苷酸组装方法、BioBrick方法、Golden Gate方法、Gibson方法以及TPA方法。现有的DNA合成方法较为有限，无法直接准确合成长片段DNA。对此，我们可以采用分级的体外与体内组装技术，将分段合成的寡核苷酸片段组配成长片段DNA，进而实现长片段基因甚至基因组的合成。

（1）寡核苷酸组装方法。寡核苷酸组装方法主要应用于长片段基因或基因组的合成。目前应用得较为广泛的寡核苷酸组装方法有连接酶组装法（ligase chain reaction，LCR）和聚合酶组装法（polymerase cycling assembly，PCA）两种。LCR通过DNA连接酶将首尾相连、重叠杂交的5′磷酸化寡核苷酸片段连接成双链DNA；PCA则利用DNA聚合酶延伸杂交的重叠寡核苷酸片段获得不同长度的混合物，最后用引物扩增出成功组装的基因全长片段。PCA 具有良好的兼容性，也被应用于芯片合成的寡核苷酸组装。

（2）BioBrick 方法。双链 DNA 的拼接是依靠限制性内切酶产生的黏性末端来串联 DNA 片段。基于这一方法发展而来的 BioBrick 技术由 Knight 研究组于 2003 年提出。该方法通过一对同尾酶和两个非同尾酶将载体和 DNA 元件标准化并形成元件库，随后标准化的元件通过 DNA 连接酶作用根据顺序依次组装起来。基于作用位点的不同，BioBrick 技术可以使用不同的同尾酶发挥不同的作用。虽然该方法实现了元件的标准化和 DNA 组装的便捷化，但由于两个 DNA 元件之间有 6 个碱基对的残痕，元件组装通量较低。之后出现的 BglBrick 方法和 ePathBrick 方法通过将残痕转化为融合蛋白的连接肽，成功解决了这个问题，推动了组装技术的发展。

（3）Golden Gate 方法。Golden Gate 方法采用 IIS 型限制性内切酶切割产生的黏性末端来实现组装，由于 IIS 型限制性内切酶识别位点与切割位点有所不同，Golden Gate 技术可以自由地设计黏性末端，从而实现同时组装多个 DNA 片段，大大提高了 DNA 组装的效率。例如，Engler 等人用 Golden Gate 方法进行一步酶切连接，结合基因改组（gene shuffling）技术，一次性完成了 3 个片段与载体的拼接，构建了理论上可达 19683 种不同的重组胰蛋白酶原基因，得以筛选高效表达的胰蛋白酶突变体。

（4）Gibson 方法。Gibson 方法由 Gibson 于 2009 年开发，是一种简单、快速、高效的 DNA 定向无缝克隆技术，可将插入片段（PCR 产物）定向克隆至任意载体的任意位点。Gibson 方法的原理可以概括为三步反应：首先，T5 核酸外切酶从 DNA 片段的 5′ 端切割一条链，产生的单链 DNA 末端（overhang）两两配对，形成一个有间隙（gap）的环状 DNA；其次，Phusion DNA 聚合酶通过 DNA 合成填补间隙，产生一个只有缺刻（nick）的环状 DNA；最后，Taq DNA 连接酶通过形成磷酸二酯键修复缺刻，得到一个完整的双链 DNA 或质粒。相比其他 DNA 组装方法，Gibson 方法连接利用的是片段间的长重叠区域，更特异性地确保了连接顺序，同时做到了无缝拼接，使得组装尺度扩大到了百 kb 级左右。

（5）TPA（Twin-Primer Assembly）方法。与上述几种酶依赖性 DNA 组装方法不同，TPA 方法不需要酶的参与。TPA 方法是由赵惠民团队于 2017 年提出的一项双引物非酶促 DNA 组装的高效准确的多片段 DNA 组装方法。其原理可分为两步：首先，设计出长短、上下不同的 4 种引物，并利用聚合酶链式反应，分别对设计的片段进行扩增；其次，将得到的正确的扩增片段通过退火组装成一个质粒，验证正确后转化到菌内即可。TPA 方法在不使用酶的条件下，将聚合酶链式反应扩增的片段组装成质粒，具有广阔的应用前景。

1.4.4　基因编辑

基因编辑技术（gene editing technology）又称为基因组编辑（genome editing），是一

种以特异性改变遗传物质靶向序列为目标基因，通过删除、替换、插入等操作，获得新的功能或表型，甚至创造新的物种。

从最初的基因打靶技术到锌指核酸酶（zinc finger nuclease，ZFN）、类转录激活因子效应核酸酶（transcription activator-like effector nuclease，TALEN）以及 CRISPR（clustered regularly interspaced short palindromic repeats）/Cas9 系统，再到以碱基编辑技术为代表的新兴技术的出现，基因编辑技术经过不断的发展和完善，变得更加灵活、高效。基因编辑技术的发展和应用在农业育种和作物改良以及人类疾病的基因治疗方面展现出巨大的潜力，开创了全球生命科学研究的新时代。

（1）ZFN。作为第一代基因编辑技术，ZFN 使用同时包含 DNA 识别结合域（锌指蛋白结构域）和 DNA 裂解域的核酸酶（限制性核酸内切酶 Fok I 的核酸酶切活性区域）形成的能够产生位点特异性 DSB 的系统来执行基因编辑功能。ZFN 由 Chandrasegaran 团队于 1996 年提出。ZFN 的 α 螺旋中的 1、3、6 位的氨基酸分别特异性地识别并结合 DNA 序列中的 3 个连续的碱基，这也使得锌指核酸酶能定位于复杂基因组内的独特的靶向序列。利用内源 DNA 修复机制，锌指核酸酶可用于精确修饰高等生物的基因组。然而，ZFN 的序列特异性也使得其具有目标识别率低、成本高等特点，限制了它的大范围应用。

（2）TALEN。TALEN 同样使用同时包含 DNA 识别结合域和 DNA 裂解域的核酸酶。与 ZFN 不同的是，TALEN 将 TALE 蛋白与 Fok I 内切酶区域加以结合。由于 4 种碱基都有各自对应的 TALE 模块，因此 TALEN 可以通过目标序列的不同组装不同的 TALE 识别模块，加强了其设计的简便性。但其目标识别率低、成本高、脱靶概率高、结构复杂等问题仍未得到解决。

（3）CRISPR/Cas9 系统。学术界对于便捷、识别率高的基因编辑技术的渴望推动了新一代基因编辑技术的发展，CRISPR/Cas9 系统源于细菌中的适应性免疫系统，可直接用于基因突变或基因敲除。CRISPR/Cas9 的基本原理是利用向导 RNA 介导 Cas 蛋白在特定的靶标序列处引起 dsDNA 的断裂，然后利用同源重组方法进行精准的 DNA 序列替换或利用非同源末端连接方法进行靶标基因的中断。CRISPR/Cas9 系统通过 CRISPR RNA（crRNA）和 trans-activating crRNA（tracrRNA）以及 Cas9 蛋白组成的复合体抵御外源性 DNA 的入侵。Cas9 是一种与 sgRNA 结合的核酸酶，通过 sgRNA 中存在的一个 20 bp 的核苷酸序列，将 Cas9 激活并靶向到一个特定的基因组位点（称为原间隔子邻近基序或 PAM 位点）。Cas9 随后催化一个靠近 PAM 位点的 DSB，NHEJ 修复低保真度的 DSB 将在酶切位点形成一个小的插入 / 删除，从而在目标位点内进行突变。与 ZFN 和 TALENs 相比，CRISPR/Cas9 系统具有操作简单、成本低、编辑位点精确、脱靶率低等特点，其基因编辑效率超过 30%，大大降低了基因编辑的时间成本和经济成本。其在抗生素耐药菌、COVID-19 检测、癌症治疗、高产水稻品种的生产等方面皆有大量的应用。

（4）碱基编辑器。单碱基编辑技术可以实现对单碱基的精准编辑，大大降低了编辑过程中对靶基因功能的影响。2016 年，美国哈佛大学 David Liu 的实验室使用专门设计的 Cas9 融合蛋白开发了一个单碱基编辑器，即胞嘧啶碱基编辑器（cytosine base editor，CBE）。2017 年，David Liu 还公布了其开发的腺嘌呤碱基编辑器（adenine base editor，ABE），该编辑器通过使用腺嘌呤脱氨酶促进腺嘌呤（A）突变为鸟嘌呤（G）。当含有腺嘌呤脱氨酶的 Cas9 融合蛋白被 sgRNA 靶向到基因组 DNA 时，腺嘌呤脱氨酶催化腺嘌呤脱氨生成肌苷（I），肌苷被读取并复制为鸟嘌呤残基。因此，在 DNA 复制后，A-T 碱基对直接取代了 G-C 碱基对。目前，单碱基编辑器已应用于基因编辑、基因治疗、生成相关动物模型和功能基因筛选。

2020 年，Dali Li 团队通过融合激活诱导的人胞嘧啶脱氨酶、腺嘌呤脱氨酶和 nCas9，开发了一种新型的双功能、高活性碱基编辑器，并将其命名为 A&C-BEmax。A&C-BEmax 可以有效地转化同一等位基因内目标序列上的 C > T 和 A > G，双碱基编辑技术由此应运而生。同时，中国科学院遗传学研究所的 Caixia Gao 和 Jiayang Li 在 nCas9 的 N 端融合了胞嘧啶脱氨酶 APOBEC3A 和腺嘌呤脱氨酶 ABE7.10，并通过此种方法成功构建了 4 种新型的饱和靶向内源性基因突变编辑器（saturated targeted endogenous mutagenesis editor，STEME），依次将其命名为 STEME-1 ～ STEME-4。这些碱基编辑器具有在单一 sgRNA 的引导下诱导 C > T 和 A > G 靶位点同时突变的明显优势，还显著提高了靶基因的饱和度和突变类型的多样性。

单碱基编辑器只能催化单一碱基类型的转换，限制了其广泛的应用。使用双碱基编辑技术可以同时有效地产生两种不同的碱基突变，极大地丰富了碱基编辑的手段，使得基因编辑过程在不失精准性的条件下更加快捷。

（5）转座子类编辑技术。一般来讲，基因编辑技术依赖于 DNA 断裂，这通常会导致错误被放置在链断裂修复部位的 DNA 中，同时会触发 DNA 损伤反应，从而导致其他不良的细胞反应。因此，研究人员试图利用转位现象，在不破坏目标位点的情况下插入所需的 DNA 序列，而不破坏细胞。转座子可以整合到细菌基因组的特定位点，而不需要消化 DNA。重要的是，整合酶插入 DNA 的位点完全由它们相关的 CRISPR 系统控制。采用转座子类编辑技术，可以将任何 DNA 序列插入细菌基因组中的任何位置。对编辑后的细菌进行测序，在非目标位置没有额外的拷贝的条件下，证实了整合可以实现精确的插入。2019 年 6 月，张锋的团队从一种蓝细菌——贺氏伪枝藻（*Scytonema hofmanni*）中获得了与 CRISPR 效应蛋白 Cas12k 相关的转座酶，并构建了名为 CAST 的系统，该系统将 nCas9 与单链 DNA 转座子 TNPA 偶联，然后检测大肠杆菌基因组中的蛋白复合物，促进了外源 DNA 的位点特异性整合。

1.4.5　定向进化

从生物化学和分子生物学的角度来讲，定向进化（directed evolution）是指模仿自然进化过程，通过基因多样化和突变库筛选的迭代循环，加速实现在胞内或胞外进行的自然进化过程。定向进化可以在不了解蛋白质的结构和作用机制的前提下，获得期望功能或全新功能的蛋白质。"定向进化"这一概念于 20 世纪 90 年代由生物工程学家 Frances Arnold 教授提出，在酶工程领域中发挥着重要作用。

近年来，包括高效构建基因突变库的方法、高通量筛选突变库的方法、连续定向进化策略、自动化生物合成平台助力定向进化在内的策略，提升了定向进化的效率，使得突变库的筛选速率提高了百倍以上。

（1）高效基因突变库构建方法。构建高效、多样化的基因突变库是定向进化的基础。目前主要的构建方法有体外突变法和体内突变法。体外突变法主要包括可以产生随机突变的易错 PCR、DNA 改组等。通过将这些传统方法与基因高通量合成技术及 DNA 测序技术相结合，传统的体外突变法存在的共有缺陷（如密码子缺乏控制、具有序列偏好性等）在一定程度上得到了改善。例如，通过采用半理性设计突变氨基酸的方法，将 PCR 反扩载体与 T5 介导的克隆方法联用，构建了突变效率高达 81.25% 的柠檬烯环氧水解酶 4 个位点组合突变体库，成功实现了对定点饱和突变库构建方法的改进。体内突变法则通过基于 CRISPR-Cas 系统的高效胞内蛋白质定向进化工具，对参与同一代谢途径的多个蛋白进行定向进化。

（2）新型高通量筛选技术。开发更快速、灵敏、准确的高通量筛选技术，可以最大程度地创建序列覆盖率高、多样性强的突变库，同时能最大程度地发掘不同氨基酸序列与其对应表型之间的关系。例如，利用文库展示技术进行突变库的高通量筛选，在蛋白质工程中得到了广泛的应用，包括噬菌体展示技术、细胞表面展示技术、核糖体展示技术以及 mRNA 展示技术。

文库展示技术（library-based display）将突变的目标蛋白展示于不同的生物体表面，并对蛋白质进行直接干扰，使蛋白质与外部环境接触，从而影响蛋白质的降解程度和折叠状态，之后通过一定的方法富集、筛选蛋白质检测出相关的基因信息。其中，噬菌体展示技术有力地促进了蛋白质工程的发展，其将蛋白基因插入噬菌体外壳蛋白结构基因的适当位置，随着噬菌体的传代，融合蛋白会展示在噬菌体的表面，对应的编码基因则位于病毒颗粒内，大量蛋白由此与其 DNA 编码序列建立了直接联系，使各种靶分子（抗体、酶等）的配体通过"吸附、洗脱、扩增"得到快速鉴定。除此之外，细胞表面展示技术、核糖体展示技术以及 mRNA 展示技术也可应用于突变库的筛选。一些微型化、自动化和集成化的新型技术体系也为一些代谢途径关键酶、优势菌株、催化元件在定向进化过程中的高通量筛选和选择提供了优良的解决方案。

（3）连续定向进化。连续定向进化旨在无人为干预的情况下完成基因突变、蛋白表达、表型选择与筛选的迭代实验，其通过缩短每轮的进化时间来增加迭代次数，利用可自我复制的生物体，提高获得目标性状突变体的概率，在其基因组复制过程引入突变并利用突变后该生物体复制扩增能力的差异性变化来实现建库与筛选这两个步骤的自动连接和迭代循环，从而减少人力劳动，使定向进化快速进行。例如，David Liu 团队开发了噬菌体辅助的连续进化系统（phage-assisted continuous evolution，PACE），通过设计特定的基因回路，将 pⅢ 的表达与目标蛋白的活性相偶联，再通过控制系统使得含有目标活性突变体的噬菌体迭代富集，从而实现进化与筛选自动循环——可以在 24h 内完成 30 轮以上的蛋白质进化。

（4）计算机辅助定向进化。如果说定向进化的关键在于对突变库的高效筛选，那么计算机辅助定向进化（主要是采用机器学习技术）可以通过构建输入数据到输出数据的复杂函数关系，并通过相关训练模型对训练集以外的序列空间进行探索，因此在筛选和收集正向突变方面有着巨大的优势。不同的算法及软件，如 Modeller、Rosetta 以及 AlphaFold 2 等在内的多种方法已广泛用于蛋白质结构的预测。其中，AlphaFold 2 采用了生物信息学和物理方法相结合的双重预测方法。例如，George Carman 课题组利用 AlphaFold 2 预测了突变的酿酒酵母磷脂酸磷酸酶的结构，通过其结构发现了其催化关键位点并推测了其催化活性机理。尽管计算机辅助定向进化受到用于训练模型的数据的数量和质量的限制，但大量的研究已证明这的确是定向进化方向颇具发展前景的方法。计算机辅助定向进化已应用于酶结构与底物属性的预测、反应最佳微环境的预测以及酶最佳催化位点的预测。可以说，随着计算机技术和生物技术的进步，以及序列 - 功能对数据的不断增长，在酶分子的定向进化过程中，机器学习技术会在探索未知酶序列信息以及空间结构中发挥越来越重要的作用。

1.5　里程碑成果

合成生物学通过对生命系统的重新设计和改造，推动生物技术实现了新的飞跃。基于染色体及基因组工程、元件工程、合成细胞工程、生物大数据技术等工程生物学技术，将原有的生物技术提升到工程化、系统化和标准化的高度，极大地提升生物技术的水平，为构筑未来工程生物学奠定基础。

就合成生物学的发展而言，从基因组合成、基因调控网络与信号转导路径到细胞的人工设计与合成，完成了单基因操作难以实现的任务。随着生物计算模拟、低成本 DNA 合成、标准化生物元器件构建、基因组编辑等核心技术的不断突破，设计合成可预测、可再造和可调控的人工生命体系成为可能。另外，高通量筛选和自动化技术的应用，使生物元件与通路的合成、功能测试等实现自动化，将显著增强"合成"与"测试"的能力。同时，合成生物学与信息技术、材料技术、纳米技术等融合发展，还将催生一系列新的前沿技术和方向，例如合成生物电子学、合成生物半导体、合成生物计算机及信息存储、合成生物传感、合成生物材料、合成生物器官芯片、合成生物诊疗等。

合成生物学的里程碑成果体现在合成能力的飞速发展、核心技术的不断升级和创新应用成果凸显这三方面。

1.5.1　合成能力飞速发展

人工基因组合成是指在工程学思想的指导下，借助计算机工具设计具有特定功能的人工基因组，并利用 DNA 从头合成和模块化组装技术构建人工设计基因组，使其实现预期功能。2002 年，纽约州立大学石溪分校的 Eckard Wimmer 通过化学合成病毒基因组获得了具有感染性的脊髓灰质炎病毒，这是人类历史上首个人工合成的生命体；2008 年，美国 Craig Venter 研究所合成了 5.8×10^5 个碱基对的生殖道支原体全基因组，首次实现了人工合成微生物基因组；2010 年，美国 Craig Venter 研究所宣布了首个"人工合成基因组细胞（JCVI-syn1.0）"的诞生，其设计、合成和组装了 1.08Mb 的支原体基因组，并将其移植到山羊支原体受体细胞中，产生了仅由合成染色体控制的支原体细胞，这标志着人工合成基因组实现了对生命活动的调控。这项工作在科学界引起了巨大反响，使"合成生物学"进入了大众的视野。2012 年，美国约翰·霍普金斯大学开始着手酵母染色体人工版本（Synthetic Yeast Genome Project，Sc2.0）的合成，这是首次挑战真核细胞基因组的合成，该项目由美国、中国、英国、法国、澳大利亚、新加坡等多国研究机构参与并分工协作。Sc2.0 旨在设计和完全化学合成 16 条染色体，这些染色体包含来自啤酒酵母的 1250 万个碱基和一个带有所有 tRNA 基因的"新染色体"，删除了转座子、内含子等非必需遗传元件，人工酵母基因组序列精简了 6%。该项目不仅为真核染色体的系统研究提供了一个平台，还通过其"从构建到理解"的过程扩展了生物学知识的范围。目前，人工合成基因组生物已涵盖了病毒、原核生物和真核生物，预定特性的人造细胞已悄然实现，这是生命体系从自然发生到人工产生的一个转折点。

近年来，人工基因组合成不断取得突破性技术进展。最小基因组的合成不但增进了人类对细胞行为和机制的理解，也为科学研究和生物制造产业提供了优质的底盘细胞；密码子扩展和非天然氨基酸技术的应用实现了全新生命体的创建，拓展了人工基因组合成新策略和形式。2011 年，利用多重自动基因组工程在 32 个大肠杆菌菌株中完成了同义终止密码子替换，实现了对大肠杆菌基因组 314 个 TAG 到 TAA 终止密码子的转换。2014 年，美国科研人员设计合成了一个非天然碱基配对，并将它们整合到大肠杆菌基因组，首次扩展了生命遗传密码，使未来的生命形式有无限可能。2016 年，美国 Craig Venter 研究所合成了最小支原体基因组 JCVI-syn 3.0，精简了大量非必需基因和半必需基因，使其仅含有 473 个基因，基因组大小为 531000 个碱基对，这种细菌具有已知生物体中规模最小的基因组。2018 年，我国研究人员将单细胞真核生物酿酒酵母的 16 条天然染色体人工创建为具有完整功能的单条染色体，构建出世界首例人造单染色体真核细胞，为利用极简生命形式理解染色体进化、研究生命本质开辟了新方向；2019 年，美国研究人员将 4 种合成核苷酸与 4 种天然核苷酸组合，构建出由 8 种核苷酸组成的 DNA，这些 DNA 分子的形状和行为都具有一定的可行性，可以转录为 RNA，极大地扩展了核酸储存的信息密度等；同年，精简了丝氨酸密码子 TCG、TCA 和终止密码子 TAG，完成了大肠杆菌基因组 1.8 万个密码子的转换，构建了仅有 61 个密码子的大肠杆菌基因组。

1.5.2　核心技术不断升级

在生物元件和基因线路的设计构建方面，自 2000 年人工合成首个生物开关和压缩振荡子后，多种优质调控元件和更复杂的基因回路等相继出现。随着国际基因工程机器大赛举办以及合成生物学定义在国际范围内得到广泛认可，许多令人惊叹的科研成果横空出世，元件和线路设计的里程碑式研究不断出现，揭示了生物系统"有序性"的形成原理，为合成生物学家从头设计复杂生命体系提供了重要理论指导。例如，基于共转录 tRNA 构建出翻译层面的 AND 逻辑门；群感系统被进一步改用于实现多细胞模式；感应线路的开发可以在细胞内将光输入转化为基因表达。设计全新蛋白质及其功能方向也不断有新进展。尤其是基于新一代人工智能系统精确预测蛋白质的三维结构，其准确性已接近冷冻电子显微镜、X 射线晶体学等实验技术，为全新蛋白质的设计奠定了基础。

遗传物质的编辑、合成和组装技术是合成生物学的基础，因此基因编辑技术的发展能够极大推进合成生物学的广泛应用，同时合成生物学可以促进现有的基因组编辑工具的优化。从 2012 年起，科学家利用 CRISPR/Cas9 系统的可编程和精准切割等特点陆续开发了一系列基因组编辑的工具，其宿主目前已经覆盖了从细菌到高等生物的范围，在复杂基因线路设计、微生物基因组编辑等合成生物学领域取得了突破性进展。例如，Wu 等人在大肠杆菌中应用 CRISPRi 系统对糖酵解途径、TCA 循环、脂肪酸合成途径进行调控，实现了类黄酮的增产；利用合成生物学技术和 CRISPR 基因编辑技术，开发了高适应性、高敏感度的 CRISPR 分子诊断方法，针对多类病原的 CRISPR 分子诊断方法已进入临床研发阶段。

合成生物学底盘细胞的改造与构建，是实现"造物致知"和"造物致用"目标的重要手段，也将为构建细胞工厂提供优良的底盘。英国布里斯托大学的研究人员采用自下而上的策略设计了一种新型人造合成细胞，他们将大肠杆菌和铜绿假单胞菌两种细菌菌落与微滴混合在黏稠的液体中，打破细菌膜，使细菌溢出其内容物——这些内容物被液滴捕获以产生膜包被的原始细胞。研究人员已证实，这些细胞能够进行复杂的处理，例如通过糖酵解产生能量储存分子腺苷三磷酸（adenosine triphosphate，ATP），以及基因的转录和翻译。这是首次利用原核细胞构建类真核细胞体系，对合成生物学具有很大的帮助。丹麦科技大学和加州大学伯克利分校的研究团队通过 56 次基因编辑对酵母细胞进行基因工程改造（涉及 30 个合成步骤），以生物合成抗癌药物长春碱和长春新碱，这是目前为止利用微生物作为细胞工厂进行生物合成的最长合成线路，未来可以作为一种生产平台生产更多的生物分子。

1.5.3　创新应用成果凸显

近年来，全球面临日趋严峻的能源资源短缺、生态环境恶化、粮食安全、疾病危害等挑战，高质量、高效率、可持续和主动健康成为生物产业发展和变革的主要方向，也是合成生物学的重要使命。设计功能强大、性能优越的人工生物系统，可实现燃料、材料及各类高值化学品的产业转型升级和绿色发展；重塑构建植物的信号或代谢通路，可实现高效光合、固氮和抗逆，破解农业发展的资源环境瓶颈约束；创建人工细胞工厂，可实现稀缺天然产物、药物的高效合成，推进医药健康产业的高质量发展；设计构建疾病发生发展的人工干预途径，可实现基因治疗、干细胞治疗、免疫治疗等生物治疗领域的新突破；人工合成微生物及群落，可大幅提升环境污染监测、修复和治理能力，助力健康环境和生态文明建设。

在生物制药领域，合成生物学通过设计和构建人工细胞工厂，为复杂天然产物的绿色高效合成提供了新的思路，在氨基糖苷类抗生素、核苷类抗生素、核糖体肽、萜类以及聚酮类化合物等天然药物生物合成方面已经取得了诸多应用成果。通过设计和构建人工细胞工厂，Paddon 等人在酵母菌中成功生产出青蒿素前体，将其产量从 100mg/L 提升到 25g/L，成为合成生物学成果产业化的里程碑事件。斯坦福大学的研究人员在酵母菌中实现完全合成阿片类药物，他们将植物、细菌和啮齿动物基因混合导入酵母菌中，用改造过的酵母菌成功地将糖转化为蒂巴因——吗啡等止痛药物的前体。Wang 等人在代谢水平上清晰阐明链霉菌初级代谢到次级代谢的代谢转换机制并进行工程应用，为实现聚酮类药物乃至其他次级代谢生物活性产物高效、绿色的生物制造开辟了新思路。近年来，我国研究人员利用合成生物学技术改造的高产药物菌株开始投入工业化生产，实现了纳他霉素、玫瑰孢链霉菌达托霉素、他克莫司等药物的生物合成。

在健康医疗领域，合成生物学可以利用细胞装备生物传感器检测疾病靶标，并通过响应环境刺激来调控效应分子，激活下游信号通路，其以工程化细胞为基础的新型治疗方法为传统医学难以解决的问题提供了新思路和新手段。2017 年，FDA 批准了第一个

CAR-T 细胞治疗药物；Krawczyk 等人利用合成生物学方法工程化改造人胰岛 β 细胞，并利用定制的生物微电子设备实现对胰岛素合成和释放的精准调控，这是继光、磁、无线电波、超声等基因调控系统之后，又一项极具应用前景的远程调控细胞功能的技术；Nissim 等人构建了可响应细菌密度、氧含量和葡萄糖浓度等多种调控信号的生物传感器，能够实现响应肿瘤微环境驱动抗癌基因表达并释放抗癌分子。此外，我国研究人员将含有组织型纤溶酶原激活剂信号肽基因的全长 S 基因克隆到工程化复制缺陷型人 5 型腺病毒中，构建出了有效的人体腺病毒载体新冠疫苗，还开发出了融合佐剂效应的人工设计纳米颗粒疫苗，能够有效增强体液免疫和细胞免疫效果。

在化学品合成领域，合成生物学研究已应用于第二代生物乙醇、生物柴油等生物燃料产品的研发。研究人员以工程化微生物作为底盘细胞，实现了乙醇、1,4- 丁二醇、聚羟基脂肪酸酯等燃料的高效率、低成本和多样化生产，开辟了微生物工程化炼制能源新途径。例如，加州大学的研究人员通过改变大肠杆菌的氨基酸生物合成途径首次成功合成长链醇燃料——其具有更高的能量密度，有望成为理想的替代生物燃料。此外，人工改造的藻类可通过光合作用合成生物石油，具有打造规模化生物燃料工业生产"细胞工厂"的发展空间。根据麦肯锡统计，未来生物制造将覆盖约 60% 的化学品合成，合成生物学技术在能源、化工等领域具有改变世界工业格局的潜力。

在农业与食品领域，我国研究人员从头设计并构建了 11 步反应的非自然固碳与淀粉合成途径，在实验室中首次实现从二氧化碳到淀粉分子的全合成；Lin 等人在水稻和小麦原生质体中利用引导编辑系统实现 16 个内源位点的精准编辑，为植物基因组功能解析及实现作物精准育种提供了重要技术支撑。细胞培养肉技术是近年来兴起的一种新型食品合成生物技术，其通过大规模培养动物细胞获得肌肉、脂肪等组织，再经食品化加工生产得到肉类食品。研究人员通过构建正反馈基因线路设计等合成生物学技术改造和优化了巴斯德毕赤酵母，可生成大豆血红蛋白，然后将其添加到人造肉饼中以模拟肉的口感和风味；已有研究人员通过基因工程和细胞工程等技术手段高效表达天然奶中的各种乳蛋白组分，陆续剔除乳糖、胆固醇、抗生素和致敏原等不良因子，获得了人造乳制品。2022 年，耶路撒冷希伯来大学证明了几个鸡品种的成纤维细胞自发永生化和遗传稳定性，估计生产成本为每磅[①]1.8 ～ 4.5 美元，是一种具有成本效益的细胞培养鸡肉生产方法。

在生物计算领域，2012 年和 2013 年，*Nature* 和 *Science* 分别刊登了哈佛医学院 George Church 等人和欧洲生物信息研究所 Goldman 等人在 DNA 数据存储领域的研究成果，这两项研究的成功有赖于 DNA 合成和测序技术的巨大进步，使得合成与读取数以万计的 DNA 分子成为可能。在此之后，DNA 数据存储领域的新进展如雨后春笋般涌现。

---

① 1 磅等于 0.45359237 千克。——编辑注

例如，天津大学合成生物学科研团队创新 DNA 存储算法，通过将 DNA 合成技术与纠错编码结合，将 10 幅敦煌壁画存入 DNA，并证实壁画信息在实验室常温下可保存千年，证实了 DNA 分子已成为世界上最可靠的数据存储介质之一。美国华盛顿大学开发了用于体内分子记录的"DNA 打字机"，记录和解码了数千个符号、复杂事件历史和短文本消息，结合单细胞测序重建 3257 个细胞的单系谱系，展示了一个能在活真核细胞内运行的人工数字系统。生物分子计算伴随着合成生物学的兴起而不断发展，DNA 等纳米材料不仅可用于逻辑运算，还可以构造神经网络，并从训练数据中进行学习，为在分子层面实现神经拟态计算提供了可能。以碳基生物合成材料作为计算机存储与运算介质，有望制造运算速度和存储能力大幅度增强的新型分子计算机，具备分析、判断、联想、记忆等功能，给经济社会发展和人类生活带来难以估量的颠覆性影响。

1.6 小结

本章主要概述了合成生物学的基本概念、本质与原理，介绍了常见的合成生物学技术方法，以及具有里程碑意义的研究成果，旨在让读者对合成生物学的基本理念和范畴有一定的了解。

人工智能是引领新一轮科技革命的战略性技术，作为计算机科学中解决"输入－输出"映射问题的技术，它与合成生物学中"输入－输出"的思想不谋而合。在生物系统的设计与改造中，人工智能模型是"设计－构建－验证－学习"循环的重要组成部分，促进了合成生物学智能化、自动化和一体化的革新，为构建合成生物学理论体系框架，升级迭代合成生物学使能技术提供了新的方法。

1.7 参考文献

[1] Watson J D,Crick F H. Molecular structure of nucleic acids: a structure for deoxyribose nucleic acid[J]. Nature, 1953, 171(4356): 737-738.

[2] Jacob F,Monod J. Genetic regulatory mechanisms in the synthesis of proteins[J]. J Mol Biol, 1961, 3: 318-356.

[3] Kelly T J Jr, Smith H O. A restriction enzyme from Hemophilus influenzae. II [J]. J Mol Biol, 1970, 51(2): 393-409.

[4] Danna K, Nathans D. Specific cleavage of simian virus 40 DNA by restriction endonuclease of Hemophilus influenzae[J]. Proc Natl Acad Sci U S A, 1971, 68(12): 2913-2917.

[5] Szybalski W, Skalka A. Nobel prizes and restriction enzymes[J]. Gene, 1978, 4(3): 181-182.

[6] Jeff Gauthier, Antony T Vincent, Steve J Charette et al. A brief history of bioinformatics[J]. Brief Bioinform,

2019, 20(6): 1981-1996.

[7] Gardner T S, Cantor C R, Collins J J. Construction of a genetic toggle switch in Escherichia coli[J]. Nature, 2000, 403(6767): 339-342.

[8] Elowitz M B, Leibler S. A synthetic oscillatory network of transcriptional regulators[J]. Nature, 2000, 403(6767): 335-338.

[9] Cello J, Paul A V, Wimmer E. Chemical synthesis of poliovirus cDNA: generation of infectious virus in the absence of natural template[J]. Science, 2002, 297(5583): 1016-1018.

[10] Vincent J J Martin, Douglas J Pitera, Sydnor T Withers, et al. Engineering a mevalonate pathway in Escherichia coli for production of terpenoids[J]. Nat Biotechnol, 2003, 21(7): 796-802.

[11] Benner S A, Sismour A M, Synthetic biology[J]. Nature Reviews Genetics, 2005, 6(7): 533-543.

[12] 张先恩，中国合成生物学发展回顾与展望 [J]. 中国科学：生命科学，2019, 49(12): 1543-1572.

[13] 赵国屏，合成生物学：开启生命科学"会聚"研究新时代 [J]. 中国科学院院刊，2018, 33(11): 1135-1149.

[14] Khalil A S, Collins J J. Synthetic biology: applications come of age[J]. Nat Rev Genet, 2010, 11(5): 367-379.

[15] Cameron D E, Bashor C J, Collins J J. A brief history of synthetic biology[J]. Nat Rev Microbiol, 2014, 12(5): 381-390.

[16] Jordan Ang, Edouard Harris, Brendan J Hussey, et al. Tuning Response Curves for Synthetic Biology[J]. ACS Synthetic Biology, 2013, 2(10): 547-567.

[17] Evan J Olson, Lucas A Hartsough, Brian P Landry Olson, et al. Characterizing bacterial gene circuit dynamics with optically programmed gene expression signals[J]. Nature Methods, 2014, 11(4): 449-455.

[18] Premkumar Jayaraman, Kavya Devarajan, Tze Kwang Chua, et al. Blue light-mediated transcriptional activation and repression of gene expression in bacteria[J]. Nucleic Acids Research, 2016, 44(14): 6994-7005.

[19] Gen Nonaka, Matthew Blankschien, Christophe Herman, et al. Regulon and promoter analysis of the E. coli heat-shock factor, sigma32, reveals a multifaceted cellular response to heat stress[J]. Genes Dev, 2006, 20(13): 1776-1789.

[20] Guoliang Qing, Li-Chung Ma, Ahmad Khorchid, et al. Cold-shock induced high-yield protein production in Escherichia coli[J]. Nature Biotechnology, 2004, 22(7): 877-882.

[21] Alec A K Nielsen, Bryan S Der, Jonghyeon Shin, et al. Genetic circuit design automation[J]. Science, 2016, 352(6281): aac7341.

[22] Ying-Ja Chen, Peng Liu, Alec A K Nielsen, et al. Characterization of 582 natural and synthetic terminators and quantification of their design constraints[J]. Nat Methods, 2013, 10(7): 659-664.

[23] Anyuan Liu, Xiaoshuai Huang, Wenting He, et al. pHmScarlet is a pH-sensitive red fluorescent protein to monitor exocytosis docking and fusion steps[J]. Nat Commun, 2021, 12(1): 1413.

[24] Siying Qin, Hang Yin, Celi Yang, et al. A magnetic protein biocompass[J]. Nature Materials, 2016, 15(2): 217-226.

[25] Justus Niemeyer, David Scheuring, Julian Oestreicher, et al. Real-time monitoring of subcellular H2O2 distribution in Chlamydomonas reinhardtii[J]. The Plant Cell, 2021, 33(9): 2935-2949.

[26] Alina S Bilal, Erik A Blackwood, Donna J Thuerauf, et al. Optimizing Adeno-Associated Virus Serotype 9 for Studies of Cardiac Chamber-Specific Gene Regulation[J]. Circulation, 2021, 143(20): 2025-2027.

[27] Enrique Balleza, J Mark Kim, Philippe Cluzel. Systematic characterization of maturation time of fluorescent proteins in living cells[J]. Nat Methods, 2018, 15(1): 47-51.

[28] Jean-Denis Pédelacq, Stéphanie Cabantous, Timothy Tran, et al. Engineering and characterization of a superfolder green fluorescent protein[J]. Nat Biotechnol, 2006, 24(1): 79-88.

[29] Kosman D, Reinitz J, Sharp D H. Automated assay of gene expression at cellular resolution[J]. Pac Symp Biocomput, 1998: 6-17.

[30] Jesse Stricker, Scott Cookson, Matthew R Bennett, et al. A fast, robust and tunable synthetic gene oscillator[J]. Nature, 2008, 456(7221): 516-519.

[31] Marcel Tigges, Tatiana T Marquez-Lago, Jörg Stelling, et al. A tunable synthetic mammalian oscillator[J]. Nature, 2009, 457(7227): 309-312.

[32] Tal Danino, Octavio Mondragón-Palomino, Lev Tsimring, et al. A synchronized quorum of genetic clocks[J]. Nature, 2010, 463(7279): 326-330.

[33] John E Dueber, Brian J Yeh, Kayam Chak, et al. Reprogramming control of an allosteric signaling switch through modular recombination[J]. Science. 2003, 301(5641): 1904-1908.

[34] Park S H, Zarrinpar A, Lim W A. Rewiring MAP kinase pathways using alternative scaffold assembly mechanisms[J]. Science, 2003, 299(5609): 1061-1064.

[35] Subhayu Basu, Rishabh Mehreja, Stephan Thiberge, et al. Spatiotemporal control of gene expression with pulse-generating networks[J]. Proc Natl Acad Sci U S A, 2004, 101(17): 6355-6360.

[36] Ye Chen, Jae Kyoung Kim, Andrew J Hirning, et al. SYNTHETIC BIOLOGY. Emergent genetic oscillations in a synthetic microbial consortium[J]. Science, 2015, 349(6251): 986-989.

[37] Dae-Kyun Ro, Eric M Paradise, Mario Ouellet, et al. Production of the antimalarial drug precursor artemisinic acid in engineered yeast[J]. Nature, 2006, 440(7086): 940-943.

[38] 李金玉，杨珊，崔玉军，等，细菌最小基因组研究进展 [J]. 遗传，2021, 43(02): 142-159.

[39] Monica Riley, Takashi Abe, Martha B Arnaud, et al. Escherichia coli K-12: a cooperatively developed annotation snapshot-2005[J]. Nucleic Acids Res, 2006, 34(1): 1-9.

[40] Endy D. Foundations for engineering biology[J]. Nature, 2005, 438(7067): 449-453.

[41] Canton B, Labno A, Endy D. Refinement and standardization of synthetic biological parts and devices[J]. Nat Biotechnol, 2008, 26(7): 787-793.

[42] Michal Galdzicki, Cesar Rodriguez, Deepak Chandra, et al. Standard biological parts knowledgebase [J]. PLoS

One, 2011, 6(2): e17005.

[43] 常汉臣, 王琛, 王培霞, 等. DNA 组装技术 [J]. 生物工程学报, 2019, 35(12): 2215-2226.

[44] Douglas Densmore, Timothy H-C Hsiau, Joshua T Kittleson, et al. Algorithms for automated DNA assembly[J]. Nucleic Acids Res, 2010, 38(8): 2607-2616.

[45] Shetty R P, Endy D, Knight Jr F. Engineering BioBrick vectors from BioBrick parts[J]. J Biol Eng, 2008, 2: 5.

[46] Smolke C D. Building outside of the box: iGEM and the BioBricks Foundation[J]. Nat Biotechnol, 2009, 27(12): 1099-1102.

[47] Cooling M T, Rouilly V. Misirli G, et al. Standard virtual biological parts: a repository of modular modeling components for synthetic biology[J]. Bioinformatics, 2010, 26(7): 925-931.

[48] Timothy S Ham, Zinovii Dmytriv, Hector Plahar, et al. Design, implementation and practice of JBEI-ICE: an open source biological part registry platform and tools[J]. Nucleic Acids Research, 2012, 40(18): el41-e141.

[49] Caruthers M H, Barone A D, Beaucage S L, et al.Chemical synthesis of deoxyoligonucleotides by the phosphoramidite method[J]. Methods in enzymology, 1987, 154: 287-313.

[50] 闫汉, 肖鹏峰, 刘全俊, 等. DNA 微阵列原位化学合成 [J]. 合成生物学, 2021, 2(3): 354-370.

[51] 杨姗, 李金玉, 崔玉军, 等. DNA 计算的发展现状及未来展望 [J]. 生物工程学报, 2021, 37(4): 1120-1130.

[52] Sam Behjati, Patrick S Tarpey.What is next generation sequencing?[J]. Arch Dis Child Educ Pract Ed, 2013, 98: 236-238.

[53] Pan Du, Warren A Kibbe, Simon M Lin. lumi: a pipcline for processing llumina microarray[J]. Bioinformatics, 2008, 24(13): 1547-1548.

[54] Siying Ma, Nicholas Tang, Jingdong Tian. DNA synthesis, assembly and applications in synthetic biology[J]. Curr Opin Chem Biol, 2012, 16(3-4): 260-267.

[55] David S Kong, Peter A Carr, Lu Chen, et al. Parallel gene synthesis in a microfluidic device[J]. Nucleic Acids Res, 2007, 35(8): e61.

[56] Thomas F. Knight. Idempotent Vector Design for Standard Assembly of BioBricks[D]. Boston: Massachusetts Institute of Technology, 2003.

[57] Phillips Ira, Pamela A. Silver. A New Biobrick Assembly Strategy Designed for Facile Protein Engineering[D]. Boston: Massachusetts Institute of Technology, 2006.

[58] Grünberg R, Arndt K, Müller K. Fusion Protein (Freiburg) Biobrick assembly standard[R]. [S.L.: s.n.], 2009.

[59] Engler C, Marillonnet S. Generation of families of construct variants using golden gate shuffling[J]. Methods Mol Biol, 2011, 729: 167-181.

[60] Daniel G Gibson, Lei Young, Ray-Yuan Chuang, et al. Enzymatic assembly of DNA molecules up to several hundred kilobases[J]. Nat Methods, 2009, 6(5): 343-345.

[61] Daniel G Gibson, Hamilton O Smith, Clyde A Hutchison 3rd, et al. Chemical synthesis of the mouse

mitochondrial genome[J]. Nat Methods, 2010, 7(11): 901-903.

[62] Jing Liang, Zihe Liu, Xi Z Low, et al. Twin-primer non-enzymatic DNA assembly: an officient and accurate multi-part DNA assembly method[J]. Nucleic Acids Res, 2017, 45(11): e94.

[63] Sheng Huang, Yali Yan, Fei Su, et al. Research progress in gene editing technology[J]. Front Biosci (Landmark Ed), 2021, 26(10): 916-927.

[64] Joung J K, Sander J.D. TALENs: a widely applicable technology for targeted genome editing[J]. Nat Rev Mol Cell Biol, 2013, 14(1): 49-55.

[65] Rodolphe Barrangou, Christophe Fremaux, Hélène Deveau, et al. CRISPR provides acquired resistance against viruses in prokaryotes[J]. Science, 2007, 315(5819): 1709-1712.

[66] Xiuhong Shao, Shaoping Wu, Tongxin Dou, et al. Using CRISPR/Cas9 genome editing system to create MaGA20ox2 gene-modified semi-dwarf banana[J]. Plant Biotechnol J, 2020, 18(1): 17-19.

[67] Seoyun Yum, Minghao Li, Zhijian J Chen.Old dogs, new trick: classic cancer therapies activate cGAS[J].Cell Res, 2020.30(8): 639-648.

[68] Jinshan Zhang, Zhenyu Zhou, Jinjuan Bai, et al. Disruption of MIR396e and MIR396f improves rice yield under nitrogen-deficient conditions[J]. Natl Sci Rev, 2020, 7(1): 102-112.

[69] Liyu Huang, Ru Zhang, Guangfu Huang, et al. Developing superior alleles of yield genes in rice by artificial mutagenesis using the CRISPR/Cas9 system[J]. The Crop Journal, 2018, 6(5): 475-481.

[70] Alexis C Komor, Yongjoo B Kim, Michael S Packer, et al. Programmable editing of a target base in genomic DNA without double-stranded DNA cleavage[J]. Nature, 2016, 533(7603): 420-424.

[71] Russell T Walton, Kathleen A Christie, Madelynn N Whittaker, et al. Unconstrained genome targeting with near-PAMless engineered CRISPR-Cas9 variants[J]. Science, 2020, 368(6488): 290-296.

[72] Bin Ren, Fang Yan, Yongjie Kuang, et al. Improved Base Editor for Efficiently Inducing Genetic Variations in Rice with CRISPR/Cas9-Guided Hyperactive hAID Mutant[J]. Mol Plant, 2018, 11(4): 623-626.

[73] Matt Sternke, Katherine W Tripp, Doug Barrick.Consensus sequence design as a general strategy to create hyperstable, biologically active proteins[J]. Proc Natl Acad Sci U S A, 2019. 116(23): 11275-11284.

[74] Daan C Swarts, John van der Oost, Martin Jinek.Structural Basis for Guide RNA Processing and Seed-Dependent DNA Targeting by CRISPR-Cas12a[J]. Mol Cell, 2017, 66(2): 221-233.e4.

[75] Tyler S Halpin-Healy, Sanne E Klompe, Samuel H Sternberg, et al. Structural basis of DNA targeting by a transposon-encoded CRISPR-Cas system[J]. Nature, 2020, 577(7789): 271-274.

[76] Lena Goshayeshi, Sara Yousefi Taemeh, Nima Dehdilani, et al. CRISPR/dCas9-mediated transposition with specificity and efficiency of site-directed genomic insertions[J]. Faseb j, 2021, 35(2): e21359.

[77] Aitao Li, Carlos G Acevedo-Rocha, Zhoutong Sun, et al. Beating Bias in the Directed Evolution of Proteins: Combining High-Fidelity on-Chip Solid-Phase Gene Synthesis with Efficient Gene Assembly for Combinatorial

Library Construction[J]. Chembiochem, 2018, 19(3): 221-228.

[78] Zhoutong Sun, Richard Lonsdale, Lian Wu, et al. Structure-Guided Triple-Code Saturation Mutagenesis: Efficient Tuning of the Stereoselectivity of an Epoxide Hydrolase[J]. ACS Catalysis, 2016, 6(3): 1590-1597.

[79] Jian Xu, Yixin Cen, Warispreet Singh, et al. Stereodivergent Protein Engineering of a Lipase To Access All Possible Stereoisomers of Chiral Esters with Two Stereocenters[J]. J Am Chem Soc, 2019, 141(19): 7934-7945.

[80] 祁延萍, 朱晋, 张凯, 等. 定向进化在蛋白质工程中的应用研究进展 [J]. 合成生物学, 2022, 3(6): 1081-1108.

[81] Paschke M. Phage display systems and their applications[J]. Appl Microbiol Biotechnol, 2006, 70(1): 2-11.

[82] Lee S Y, Choi J H, Xu Z. Microbial cell-surface display[J]. Trends Biotechnol, 2003, 21(1): 45-52.

[83] Valencia C A, Jianwei Zou, Rihe Liu. In vitro selection of proteins with desired characteristics using mRNA-display[J]. Methods, 2013, 60(1): 55-69.

[84] Kevin M Esvelt, Jacob C Carlson, David R Liu.A system for the continuous directed evolution of biomolecules[J]. Nature, 2011, 472(7344): 499-503.

[85] Webb B.Sali A. Comparative Protein Structure Modeling Using MODELLER[J]. Current Protocols in Bioinformatics, 2016, 54(1): 5.6.1-5.6.37.

[86] Julia Koehler Leman, Brian D Weitzner, Steven M Lewis, et al. Macromolecular modeling and design in Rosetta: recent methods and frameworks[J]. Nat Methods, 2020, 17(7): 665-680.

[87] John Jumper, Richard Evans, Alexander Pritzel, et al. Highly accurate protein structure prediction with AlphaFold[J]. Nature, 2021, 596(7873): 583-589.

[88] Yeonhee Park, Geordan J Stukey, Ruta Jog, et al. Mutant phosphatidate phosphatase Pah1-W637A exhibits altered phosphorylation, membrane association, and enzyme function in yeast[J].J Biol Chem, 2022, 298(2): 101578.

[89] Daniel G Gibson, Gwynedd A Benders, Cynthia Andrews-Pfannkoch, et al. Complete chemical synthesis, assembly, and cloning of a Mycoplasma genitalium genome[J]. Science, 2008, 319(5867): 1215-1220.

[90] Daniel G Gibson, John I Glass, Carole Lartigue, et al. Creation of a bacterial cell controlled by a chemically synthesized genome[J]. Science, 2010, 329(5987): 52-56.

[91] He-Ming Xu, Ze-Xiong Xie, Duo Liu, et al. Design and synthesis of yeast chromosomes[J]. Yi Chuan, 2017, 39(10): 865-876.

[92] Farren J Isaacs, Peter A Carr, Harris H Wang, et al. Precise manipulation of chromosomes in vivo enables genome-wide codon replacement[J]. Science, 2011, 333(6040): 348-353.

[93] Denis A Malyshev, Kirandeep Dhami, Thomas Lavergne, et al. A semi-synthetic organism with an expanded genetic alphabet[J]. Nature, 2014, 509(7500): 385-388.

[94] Clyde A Hutchison 3rd, Ray-Yuan Chuang, Vladimir N Noskov, et al. Design and synthesis of a minimal bacterial genome[J]. Science, 2016, 351(6280): aad6253.

[95] Yangyang Shao, Ning Lu, Zhenfang Wu, et al. Creating a functional single-chromosome yeast[J]. Nature, 2018, 560(7718): 331-335.

[96] Shuichi Hoshika, Nicole A Leal, Myong-Jung Kim, et al. Hachimoji DNA and RNA: A genetic system with eight building blocks[J]. Science, 2019, 363(6429): 884-887.

[97] Julius Fredens, Kaihang Wang, Daniel de la Torre, et al. Total synthesis of Escherichia coli with a recoded genome[J]. Nature, 2019, 569(7757): 514-518.

[98] Kai Papenfort, Elena Espinosa, Josep Casadesús, et al. Small RNA-based feedforward loop with AND-gate logic regulates extrachromosomal DNA transfer in Salmonella[J]. Proc Natl Acad Sci U S A, 2015, 112(34): E4772-4781.

[99] Ashley G Rivenbark, Sabine Stolzenburg, Adriana S Beltran, et al. Epigenetic reprogramming of cancer cells via targeted DNA methylation[J]. Epigenetics, 2012, 7(4): 350-360.

[100] Petazzi P Menéndez, A Sevilla. CRISPR/Cas9-Mediated Gene Knockout and Knockin Human iPSCs[M/OL]. NewYork: Springer Us, 2022.

[101] Junjun Wu, Guocheng Du, Jian Chen, et al. Enhancing flavonoid production by systematically tuning the central metabolic pathways based on a CRISPR interference system in Escherichia coli[J]. Sci Rep, 2015, 5: 13477.

[102] 刘锦嵩，鄢盛恺 . 针对新型冠状病毒感染的基于 CRISPR-Cas 系统分子诊断及治疗策略研究 [J]. 国际生物制品学杂志，2022, 45(1): 1-7.

[103] Can Xu, Nicolas Martin, Mei Li, et al. Living material assembly of bacteriogenic protocells[J]. Nature, 2022, 609(7929): 1029-1037.

[104] Jie Zhang, Lea G Hansen, Olga Gudich, et al. A microbial supply chain for production of the anti-cancer drug vinblastine[J]. Nature, 2022, 609(7926): 341-347.

[105] C J Paddon, P J Westfall, D J Pitera, et al. High-level semi-synthetic production of the potent antimalarial artemisinin[J]. Nature, 2013, 496(7446): 528-532.

[106] Stephanie Galanie, Kate Thodey, Isis J Trenchard, et al. Complete biosynthesis of opioids in yeast[J]. Science, 2015, 349(6252): 1095-1100.

[107] Weishan Wang, Shanshan Li, Zilong Li, et al. Harnessing the intracellular triacylglycerols for titer improvement of polyketides in Streptomyces[J]. Nat Biotechnol, 2020, 38(1): 76-83.

[108] Krzysztof Krawezyk, Shuai Xue, Peter Buchmann, et al. Electrogenetic cellular insulin release for real-time glycemic control in type I diabetic mice[J]. Science, 2020, 368(6494): 993-1001.

[109] Nissim L, Bar-Ziv R H. A tunable dual-promoter integrator for targeting of cancer cells[J]. Mol Syst Biol, 2010, 6: 444.

[110] Cong T Trinh, Pornkamol Unrean, Friedrich Srienc.Minimal Escherichia coli cell for the most efficient

production of ethanol from hexoses and pentoses[J].Appl Environ Microbiol, 2008, 74(12): 3634-3643.

[111] Eric J Steen, Yisheng Kang, Gregory Bokinsky, et al. Microbial production of fatty-acid- derived fuels and chemicals from plant biomass[J]. Nature, 2010, 463(7280): 559-562.

[112] Wensi Meng, Yongjia Zhang, Liting Ma. Non-Sterilized Fermentation of 2, 3-Butanediol with Seawater by Metabolic Engineered Fast-Growing Vibrio natriegens[J]. Frontiers in Bioengineering and Biotechnology, 2022, 7(10).

[113] Shota Atsumi, Taizo Hanai, James C Liao. Non-fermentative pathways for synthesis of branched-chain higher alcohols as biofuels[J]. Nature, 2008, 451(7174): 86-89.

[114] Chiranjib Banerjee, Kashyap K Dubey, Pratyoosh Shukla. Metabolic Engineering of Microalgal Based Biofuel Production: Prospects and Challenges[J]. Front Microbiol, 2016, 7: 432.

[115] Tao Cai, Hongbing Sun, Jing Qiao, et al. Cell-free chemoenzymatic starch synthesis from carbon dioxide[J]. Science, 2021, 373(6562): 1523-1527.

[116] Qiupeng Lin, Yuan Zong, Chenxiao Xue, et al. Prime genome editing in rice and wheat[J]. Nat Biotechnol, 2020, 38(5): 582-585.

[117] Sarah P F Bonny, Graham E Gardner, David W Pethick, et al. What is artificial meat and what does it mean for the future of the meat industry?[J]. Journal of Integrative Agriculture, 2015, 14(2): 255-263.

[118] Nick Goldman, Paul Bertone, Siyuan Chen, et al.Towards practical, high-capacity, low- maintenance information storage in synthesized DNA[J]. Nature, 2013, 494(7435): 77-80.

[119] Lifu Song, Feng Geng, Zi-Yi Gong, et al. Robust data storage in DNA by de Bruijn graph-based de novo strand assembly [J]. Nat Commun, 2022, 13(1): 5361.

[120] 滕越 , 杨姗 , 刘芮存 . 基于生物分子的神经拟态计算研究进展 [J]. 科学通报 , 2021, 66(31): 3944-3951.

第 2 章 人工智能概述

人工智能（artificial intelligence，AI）是一种用计算机系统模拟人类智能的技术，旨在通过模拟人脑中的信息处理方式来实现一系列智能化的任务，如语音识别、图像处理、自然语言处理等。

人工智能是一个宽泛的概念，机器学习是实现人工智能的一种方式，深度学习则是机器学习算法中的一个分支。其中，机器学习是计算机通过对数据、事实或自身经验的自动分析和综合获取知识的过程；深度学习则是一种研究信息的最佳表示及其获取方法的技术，在神经网络或信念网络的情况下是对基于深层结构或网络表示的输入/输出间映射进行机器学习的过程。

合成生物学这一新兴学科在诞生初始便与信息技术的发展紧密相关。随着生物学实验数据的纵深积累，以及计算机算力、算法的快速迭代，人工智能技术在合成生物学领域的应用成为历史进程的必然方向。

在本章中，我们会回顾人工智能的发展历程，探讨一些经典的且得到广泛应用的技术和算法，并以传统的生物信息学任务为例，讲解各种人工智能方法在合成生物学领域的实际应用。

2.1 人工智能的发展历程

虽然人工智能直到 21 世纪才进入大众视野并逐渐为人们所了解，但实际上"人工智能"一词早在 20 世纪 50 年代就已经被提出、研究并给出了定义。当时，一些研究人员尝试用计算机来模拟人类的智能行为，并提出了一些基本概念和方法，如逻辑推理、符号计算、机器学习等。这些方法和概念被认为是人工智能的基础。

斯图尔特·罗素（Stuart J. Russell）和彼得·诺维格（Peter Norvig）在《人工智能：现代方法》（*Artificial Intelligence A Modern Approach*）一书中提到，与生物学中的分子生物学一样，人工智能是第二次世界大战后科学界最想去深入了解的领域之一。人工智能之父艾伦·图灵认为，机器一旦有了智能，应该能像人类一样去行动，并于 1950 年提出了第一个判断计算机的思维与能力的指标——图灵测试。如果人类询问者在提出一些书面问题后，不能分辨书面回答是来自人还是来自计算机，则计算机通过了测试。传统图灵测试要求计算机需要具备以下 4 点功能。

- 自然语言处理，这是它与我们沟通的基础。
- 知识表示，用来记住它所学习到的内容。
- 自动推理，用它的知识回答我们问它的问题。
- 机器学习，适应新的环境，检测和推断我们需要的模式和结果。

还有一种观点认为，人工智能理应像人类一样去思考，为此研究人员试图通过模拟人类的认知过程来实现人工智能，这也推动了认知科学的发展。认知科学的发展可以追溯到 20 世纪五六十年代，主要关注人类认知过程的建模和仿真，研究人类是如何理解和处理信息的，以及如何从感官信息中推断出结论。彼时，认知心理学家开始使用信息处理模型来描述人类认知过程，并提出了一些重要的理论，如决策理论、信息理论、记忆理论等，这些理论为人工智能研究提供了灵感和指导。认知科学为早期的人工智能研究提供了重要的思想基础和理论支持，对人工智能的发展产生了重要影响。例如，早期的专家系统就是受到认知科学的启发而开发出来的，旨在通过模拟人类专家的思维过程来解决特定领域的问题。

在人工智能发展早期，研究者大多采用符号主义的方法，即将人类知识转化成符号和规则，再用计算机程序模拟这些规则和符号的运算过程。此外，推理也是早期人工智能研究的核心方法之一。通过建立逻辑规则和推理机制，计算机可以模拟人类的推理过程，如演绎推理、归纳推理等。

早期人工智能的发展存在如下局限和问题。

- 当时的计算机并不像今天这样强大，导致人工智能模型的大小和复杂性存在局限，限制了人工智能系统处理大量数据的能力，使其难以训练模型来执行复杂的任务。
- 数据匮乏，而且数据质量整体较差，导致人工智能系统在有效学习和归纳方面面临挑战。
- 当时的人工智能系统通常执行特定的任务，缺乏归纳或应对新场景的能力，泛化能力较弱。
- 依赖逻辑规则和专家知识做决策，很难以灵活的方式来表示知识。
- 人工智能系统大多是独立的程序，无法以自然的方式与人类互动。

上述问题限制了人工智能在现实世界中的应用，但也促进了人工智能新技术和新方法的发展。

20 世纪七八十年代，人工智能的发展进入寒冬期。用于人工智能研究的资金大幅减少，研究界和产业界的兴趣也在下降。这个期间的现象和特征源于一系列复杂的因素。最重要的是，早期人工智能的局限和问题仍然存在，并且其影响在这个时期变得更为明显，而这进一步阻碍了对其能力的探索，也削弱了人们的期望。另外，随着前期人工智能的一些发展，研究人员在知识整合问题上遭遇了瓶颈。人工智能系统需要有效地整合和使用来自不同领域的知识，但在这方面，研究人员的理解还很有限。这使得开发出能够处理多领域问题的高级人工智能系统变得极为困难。这些因素带来的最直观的表现就是资金缺乏和研究兴趣下降。早期人工智能系统的成功有限，导致了公众和相关投资者的失望，使得用于人工智能研究的资金在 20 世纪七八十年代大幅减少。这种状况进一步导致人工智能领域的研究人员数量下降，以及获得资助的人工智能研究项目数量减少。然而，它也给了研究人员时间来反思早期人工智能方法的局限性，促使他们探索新的想法和方法，这对于人工智能后来的重新崛起是有积极作用的。

自 20 世纪 80 年代以来，人工智能领域经历了持续的技术变革和突破，尤其是进入 21 世纪以后，其发展更是日新月异。从初步的神经网络、遗传算法和模糊逻辑，到近年来的深度学习、强化学习甚至最新的大语言模型如 GPT 和 BERT，人工智能的算法和应用范围实现了巨大的进步。首先，算力的飞速发展和数据规模的爆发性增长，为人工智能的研究和应用提供了更为丰富和强大的基础。借助这些优势，深度学习等新技术开始崭露头角，大幅推动了人工智能在计算机视觉、自然语言处理、机器人技术等领域的研究和应用。我们也看到了强化学习的崛起，如 DeepMind 的 AlphaGo 让机器首次战胜了围棋世界冠军，引发了全世界的关注。同样，自然语言处理领域也在这个时期取得了重大突破，让我们看到了 GPT 等预训练生成模型的强大力量，多模态大模型的出现更为其加上了"眼睛"和"耳朵"，使人工智能的能力得到进一步提升。最后，迁移学习、自监督学习等新兴技术开始引领人工智能领域的研究潮流，人工智能研究更为关注数据利用效率、模型泛化能力和领域适应性等问题，同样这也是人工智能与合成生物学结合后终将面临的问题，需要谨慎考虑。

2.2 机器学习技术

机器学习是人工智能领域中最为活跃且迅速发展的一支，它的起源可以追溯到 20 世纪 50 年代的早期人工智能研究。在数据的驱动下，监督学习和统计方法在 80 年代和 90 年代中占据了主导地位，如决策树和支持向量机。然而，到了 21 世纪，算法的创新为机器学习技术的应用带来了机遇。复杂的神经网络模型、强化学习算法等技术的涌现，标志着机器学习步入深度学习时代。同时，专门的硬件设备，如图形处理单元（GPU）和张量处理单元（TPU）的发展，进一步加速了深度学习的普及和应用。

近年来，机器学习的研究方向也在不断拓宽，涵盖了各种新的领域和方法，例如集成学习的研究推动了模型性能的提升；强化学习在处理复杂决策问题方面展示出巨大潜力；迁移学习则赋予了模型更强的泛化能力，使之能够处理不同的任务和适应不同的环境；优化器与损失函数的设计也成为提高模型效率和精度的重要方向。此外，半监督学习与无监督学习在处理标签稀缺的问题上发挥了关键作用。

如今，机器学习已深入到人们生活的方方面面，特别是在一些前沿科学领域。预计在未来，随着新技术和新理念的不断涌现，机器学习将继续以更深、更广的方式影响我们的世界。

2.2.1　集成学习

集成学习旨在通过多个模型的组合来获得更高的预测精度，同时减少过拟合。这种算法最早出现在 20 世纪 70 年代，后被广泛应用于各个领域，如图像识别、自然语言处理和金融预测。

常见的集成学习包括 bagging、boosting、stacking 和 blending，这 4 种集成学习算法的原理如下。

（1）bagging。其全名为 bootstrap aggregating，是一种通过组合多个模型的方法来降低预测误差的技术。在这种算法中，我们从原始数据集中随机选择样本（有放回地选择，即一个样本可以被选择多次，这就是"进行替换"的意思），然后对每个新生成的数据集训练一个独立的模型。最后，所有模型的预测结果被平均（对于回归问题）或者投票（对于分类问题）得到最终的预测。这种方法能够有效地减小模型的方差，提高模型的稳定性和准确性。

（2）boosting。这是一种依次训练多个模型的算法，每个后续模型都会试图修正其前一个模型的错误。采用这种策略可以将一类弱学习器（指其预测能力不强，比如简单的决策树）提升为强学习器。每个模型在训练时，都会更加关注前一个模型错误分类的样本，通过调整样本权重来实现其算法。所有模型的预测结果将根据其在训练过程中的表现进行加权融合，形成最终的预测。

（3）stacking。这是一种通过训练一个元模型（meta-model）来融合多个基模型预测结果的方法。在这种算法中，首先独立地训练多个不同的基模型，然后将这些模型的预测结果作为新的特征去训练一个元模型。元模型的目标是最好地组合各个基模型的预测结果。这种方法的优点在于，当基模型多样化时，它可以更好地捕捉数据的多种特性，并提高预测的准确性。

（4）blending。与 stacking 类似，两者的主要区别在于训练元模型时使用的数据。在 blending 中，元模型是在一个单独的数据集上训练的，而不是使用基模型的预测结果作为特征。这种方法更简单，但可能会因为信息泄露而导致过拟合。

生物学中使用集成学习的一个例子是预测蛋白质－蛋白质相互作用（protein-protein

interaction，PPI）。PPI 对发生在细胞内的一系列化学反应或物理事件都很重要，了解这一作用有助于开发新的疾病治疗方法。然而，对 PPI 的实验测定既费时又费钱，鉴于这种情况，研究人员开始采用机器学习方法从蛋白质序列和结构中预测 PPI，并采用集成学习来提高 PPI 预测的准确性。具体来说，就是采用多个机器学习模型（如支持向量机、随机森林和梯度提升机），在不同的数据子集或不同的特征集上训练，然后用不同的方法（如多数投票或加权平均）将这些模型的输出结合起来，以做出最终预测。

　　图 2-1 描绘了人工智能、机器学习、深度学习、集成学习和生物信息学之间的关系。深色框表示本节的焦点，即生物信息学中的集成深度学习。图 2-2 展示了经典的集成学习框架，包括 bagging、boosting 及其变体，以及基于数据扰动的集成聚类。其中，X 代表输入数据。

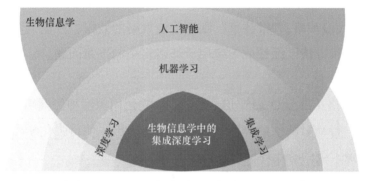

图 2-1　人工智能、机器学习、深度学习、集成学习和生物信息学的关系

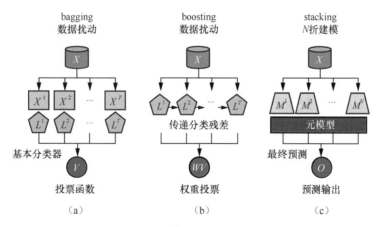

图 2-2　经典的集成学习框架

2.2.2　强化学习

　　强化学习（reinforced learning，RL）旨在通过训练智能体，使其在与环境进行交互的过程中，基于奖励和惩罚机制做出最优决策。在强化学习领域，存在着多种方法和算法，这里介绍几种常用的强化学习方法，包括 Q-learning、SARSA、TD-Gammon、

演员－批评家方法以及深度 Q 网络等。

（1）Q-learning。这是最早的强化学习算法之一，在这个算法中，每一个状态－动作对都有一个预期奖励值，这个值会根据智能体从环境中获得的实际奖励和状态转换进行更新。例如，在路径规划问题中，Q-learning 算法可以用于训练智能体学习到最优的移动策略。

（2）SARSA。它与 Q-learning 算法十分相似，但是除了预期奖励，它还考虑了智能体的当前策略。在复杂的决策问题中，SARSA 算法能够有效地平衡学习过程中的探索和利用，使智能体能够在未知环境中做出更好的决策。

（3）TD-Gammon。这是一个特定的强化学习算法，用于学习和玩双陆棋。它通过不断地自我对弈和学习，其水平已经超过了最好的人类玩家。这是强化学习在游戏领域的成功应用之一。

（4）演员－批评家方法。这是一种结合了基于价值和基于策略的学习方法。在这个方法中，"演员"代表策略，"批评家"则评价该策略的效果，并向"演员"提供反馈以便其调整策略。这种方法已经被成功应用于许多复杂的决策问题，如无人驾驶汽车的路径规划。

（5）深度 Q 网络（deep Q network，DQN）。它使用深度神经网络来估计大规模状态空间中每个状态－行动对的预期奖励。这个方法的提出，使得强化学习可以处理更复杂的问题，例如在像素级的游戏环境中进行学习和决策。

强化学习已广泛应用于药物发现、合成生物学和个性化医疗等领域。强化学习在生物学中的应用示例之一就是对癌症患者的治疗方案进行优化。在癌症治疗中，临床医生经常需要为病人制订最有效的药物组合和剂量。这个过程可能很耗时，而且可能要经过多次尝试，甚至可能会失败。强化学习可以通过与病人的数据互动来学习最佳治疗方案，从而辅助实现这一过程的自动化。强化学习智能体从以前的病人数据中学习，根据他们的个人特征，如年龄、性别、癌症阶段和生物标志物，为新病人制订最佳治疗方案，通过个性化治疗计划和优化给药方案改善癌症治疗方面的潜力，这可以为病人带来更好的临床结果。

2.2.3　迁移学习

迁移学习（transfer learning，TL）是一种机器学习技术，即基于大量数据训练一个模型，然后将训练中获得的知识转移到一个新的任务上。换句话说，一个预先训练好的模型被用作新任务的起点，而不是从头开始。迁移学习的基本理念是，在一个大数据集上训练的模型可以学习到对其他相关任务有用的通用特征，使用这个预先训练好的模型作为新任务的起点，节省从头开始训练模型所需的时间和计算资源。迁移学习有两种主要方法：微调和特征提取。微调方法是使用预先训练好的模型，在新的数据集上进行训练，同时调整模型的权重以适应新的任务。特征提取方法是使用预先训练好的模型从输入数据中提取有用的特征，然后将这些特征作为新模型的输入，在新任务上进行训练。

迁移学习又可以分为以下 4 种类型。

（1）基于实例的迁移学习。这种方法将源域中的实例应用于目标域的任务中，通常需要目标域和源域具有相同的特征空间。例如，将在大规模蛋白数据集上进行预训练的模型应用于新的蛋白分类任务。

（2）基于特征的迁移学习。这种方法使用从源域学习到的特征来训练目标域的模型，通常需要源域和目标域之间的特征空间具有相似性。例如，使用在自然语言处理任务中预训练的词向量来初始化目标域中的模型。

（3）基于模型的迁移学习。这种方法将从源域学习到的模型应用于目标域的任务中，又可以分为两类：①将预训练的模型用作目标域任务的特征提取器，再用目标域的数据微调模型；②使用源域数据对目标域模型进行预训练，再用目标域数据微调模型。

（4）基于关系的迁移学习。这种方法利用多个源域的数据来改善目标域的性能，通常需要源域和目标域之间有一定的相关性。例如，利用不同家族的蛋白数据集来预训练一个模型，并将其应用于新的家族分类任务。

由于部分生物学问题存在共性，因此可以通过引入迁移学习来解决这些问题。例如，在基因组学中，研究人员经常需要对来自不同物种、不同组织或不同环境条件的基因表达数据进行分析。然而，这些数据之间可能存在很大的差异，直接应用传统的机器学习方法进行分析可能会得到不准确的结果。此时，迁移学习就显得尤为重要。又如，研究人员可以从已知的药物－副作用关系中学习，并将这些知识迁移到新的药物上，以预测它们可能的副作用。这样可以大大加快新药物的研发速度，同时降低因未知副作用而导致的风险。此外，在肿瘤基因表达分类中，也有使用迁移学习的案例。由于各种肿瘤的癌症特异性生物标志物可能存在相似性，因此我们可以从一种肿瘤的癌症特异性生物标志物数据中学习模型，然后将其应用到癌症特异性生物标志物的数据分析中。这样不仅可以节省大量的计算资源，还可以提高分类的准确性。综上所述，迁移学习为生物领域的研究提供了一种有效的方法，能够利用已有的知识来解决新的问题，大大提高了研究的效率和准确性。

2.2.4　反向传播法

反向传播是一种得到广泛使用的神经网络训练技术，其基本思路是通过梯度优化来最小化网络的预测输出与实际输出之间的误差。该误差通常用损失函数（如平均平方误差）衡量。这种方法在处理连续型数据（如实数、向量）的输入 / 输出上特别有效，使得神经网络可以学习数据的内在结构和规律。虽然其收敛速度较慢且容易陷入局部极值，但通过采用随机梯度下降、dropout 等方法，能够在图像识别、自然语言处理等任务中体现出卓越的性能。

反向传播也已经被引入生物学领域,例如,我们以基因数据的分类问题为例,简要介绍其工作流程。假设我们有一个基因数据集,其中的基因要么是必需的,要么是非必需的。通过训练一个神经网络,我们可以对每条基因预测其是否为必需基因。这个过程可以通过反向传播法训练神经网络,我们可以先随机初始化权重,然后对于训练集中的每条基因序列,用前向传播法计算神经网络的输出,并与真实标签进行比较;随后使用微积分的连锁法则将误差通过网络向后传播,以计算损失函数相对于神经网络中每个权重的偏导数,并在梯度的相反方向更新权重;最后重复执行上述流程,直至神经网络的性能达到令人满意的水平。

2.2.5　损失函数与优化器

损失函数与优化器是机器学习和深度学习中非常重要的概念,它们分别用于衡量模型的预测误差和优化模型参数。损失函数用于衡量模型预测结果与真实结果之间的误差。在机器学习和深度学习中,我们需要通过对训练数据进行学习来优化模型参数。在这个过程中,我们需要选择一个合适的损失函数作为优化目标,并通过调整模型参数使得损失函数最小化。不同的任务和模型需要选择不同的损失函数,常见的损失函数包括均方误差、交叉熵等。在训练过程中,我们需要将训练数据输入模型中,计算模型的输出结果,并与真实结果进行比较,得到损失函数的值。损失函数的值越小,表示模型的预测结果越接近真实结果。

优化器通过不断迭代,更新模型的参数,使得损失函数的值逐渐减小,直至达到预设的停止条件为止。优化器是用于调整模型参数的算法,它通过对损失函数进行梯度下降或其他优化算法来最小化损失函数。另外,我们需要设置优化器的学习率等参数,以控制模型参数更新的速度和方向,避免模型在训练中陷入局部最优。常见的优化器包括随机梯度下降、Adam 等。一般来说,学习率较小时,模型参数更新速度较慢,需要迭代较多次才能收敛;学习率较大时,模型参数更新速度较快,容易跳过全局最优点,陷入局部最优点。损失函数和优化器的工作原理是互补的。损失函数作为优化目标,用于衡量模型的预测误差;优化器则用于调整模型参数,使得损失函数最小化。

2.2.6　监督学习、半监督学习和无监督学习

在机器学习领域,我们通常会遇到各种类型和形态的数据,以及各种不同的问题和任务。对于这些问题和任务,有 3 种主要的学习方法可供选择:监督学习、无监督学习和半监督学习。每种方法都有其独特的优势和特点,以及对应的应用场景,它们针对的数据类型和解决的问题也各不相同。是否能准确运用这些学习方法,对于有效地解决实际问题至关重要。当面对实际问题时,根据数据的类型(如是否有标签、标签是否完整

等）和具体的目标（如预测、聚类、异常检测等），选择最适合的学习方式，就能更有效地解决问题，实现相应的目标。

监督学习是指学习任务中输入数据和输出数据（标签或目标变量）都是已知的，模型通过学习输入与输出之间的映射关系进行预测。在监督学习中，模型的训练通常包括以下两个步骤：第一步，模型根据训练数据学习到输入与输出之间的映射关系；第二步，模型根据学习到的映射关系对新的未知数据进行预测。常见的监督学习算法包括决策树、支持向量机等。

无监督学习则是指学习任务中只有输入数据，而无输出数据或标签。无监督学习的目标是学习数据的内在结构和分布，例如将相似的数据分为一组（聚类），或者找出数据中的异常值（异常检测）。无监督学习的主要应用包括聚类分析、降维、关联规则学习等。常见的无监督学习算法包括 K-means 聚类、主成分分析（PCA）、自编码器等。

半监督学习介于监督学习和无监督学习之间，它利用大量的未标记数据和少量的已标记数据进行学习。半监督学习的假设是，未标记数据和已标记数据来自同一分布，并且未标记数据能提供关于该分布的有价值的信息。

在这里，我们借生物学应用的几个例子介绍这 3 种方法的应用范围。在监督学习中，算法是在有标签的数据集上训练的，以对新的、无标签的数据进行预测。生物学中监督学习的一个例子是基因表达预测。基因表达数据可以被收集并标记为相应的生物结果，如疾病状态。我们可以在这个数据集上训练监督学习算法，以预测新的、未标记的基因表达数据的结果。在无监督学习中，算法在未标记的数据集上进行训练，以识别数据中的模式或结构。生物学中无监督学习的一个例子是对单细胞 RNA 测序数据进行聚类分析。单细胞 RNA 测序产生了大量的数据，我们可以通过分析来识别不同的细胞类型和基因表达模式。应用无监督学习算法，可根据细胞的基因表达谱对其进行聚类，以便研究人员探究其潜在差异。半监督学习结合了有标签和无标签的数据来提高预测的准确性，例如蛋白质功能预测。人体内有数以百万计的蛋白质，但其中只有一小部分在实验中被描述出来。半监督学习算法可以通过已标记的蛋白质的信息来预测未标记的蛋白质的功能。

2.2.7 机器学习在合成生物学中的应用

毋庸置疑，随着数据量的快速增长以及合成生物学技术的发展，机器学习将会在生物领域中得到更广泛的应用。特别是在合成生物学中，这个领域涉及大量的基因设计、组装、表达和优化等问题，这些问题的复杂性以及需要处理的数据量都越来越大，人工处理的方式已经无法满足需求。机器学习技术的引入，可以帮助我们从大量数据中挖掘有价值的信息，优化基因设计和调控网络，使得我们能更好地理解和利用生物系统，推动合成生物学的发展。

随着数据获取的便利和大数据技术的发展，各类生物数据量飞速增长。这为机器学习提供了丰富的"学习材料"，并为各种生物学机器学习任务提供了前所未有的机会。此外，随着机器学习算法和框架的不断完善，我们期望机器学习能处理更复杂的任务，进而将其应用到更多的场景中。

我们可以期待机器学习的可解释性能有所提高。虽然机器学习模型在许多任务中都展现出了卓越的性能，但其"黑盒"特性经常会引起人们的担忧，尤其是在那些决策透明性至关重要的场景中。未来的研究可能会更多地关注如何提高机器学习模型的可解释性，以便我们能更好地理解模型的决策过程。

预计在未来几年，机器学习和其他人工智能技术的融合将成为一大趋势。例如，深度学习、强化学习和生成模型的结合已经引起了人们的广泛关注。同时，人们也在探索如何将机器学习与知识图谱、自然语言处理等技术结合起来，以实现更复杂的人工智能系统。

此外，自动机器学习（auto machine learning，AutoML）是机器学习中一个相对较新的领域，旨在使构建和部署机器学习模型的过程自动化。AutoML 可以帮助那些可能对机器学习没有深入了解的非生物信息专家，以更有效和及时的方式构建和部署准确的模型。AutoML 将机器学习算法、搜索算法和性能评估结合起来应用，为给定的数据集自动选择和优化最佳模型。一些流行的 AutoML 框架和工具包括谷歌的 AutoML、H2O.ai、TPOT 和 Auto-sklearn。它们提供了一系列的功能，从完全自动化的模型构建到更多可定制的方法，可供用户根据他们的需求和喜好来调整模型。AutoML 之所以越来越受欢迎，是因为它可以让更多的用户通过更简单的方式使用机器学习技术。

2.3　机器学习主要算法

要开发能够从数据中学习的模型，并根据这些数据做出预测或决定，关键之一是选择合适的机器学习算法，并在特定数据集上训练模型，以用来对新的、未见过的数据做出预测或决策。接下来我们简要介绍常见的 8 种机器学习算法。

2.3.1　决策树

决策树是机器学习中用于监督学习的一种算法。它最早是在 20 世纪 70 年代被提出来作为模拟决策过程的一种方式，后来在 20 世纪 90 年代发展成为一种流行的机器学习算法。

决策树以树状结构表示，其中的每个内部节点代表对一个属性的测试，每个分支代表测试结果，每个叶子节点代表一个决定或预测。树的构造是递归的，在每个节点上选择最佳的属性来分割数据，依据的是信息增益或基尼不纯度等标准。

要构建一棵决策树，我们从根节点上的整个训练集开始，根据标准选择最佳属性来分割数据，然后为该属性创建一个新的内部节点，并根据测试的结果将数据分成子集。以此类推，对每个子集循环重复这个过程，直到子集中的所有实例都属于同一类别，或者树达到预定的最大深度或最小实例数。

一旦决策树构建完成，我们就可以根据测试的结果，通过从树根到叶子节点的遍历，对新的实例进行预测。实例所到达的叶子节点对应于该实例的决策或预测。

假设我们想根据某个蛋白质的特征来预测它是否是一种酶。已知有一个 1000 个蛋白质的数据集，其中 500 个标记为酶，500 个标记为非酶，每个蛋白质的特征包括其分子量、等电点、氨基酸数和疏水性。我们就能使用决策树算法来构建一个模型，根据其特征将新的蛋白质分类为酶或非酶。

需要说明的是，决策树算法将首先选择为预测目标变量（酶或非酶）提供最大信息增益的特征。例如，它可能发现分子量是信息量最大的特征，并根据蛋白质的分子量是否大于或小于某个阈值将数据集分成两组。然后，该算法将对所产生的每个子组重复这一过程，在每一步选择提供最多信息增益的特征，直至达到停止标准。产生的决策树可以用来对新的蛋白质进行分类，方法是根据其特征值从树根到叶子节点进行遍历。

决策树有几个优点，包括易于理解和解释，可以处理分类和数字属性，以及能够捕捉属性和目标变量之间的非线性关系。然而，决策树也可能产生对训练数据的过拟合，特别是当树太复杂或训练数据有噪声或不平衡时。为了克服这些限制，人们开发了各种技术，如剪枝、集成方法（如随机森林和梯度提升），以及使用其他类型的树。

2.3.2 支持向量机

支持向量机（support vector machine，SVM）出现于 20 世纪 90 年代，是一种有监督的机器学习算法，可用于分类或回归问题。SVM 的思路是找到最佳边界或超平面，将不同类别的数据点分开。在二分类问题中，最能分离数据点的超平面是具有最大余量的超平面，它是距训练观测值最远的分离超平面。我们的想法是找到一个超平面，使边际最大化，这使得算法对数据中的噪声不那么敏感。SVM 的工作原理是将输入的数据点映射到一个更高维的特征空间中，在这个空间中更容易找到一个分离不同类别的数据点的超平面。然后，SVM 算法通过解决一个受限的优化问题找到具有最大余量的超平面。与其他机器学习算法相比，SVM 有几个优势。例如，它在高维空间中是有效的，可以处理非线性的决策边界，而且不容易出现过拟合。然而，SVM 也有一些局限性。在处理大型数据集时，它的计算成本可能很高，而且需要仔细选择核函数和正则化参数。尽管如此，SVM 在机器学习领域仍然是一种流行和强大的算法。

在生物信息学中，SVM 已经成功应用于一些实例中，如预测未被命名的蛋白质的功能，确定药物靶点等。事实证明，SVM 可以有效地处理高维特征向量，即使处理相对较小的训练数据集，也能达到较高的分类精度。

2.3.3 支持向量回归

支持向量回归（support vector regression，SVR）是一种用于回归分析的机器学习算法，是支持向量机的一个变种。与 SVM 一样，SVR 的思路也是基于找到一个超平面，使两个类之间的边际最大化。然而，在 SVR 中，目标是找到一个尽可能符合数据的超平面，同时仍允许有一些误差。SVR 则是将输入数据映射到一个更高维的特征空间，因为在那里更容易找到一个分离的超平面——这是用核函数完成的。数据一经转换，SVR 会尝试找到一个超平面，使预测值和实际值之间的距离最小。在 SVR 中，目标函数是最小化预测值和实际值之间的平方误差之和，但要受到余量的限制。余量被定义为超平面和最近的数据点之间的距离。余量越小，模型对错误的容忍度就越高。该优化问题通常使用二次编程来解决。

SVR 可以有效地处理高维数据，因此非常适合用于具有大量特征的数据集，以及输入变量和输出变量之间具有非线性关系的数据集。然而，与许多机器学习算法一样，SVR 对超参数的选择很敏感，例如核函数和正则化参数的选择。

在生物学中，SVR 可以用于从大量的生物学数据中识别疾病的生物标志物。利用 SVR 也可以从基因表达数据、蛋白质组数据中，找出与疾病密切相关的基因或蛋白质。

2.3.4 贝叶斯网络

贝叶斯网络（Bayesian network）又称为置信网络或概率图解模型，在 20 世纪 80 年代首次被提出，此后成为人工智能领域的一个流行工具。贝叶斯网络是一个有向无环图，代表一组随机变量和它们之间的概率依赖关系。图中的节点代表随机变量，而边代表它们之间的概率依赖关系。每个节点都与一个条件概率表（conditional probability table，CPT）相关联，该表规定了节点在图中给定其父辈的概率分布。贝叶斯网络的关键优势在于其处理不确定性和不完整信息的能力。对于一组观察到的变量，我们可以根据网络结构和 CPT 中编码的先验知识，使用贝叶斯推理来计算未观察到的变量的后验概率分布。

贝叶斯网络已广泛应用于各种任务，包括诊断、决策、风险评估和预测。例如，在医学诊断中，我们可以使用贝叶斯网络来模拟症状和疾病之间的依赖关系，并使用它来计算一个病人在其症状下患某种疾病的概率。除了推理，贝叶斯网络还可以用于学习，包括从数据和专家知识中学习。从数据中学习贝叶斯网络的结构和参数，分别被称为结构学习和参数学习。贝叶斯网络也可以通过使用先验概率和专家意见从专家知识中学习。

在生物学中，基因之间的相互作用和调控关系可以表示为一个贝叶斯网络。其中，节点可以代表基因，边可以代表基因之间的相互作用，并通过基因表达数据进行拟合，所得到网络的方向性可以表示基因之间的因果关系，而边的权重可以表示基因作用的强度。

2.3.5　*K*- 近邻

K- 近邻（*K*-nearest neighbour，*KNN*）是一种非参数化的机器学习算法，用于回归和分类任务。它是一种基于相似性理念的简单算法。*KNN* 的工作原理是计算测试实例与数据集中所有训练实例之间的距离，然后选择与测试实例最近的 *K* 个实例，并使用最常见的类标签（在分类的情况下）或这些实例的平均值（在回归的情况下）来预测测试实例的类或值。*K* 值代表要考虑的近邻的数量，是一个可以调整的超参数，可用于优化算法的性能。选择正确的 *K* 值很重要，因为它可以影响模型的准确性和概括能力。小的 *K* 值会导致过拟合，而大的 *K* 值会导致欠拟合。*KNN* 是一个懒惰的学习者，这意味着它不会从训练数据中学习一个函数，而是会记忆整个训练数据集。这使得 *KNN* 的训练阶段非常快，计算成本也很低。然而，预测阶段可能很慢，特别是当数据集非常大时。*KNN* 易于实现，并且不对数据的基本分布做任何假设。不过，它对离群值和噪声数据很敏感。

在生物学中，*K*- 近邻算法得到了广泛应用。例如，在基因表达分类中，*KNN* 算法可用来识别和预测不同类型的癌症。在这种情况下，一个基因的表达模式可以看作一个实例，而癌症类型是类标签。通过计算未标记基因表达模式与已知癌症类型的基因表达模式之间的距离，我们可以使用 *KNN* 来预测新的基因表达模式可能对应的癌症类型，这对于疾病的早期诊断和治疗策略的制定具有重要的影响。此外，*KNN* 也被用于生物信息学的各个方面，如蛋白质结构预测、蛋白质功能预测等。

2.3.6　随机森林

随机森林（random forest，RF）由 Leo Breiman 和 Adele Cutler 于 2001 年首次提出。该算法的工作原理是，在训练时构建多棵决策树，并输出各个树的类的模式（分类）或平均预测（回归）。每棵决策树都是建立在训练数据的自举样本上，树的每个节点都是用随机选择的可用特征子集来分割的。这种随机抽样的技术称为特征分袋。随机森林的目标是减少过拟合，提高模型的泛化程度。在测试时，该算法通过汇总森林中所有树的预测结果来预测输入数据的类别。这种方法通过减少方差和提高模型的准确性，提供了一个更稳健的预测。与其他算法相比，随机森林算法有几个优点，包括可以处理大量的输入特征、能识别最重要的预测特征等。此外，随机森林算法不容易导致过拟合问题，可以处理缺失的数据，并能在有噪声数据的情况下保持准确性。

假设我们有一个蛋白质及其相应功能的数据集，其中功能是一个二分类标签，表示该蛋白质是否是一种酶。我们想用随机森林算法根据一个新蛋白质的特征来预测它的功能。首先，我们将数据集分成训练集和测试集，用训练集来建立随机森林模型，用测试集来评估其性能。其次，我们为数据集中的每个蛋白质提取一组特征，如氨基酸的数量、某些化学基团的存在和二级结构，并将这些特征作为随机森林模型的输入。一旦随机森林被训练好，我们就用它来预测一个新蛋白质的功能。具体流程为：随机森林将新蛋白质的特征作为输入，并输出它是否是一种酶的概率；然后，使用一个阈值，根据这个概率将该蛋白质分类为酶或非酶。

2.3.7　梯度提升机

梯度提升机（gradient boosting machine，GBM）也是同时使用多棵决策树来进行准确预测，其使用提升技术来提高单一决策树的性能。提升是指将一个模型与前一个模型的残差反复拟合，以有效减少最终模型的偏差和变异。GBM 的工作原理是依次向模型添加决策树，每棵树都经过训练，以纠正前一棵树的错误。这些树是以一种贪婪的方式构建的，算法在树的每个节点上选择最能分割数据的特征和阈值。最后的预测是通过集合所有树的预测值来计算的。

GBM 也有很高的可解释性，因为它允许我们检查每个特征对最终预测的贡献。GBM 的一个潜在缺点是容易导致过拟合，特别是当树的数量很大时。为了缓解这一问题，我们可以采用正则化技术，如早期停止或收缩。此外，GBM 的计算成本很高，可能需要大量的调整来优化其性能。GBM 的应用示例之一是根据病人的病史和人口信息来预测其心脏病发作的风险，具体来说，该算法将在已知结果（如心脏病发作或卒中）的患者数据集上进行训练，学习识别预测这些事件风险最重要的特征，进而用于预测新病人的发病风险，并给出合理的治疗方案。

2.3.8　XGBoost

XGBoost（eXtreme Gradient Boosting）是"极端梯度提升"的简称，这是一种流行的梯度提升算法，近年来因其先进的性能和可扩展性而深受欢迎。它在 2014 年提出，此后成为各个领域机器学习任务的热门选择，包括图像分类、文本分类和回归。XGBoost 迭代地建立了一个决策树集合，其中每棵新的树都被训练以纠正之前的树的错误。XGBoost 还采用了一种叫作正则化的技术，通过向损失函数添加惩罚项来防止过拟合。

XGBoost 能够处理缺失值并自动进行特征选择，还提供了对并行处理的支持，允许在大型数据集上进行更快的训练。此外，XGBoost 还能处理数字特征和分类特征。它的成功也推动了其他梯度提升算法（如 LightGBM 和 CatBoost）的发展，使得我们能以多种方法提升模型的性能。

XGBoost 在生物学领域也有广泛的应用。例如，在基因选择和基因表达预测中，XGBoost 的特征选择能力使得科研人员可以筛选出具有生物学意义的基因，进而构建更准确的预测模型。通过基于 XGBoost 的基因选择，科研人员可以更好地理解哪些基因与某种生物学特性或疾病有关，从而为生物标记的发现和新的药物靶点的识别提供帮助。

2.4 深度学习基础

在众多应用场景下中，机器学习的确是行之有效的方法，但它也有一些明显的局限，如需要手动做特征工程，即选择与任务相关的特征，这对于新的、复杂的应用具有限制性。此外，机器学习的可扩展性也不够好。人工智能领域的一项突破——深度学习，成功解决了这些问题。它能直接从原始数据中学习，而不涉及特征工程，还具备强大的可扩展性。对于图像和语音识别等任务，由于数据的复杂性，深度学习的这个特性表现得尤为突出。尽管如此，深度学习并非没有缺点。其训练过程需要大量的数据和计算资源，这在某些应用中可能成为一种限制。机器学习和深度学习各有优点和缺点，各自的适用场景也有所不同。如在小型数据集或简单任务上，机器学习是一种可行的选择，且在可解释性上有一定优势；而对于复杂模式的大型数据集，深度学习的表现更为出色。

深度学习的发展主要归功于硬件和数据可用性方面的进步。随着标记数据的大量增加和高性能计算资源可用性的提高，研究人员能够开发更复杂的神经网络架构，如卷积神经网络和循环神经网络。

2.4.1 深度学习框架

深度学习研究，包括应用于合成生物学的研究，普遍采用现有的深度学习框架进行。这种框架是一个包含了工具和库的集合，为研究人员和开发人员创建和训练深度神经网络提供了方便。深度学习框架广泛用于计算机视觉、自然语言处理和语音识别等任务，而且支持并行处理，这对于快速训练大型模型是至关重要的。此外，深度学习框架包含各种优化策略和算法，例如随机梯度下降、自适应梯度下降等，可以有效提高深度神经网络的性能和精度。深度学习框架得到广泛应用的具体原因如下。

- 能够处理大规模数据集。在可用数据量持续增长的趋势下，深度学习框架可以训练大规模数据集，进一步提升模型的准确性。
- 能够处理实时数据。深度学习框架具备高效的数据流管理和计算优化能力，故其能够在如自动驾驶车辆或实时语音识别等需要实时响应的应用中发挥巨大作用。
- 能够自动从原始数据中学习特征，降低了开发者对特征工程的需求。

对于想要创建和训练深度神经网络的研究者和开发人员来说，深度学习框架提供了一个高级接口，支持并行处理，并提供了可以用来提高模型性能的优化算法。

最早的深度学习框架是在 21 世纪初开发的，主要是基于反向传播算法的，包括 Deeplearning4j、Caffe 和 Theano。这些框架为构建神经网络和执行基于梯度的优化提供了基本工具，但它们缺乏更多现代框架的灵活性和用户友好性。今天，已经有许多深度学习框架可用，且它们有自己独特的特点和功能。这些框架为构建神经网络提供了高层次的 API，并抽象出许多低层次的细节，使研究者和开发人员更容易尝试不同的架构和优化方法。近年来常用的深度学习框架有以下几种。

（1）PyTorch。PyTorch 是由 Meta（原 Facebook）的人工智能研究小组开发的开源机器学习库，广泛应用于研究和工业领域。PyTorch 的动态计算图提供了在训练和推理过程中处理数据的灵活性和效率。PyTorch 的主要优点在于其简洁明了的设计。它采用 Python 语法，使得开发人员和研究者能快速地构建原型并尝试使用不同的深度学习模型。PyTorch 还提供了丰富的预定义函数和模块，这些元素可以方便地组合在一起，用来构建复杂的神经网络架构。在并行计算和扩展性方面，PyTorch 表现出色。它支持分布式数据并行，可以在多个 GPU 或机器上进行无缝扩展，因此对于需要在大数据集上执行分布式训练的情况，PyTorch 是理想的选择。此外，它还提供了对多线程 CPU 计算的支持，有助于提升 CPU 训练速度。在合成生物学中，PyTorch 广泛应用于处理大规模基因数据、设计合成基因网络等任务。它的动态计算图和灵活的模块设计使得研究人员能够方便地实现各种模型设计和优化算法，有效推动了合成生物学的研究和应用进展。

（2）TensorFlow 和 Keras。TensorFlow 和 Keras 是两个流行的开源深度学习框架，用于构建和训练神经网络。TensorFlow 是由谷歌开发的，于 2015 年发布。它提供了一个低级别的编程接口，允许用户建立自定义的神经网络架构，并针对特定任务进行优化。Keras 是一个高水平的神经网络 API，它可以运行在 TensorFlow 或其他深度学习框架之上。Keras 在用户友好性和易用性方面的表现非常出色，是初学者或想要快速构建和测试神经网络模型的研究人员的理想选择。Keras 为构建和训练神经网络提供了一个简单、直观的界面，可用于多个任务，例如分类、回归和时间序列预测。TensorFlow 和 Keras 之间的联系是，Keras 可以作为 TensorFlow 的一个高级 API。换句话说，Keras 提供了一个构建和训练神经网络的接口，而 TensorFlow 提供了执行实际计算的后端。这使得用户可以综合利用这两个深度学习框架的优点——Keras 的易用性和灵活性，以及 TensorFlow 的低层次控制和优化。TensorFlow 和 Keras 的结合为构建和训练深度神经网络提供了一个强大的工具箱。

（3）PaddlePaddle。PaddlePaddle 是一个由百度开发的深度学习平台，中文名为"飞桨"。它是一个开源的、灵活的、易于使用的平台，为深度学习研究和开发提供了一套全面的工具和库，同时支持神经网络和其他机器学习算法。PaddlePaddle 提供了一个用户友好的界面，可供用户快速、轻松地构建、训练和部署机器学习模型。PaddlePaddle 的独特功能之一是支持异构计算，它允许用户利用多种硬件设备，以加速模型的训练和推理。PaddlePaddle 还提供了分布式训练功能，允许用户在机器集群上训练大规模模型。

（4）MindSpore。MindSpore 是一个由华为开发的开源深度学习框架，中文名为"昇思"，旨在实现高效、便捷、安全的人工智能应用开发。它支持多种深度学习模型和算法，并且在设计时考虑到了可扩展性和兼容性。MindSpore 的独特功能之一是支持自动分化，它允许用户自动计算梯度，简化了训练期间优化模型的过程。它还支持分布式训练，能够使用多个设备或机器来加速训练过程。MindSpore 支持 Python 和 C++ 编程语言，包括一套用于模型训练、评估和部署的综合工具。此外，它还提供了对各种硬件平台的支持，包括 CPU、GPU 和专用加速器，如华为的 Ascend AI NPU。来自 Ascend 专属的硬件支持也是 MindSpore 的优势之一。MindSpore 致力于提供高水平的友好用户体验，同时保持高度的灵活性和可定制性。这使得它成为那些希望快速、有效地构建复杂的人工智能应用的研究人员和开发人员的绝佳选择。

2.4.2　神经网络

神经网络是一类机器学习算法，其灵感来源于人脑的结构和功能。它们通过层层互连的节点处理信息来学习数据中的模式和关系。神经网络的核心是神经元，它接收输入并加以处理，然后产生输出信号。神经元被组织成层，每层由一组处理相同类型信息的神经元组成。输入层接收原始数据，如图像或句子，而输出层产生最终输出，如分类标签或预测。输入层和输出层之间的隐藏层执行大部分的处理，将输入转化为更抽象和复杂的表示。神经网络中神经元之间的连接由权重表示，它决定了每个神经元的输入和输出之间的关系强度。在训练过程中，我们可以使用逆传播等优化算法调整权重，以使预测输出和真实输出之间的误差最小。这种调整权重的过程使神经网络能够从数据中学习，并随着时间的推移实现性能的提升。神经网络的主要优势之一是它们能够学习数据中的复杂和非线性关系，因此非常适合用于传统机器学习算法难以解决的任务。然而，神经网络也有一些局限性，如需要大量的训练数据和计算资源，以及难以解释所学的特征。

神经网络的发展大致经历了以下几个阶段。

（1）第一阶段（20 世纪 40 年代至 60 年代）。在这个阶段，Warren McCulloch 和 Walter Pitts 于 1943 年提出了"人工神经网络"的概念。Frank Rosenblatt 于 1958 年开发了第一个人工神经元，即感知器。感知器是一个单层的神经网络，可以学习区分不同类型的对象。

（2）第二阶段（20 世纪 60 年代至 80 年代）。在这个阶段，更复杂的神经网络模型得到了发展，如多层感知器和用于训练它的反向传播算法。1969 年，Marvin Minsky 和 Seymour Papert 出版了 *Perceptrons* 一书，指出了感知器的局限性，影响了人们对神经网络的研究兴趣。

（3）第三阶段（20 世纪 80 年代至 90 年代）。在这个阶段，研究人员开发了一系列新的架构和学习算法。这些算法包括径向基函数（radial basis function，RBF）神经网络、自组织图（self organizing map，SOM）和霍普菲尔德神经网络。

（4）第四阶段（2000 年至今）。这一阶段的特点是大量的数据和强大的计算资源的出现，使深度学习成为可能。最常见的深度学习架构是用于图像识别和自然语言处理的卷积神经网络，以及用于时间序列数据的循环神经网络。

神经网络在合成生物学中的应用相当广泛。在基因序列设计中，神经网络被用来预测基因的功能和特性。以深度学习为基础的神经网络可以根据已知的生物序列信息，训练模型去理解基因序列的组合模式，并预测新的基因组合可能具有的生物功能。这种方式大大提高了基因编辑的准确性和效率。在生物合成路径优化中，神经网络也发挥了重要作用。通过构建复杂的神经网络模型，研究人员能预测并优化合成路径，这不仅降低了生物制造的成本，也提高了生物制造的效率和产品质量。神经网络还可以通过模拟和学习细胞的信号传递网络，帮助研究人员理解和控制细胞行为，这在疾病治疗特别是在设计精准的药物治疗方案中具有重要的应用价值。图 2-3 所示的是人工智能模型在合成生物学的应用。

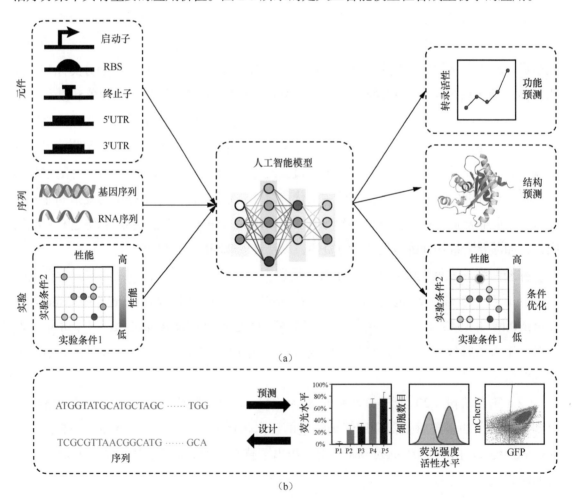

图 2-3   人工智能模型在合成生物学中的应用

图 2-3（a）是与合成生物学相关的深度学习网络的输入及其相关输出的示例。如图 2-3（b）所示，深度学习可用于在给定新输入的情况下进行预测；模型还可以反向使用，即在给定所需输出的情况下生成新颖的设计。

2.5　神经网络模型

神经网络在生物学中的应用日益显著，特别是在合成生物学、基因组学、蛋白质工程等领域。生物学是一个数据密集型学科，神经网络的优势在于它能从大量复杂的生物数据中提取有价值的信息和模式，能够从数据中学习和抽象出有用的特征，不需要专门的特征工程，这对于生物学领域的大数据分析非常有用。同时，神经网络可以通过训练适应新的数据和任务，这在生物学中的应用非常有价值，比如预测新的生物标志物、药物作用靶点等。另外，神经网络的非线性和层次化结构使得它可以模拟复杂的生物现象，如基因表达调控网络、蛋白质结构 - 功能关系等。总的来说，神经网络可供我们解决生物学中的复杂问题，未来这个领域仍有许多有待探索和利用的机会。接下来我们简要介绍常见的 8 种神经网络模型。

2.5.1　深度置信网络

深度置信网络（deep belief network，DBN）基于概率论和置信传播的概念，主要用于无监督的学习任务，如特征学习和模式识别。DBN 由多层相互连接的节点组成，每一层都会从上一层学习不同的特征。第一层接收输入数据，随后的每一层都学习更抽象的特征，以捕捉数据的高层次表征。根据 DBN 中节点之间的连接创建一个概率图模型，其中每个节点代表一个随机变量，节点之间的连接代表这些变量之间的条件依赖。DBN 可以使用无监督学习和监督学习的组合来训练。训练的无监督学习包括使用限制性玻尔兹曼机（restricted boltzmann machine，RBM）或深度玻尔兹曼机（deep boltzmann machine，DBM）等技术来学习各层之间的权重。这些技术是基于最小化输入数据和从所学特征中重建的数据之间的重建误差。DBN 一旦使用无监督学习进行了预训练，就可以使用监督学习技术（如反向传播）对最后一层进行微调，以便对输入数据进行分类或预测。微调旨在调整网络中的权重，使预测输出和真实输出之间的误差最小。DBN 已应用于图像和语音识别、自然语言处理等任务。在这些任务中，大量的数据和高维的特征空间可能难以用传统的机器学习技术来建模，但使用 DBN 则较为有效。不过，DBN 的训练计算成本也很高，可能需要大量的数据才能达到最佳性能。

在生物学领域，DBN 同样展现出了独特的优势。尤其是在处理高维度、高复杂度的生物学数据（如基因表达数据、蛋白质序列数据等）时，DBN 的无监督学习能力使其能够有效地提取和学习这些数据的深层特征和模式。例如，基因表达数据是高维度和非线性的，DBN 可以有效地抽取其深层特征，帮助研究人员发现新的基因调控网络、寻找疾病相关基因等。

2.5.2   线性神经网络

线性神经网络是神经网络的一种特殊形式，其中每个节点的输出都是输入的线性函数。这意味着网络中的每个节点都会将输入值与一组权重相乘，然后将结果加起来，可能还会加上一个偏移量（称为偏置）。这个结果会被直接作为输出，不需要进行任何非线性转换（如使用激活函数）。例如，包含一个输入节点和一个输出节点的线性神经网络可以表示为"输出 = 权重 × 输入 + 偏置"。在这种情况下，权重和偏置都是可以通过学习调整的参数。

线性神经网络的一个关键特性是，无论网络有多少层，都可以将其简化为一个单层网络。这是因为两个线性函数的连续应用（比如，一层网络的输出被用作下一层的输入）可以通过一个线性函数来表示。因此，多层线性神经网络并没有增加模型的表达能力。若添加非线性激活函数（如 ReLU 或 sigmoid 函数）可以显著增加神经网络的表达能力，则这样的网络称为非线性神经网络，它们可以表示更复杂的函数，更适合处理现实世界的复杂任务，如图像识别或自然语言处理。

线性神经网络结构相对简单，在生物信息学中也有一些应用。例如，在基因表达研究中，研究人员可能会使用线性神经网络来预测一个或一组基因在特定条件下的表达水平。这种模型可能会考虑各种可能影响基因表达的因素，如转录因子的活性、DNA 甲基化状态、组蛋白修饰等。这些信息可以作为模型的输入，而基因表达水平则作为输出。通过训练，线性神经网络可以学习这些输入如何组合以预测基因表达。

2.5.3   多层感知器

多层感知器（multilayer perceptron，MLP）是用于深度学习的基本人工神经网络之一，它是一种前馈神经网络，由多层神经元组成，上一层的每个神经元都与下一层的每个神经元相连，形成一个有向图。这样的架构使得 MLP 适合对输入和输出数据之间的复杂非线性关系进行建模。在 MLP 中，输入层获取输入数据并将其传递给第一个隐藏层。隐藏层中的每个神经元接收输入，将其与权重相乘，增加偏置，并将结果通过一个非线性激活函数，得到推理结果。这个过程在每个隐藏层重复进行，直到最后的输出层产生最终的预测结果。MLP 是监督学习任务（如分类和回归）的有力工具。然而，在某些情况下，由于梯度消失问题、过拟合和大规模数据集的高计算要求，其性能可能受到限制。

MLP 在生物学领域的应用非常多样且基础。在基因组学中，MLP 可以用于理解和预测基因功能。例如，给定一组基因表达数据，MLP 可以通过学习基因表达模式来预测某种疾病的可能性，或者揭示潜在的基因功能。在生物信息学中，MLP 也得到了广泛的应用。在药物研发中，MLP 可以用于筛选可能的药物候选物。例如，通过学习化学结构与生物活性之间的复杂关系，MLP 可以从大量的化合物中预测出可能的药物候选物。在系统生物学领域，MLP 可以用来模拟生物网络，例如代谢网络和基因调控网络，这有助于理解这些网络的动态行为和复杂的交互机制。

2.5.4　卷积神经网络

卷积神经网络（convolutional neural network，CNN）是一种深度学习神经网络，它的出现极大推动了计算机视觉领域和自然语言处理领域的研究。卷积神经网络被设计用来识别图像和视频等数据中的模式，并广泛用于物体检测、人脸识别和图像分类等任务。CNN 的理念基于层次化特征学习，其认为视觉模式可以被分解为一系列更小、更简单的特征，并且这些特征可以通过网络的训练过程自动学习。这种层次化的特征学习策略使 CNN 能够处理复杂的视觉任务。CNN 主要由以下几种类型的层构成。

- 输入层：此层接收原始像素数据。对于彩色图像，输入通常是三维数组，包含图像的高度、宽度和颜色通道（如 RGB）。

- 卷积层：此层是 CNN 的核心组件，使用一组可学习的过滤器来提取输入数据中的特征。每个过滤器都能检测输入中的某种特定特征，如边缘、颜色或者纹理等。卷积层使用这些过滤器对输入进行卷积运算，从而在特征图上捕捉到这些特征。

- 激活层：卷积层后通常会有一个激活层，如 ReLU 激活函数，用于引入非线性，使得网络可以学习更复杂的模式。

- 池化层（pooling layer）：此层用于降低数据的空间维度，减少计算负担，并帮助提取更稳定的特征，降低了模型对输入数据中微小变化的敏感性，同时保留了重要的特征信息。

- 全连接层：最后，经过多个卷积层和池化层后，数据被展平并输入一个或多个全连接层。全连接层的任务是对前面提取的特征进行整合，完成最后的分类或者回归任务。

在这些层的组合和交互中，CNN 能够从原始像素数据中提取出高层次的语义特征，有效地完成图像分类、物体检测等任务。总的来说，CNN 对大部分计算机视觉任务非常有效，并被认为是深度学习的最重要突破之一。

卷积神经网络已经在生物学研究中有许多应用，例如，对 DNA 结合蛋白的结合点进行分类。我们将 CNN 在一个大型的 DNA 序列及其相应的结合位点的数据集上进行训练，能够准确预测以前未见过的序列的结合位点。这种方法有可能被应用于其他生物序列的分析，如 RNA 和蛋白质序列，以确定功能区域并预测其相互作用。生物学中使用 CNN 的另一个例子是在显微镜领域，CNN 被用来识别和分类显微镜图像中不同类型的细胞（如癌细胞和免疫细胞）。该模型能够准确地对细胞进行高度分类，并有可能被用于帮助诊断和治疗疾病。

2.5.5　循环神经网络

循环神经网络（recurrent neural network，RNN）是一种能够处理序列数据的神经网络，可用于对连续数据（如时间序列、自然语言和语音）进行建模。与前馈神经网络不同，RNN 可以保存其内部的"记忆"（隐藏状态），并利用之前处理过的信息，很适合处理不同长度的输入。RNN 的关键特征是它们有循环连接，这使它们能够将自己的输出作为输入反馈到网络中，因此能够保留先前输入的记忆，进而影响未来输入的处理。

RNN 非常适合用来解决一些生物学问题，特别是用于分析时间序列数据，如基因表达和蛋白质序列数据。RNN 也可用于预测基因表达水平。基因表达是指存储在 DNA 中的遗传信息被用来合成蛋白质或 RNA 分子的过程。RNN 已经被用来模拟基因表达数据的时间依赖性，并预测基因表达水平对不同刺激的反应。此外，RNN 在生物信息学中也有许多应用，如预测 DNA 结合蛋白、预测 RNA 二级结构，以及识别蛋白质序列中的功能区域。RNN 还可以用于分析生物信号，如脑电图（EEG）信号和心电图（ECG）信号。

在 RNN 的基础上，又衍生出长短期记忆网络、门控循环单元、双向长短期记忆网络等更完善的网络，这些网络改善了 RNN 中一些缺陷，相较于传统的 RNN，它们在生物学中的应用更加广泛。

（1）长短期记忆（long short-term memory，LSTM）网络。这是一种循环神经网络，能够捕捉到连续数据的长期依赖性。与传统 RNN 不同的是，LSTM 网络能在长时间内有选择地记住或忘记信息，由此成为处理长序列数据的理想选择。LSTM 网络包括一个记忆单元、一个输入门、一个输出门和一个遗忘门。记忆单元负责记忆或遗忘信息，输入门负责控制输入流，遗忘门负责控制来自记忆单元的信息流。输出门控制输出流，它通常被送入密集层，用于分类或回归任务。记忆单元在每个时间步骤中都有新的信息被更新，遗忘门允许网络决定哪些信息要保留，哪些要丢弃。

（2）门控循环单元（gated recurrent units，GRU）。这是 Cho 等人在 2014 年推出的一种循环神经网络，它是长短期记忆架构的简化版，已被证明在多种任务中有效，特别是在自然语言处理和语音识别方面。与 LSTM 一样，GRU 可用来解决传统 RNN 中可能出现的梯度消失问题。GRU 通过引入门控机制，选择性地允许信息从一个时间步长传递到下一个时间步长。与 LSTM 相比，GRU 的参数更少，计算效率更高。GRU 由两个门组成，一个是更新门，一个是复位门，还有一个候选激活向量。更新门控制从上一个时间步长传递到当前时间步长的信息量，而复位门决定了上一个状态有多少被遗忘。候选激活向量用于计算当前时间步骤的输出。GRU 已被成功用于各种自然语言处理任务，包括语言建模、机器翻译、情感分析和命名实体识别，还被用于语音识别任务，而且在对语音信号进行建模时是有效的。

（3）双向长短期记忆（bidirectional LSTM，BiLSTM）网络。这是一种 LSTM 网络，可以双向处理数据。在一个标准的 LSTM 网络中，每个时间步骤的输出只取决于输入和之前的隐藏状态。在 BiLSTM 网络中，有两个独立的 LSTM 层，一个在正向处理输入，另一个在反向处理输入。然后，两个层的输出被串联起来，形成网络的最终输出。这使得该网络在进行预测时能够考虑到过去和未来的背景，使其非常适合语音识别或自然语言处理等任务。

LSTM 和 BiLSTM 网络在生物学领域多有应用，例如基因表达预测、蛋白质结构预测和药物发现。在基因表达预测中，LSTM 网络用于预测基于其 DNA 序列和其他背景信息的基因表达水平。在药物发现中，LSTM 网络用于预测小分子对特定目标的活性，这有助于加速药物发现过程。

由于 LSTM 网络、GRU 和 BiLSTM 网络能够处理连续的数据，因此成了生物学研究中广泛使用的深度学习架构。在基因组学中，这些模型被应用于 DNA 序列数据，以识别调控区域，预测基因表达，并对 DNA 甲基化模式进行分类。同样，GRU 也被用于预测小分子与蛋白质的结合亲和力。BiLSTM 网络被用于自然语言处理任务中，如分析生物医学文本数据。该模型能够达到很高的准确度，并且超过了其他基准模型。

2.5.6　残差神经网络

残差神经网络（residual neural network，ResNet）是一种深度学习神经网络，由微软亚洲研究院的研究人员于 2015 年推出。ResNet 旨在解决梯度消失的问题，当梯度变得非常小并导致网络停止学习时，这种情况就会出现在深度神经网络中。ResNet 的架构是基于残差学习的概念，即学习与输入有关的残差函数，而不是学习基础函数。这种方法允许 ResNet 通过使用快捷连接绕过梯度消失的问题，这使得梯度可以直接流经网络。ResNet 对图像识别任务特别有用，并被用来在各种图像分类比赛中取得先进的成绩，如 ImageNet 大规模视觉识别挑战赛。ResNet 也可用于诸如物体检测、分割和姿态估计等任务。ResNet 已被应用于各种生物学研究任务，如从显微镜图像中识别不同类型的细胞，对蛋白质序列进行分类，以及预测药物疗效等。ResNet 还可用于药物发现，例如，预测小分子与目标蛋白的结合亲和力。

2.5.7 深度生成模型

深度生成模型利用深度学习技术生成数据，具体来讲，就是可以通过学习现有数据的分布，生成新的、与现有数据类似的数据。深度生成模型的常见类型包括生成对抗网络、变分自动编码器等。

其中，生成对抗网络（generating adversarial network，GAN）是最常用的深度生成模型之一。GAN 由两个神经网络组成：生成器和判别器。生成器通过学习现有数据的分布生成新的数据，判别器则评估生成器生成的数据与现有数据的相似度。生成器的目标是"欺骗"判别器，使其无法区分生成的数据和现有数据，判别器的目标则是尽可能准确地区分生成的数据和现有数据。GAN 在图像生成、视频生成、文本生成等领域的应用都取得了成功。

另一个常见的深度生成模型是变分自动编码器（variational autoencoder，VAE）。它将数据编码为潜在变量，学习数据分布的表示，并通过解码器将潜在变量转换回原始数据。与 GAN 不同，VAE 在生成新的数据时，可以控制生成数据的特征，例如颜色、形状等。VAE 在图像生成、音频生成、自然语言生成等领域也得到了广泛的应用。

2.5.8 注意力网络

注意力网络对于处理自然语言或语音等顺序数据特别有用。这种网络会选择性地关注输入序列的不同部分，能够学习序列的哪些部分对产生所需的输出最为重要。注意力网络的基本思想是使用一组注意力权重来赋予输入序列的不同部分以不同程度的重要性。这些权重是在训练过程中学习的，在计算网络的最终输出时，用于权衡序列中每个元素的贡献。注意力网络已被证明是处理各种自然语言任务的有力工具。例如，在机器翻译中，注意力网络可以用来选择性地关注输入句子中与产生输出翻译最相关的部分。在问题回答中，注意力网络可以用来识别输入文本中与回答特定问题最相关的部分。总的来说，注意力网络已经成为自然语言处理工具箱中的一个重要工具，可以帮助研究人员构建出更准确、更有效的模型。

值得一提的是，自注意力机制可以帮助模型有选择地关注其输入的不同部分。这种机制能够捕捉长期的依赖关系。自注意力机制的核心思路是计算每一对输入元素的关注分数（注意力分数），然后根据这些分数汇总输入元素的加权和。注意力分数通常是通过一个学习函数来计算的，该函数将成对的元素作为输入，并输出一个标量分数，以表示它们之间的关联性强弱。

多头注意力机制是自注意力机制的延伸，常用于自然语言处理任务。多头注意力机制允许模型共同关注输入序列中的不同位置，因此可以更好地表示长距离的依赖关系以及实现更准确的预测。在多头注意力机制中，输入首先被投射到多个子空间或使用线性变换的"头"，每个头在投射的输入上独立地执行自注意力机制，使模型能够同时注意到输入的不同方面。随后，注意力头的结果被串联起来并再次投射以获得最终输出。多头注意力机制的一个优点是，它允许模型在不同的头学习输入的不同方面，这可以提高模型的整体性能；另一个优点是它很容易被并行化，这使得它在大数据集上的计算效率很高。

注意力机制自 2014 年出现以来，在各类深度学习任务中发挥了重要作用，这种创新思想有助于解决序列到序列任务中的一些挑战。继注意力机制的成功实现之后，2017年 Vaswani 等人在论文 *Attention is All You Need* 中提出了 Transformer 模型，这是一种全新的深度学习架构，完全依赖于自注意力机制来捕捉输入序列中的依赖关系，而不再需要 RNN 或 CNN。这种模型由于其并行计算的优势和更好的长距离依赖捕获能力，快速在 NLP 领域取得了显著的成果。

2018 年，Google 的研究人员利用 Transformer 模型开发出了 BERT（bidirectional encoder representations from transformer）。这是一种预训练深度学习自编码器模型，在各种 NLP 任务中取得了前所未有的精度。同年，OpenAI 采用 Transformer 模型开发了 GPT（generative pretrained transformer），这是一种自回归模型，主要用于文本生成任务，其后续版本更是引发了一轮的人工智能应用浪潮。注意力机制的出现为自然语言处理领域带来了巨大的变革，它不仅改变了深度学习模型的设计理念，而且为后续的 Transformer 模型、BERT、GPT 等模型的发展铺平了道路，这些模型进一步推动了 NLP 领域的发展，为机器更好地理解和生成人类语言开辟了新的途径。

（1）Transformer 是基于多头注意力机制的一种深度神经网络。与之前使用循环神经网络或卷积神经网络的 NLP 模型不同，Transformer 是一个纯粹的前馈网络，可以一次性处理整个输入序列。Transformer 由一个编码器和一个解码器组成，每个编码器都由多层自注意力和前馈神经网络组成。编码器接收输入序列并产生一系列的隐藏表征，而解码器接收这些表征并产生一个输出序列。在训练过程中，解码器被训练成在给定的输入序列和目标序列下产生正确的输出序列。Transformer 的关键特征之一是使用多头注意力机制，这使得模型能够同时注意到输入序列的多个部分。这是通过平行执行多个自我注意操作，然后将结果串联起来实现的。Transformer 的另一个关键特征是位置编码，它允许模型考虑到输入序列中每个元素的位置。Transformer 在各种 NLP 任务上取得了显著的成果，包括机器翻译、语言建模和问题回答。它的成功促进了许多基于 Transformer 的模型的发展，如 BERT、GPT，进一步推动了 NLP 领域的发展。

（2）BERT 基于 Transformer 架构的编码器部分，旨在理解一个句子或文件中的单词的上下文。BERT 是在一个大型的文本数据语料库中训练出来的，可以针对各种自然语言处理任务进行微调，如问题回答、情感分析和文本分类。BERT 的主要特点之一是它能够捕捉到句子中单词之间的上下文关系——使用了一种称为"掩码语言建模"的技术，运用这种技术，句子中的词被随机遮盖，而 BERT 则试图根据周围的语境来预测被遮盖的词。这一过程使 BERT 能够更多地了解词语之间的关系，并提高其对语言的理解。BERT 的另一个关键特征是使用了迁移学习，首先进行预训练步骤，然后再进行微调。在预训练阶段，BERT 在一个大型的文本语料库上进行训练，使其能够学习语言的结构和意义。在微调阶段，通过在一个较小的数据集上训练 BERT，使其适应特定的 NLP 任务。

（3）GPT 是一种基于深度学习的自然语言处理模型，可以用于生成文本、回答问题、翻译等任务。GPT 是基于 Transformer 模型的解码器部分，它使用了大量的无标注数据进行预训练，然后在特定任务上进行微调。GPT 基础模型经过训练可以预测文档中的下一个单词，并且使用公开可用的数据（如互联网数据）进行训练。这些数据是网络规模的数据语料库，包括数学问题的正确和错误解决方案、弱推理和强推理、自相矛盾和一致的陈述。GPT 作为一种生成式模型，能够就给定的主题生成一段连续文本。其使用了类似于自注意力机制的方法，即在每一层中将输入的所有元素进行两两比较，加强了同一输入中各个元素之间的交互作用，从而使得 GPT 在生成自然语言文本时能够更好地捕捉语法和上下文信息。例如，GPT-4 模型在各种专业和学术基准上与人类水平相当。例如，它通过模拟律师考试，分数在应试者的前 10% 左右。

2.6   小结

人工智能的发展历程可以大致分为三个阶段：第一阶段是规则基础系统，即利用预先定义的规则进行推理和决策；第二阶段是基于知识的系统，通过机器学习从大量数据中提取特征和知识，来完成更复杂的任务；第三阶段是深度学习，通过深层神经网络来学习数据的特征，进而完成图像识别、自然语言处理等复杂任务。

在生物学领域，人工智能可以应用于基因组学、蛋白质结构预测、药物设计等方面。未来，人工智能可以通过更精准的基因组学分析，预测疾病发生的风险；通过更准确的蛋白质结构预测，加速新药研发的过程；通过深度学习模型，挖掘医疗数据中的潜在关联和规律，从而实现个性化医疗的目标。同时，我们需要注意人工智能在生物学领域的伦理和法律问题，例如如何保护个人隐私、如何确保数据的安全性等。为此，制定更全面、科学的法规和规范势在必行，同时还应加强技术与伦理的融合，推进人工智能技术在生物学领域的应用与发展。人工智能和合成生物学的融合有望给"设计 - 构建 -

测试 - 学习"闭环的全流程带来变革,而孕育"类合成生物学家",也将"反哺"人工智能技术的飞跃。

2.7 参考文献

[1] Cheng Chen, Qingmei Zhang, Bin Yu, et al. Improving protein-protein interactions prediction accuracy using XGBoost feature selection and stacked ensemble classifier[J]. Computers in Biology and Medicine , 2020, 123:103899.

[2] Damon Sprouts, Yin Gao, Chao Wang, et al. The development of a deep reinforcement learning network for dose-volume-constrained treatment planning in prostate cancer intensity modulated radiotherapy[J]. Biomedical Physics & Engineering Express,2022,8(4):10.1088.

[3] Chenjing Cai, Shiwei Wang, Youjun Xu, et al. Transfer learning for drug discovery[J]. Journal of Medicinal Chemistry, 2020, 63(16):8683-8694.

[4] Xiaoxu Guo, Fanghe Lin, Chuanyou Yi, et al. Deep transfer learning enables lesion tracing of circulating tumor cells[J]. Nature Communications, 2022, 13(1):7687.

[5] Aleksandar Obradovic, Nivedita Chowdhury, Scott M Haake, et al. Single-cell protein activity analysis identifies recurrence-associated renal tumor macrophages[J]. Cell, 2021,184(11): 2988-3005.

[6] Jiang J Q, McQuay L J. Predicting protein function by multi-label correlated semi-supervised learning[J]. IEEE/ACM Transactions on Computational Biology and Bioinformatics, 2012, 9(4):1059-1069.

[7] C Z Cai, W L Wang, L Z Sun, et al. Protein function classification via support vector machine approach[J]. Mathematical biosciences, 2003, 185(2):111-122.

[8] Jongsoo Keum, Hojung Nam. SELF-BLM: Prediction of drug-target interactions via self- training SVM[J]. PloS One, 2017, 12(2):e0171839.

[9] Nikovski, D. Constructing Bayesian networks for medical diagnosis from incomplete and partially correct statistics[J]. IEEE Transactions on Knowledge and Data Engineering, 2000, 34:509-516 .

[10] Rubén Armañanzas, Iñaki Inza, Pedro Larrañaga. Detecting reliable gene interactions by a hierarchy of Bayesian network classifiers[J]. Computer Methods and Programs in Biomedicine, 2008, 91(2):110-121.

[11] Thierry Poynard, Joseph Moussalli, Mona Munteanu, et al. Slow regression of liver fibrosis presumed by repeated biomarkers after virological cure in patients with chronic hepatitis C[J]. Journal of hepatology, 2013, 59(4):675-683 .

[12] Bouazza S, Hamdi N, Zeroual A, et al. Gene-expression-based cancer classification through feature selection with KNN and SVM classifiers[EB/OL].(2015-3-25)[2023-10-25].

[13] Andrew Ward, Ashish Sarraju, Sukyung Chung, et al. Machine learning and atherosclerotic cardiovascular

disease risk prediction in a multi-ethnic population[J]. NPJ Digital Medicine, 2020, 23(3):125.

[14] Hongfei Li, Lei Shi, Wentao Gao, et al. dPromoter-XGBoost: detecting promoters and strength by combining multiple descriptors and feature selection using XGBoost[J]. Methods, 2022, 204:215-222.

[15] Cheng Chen, Han Shi, Zhiwen Jiang, et al. DNN-DTIs: Improved drug-target interactions prediction using XGBoost feature selection and deep neural network[J]. Computers in Biology and Medicine, 2021, 136:104676.

[16] Min Zou, Suzanne D Conzen. A new dynamic Bayesian network (DBN) approach for identifying gene regulatory networks from time course microarray data[J]. Bioinformatics, 2005, 21(1):71-79.

[17] Yan Chen, Xuan Sun, Jiaxing Yang. Prediction of Gastric Cancer-Related Genes Based on the Graph Transformer Network[J]. Frontiers in Oncology, 2022, 12:902616.

[18] P D'haeseleer, X Wen, S Fuhrman. Linear modeling of mRNA expression levels during CNS development and injury[J]. Pac Symp Biocomput, 1999:41-52.

[19] Ahmed Alobaida, Bader Huwaimel. Analysis of enhancing drug bioavailability via nanomedicine production approach using green chemistry route: Systematic assessment of drug candidacy[J]. Journal of Molecular Liquids, 2023, 10:12980.

[20] Barukab O, Ali F, Alghamdi W, et al. DBP-CNN: Deep learning-based prediction of DNA-binding proteins by coupling discrete cosine transform with two-dimensional convolutional neural network[J]. Expert Systems with Applications, 2022, 197:116729 .

[21] Junkang Zhang, Haigen Hu, Shengyong Chen, et al. Cancer cells detection in phase-contrast microscopy images based on faster R-CNN[C]// Proceedings of the IEEE. NJ: IEEE, 2017: 363-367.

[22] Huiqing Wang, Chun Li, Jianhui Zhang, et al. A new LSTM-based gene expression prediction model: L-GEPM[J]. Journal of Bioinformatics and Computational Biology, 2019, 17(4): 1950022.

[23] Yankang Jing, Yuemin Bian, Ziheng Hu, et al. Deep learning for drug design: an artificial intelligence paradigm for drug discovery in the big data era[J]. The AAPS Journal, 2018, 20(3):58.

[24] Bung N, Krishnan S R, Roy A. An in silico explainable multiparameter optimization approach for de novo drug design against proteins from the central nervous system[J]. Journal of Chemical Information and Modeling, 2022, 62(11):2685-2695.

[25] Chaofan Li, Kai Ma. Entity recognition of Chinese medical text based on multi-head self-attention combined with BILSTM-CRF[J]. Mathematical Biosciences and Engineering, 2022, 19(3):2206-2218.

第 3 章 合成生物学中的数学模型

合成生物学遵循"设计"和"重设计"等工程化策略来构建新生物系统,其工程化本质主要是解耦(将一个系统分解成较为简单的子系统)、抽提(将问题简化为所关注的部分)和标准化(使组成部分兼容各类系统)。利用上述工程化策略,我们可以构建出各类复杂的基因线路,并在不同的生物底盘细胞中表达,以实现预期的生物学功能。然而,由于生物系统具有复杂性与多样性的特点,研究人员还不能完全理解生物系统行为过程中的所有相互作用机制,因此,仅仅是简单运用工程化策略,不足以构建具有可预测性且包含复杂调控网络的生物系统。更重要的是,基因的调控表达受到各类因素影响,诸如启动子的启动强度、转录因子活性、终止子的终止能力、宿主细胞的代谢产物、蛋白质折叠能力、营养物质和环境压力等。计算机辅助的数学建模可以有效解决这一问题。合成生物学大量借助计算机科学、数学和物理学原理,基于已有的生物学知识,构建数学模型,对合成生物学系统进行模拟和性能分析,指导并优化实验设计。数学建模是工程化"设计-构建-测试-学习"中不可或缺的一环,可以预测基因调控网络在不同条件和组合下的动态变化,以缩小参数空间范围,利用已有生物学知识来预测整个生物系统行为,并通过比较模拟结果与实验观测的定量差异,推测其背后隐藏的功能机制,进一步完善、修正模型。数学建模是连接概念性设计想法与生物行为实现的桥梁。

本章首先介绍了合成生物学的标准定量机制;其次,概述了合成生物系统中常见的数学模型,包括米氏方程、希尔方程、种群生长 Logistic 模型、基因表达的随机模型以及基因调控网络模型等,这些模型有助于将表征良好的生物元件集成到调控网络中,通过计算建模方法来构建符合期望的生物系统;最后,概述了合成生物学的逻辑拓扑结构,包括简单调控、级联、前馈、反馈、单输入模块和多输入模块。

3.1 标准定量机制

对生物学行为进行标准化定量,是合成生物学数学建模研究方法的基石,也是生物系统建立定量关系、发展定量理论的基础。为描述标准化系统量化平台抽象的概念信号,国际基因工程机器大赛将 PoPS 定义为衡量基因被转录水平的输入/输出信号标准。PoPS(RNA polymerase per second,RNA 聚合酶每秒)是指对于每个 DNA 拷贝来讲,

RNA 聚合酶分子每秒通过 DNA 分子上某一点的数量。PoPS 和转录速率（transcription rate）是不同的概念。转录速率通常是特定转录产物的相关参数，即每单位时间内的转录物产量。相比之下，PoPS 是指 DNA 上特定位置的转录速率。在某些情况下，二者有着相同的物理含义，例如，编码区下游的 PoPS 与该编码区转录速率是相同的概念；在某些位置上，因为不存在转录情况，转录速率不一定有意义，而 PoPS 仍然具有一定的含义，例如，终止子下游的 PoPS 代表 RNA 聚合酶通过终止子的速率，但无法用终止子转录速率对此进行描述。

PoPS 类似于流经电线特定位置的电流流量。启动子可以视为 PoPS 源，类似于电路中的电池，它可以产生稳定的 PoPS 输出，但没有输入；终止子接收 PoPS 输入而不提供输出，相当于接收器或者是接地装置。举例说明，一个标准的 PoPS 转换器（inverter）一般包括启动子、核糖体结合位点、阻遏蛋白和终止子。该转换器可以接收 PoPS 的输入信号并反转该信号，当 PoPS 输入信号较高时，会导致阻遏蛋白与启动子结合，使启动子的启动效率降低，从而产生低输出信号；当 PoPS 输入信号较低时，阻遏蛋白表达量较低，无法与启动子结合，启动子可以被启动而产生 PoPS。在这类转换器中，核糖体结合位点的作用类似于电线，允许 PoPS 信号通过；同样，蛋白质编码区域也类似于具有阻抗的电线，PoPS 信号通过时会损失一部分信号强度，即其输出的 PoPS 可能小于输入的 PoPS。然而，PoPS 并不能称为一个通用的信号载体，因为除了转录信号，生物系统还依靠其他信号载体进行信息传播，例如，激酶系统中通过磷酸化反应进行信号传播。

与 PoPS 类似，RIPS（ribosomal initiations per second）用于衡量 mRNA 的翻译水平，即对于每一个 mRNA 分子来讲，核糖体分子每秒通过 mRNA 分子上某一点的数量。PoPS 和 RIPS 等概念的提出对于合成生物系统定量化标准建立具有开创性意义。此外，利用生物学标准化语言可以简化数学模型的构建过程，缩小模型描述与系统行为预测之间的差距，解决数据的异质性问题，并促进研究人员之间和不同软件平台之间的模型共享。例如，系统生物学标记语言（systems biology markup language，SBML）和合成生物学开放语言（synthetic biology open language，SBOL）都用于表示模型的计算机可读格式。SBOL 用于描述生物元件的结构和基本的定性功能表征信息，是目前合成生物学领域进行元件设计、数据交换的标准语言。SBOL 是一种根据合成生物学需求设计的社区驱动标准化语言，用于不同软件之间的元件设计交流。SBOL 允许对 SBML 进行注释，并将数据从 SBML 格式转换为 SBOL 格式，以便将生物系统设计和元件序列结构信息关联起来。

3.2   数学模型

构建数学模型是生物系统分析中关键的一环。本节将概述合成生物学系统中常见的数学模型及其应用场景，帮助读者夯实基础。

在合成生物学领域，常用的数学模型包括米氏方程、希尔方程、种群生长 Logistic 模型等确定性模型，以及主方程、随机微分方程等随机模型。

3.2.1 米氏方程

米氏方程（Michaelis-Menten equation）是在质量作用定律的基础上，表示一个酶促反应的起始速度 V_0 与底物浓度 $[S]$ 关系的方程。米氏方程是在假定存在一个稳态反应条件下推导出来的，对于简单的酶促反应，其反应速率可用公式（3-1）所示的米氏方程描述。

$$V_0 = \frac{V_{\max}[S]}{K_{\mathrm{m}} + [S]} \tag{3-1}$$

其中，K_{m} 值为米氏常数，$V_{\max}$ 是酶被底物饱和时的反应速度，$[S]$ 为底物浓度。由此可见，K_{m} 值的物理意义为反应速度 V 达到 $1/2\ V_{\max}$ 时的底物浓度，其单位一般为 M（mol/L），也就是说，只由酶的性质决定，而与酶的浓度无关，因此可用 K_{m} 值鉴别不同的酶。

在酶促反应中，当底物浓度较低时，反应（相对于底物）是一级反应（first order reaction）；当底物浓度过低时，米氏方程分母中的 $[S]$ 相对于 K_{m} 可忽略不计。当底物浓度处于中间范围时，反应是混合级反应（mixed order reaction），由图 3-1 可知，速度 V_0 相对于 $[S]$ 的曲线为双曲线。当底物浓度过高时，米氏方程分母中的 K_{m} 相对于 $[S]$ 可忽略不计，反应速度接近于 $V_{\max}$；在曲线下方的区域，酶几乎被底物饱和，反应由一级反应向零级反应（zero order reaction）过渡。也就是说，再增加底物对反应速度没有什么影响。反应速度逐渐趋近的恒定值称为最大反应速度 $V_{\max}$。给定酶量的 $V_{\max}$ 可以定义为处于饱和底物浓度的起始反应速度。

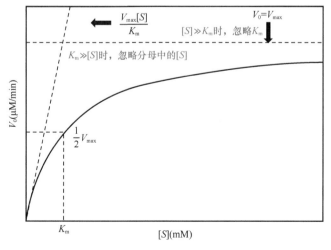

图 3-1　米氏方程模拟图

在基因线路中，通常我们可以将 RNA 聚合酶结合 DNA 等反应作为可逆酶促反应进行处理，然后利用米氏方程对这些反应步骤进行建模，得到动力学模型。

3.2.2   希尔方程

希尔方程（Hill equation）是基因线路调控中的常用方程，最初是由 Archibald Hill 于 1910 年提出并命名的，用以阐释血红蛋白与氧气结合曲线呈现 S 形，即解释血红蛋白结合氧气和别构酶结合底物的别构效应。这种 S 形曲线所表示的含义是：在底物浓度较低时，反应速率随着底物浓度的增加而小幅递增；随着底物浓度的进一步增加，底物浓度的小幅增加会导致反应速率的大幅增加；当底物浓度非常高时，反应速率呈现饱和状态，也就是说，即使底物浓度继续增加，反应速率也不再增加。这种类型的动力学可以用希尔方程充分描述，如式（3-2）所示。

$$V = \frac{V_{max}[S]^n}{(K_{0.5})^n + [S]^n} \qquad (3\text{-}2)$$

其中，n 是希尔系数（Hill coefficient）。希尔系数是无单位的，它提供了一个底物与蛋白质等结合的协同性衡量标准。在生物化学中，若已经有配体分子结合在一个高分子（通常指蛋白质）上，新的配体分子与这个高分子的结合作用就常常会被增强或减弱。

（1）如果 n 值大于 1，那么表明该反应过程在底物与蛋白质结合方面表现出正协同性。正协同性是指一种底物与蛋白质的结合促进了另一种底物与蛋白质的结合。n 值大于 1 也表明在所研究的蛋白质中存在一个以上的底物结合位点，这可能是因为蛋白质单体中存在两个或多个底物结合位点，也可能因为蛋白质多个亚基的组装（每个亚基都有一个底物结合位点）。

（2）如果 n 值等于 1，那么希尔方程被简化为米氏方程。

（3）如果 n 值小于 1，那么该反应在底物结合方面表现出负协同性。

V 是反应速率，其单位可以用许多不同的形式表示，如 mmol/s、mol/min 等。V_{max} 表示在饱和底物浓度下可以达到的最高反应速率；$[S]$ 是底物浓度，其单位可以用许多不同的形式表示，如 pM、nM、μM、mM、M、ng/mL 或 % 等；$K_{0.5}$ 是半最大浓度常数，是指反应速率为 50% V_{max} 时的底物浓度。注意，$K_{0.5}$ 提供了关于所研究的蛋白质对底物的亲和力信息，$K_{0.5}$ 的值越小，底物的亲和力就越高（需要较低的底物浓度来达到 50% 的饱和度）；反之，$K_{0.5}$ 的值越大，底物的亲和力就越低（需要较高的底物浓度才能达到 50% 的饱和度）。如果希尔系数被设定为 1（$n=1$），$K_{0.5}$ 将与米氏常数（K_m）相同。因此，希尔方程常用于确定受体结合到酶或受体上的协同性程度。

在表达系统的行为分析中，我们可以通过构建连续的数学模型，得到在不同参数下系统的状态图，并利用希尔方程来判断其稳定性。

3.2.3　种群生长 Logistic 模型

若细胞在无限空间、无限营养、没有天敌等理想条件下进行生长或繁殖，则种群生长状态呈 J 形曲线（见图 3-2），其生长量或繁殖量与种群密度无关，种群在这种环境下可以迅速繁殖，种群数量呈指数增长，其数学模型如式（3-3）所示。

$$N(t) = N_0 e^{r(t-t_0)}, \quad r = b - d \tag{3-3}$$

其中，$N(t)$ 为第 t 年的种群数量，t 为时间，b 为新增率，d 为死亡率，r 为每年净增长率（$r>0$）。$N_0 = N(t_0)$ 为初始时刻的值。然而上述公式只在生长初始阶段成立，当种群数量增大后，环境恶化、养料不足等阻力致使上述指数增长关系无法保持下去。在空间有限、资源有限等自然条件下，种群生长状态一般会呈现出"初期快速增长，后期增长速度缓慢，最终达到环境所允许的最大值"的态势（见图 3-2）。描述种群生长的曲线通常使用由数学生物学家 P. F. Verhulst 提出的 Logistic 模型。本节将介绍单细胞生存 Logistic 模型和两种细胞生存 Logistic 模型。

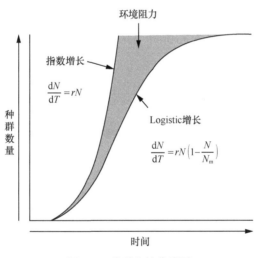

图 3-2　种群生长曲线图

1. 单细胞生存 Logistic 模型

在环境总承受量一定的情况下，空间和资源都是有限的，当个体数量过多时，平均资源占有率下降和环境恶化等因素，会使得新增率降低，同时死亡率升高。假设环境能供养的种群个体数量的上界为 N_m（将 N_m 看作常数），N 表示当前的种群个体数量，$N_m - N$ 为环境还能供养的种群个体数量，个体增长率与两者的乘积成正比。此时细胞生长的 Logistic 模型可以通过反馈抑制模型推导得来，如式（3-4）所示。

$$\frac{\mathrm{d}N}{\mathrm{d}t} = rN\left(1 - \frac{N}{N_m}\right) \tag{3-4}$$

其中，N 代表种群个体数量；N_m 代表环境所能供养的最大种群个体数量；r 代表最大生长速率。如图 3-2 所示，横坐标表示时间，纵坐标表示种群数量，细胞的增长速率随着细胞浓度的增加而先增加再减少，细胞的最终浓度等于特定营养条件下的最大浓度，符合实际中微生物生长情况，此方程是描述在资源有限的条件下种群增长规律的一个常用数学模型。

2．两种细胞生存 Logistic 模型

当培养基中有两种细胞共同生长时，二者的关系相对复杂，可能具有相互竞争、相互依存（共生）、合作、捕食和寄生等关系。假设两种细胞都生存在同一自然环境中，其数量变化服从 Logistic 模型，仅考虑营养限制条件下两种细胞自身复制、对自身增长的抑制作用和对另一种细胞增长的抑制作用，则可以得到两种细胞的增长速率表达式，如式（3-5）和式（3-6）所示。

$$\frac{dN_1}{dt} = r_1 N_1 \left(1 - \frac{N_1 + \sigma_2 N_2}{N_m} \right) \tag{3-5}$$

$$\frac{dN_2}{dt} = r_2 N_2 \left(1 - \frac{N_2 + \sigma_1 N_1}{N_m} \right) \tag{3-6}$$

其中，r_1 和 r_2 为两个物种自身的最大生长速率，σ_1 和 σ_2 代表种间竞争作用强度。如果 N_1 和 N_2 代表同一物种的两种不同菌株（例如，具有不同功能质粒的大肠杆菌菌株），可以假定其竞争作用是对称的，也是 $\sigma_1 = \sigma_2 = 1$。如果两种菌株的最大生长速率几乎一致，则可以进一步假设 $r_1 = r_2 = r$，那么这个模型可以简化为

$$\frac{dN_1}{dt} = r N_1 \left(1 - \frac{N_1 + N_2}{N_m} \right) \tag{3-7}$$

$$\frac{dN_2}{dt} = r N_2 \left(1 - \frac{N_2 + N_1}{N_m} \right) \tag{3-8}$$

由上述公式可知，当两种具有不同功能质粒的大肠杆菌共同生长时，细胞初始浓度的不同，决定了系统达到最终浓度时不同功能细胞能够达到的各自最终浓度的不同。

3.2.4　基因表达的随机模型

当基因表达速率较高、反应物浓度较高时，反应物浓度的小幅涨落对于基因表达的影响可以忽略不计，此时我们可以用米氏方程、希尔方程等确定性模型（deterministic model）来描述基因表达的动力学过程。当基因表达速率相对较低且反应物量相对较少时，各种随机因素和生物噪声对基因表达影响明显，基因表达过程出现显著的随机性，这时需要采用主方程、随机微分方程等随机模型（stochastic model）对基因表达系统进行定量描述。

1．主方程（master equation）

主方程是描述离散状态随时间变化的随机概率模型，是统计物理学里最重要的方程

之一，广泛应用于化学、生物学、人口动力学、金融等领域。主方程可用来研究单个基因的表达行为，基因在激活时首先转录为 mRNA，mRNA 进而被翻译为蛋白质。因此，主方程模型的构建主要基于下列假设：基因可以在非激活态（I）和激活态（A）之间来回转变，该可逆反应的速率分别为 b 和 c，即

$$I \underset{c}{\overset{b}{\rightleftarrows}} A \qquad (3\text{-}9)$$

只有处于激活态的基因才能被转录为 mRNA，其转录速率用 H 表示；ϕ 代表 mRNA 的降解产物，即

$$A \overset{H}{\rightarrow} \text{mRNA} \rightarrow \phi \qquad (3\text{-}10)$$

mRNA 以速率 k 翻译成蛋白质，蛋白质以速率 γ 降解，即

$$\text{mRNA} \overset{k}{\rightarrow} \text{蛋白质} \overset{\gamma}{\rightarrow} \phi \qquad (3\text{-}11)$$

如果用 x 和 y 分别代表 mRNA 和蛋白质的量，G 代表基因是否激活的随机二进制数（$G=1$ 代表激活态，$G=0$ 代表非激活态），则可用三元函数 (x,y,G) 描述该基因表达系统。x 和 y 的联合分布可表示为下列概率函数

$$\begin{cases} f_{x,y}(t) = P[\#\text{mRNA} = x, \#\text{protein} = y, G = 0] \\ g_{x,y}(t) = P[\#\text{mRNA} = x, \#\text{protein} = y, G = 1] \end{cases} \qquad (3\text{-}12)$$

式（3-12）分别表示细胞中基因激活和未激活时 mRNA 和蛋白质的量。基于此分布函数，结合化学反应速率，系统随时间的变化可用主方程描述为

$$\frac{\mathrm{d}f_{x,y}}{\mathrm{d}t} = cg_{x,y} - bf_{x,y} + (x+1)f_{x+1,y} - xf_{x,y} + kxf_{x,y-1} + r(y+1)f_{x,y+1} - (kx+ry)f_{x,y} \frac{\mathrm{d}f_{x,y}}{\mathrm{d}t}$$

$$= cg_{x,y} - bf_{x,y} + (x+1)f_{x+1,y} - xf_{x,y} + kxf_{x,y-1} + r(y+1)f_{x,y+1} - (kx+ry)f_{x,y}$$

$$\frac{\mathrm{d}g_{x,y}}{\mathrm{d}t} = -cg_{x,y} + bf_{x,y} + Hg_{x-1,y} + (x+1)g_{x+1,y} - (H+x)g_{xy} +$$

$$kxg_{x,y-1} + r(y+1)g_{x,y+1} - (kx+ry)g_{x,y} \qquad (3\text{-}13)$$

其中，$cg_{x,y}$ 和 $bf_{x,y}$ 表示启动子激活 / 失活导致的 $(x,y,1)$ 和 $(x,y,0)$ 之间的概率变化；方程中其余各项的含义如图 3-3 所示。

2. 随机微分方程（stochastic differential equations）

当分子数量较少时，主方程涉及的状态空间较小，系统可用有限数量的常微分方程（米氏方程、希尔方程等）描述，这些方程可通过数值解法求解。然而，在生物系统中，仅一个反应过程就可能涉及上百个分子和几十万个蛋白质，很难通过常微分方程进行动力学建模。因此，尽管主方程在理论上能够获得对基因表达系统的准确描述，但在实际应用中存在众多困难。我们可以通过采用随机微分方程对主方程进行简化来描述系统。

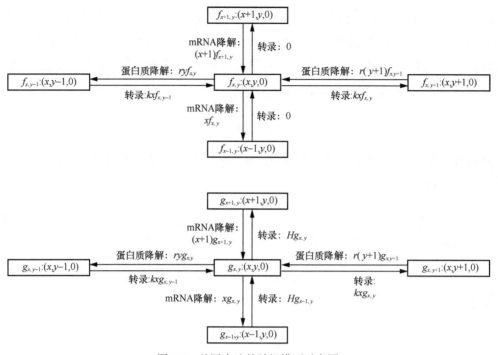

图 3-3   基因表达的随机模型示意图

上述反应系统中，基因的状态可用随机过程 $G(t)$ 来描述，则有

$$\begin{cases} \dfrac{\mathrm{d}x}{\mathrm{d}t} = -x + HG(t) \\ \dfrac{\mathrm{d}y}{\mathrm{d}t} = KX - ry \end{cases}$$ 　　（3-14）

其中，x 和 y 分别代表 mRNA 和蛋白质水平。该方程此时为依赖于组分 $G(t)$ 的随机微分方程。x 和 y 可看作连续的随机变量。随机模型的模拟还有很多其他方法，如蒙特卡罗（Monte-Carlo）和 Gillespie 算法等。

3.2.5   基因调控网络模型

迄今为止，研究基因调控网络的模型有很多，包括离散网络模型和连续网络模型、确定型网络模型和随机网络模型、定性网络模型和定量网络模型等。下面我们介绍几种典型的基因调控网络模型。

1. 布尔网络模型

Kauffman 于 1969 年引入布尔网络（Boolean network）模型，这是一种简单的离散型基因调控网络。在布尔网络模型中，基因表达处于两种状态，即状态"开"（ON）和"关"（OFF）。状态"开"代表一个基因转录表达，形成基因表达产物；状态"关"代表一个基因转录表达关闭。基因之间的相互作用关系可用布尔逻辑表达式来表示，包括与（and）、或（or）、非（not）等。例如，"A and not B → C"表示"如果 A 基因表达，且

B 基因不表达，则 C 基因表达"。1998 年，Yuh 等人通过对海胆的一个调控元件进行详细功能分析，构建了该调控元件的定量计算模型，明确了基因转录水平的基因调控网络逻辑关系。

相比真实的基因调控网络模型，布尔网络模型是比较简单的定量生化模型。生物本身的不确定性和实验过程中生物噪声以及其他变量的影响，使得布尔网络模型在处理有着大量节点的基因网络时存在一定的局限性。Shmulevich 等人将传统的布尔网络与马尔科夫链（Markov chains）结合起来，引入概率布尔网络（probabilistic Boolean network，PBN）模型。PBN 模型是在布尔网络模型的基础上增加了对父代基因集合的概率选择，可进行全局网络动态的系统研究，能解决来自数据和模型选择方面的不确定性问题，为量化相互作用过程中的基因相互影响和灵敏度提供了一种简单的方式。

2. 线性组合模型

基因表达水平变化并非离散型变化，而是一个连续性过程。用离散的布尔网络模型分析可能会与实际情况大相径庭。线性组合（linear combination）模型是一种连续型网络模型，在线性组合模型中，一个基因的表达值是若干其他基因表达值的加权和，权是基因之间相互关系的定量化：正权表示基因激发，负权表示基因抑制，0 权表示两个基因没有关系，可表示为式（3-15）。

$$x_i\left(t+\Delta t\right)=\sum_j w_{ij}x_j\left(t\right) \tag{3-15}$$

其中，$x_i+(t+\Delta t)$ 是基因 i 在 $t+\Delta t$ 时刻的表达水平，$x_j(t)$ 是基因 j 在 t 时刻的表达水平，w_{ij} 代表基因 j 的表达水平对基因 i 的影响。在该基因表达式中，我们还可以增加其他数据项，以更接近基因调控网络的实际情况。例如，可增加一个常数项，用来反映基因在没有其他调控输入时的本底活化水平。将上述表达式转换为线性差分方程，我们就可以描述一个基因表达水平的变化趋势。给定一系列基因表达水平的实验数据，我们就可以确定基因时间序列 $x_i(t)$，利用最小二乘法或者多重分析法求解整个系统的差分方程组，进而确定方程中的所有参数，并利用差分方程分析各个基因的表达行为。

3. 加权矩阵模型

加权矩阵（weighted matrix）模型与线性组合模型类似，也可应用于基因调控网络。在加权矩阵模型中，一个基因的表达值是其他基因表达值的函数（加权和），含有 n 个基因的转录调控网络基因表达状态用 n 维空间中的向量 $u(t)$ 表示，$u(t)$ 代表一个基因在 t 时刻的表达水平。加权矩阵 W 表示基因之间的调控作用，加权矩阵包含了 $n \times n$ 个权重值，表示基因之间的相互调控关系。加权矩阵 W 的每一行代表一个基因的所有调控关系，即 w_{ij} 表示基因 j 的表达水平对基因 i 的影响。若 w_{ij} 为正值，则基因 j 促进基因 i 的表达；若 w_{ij} 为负值，则基因 j 抑制基因 i 的表达；若 w_{ij} 为 0，则基因 j 对基因 i 的表达没有调控作用。在 t 时刻，基因 j 对基因 i 的净调控输入为：j 的表达水平乘以 j 对基因 i 的调控影响程度 w_{ij}。基因 i 的总调控输入 $r_i(t)$ 如式（3-16）所示。

与线性组合模型不同的是，基因 i 最终转录响应还需要经过一次非线性映射。这种函数是神经网络中常用的 Sigmoid 函数，如式（3-17）所示，其中 α 和 β 是两个常数，分别表示非线性映射函数曲线的位置和曲度。

$$r_i(t) = \sum_{j=1}^{n} w_{ij} u_j(t), \quad u_i(t) = \frac{1}{1 + e^{-(\alpha_i r_i(t) + \beta_i)}} \qquad (3\text{-}16)$$

通过上述公式，可计算出 t+1 时刻基因 i 的表达水平。此外，我们可以利用线性代数和神经网络方法对该模型作进一步分析。实验表明，该模型具有稳定和周期性的基因表达水平，与实际生物系统是一致的。同时，我们还可以在这种模型中加入新的变量，以模拟环境条件变化对基因表达水平的影响。

4. 互信息关联模型

互信息（mutual Information）是信息论中最重要的概念之一，指两个随机变量包括对方信息的量，用于衡量两个随机变量间的依赖程度。不同于普通的相似性度量方法，互信息是基于熵捕捉变量间非线性的统计相关性，因而可以认为其能度量真实的依赖性。在基因调控网络中，互信息关联模型是用熵和互信息描述基因和基因的关联。一个基因表达模式 A 的熵是所含信息量的度量，其计算公式如式（3-17）所示。

$$H(A) = -\sum_{i=1}^{n} p(x_i) \log(p(x_i)) \qquad (3\text{-}17)$$

其中，$p(x_i)$ 为基因表达值出现在 x_i 的概率，n 为表达水平的区间数目。熵的值越大，则基因表达水平越趋近于随机分布。两个基因表达模式之间的互信息如式（3-18）所示。

$$M(A,B) = H(A) + H(B) - H(A,B) \qquad (3\text{-}18)$$

若 $M(A,B)=0$，则两个基因不相关；$M(A,B)$ 值越大，两个基因的非随机相关性越强，也就是说，二者之间的生物关系越密切。Butte 等人通过分析基因对之间的互信息，对酵母的基因芯片表达数据进行了分析。他们根据基因表达实验数据计算所有基因对之间的互信息，并定义了一个互信息阈值，高于该阈值就意味着这两个基因在生物学上存在关联。Butte 等人利用包含 2467 个基因的公共数据集构建了 22 个聚类（或称相关性网络），并解释了每个相关性网络的生物学意义。

3.3　逻辑拓扑结构

生命系统中存储生物信息的各基因并非独立发挥作用，而是形成内外相互作用的网络来推动生命演化。基因的表达并不是孤立的，一个基因的表达会受到其他基因的影响，而这个基因又会调控其他下游基因的表达，这种相互影响、相互制约的关系构成了复杂的基因调控网络（genetic regulatory network）。这些复杂的基因调控网络由更简单的调控单元组成，例如调控网络基元（motif）和基础基因线路（elementary gene circuit）。这些简单的调控单元可以借鉴计算机网络中的概念，通过形成简单调控、级联、反馈、单输入模块等逻辑拓扑结构，组合成具有一定功能的调控网络，使之可以在细胞中执行特定的动态功能。了解合成生物学的逻辑拓扑结构，对于就基因调控网络构建动力学系统模型，进而在解释和预测生命现象、构建新的生物系统中有着积极的作用。

3.3.1　简单调控

简单调控（simple regulation）通常指一个基本的动态转录相互作用，即转录因子 Y 对基因 X 只有调节作用，并没有其他相互作用。转录因子 Y 通常被某个特定的信号激活，该信号可以是直接与 Y 结合的诱导分子，或通过信号转导级联对 Y 进行修饰。当转录开始时，基因产物 X 的浓度上升并收敛到一个稳定的水平。这一水平取决于产物 X 产生和降解的比例，其中降解包括主动降解和细胞生长的稀释作用。当生产停止时，基因产物的浓度会呈指数级下降。合成生物学系统中常见的简单调控包括负自动调控和正自动调控。

1. 负自动调控

如果一个转录因子抑制其自身基因的转录，就会出现负自动调控（negative autoregulation，NAR）现象。此外，我们可以通过转录调控以外的方式进行负自动调控，例如蛋白质可通过自磷酸化抑制自身活性。大肠杆菌约有一半的阻遏蛋白具有负自动调控机制，这些带有负自动调控机制的阻遏蛋白可加快基因线路的反应时间，并减少由生产率波动而导致的细胞与细胞之间的蛋白质水平变化。

负自动调控缩短基因线路反应时间的主要机制为：在 NAR 中，当用强启动子来调控蛋白质 X 表达时，蛋白质 X 的初始浓度会快速上升，当 X 的浓度达到自身启动子抑制阈值时，X 的生产速率开始下降，使 X 的浓度恒定在接近其抑制阈值的稳态水平上。这一稳态水平可以在进化过程中通过突变加以调控，即突变可改变 X 对自身启动子的抑制阈值水平。如果不利用 NAR 而使用简单调控方式实现恒定的 X 浓度，则需要选用较弱的启动子，但弱启动子的转录速率较慢。因此，NAR 可以比简单调控方式更快地使蛋白表达量达到稳态水平。目前，实验已证实 NAR 具有调控反应速率的作用，例如，研究人员通过荧光标记的阻遏蛋白 TetR 以及其可抑制的自身启动子构建负自动调控系统，证实了 NAR 调控方式可以使反应加速；大肠杆菌的 SOS DNA 修复系统是通过阻遏蛋白 LexA 和自身启动子组成的自动调控，实现了自然环境下的反应加速。

除了加快反应速度，NAR 调控方式还可以减少细胞与细胞之间的蛋白质水平变化。生物噪声会导致蛋白质生产速率产生变化，进而导致了不同细胞之间的蛋白质水平变化。在负自动调控机制下，蛋白质 X 在浓度较高时会降低自身的生产速率，而在浓度较低时会导致生产速率增加，进而减少不同细胞之间的蛋白质水平差异。

2. 正自动调控

如果转录因子增强其自身基因的转录速度，就会出现正自动调控（positive autoregulation，PAR）。正自动调控与负自动调控作用效果相反，通常会使反应时间延长。在蛋白表达的早期阶段，蛋白质 X 的浓度水平很低，生产速率较慢。当 X 浓度接近其自身启动子的激活阈值时，其激活自身基因转录，从而会使蛋白生产加快。因此，这种调控方式达到稳定状态的响应时间比采用相应的简单调控方式更长。此外，正自动调控倾向于增加细胞 - 细胞的蛋白水平差异化。PAR 较强时可导致双峰分布，即蛋白质 X 的浓度在一些细胞中较低，而在一些细胞中较高。在浓度高的细胞中，X 激活自己的生产速率并无限期地保持高浓度。在特定情况下，双峰分布可有助于细胞群保持混合表型，使它们能更好地应对随机环境。

3.3.2　级联

级联（cascade）反应又称为多米诺反应或串联反应，这一过程至少涉及两个连续反应，每个后续反应的发生必然依赖于前一个步骤中形成的化学功能。在级联反应中，不需要隔离中间物，因为组成该序列的每个反应都是自发发生的。基因表达级联反应可以使基因顺序性激活。当调控元件达到相关阈值时，下游基因就会被依次激活或抑制。若将元件逐个连接起来，则其上游模块的输出信号可以作为下游模块的输入信号。注意，对于生物模块来讲，信号可以是蛋白质、RNA 以及其他小分子。

3.3.3　前馈

前馈（feedforward）控制也称为提前控制或预先控制，指在偏差发生之前对其进行预测或估计（包括测定系统扰动量），并采取相应的措施去改变控制量。

在基因线路中，前馈网络表示上游基因通过两条不同通路（干扰通路和补偿通路）影响下游基因，在大肠杆菌、酵母以及其他生物体的数百个基因调控系统中已多有应用。

一个基础的前馈控制网络单元由三个基因组成，蛋白质 X 可以调控蛋白质 Y 的基因表达，蛋白质 X 和蛋白质 Y 共同调控基因 Z。由于前馈调控中三个蛋白质之间的调控作用既可以是激活，也可以是抑制，因此前馈网络有 8 种可能的结构类型（见图 3-4）。其中，X 对 Z 有两种调控形式，一种是 X 对 Z 的直接调控，另一种是 X 通过调控 Y 进而实现对 Z 的间接调控。如果两种形式的调控效果一致，则为"一致前馈"类型；如果两种形式的调控效果相反，则为"非一致前馈"类型。

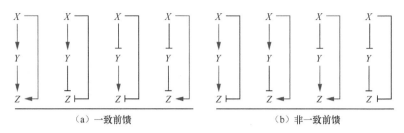

（a）一致前馈 （b）非一致前馈

图 3-4 前馈回路 motif 的种类

要理解前馈网络的功能，需要了解调控蛋白质 X 和 Y 是如何整合调节基因 Z 的转录的。我们用如下两种常见的逻辑门来模拟 X 和 Y 对 Z 的调控作用。

（1）"与"门（AND gate）。这种逻辑门表示 Z 的激活同时需要 X 和 Y 满足需求。

（2）"或"门（OR gate）。这种逻辑门表示 X 和 Y 只要有任何一个满足条件，即可激活 Z。

还有其他一些逻辑结构，例如鞭毛系统中的"加和"输入（additive input）作用；lac 启动机制中混合了"与"门和"或"门。在大肠杆菌和酵母中，有两种类型的前馈网络出现频率较高，即 the coherent type-1 FFL（"一致前馈"）和 the incoherent type-1 FFL（"非一致前馈"），在本书中，我们将其简写为 C1-FFL 和 I1-FFL。

（1）C1-FFL。C1-FFL 可以看作"信号敏感性延迟（sign-sensitive delay）"单元和持久性检测结构单元。在 C1-FFL 中，调控蛋白质 X 和 Y 都是转录激活因子，Z 基因的启动机制可能具有"与"或者是"或"的输入关系。若输入关系为"与"，当信号 XS 出现时，X 被激活并迅速结合下游启动子调控 Y 的表达。当 Y 的浓度超过 Z 启动子激活阈值时，开始表达 Z，这就导致了 Z 表达滞后于信号 XS 的现象。这种动态行为称作"信号敏感性延迟"，其延迟时间是由调节器 Y 的生化参数决定的。例如，Y 对 Z 启动子的激活阈值越高，延迟时间就越长。此外，C1-FFL 可以过滤短时间内出现的脉冲噪声，因为脉冲噪声无法使 Y 累积量超过其对 Z 启动子的激活阈值，只有 XS 信号持续时间足够长才可以激活 Z 的表达。当信号 XS 消失时，X 失去活性，Z 的表达立即终止，即信号 XS 被移除后，Z 终止表达没有延迟。在输入关系为"或"时，C1-FFL 的响应效果与输入关系为"与"刚好相反。也就是说，在输入信号 XS 时，X 被激活进而直接调控 Z 的表达；输入信号 XS 停止时，X 虽然不再被激活，但是因为 Y 的存在仍然会使 Z 持续表达一段时间。

（2）I1-FFL。I1-FFL 可以看作"脉冲发生器（pulse generator）"和"反应加速器（response accelerator）"。在 I1-FFL 中，X 对 Z 有两种调控作用效果是相反的，即 X 激活 Z，但也通过激活阻遏蛋白 Y 来抑制 Z。因此，当信号 XS 激活 X 时，Z 会迅速产生。一段时间后，Y 的水平积累到 Z 启动子的抑制阈值时，Z 产量减少，浓度下降，导致脉冲式的动态变化。除了脉冲式动力学，I1-FFL 还可以使反应加速。在 Y 没有完全抑制 Z 表达的情况下，Z 的浓度达到一定的非零稳态水平。由于在 Y 抑制 Z 启动子之前的时间段内，Z 初始表达能力很强，可以迅速达到其稳态，因此响应时间比相应的简单调控系统的时间短。

3.3.4 反馈

反馈（feedback）又称为回馈，是现代科学技术的基本概念之一，也是控制理论中最重要的概念之一。一般来讲，控制论中的反馈，是指将系统的输出返回到输入端并以某种方式改变输入，进而影响系统功能的过程，即将输出量通过恰当的检测装置返回到输入端并与输入量进行比较的过程。

反馈可分为负反馈和正反馈。负反馈是输入对输出的影响可能会导致最终输出的降低；正反馈是输入对输出的影响会导致最终输出的增加。

A. Becskei 等人分别构建了开环结构、负反馈结构与正反馈结构。在开环结构中，Pl_{tetO1} 启动子控制 *tetRY42a-egfp* 基因的表达，翻译产生的蛋白质对于 Pl_{tetO1} 启动子无影响；在负反馈结构中，Pl_{tetO1} 启动子控制四环素阻遏蛋白（TetR）基因表达，TetR 可抑制启动子 Pl_{tetO1} 活性。一旦 Pl_{tetO1} 启动子开启后激活 TetR 的转录，产生的 TetR 阻遏蛋白能够关闭 Pl_{tetO1} 启动子，从而关闭 TetR 的转录；在正反馈结构中，P_{tetreg} 启动子启动四环素响应，转移活化因子 *rtTA* 基因表达，而翻译产生的 RtTA 蛋白可激活 P_{tetreg} 启动子，最终促进自身的表达。

两个基因或蛋白质之间的负反馈环路往往是由发生在不同时间尺度上的相互作用构成的。如图 3-5 所示，X 可以缓慢地激活 Y，而 Y 又可以快速地抑制 X，进而使这种基因回路产生振荡；而具有快速激活和缓慢抑制的负反馈结构则可以使这种基因回路产生噪声驱动的兴奋性脉冲。

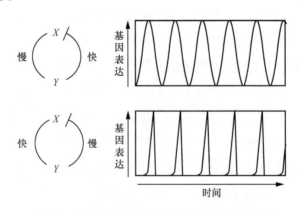

图 3-5   基因或蛋白质之间的负反馈环路示意图

生物体内的转录网络经常使用正反馈环路，其由两个转录因子组成并相互调控。正反馈环路可以分为互激活正反馈线路和互抑制正反馈线路。互激活正反馈线路中两个激活因子相互激活，有两个稳定状态：X 和 Y 都关闭；X 和 Y 都打开。互抑制正反馈线路中两个调控模块相互遏制，有不同的稳定状态：X 打开，Y 关闭；X 关闭，Y 打开。在这两种情况下，一个瞬时信号可以使系统不可逆转地锁定在一个稳定状态。即使在输入信号消失之后，这种调控网络仍然可以提供对输入信号的记忆。

3.3.5　单输入模块

在单输入模块（single-input module，SIM）中，一个模块的输出作为下层分模块的输入，即单一调控模块 X 作为激活因子可调节一组目标基因，并且没有其他模块调控这些基因，通常，X 也会调控自身的基因表达。

单输入模块的主要功能是实现具有共同功能的一组基因协调表达。此外，单输入模块可实现基因的时序表达功能。调控模块 X 下游基因的每个目标启动子激活顺序是确定的，由于其在每个启动子中的结合位点的序列和背景的差异性，调控模块 X 对每个基因往往有不同的激活阈值。因此，当 X 活性随时间逐渐上升时，阈值最低的启动子可先启动，其次是下一个阈值最低的启动子，以此类推，形成了按时间顺序的表达。当 X 作为抑制因子时，同样具有时序抑制的功能。

已有研究人员在大肠杆菌系统中通过实验证明了单输入模块具有调控基因时序表达的作用。重要的是，这种基因表达顺序与其基因功能相匹配，即在一个多基因表达的系统中，某基因产物需要得越早，其启动子被激活得越早。这种控制方式可以防止蛋白质产物在需要之前过早产生。例如，大肠杆菌的精氨酸生物合成系统的单输入模块中，阻遏因子 $ArgR$ 调控多个编码精氨酸生物合成途径中酶的操纵子。当从培养基中去除精氨酸时，$ArgR$ 依次解除对 $argA$、$argCBH$、$argD$ 和 $argE$ 基因的阻遏作用，这些启动子会按时间顺序被激活——启动子激活的时间间隔在几分钟。在大肠杆菌 SOS 应急反应中的 DNA 修复系统、鞭毛系统，以及多种生物的细胞周期基因系统和发育程序中都有类似的时序表达例子。

3.3.6　多输入模块

多输入模块（multi-input module，MIM）又称为"密集交错调控"（dense overlapping regulon，DOR）网络，由一组调控因子共同控制一组基因表达。微生物中有很多此类结构，这类结构中的调控因子可控制广泛的生物功能，例如碳的利用、厌氧生长、应激响应等。

多输入模块可以看作一个逻辑门阵列，多个输入进行组合运算后共同控制下游输出模块。要充分了解模块之间的调控机制，我们需要明确多输入模块的具体功能细节。不过，转录网络、代谢网络等不同水平调控互相影响，导致每个多输入模块的规模很难界定。

3.4   小结

本章主要概述了合成生物学建模相关的标准定量机制、逻辑拓扑结构以及常用的数学模型。生物系统结构非常复杂，导致我们无法准确获得基因转录、翻译等反应过程中的全部参数。

建模软件可以辅助用户对生物系统进行数学分析，这些软件一般以常用的计算机语言（例如 C、C++、Python、Java 等语言）编写。在实际使用过程中，用户只需输入相关信息和数据后，就能得到以图形化样式输出的建模结果。例如，BioJADE 就是基于 Java 语言的图形设计工具，用于合成生物学系统设计和模拟，为合成生物学提供了全面、可扩展的设计和模拟平台；Gepasi 是对生化系统进行建模的软件包，其通过模拟生化反应系统的动力学，并提供一些工具将模型与数据拟合，进行代谢控制分析和线性稳定性分析，其将化学语言（反应）翻译为数学语言（矩阵和微分方程），简化了构建模型的任务；SynBioSS 是一套用于合成遗传结构建模和模拟的软件，其利用标准生物部件的注册表、动力学参数数据库以及图形和命令行界面来进行多尺度的模拟算法。TinkerCell 是用于合成生物学的计算机辅助设计软件工具，它结合了可视化界面和应用程序编程接口（Python、Octave、C、Ruby），并允许用户通过中央资源库分享代码。

3.5   参考文献

[1] Andrianantoandro E, Basu S, Karig D K, et al. Synthetic biology: new engineering rules for an emerging discipline[J]. Mol Syst Biol, 2006, 2: 2006.0028.

[2] Canton B, Labno A, Endy D. Refinement and standardization of synthetic biological parts and devices[J]. Nat Biotechnol, 2008, 26(7): 787-793.

[3] Cox R S, Madsen C, Mclaughlin J, et al. Synthetic Biology Open Language Visual (SBOL Visual) Version 2.0[J]. J Integr Bioinform, 2018, 15(1): 20170074.

[4] Raaijmakers J G. Statistical analysis of the Michaelis-Menten equation[J]. Biometrics, 1987, 43(4): 793-803.

[5] Hill C M, Waightm R D, Bardsley W G. Does any enzyme follow the Michaelis——Menten equation?[J]. Molecular and Cellular Biochemistry, 1977, 15(3): 173-178.

[6] Hill A V, Paganini-Hill A. The possible effects of the aggregation of the molecules of haemoglobin on its dissociation curves[J]. The Journal of Physiology, 40: 4-7.

[7] Goutelle S, Maurin M, Rougier F, et al. The Hill equation: a review of its capabilities in pharmacological modelling[J]. Fundam Clin Pharmacol, 2008, 22(6): 633-648.

[8] Frank S A. Input-output relations in biological systems: measurement, information and the Hill equation[J]. Biology direct, 2013, 8: 31.

[9] Wachenheim D E, Patterson J A, Ladisch M R. Analysis of the logistic function model: derivation and applications specific to batch cultured microorganisms[J]. Bioresource Technology, 2003, 86(2): 157-164.

[10] Tsoularis A, Wallace J. Analysis of logistic growth models[J]. Math Biosci, 2002, 179(1): 21-55.

[11] Schnakenberg J. Network theory of microscopic and macroscopic behavior of master equation systems[J]. Reviews of Modern Physics, 1976, 48(4): 571-585.

[12] Kauffman S A. Metabolic stability and epigenesis in randomly constructed genetic nets[J]. J Theor Biol, 1969, 22(3): 437-467.

[13] Yuh C H, Bolouri H, Davidson E H. Genomic cis-regulatory logic: experimental and computational analysis of a sea urchin gene[J]. Science, 1998, 279(5358): 1896-1902.

[14] Shmulevich I, Dougherty E R, Kim S, et al. Probabilistic Boolean Networks: a rule-based uncertainty model for gene regulatory networks[J]. Bioinformatics, 2002, 18(2): 261-274.

[15] Lähdesmäki H, Hautaniemi S, Shmulevich I, et al. Relationships between probabilistic Boolean networks and dynamic Bayesian networks as models of gene regulatory networks[J]. Signal Processing, 2006, 86(4): 814-834.

[16] Kato M, Tsunoda T, Takagi T. Inferring genetic networks from DNA microarray data by multiple regression analysis[J]. Genome Inform Ser Workshop Genome Inform, 2000, 11: 118-128.

[17] Quackenbush J. Computational analysis of microarray data[J]. Nat Rev Genet, 2001, 2(6): 418-427.

[18] Butte A J, Kohane I S. Mutual information relevance networks: functional genomic clustering using pairwise entropy measurements[J]. Pac Symp Biocomput, 2000: 418-429.

[19] Alon U. Network motifs: theory and experimental approaches[J]. Nat Rev Genet, 2007, 8(6): 450-461.

[20] Rosenfeld N, Elowitz M B, Alon U. Negative autoregulation speeds the response times of transcription networks[J]. Journal of Molecular Biology, 2002, 323(5): 785-793.

[21] Camas F M, Blázquez J, Poyatos J F. Autogenous and nonautogenous control of response in a genetic network[J]. Proc Natl Acad Sci U S A, 2006, 103(34): 12718-12723.

[22] Maeda Y T, Sano M. Regulatory dynamics of synthetic gene networks with positive feedback[J]. Journal of molecular biology, 2006, 359(4): 1107-1124.

[23] Wolf D M, Arkin A P. Motifs, modules and games in bacteria[J]. Curr Opin Microbiol, 2003, 6(2): 125-134.

[24] Shen-Orr S S, Milo R, Mangan S, et al. Network motifs in the transcriptional regulation network of Escherichia coli[J]. Nat Genet, 2002, 31(1): 64-68.

[25] Milo R, Shen-Orr S, Itzkovitz S, et al. Network Motifs: Simple Building Blocks Of Complex Networks[J]. Science, 2002, 298(5594): 824-827.

[26] Kalir S, Mangan S, Alon U. A coherent feed-forward loop with a sum input function prolongs flagella expression in escherichia coli[J]. Mol Syst Biol, 2005, 1: 2005.0006.

[27] Ronen M, Rosenberg R, Shraiman B I, et al. Assigning numbers to the arrows: parameterizing a gene regulation network by using accurate expression kinetics[J]. Proc Natl Acad Sci U S A, 2002, 99(16): 10555-10560.

[28] Zaslaver A, Mayo A E, Rosenberg R, et al. Just-in-time transcription program in metabolic pathways[J]. Nat Genet, 2004, 36(5): 486-491.

[29] Goler J A. BioJADE: A design and simulation tool for synthetic biological systems[D]. MIT:Univ. of Massachusetts, 2005.

[30] Baigent S. Software review. Gepasi 3.0[J]. Brief Bioinform, 2001, 2(3): 300-302.

[31] Hill A D, Tomshine J R, Weeding E M B, et al.SynBioSS: the synthetic biology modeling suite[J]. Bioinformatics, 2008, 24(21): 2551-2553.

[32] Chandran D, Bergmann F T, Sauro H M. Tinkercell: Modular cad tool for synthetic biology[J]. Journal of Biological Engineering, 2009, 3: 19.

第 4 章　调控元件

合成生物学采用"自下而上"的工程化策略对生物元件、基因线路、代谢通路及基因组进行理性设计，以构建具有特定功能的生物系统。其中，生物元件是复杂生命系统中最基础、功能最简单的单元。根据具体功能的不同，我们可以把生物元件进一步分为执行各类具体生化功能的功能元件和调控基因表达时间、强度、位置等表达量和功能活性的调控元件。其中，有目的地设计、改造与优化调控元件（如启动子、终止子、阻遏子、增强子等）是构建基因线路与代谢通路等人工生命系统的基础，也是将"格物致知"研究策略推至"造物致知"新高度的重要环节。

随着高通量测序技术的不断发展，各个物种已测序基因组的数据规模呈指数级增长，这些系统生物学的研究成果为合成生物学研究提供了更多候选调控元件。但是，从自然演化而来的天然调控网络中获得的天然调控元件普遍存在非正交的相互作用，随着设计规模和复杂度的不断增长，它们愈发无法满足设计与创建人工生物系统的工程化需求。例如，许多天然调控元件由于没有进行标准化，体现出不兼容性，使得整合过程中的复杂性和整合后的可变性等因素影响较大，导致调控元件之间不能协调一致地工作，效率大幅降低，或无法实现设计功能。因此，高质量调控元件的挖掘、改造、组装与集成等均面临挑战。人工智能可通过学习生物系统中的丰富数据及其相关特征与模式，为非直观的工程化生物设计提供优化的解决方案。基于人工智能技术，已完成了多种不同来源启动子、核糖体结合位点及终止子等调控元件的预测、挖掘、设计与改造，加速了调控元件数据与实物库的构建，有力地推动了合成生物学的发展进程。

本章首先介绍了调控元件的类型及功能特点；其次，探讨了如何采用人工智能算法来挖掘和设计调控元件；最后，分析了实际应用中所面临的挑战。

4.1　调控元件的类型及特点

生物元件作为合成生物学的基本要素，是复杂生物系统的基本组成单元。量化可控的标准化调控元件是人工生命系统构建的最关键问题之一。调控元件控制着基因表达，即从 DNA 转化为蛋白质的过程。基因表达调控主要体现在转录水平上的调控（transcriptional regulation）和转录后水平上的调控（post-transcriptional regulation），后者又包括 mRNA 加工成熟水平上的调控（differential processing of RNA transcript）、翻译水平上的调控（translational regulation）以及翻译后修饰水平上的调控（post-translational regulation）。

　　参与基因转录的调控元件可分为顺式作用元件（cis-acting element）和反式作用因子（trans-acting factor）。所谓"顺式"（cis），是指调控元件与基因处于同一染色体或 DNA 分子。顺式作用元件是指存在于基因旁侧序列中，能影响基因表达的一段 DNA 序列，即能够激活或阻遏基因转录的 DNA 序列，例如启动子、增强子、调控序列和可诱导元件等。顺式作用元件作为调控位点本身不编码任何蛋白质，一般是以与反式作用因子结合的形式对基因表达进行调控。所谓"反式"（trans），是指调控元件与基因处于不同染色体或 DNA 分子。反式作用因子是指通过与顺式作用元件发生作用来激活或阻遏基因转录的 DNA 序列，例如激活因子和阻遏因子。转录因子（transcription factor）是典型的反式作用因子，其是一类能与基因 5' 段上游特定序列特异性结合，从而保证目的基因以特定强度在特定时间和空间表达的蛋白质分子。基因在转录过程中需要 RNA 聚合酶的作用，而 RNA 聚合酶行使转录功能需要辅助蛋白来促进或抑制转录，这些辅助蛋白就是转录因子。

　　基因表达的调控取决于 DNA 的结构、RNA 聚合酶的功能、蛋白质因子及其他小分子配体的相互作用，这些相关的调控元件可以划分为启动子、终止子、核糖体结合位点、操纵子、增强子等，其中当前研究最集中、了解最透彻的是转录水平调控，也被认为是原核生物中最主要的基因表达调控机制。原核生物与真核生物的基因表达调控存在明显区别。①原核生物中只有一种参与转录的 RNA 聚合酶，而真核生物中有 3 种 RNA 聚合酶。②原核生物因为没有细胞核，mRNA 边合成边结合核糖体，形成多聚核糖体结构，转录与翻译几乎同时发生，即转录与翻译相偶联；真核生物中，mRNA 需要先从细胞核内转运到细胞核外，进而被核糖体翻译为蛋白质，因而真核生物在 mRNA 转运调控和转录后修饰上存在更为复杂的调控。③由于翻译起始的机制不同，原核生物可由一条 mRNA 翻译多条蛋白质，即多顺反子结构；真核生物中一条 mRNA 通常对应一种蛋白质，根据不同条件下的可变剪接产生该蛋白质的不同变体。下面我们对原核生物与真核生物的转录调控元件分别进行阐述。

4.1.1　原核生物转录调控元件

　　多数原核基因以操纵子（operon）结构排布并实现转录调控。操纵子指包含结构基因、操纵基因、操纵序列以及启动序列等一些相邻基因簇组成的 DNA 片段。其中，结构基因的表达受到操纵序列的调控。操纵序列是原核阻遏蛋白（repressor）或激活蛋白（activator）的结合位点，当操纵序列结合阻遏蛋白时会阻碍 RNA 聚合酶与启动序列的结合，或使 RNA 聚合酶不能沿 DNA 向前移动，这称为负转录调控（negative transcriptional regulation），具有阻遏转录效应的元件称为负调控元件；激活蛋白可结合特定的 DNA 序列，促进或稳定 RNA 聚合酶在启动序列处的结合，使转录激活，这称为正转录调控（positive transcriptional regulation），具有激活转录效应的元件称为正调控元件。

原核生物典型的操纵子包括乳糖操纵子、色氨酸操纵子、阿拉伯糖操纵子等。这里我们主要介绍乳糖操纵子和色氨酸操纵子。大肠杆菌的乳糖操纵子（lac operon）由操纵基因（*lacI*）、启动子（*plac*）、操纵序列（*lacO*）、结构基因（*lacZ*、*lacY*、*lacA*）以及全局调控因子 cAMP/CRP 及其结合位点组成。*lacI* 编码的阻遏调控蛋白在细胞中不受转录调控，维持组成型常量表达，当培养基中没有乳糖时，*lacI* 结合到操纵基因 *lacO* 上，阻止 RNA 聚合酶与启动子结合；当培养基中有乳糖时，乳糖分子可以结合在阻遏蛋白的变构位点上，引起阻遏蛋白构象发生改变，破坏了阻遏蛋白与操纵序列的亲和力，使 RNA 聚合酶能通过启动子和操纵序列正常转录结构基因。cAMP—CRP 结合于 DNA 时，使 DNA 发生 94° 弯曲，促进了 RNA 聚合酶与启动子的结合，二者正好位于弯曲 DNA 的同一方向，彼此作用得以加强，产生大量分解乳糖的酶——β - 半乳糖苷酶。细胞质中有了 β - 半乳糖苷酶后，便催化分解乳糖为半乳糖和葡萄糖。乳糖被分解后造成了阻遏蛋白与操纵序列的重新结合，使结构基因关闭，形成完整的负反馈调控系统。色氨酸操纵子（trp operon）同样由操纵基因与结构基因组成，负责色氨酸的生物合成。该结构基因控制一个编码色氨酸生物合成需要的 5 种蛋白质的多顺反子 mRNA 的表达。当细胞质色氨酸含量较高时，色氨酸与阻遏蛋白结合，使之易与 DNA 区的操纵序列相结合，阻止转录起始；当细胞质中色氨酸含量不足时，阻遏蛋白失去色氨酸并从 DNA 上解离，进而转录结构基因，生成色氨酸。

一个典型的原核转录表达单元通常包括启动子、核糖体结合位点、结构基因、终止子等调控元件。

（1）启动子。启动子（promoter）决定着转录起始位置、起始表达时间与表达强度。它是一段位于基因 5' 端上游区的 DNA 序列，能够被 RNA 聚合酶（RNA polymerase，RNAP）识别，使 RNA 聚合酶与模板 DNA 结合并起始转录。基因启动子序列决定了其与 RNA 聚合酶的亲和力，是影响基因表达水平最重要的因素。在原核生物中，距转录起始位点（+1）上游大约 10 个及 35 个核苷酸（nt）处的两段 DNA 序列被称为 -10 区和 -35 区，多种原核基因启动序列的 -10 区和 -35 区存在一些相似序列（称为共有序列），可对 RNA 聚合酶全酶 σ 因子特异性识别起到决定性作用。这些共有序列中的任一碱基突变或变异都会影响 RNA 聚合酶与启动序列的结合及转录起始。-10 区和 -35 区两段序列之间通常被 17 个核苷酸的序列隔开，间隔的核苷酸数目会影响基因转录活性的高低，强启动子一般为 17 bp ± 1 bp，当间距小于 16 bp 或大于 18 bp 时都会显著降低启动子的活性。除此之外，基因 -35 区的上游序列也可以通过与 RNA 聚合酶 α 亚基相互作用从而影响转录强度，这段序列被称为 UP 元件。

在原核微生物中，负责执行转录功能的转录元件为 RNA 聚合酶（包含 α_2、β、β'、ω、σ 等亚基），主要通过其中的 σ 因子来特异性地识别具有特定序列特征的启动子区域并与之结合，从而引发转录的开始。大肠杆菌的 σ 因子包括 σ^{70}、σ^{54}、σ^{38}、σ^{32}、σ^{28}、σ^{24} 和 σ^{fec}。不同的 σ 因子，对应识别不同的目标基因启动子。其中研究较多的是 σ^{70}（housekeeping σ factor），其负责细菌管家基因的转录，识别启动子共有序列。σ^{70} 有 4 个结构域，都与核心酶和启动子相互作用，其中结构域 2 和 4 分别与 -10 和 -35 区结合。σ^{54} 是参与氮代谢的调控因子，控制一些辅助进程；σ^{38} 负责调控细胞稳定期相关基因；σ^{32} 调控细胞热应激反应基因的转录；σ^{28} 参与鞭毛的合成；σ^{24} 与极端热应激反应有关。大肠杆菌 RNA 聚合酶 σ^{70} 因子所识别的 -10 区及 -35 区的序列分别为 "TATAAT" 与 "TTGACA"，-10 区又被称为 Pribnow 框或 TATA 盒，富含腺嘌呤（adenine，A）和胸腺嘧啶（thymine，T），有助于 DNA 双链解螺旋分离。相比之下，σ^{54} 启动子的共有序列及其位置与 σ^{70} 启动子具有明显差异，在启动子的 -24 区和 -12 区存在保守区域，其保守序列分别是 "TGGCA[CT][GA]" 和 "TGC[AT][TA]"。

（2）核糖体结合位点。在原核生物中，核糖体结合位点（ribosome binding site，RBS）是一段 shine-dalgarno 序列（SD 序列），位于起始密码子上游 8 ～ 13 个核苷酸处，能够使核糖体定位至翻译起始位点，RBS 可以控制 mRNA 的翻译效率。SD 序列能与核糖体 16S rRNA 的 3' 端互补配对，促使核糖体结合到 mRNA 上，有利于翻译的起始。RBS 的结合强度取决于 SD 序列的结构及其与起始密码子 AUG 之间的距离，相距一般以 4 ～ 10 个核酸为佳，9 个核酸为最优。SD 序列与 16S rRNA 序列互补的程度以及从起始密码子 AUG 到嘌呤片段的距离都会显著影响翻译起始的效率。不同基因的 mRNA 有不同的 SD 序列，它们与 16S rRNA 的结合能力也不同，控制着单位时间内翻译过程中起始复合物形成的数目，最终控制着翻译的速度。SD 序列变化能够改变 mRNA 的二级结构，影响核糖体 30S 亚基与 mRNA 的结合自由能，从而影响核糖体与 mRNA 的结合亲和力，造成蛋白质合成效率的显著差异。

（3）终止子。终止子（terminator）是具有终止基因转录功能的特定核苷酸序列，终止子在 RNA 合成的过程中也起着重要作用，影响着 RNA 的半衰期及基因表达水平。在原核生物中，终止子在终止点之前都有一个回文结构，它转录出来的 RNA 可以形成一个茎环式的发夹结构。原核生物终止子的机制通常分为两类：不依赖于 ρ 因子和依赖 ρ 因子的转录终止。

- 不依赖 ρ 因子的终止子通常有一段富含 GC 的反向重复序列（inverted repeat sequence），下游还有一段富含 A 的序列，使 mRNA 形成发夹式二级结构，这段

mRNA 的结构阻止 RNA 聚合酶继续沿 DNA 移动，并使聚合酶从 DNA 链上脱落下来进而终止转录。

- 依赖 ρ 因子的终止子需要 ρ 因子的协同，此类终止子前无 polyA 序列，回文对称区不富含 GC。其中，ρ 因子是一种高度保守的终止因子，几乎存在于所有的原核生物中。除了终止转录，ρ 因子还有抑制反义转录、影响 tRNA 和调节性小 RNA（small modulatory RNA，smRNA）的合成、沉默外源 DNA 等多种功能。大肠杆菌的 ρ 因子是环状六聚体，每个亚基 47 kDa。亚基 N 端为 RNA 结合域，C 端具有 ATP 酶活性，可通过水解 ATP 推动构象变化。ρ 因子首先识别并结合 RNA 的特定序列，然后打开六聚体环，将 RNA 纳入环中。RNA 与另一侧的第二个结合位点结合后，环再闭合，并激活 ATP 酶活性，消耗 ATP 向 3′ 方向移动——称为易位（translocation）。ρ 因子在这个过程中逐渐接近新生 RNA 的 3′ 末端，从而与 RNA 聚合酶相互作用，触发转录终止。ρ 因子的数量及活性、核糖体及蛋白因子对终止过程的影响都有可能影响转录终止效率。

- 不同终止子终止基因转录的强弱能力不同，有的终止子几乎能完全停止转录；有的则只是部分终止转录，一部分 RNA 聚合酶能越过这类终止序列继续沿 DNA 移动并转录。如果一串结构基因群中间存在弱终止子，则前后结构基因转录产物的量会出现差异，这也是终止子调节基因群中不同基因表达产物比例的一种方式。在构建表达载体时，一般都在多克隆位点的下游插入强转录终止子，或连续插入两个以上的转录终止子。研究人员已发现和鉴定了大肠杆菌 582 个不同强度的终止子，其中 39 个强终止子适用于构建复杂大型基因线路的工程化设计。

核糖体结合位点计算器是一种预测和控制细菌翻译起始和蛋白质表达的设计方法，已广泛应用于 RBS 的改造。该方法可以预测 mRNA 转录本中每个起始密码子的翻译起始速率，还可以优化 RBS 序列以控制目标的翻译起始速率。利用 RBS 计算器，一个蛋白质编码序列的翻译速率可以被合理地控制在 10 万倍以上，可以高效地确定代谢途径的最佳表达水平，从而最大限度地提高其生产力。例如，Masoudi 等人利用 RBS 计算器重新设计了 pET-15b 的核糖体结合位点，并在整个编码序列中优化了轮状病毒 VP6 的 mRNA 二级结构，使得经镍琼脂糖纯化重组的 rVP6 蛋白基因以不溶性聚集体形式（43.8 g/L）高表达，纯化后的 rVP6 蛋白质的生产率为 10.83 g/L。

4.1.2　真核生物转录调控元件

真核生物（除酵母、藻类和原生动物等单细胞类之外）主要由多细胞组成，其携带的遗传信息量明显多于原核生物。真核细胞 DNA 与蛋白质形成的染色质结构复杂，对基因调控表达产生重要影响。此外，核内 RNA 的合成与转运、细胞质中 RNA 的剪接和加工等增加了真核生物基因调控的复杂度，使真核生物基因调控达到了原核生物所没有的深度和广度。真核生物基因表达调控分为两大类：一类是瞬时调控（可逆性调控），相当于原核细胞对环境条件变化做出的反应，例如某种激素水平变化时或细胞周期不同阶段中酶活性的调节；另一类是发育调控（不可逆调控），决定了真核细胞生长、分化、发育的全部进程，使生物的组织和器官保持正常功能。

真核生物基因转录调控的基本元件包括顺式作用元件、反式作用因子和 RNA 聚合酶。顺式作用元件主要包括启动子、增强子、沉默子等；反式作用因子是指作用在顺式作用元件上的激活因子和阻遏因子；RNA 聚合酶包括 RNA 聚合酶 I、RNA 聚合酶 II 和 RNA 聚合酶 III 三种。

（1）启动子。真核生物中的启动子由核心启动子（core promoter）和上游启动子元件（upstream promoter element，UPE）两部分组成，是在转录起始位点（+1）及其上游 100 ~ 200 bp 以内的一组具有独立功能的 DNA 序列。每个元件长度为 7 ~ 20 bp，是决定 RNA 聚合酶 II 转录起始位点和转录频率的关键元件。核心启动子是保证 RNA 聚合酶 II 转录正常起始的关键，包括转录起始位点和上游 −25 ~ −30 区。该区有与原核生物启动子 Pribnow 框相似的富含 A-T 碱基对的 TATA 盒（Hogness 盒），其功能与 Pribnow 框相似，决定 RNA 聚合酶 II 的位置，控制转录起始的准确性及效率。上游启动子元件包括通常位于 −70 bp 附近的 CAAT 盒（CGAAT）和 GC 盒（GGGCGG）等，它们的保守序列与结合蛋白因子也各不相同，可以大大提高基本启动子的低水平转录活性。

（2）RNA 聚合酶。与原核生物只有一种 RNA 聚合酶不同，真核生物有三种类型的 RNA 聚合酶，分别对应三类真核生物启动子。

- RNA 聚合酶 I（RNA Pol I）负责转录 rRNA，对应的是 I 类启动子，由核心启动子（−45 ~ +20 区）和上游控制元件（−180 ~ −107 区）构成。RNA 聚合酶 I 的终止需要转录终止因子 TTF-1 与 rRNA 基因下游的终止子结合，导致聚合酶暂停，然后由 PTRF（Pol I 和转录物释放因子）介导转录复合物解离。

- RNA 聚合酶 II（RNA Pol II）可转录信使 RNA 前体，并在加工成熟后按照三联子密码的原理翻译成蛋白质产物，RNA 聚合酶 II 目前研究得最为广泛和深入。RNA 聚合酶 II 一般由 10 ~ 12 个亚基组成，通常需要 20 种以上的蛋白质因子结合形成转录起始复合物，这些蛋白质因子一般用 TF II 表示。TF II D、TF II B、TF II F 与 RNA 聚合酶 II 可在启动子上形成初级复合物，开始转录 mRNA，TF II E 和 TF II H 加入后可形成完整的转录复合物并转录出长链 RNA，TF II A 加入后可进一步提升转录效率。RNA 聚合酶 II 终止机制研究较多，几乎所有真核基因的 3' 端都有一个多聚 A 位点，该位点上游 15 ~ 30 bp 处具有保守序列 AATAAA。当 mRNA 中转录出聚腺苷酸化信号 AAUAAA 后，该信号会募集一系列蛋白因子，切割 mRNA 并添加 poly A 尾，释放 RNA 聚合酶使转录终止。RNAP Ⅱ释放机制目前主要有两个模型，即"鱼雷模型"（torpedo model）和"变构模型"（allosteric model）。在鱼雷模型中，mRNA 被切割后，核酸外切酶会降解转录复合物中剩余的 RNA 链，逐步接近 RNA 聚合酶Ⅱ，接近 RNA 聚合酶Ⅱ就会触发复合物解体，导致转录终止；在变构模型中，延伸复合物通过 poly A位点会引起延伸因子的解离或终止因子的结合，导致复合物构象变化造成转录终止。两个模型并非完全互斥，也有一些模型会将二者结合起来使用。

- RNA 聚合酶Ⅲ（RNA Pol Ⅲ）负责转录合成 tRNA、5S rRNA、U6 RNA 等其他非编码小 RNA（small non-messenger RNA，snmRNA），其中 5S rRNA 基因和 tRNA 基因的启动子都属于下游启动子，即位于转录起点下游。Pol Ⅲ是真核生物中组成最为复杂的聚合酶，包含 17 个亚基，可分为结构保守的催化核心模块和外周调控模块。RNA 聚合酶Ⅲ终止子相对简单，其模板链中有一段多聚 A，转录出多聚 U 后二者的结合较弱，使复合物不稳定。

（3）增强子。增强子（enhancer）是 DNA 上一小段可与蛋白质结合的区域，与蛋白质结合之后，基因的转录作用将会加强。增强子可能位于基因上游，也可能位于下游，且不一定接近所要作用的基因，甚至不一定与基因位于同一染色体。这是因为染色质的缠绕结构使序列上相隔很远的位置也有机会相互接触。增强子最早发现于 SV40 早期基因的上游，有两个长 72 bp 的正向重复序列。重组实验表明，将 SV40 增强子上的两个 72 bp 重复序列同时删除，基因表达水平明显降低；将该增强子的一个重复序列放回原处或重组到 DNA 其他位置，基因表达水平恢复正常。增强子一般具有以下特征：①增强效应十分明显，一般能使转录频率增加 10～200 倍，有的可以增加上千倍；②增强效应无距离性，一般位于上游 −200bp 处，但可增强远处启动子的转录，即使距离大于 10kb 也能发挥作用；③增强效应无方向性，无论增强子以什么方向排列，无论位于靶基因的上游、下游或者内部，都可以发挥增强转录的作用；④大多数为重复序列，一般长约 50 bp，内部常含有一个核心序列"（G）TGGA/TA/TA/T（G）"；⑤具有相位性，其作用效果与 DNA 构象有关；⑥具有组织和细胞特异性，许多增强子只在某些细胞或组织中表现活性，这是由这些细胞或组织中具有的特异性蛋白质因子所决定的；⑦没有物种和基因的特异性，可以连接到异源基因上发挥作用；⑧许多增强子受到外部信号的调控，例如，某些增强子可以被固醇类激素所激活，热休克基因在高温下才表达。增强子是转录因子结合位点的密集簇，极大地激活来自特定靶标启动子的转录。

（4）沉默子。沉默子（silencer）是一段能够结合转录调节因子的 DNA 序列，这种转录因子为阻遏蛋白。沉默子是在研究 T 淋巴细胞的 T 细胞受体（T cell receptor，TCR）基因表达调控时发现的。与增强子对 DNA 转录的增强作用相反，沉默子会抑制 DNA 的转录过程。当沉默子存在时，阻遏蛋白结合到沉默子 DNA 序列上，阻碍 RNA 聚合酶转录 DNA 序列，进而调控基因的表达。

（5）绝缘子。绝缘子（insulator）是指在基因组内建立独立的转录活性结构域的边界 DNA 序列。绝缘子能够阻止邻近的增强子或沉默子对其界定的基因的启动子发挥调控作用。绝缘子的抑制作用具有"极性"的特点，即只抑制处于绝缘子所在边界另一侧的增强子或沉默子，而对处于同一染色质结构域内的增强子或沉默子没有作用。

（6）转录因子。转录因子（transcription factor，TF）作为反式作用因子，分为转录激活因子和转录阻遏因子。这类调节蛋白可以识别并结合转录起始位点的上游序列或远端增强子元件，通过 DNA- 蛋白质相互作用而调节转录活性，并且决定不同基因的时间、空间特异性表达。转录因子的基本结构中有多个功能域，包括 DNA 结合结构域（DNA-binding domain）、转录调控结构域（transcription regulation domain）、寡聚化位点（oligomerization site）及核定位信号（nuclear location signal，NLS）等功能区域。

- DNA 结合结构域能够使转录因子作用在各类顺式作用元件核心序列上，参与调控靶基因转录效率。常见的 DNA 结合结构域包括碱性氨基酸结合域、酸性激活域、谷氨酰胺富含域、脯氨酸富含域等。根据特征的不同，DNA 结合结构域基本可分为三类，分别为螺旋 - 转折 - 螺旋（helix-turn-helix，H-T-H）结构、锌指（zinc finger）结构，包括碱性亮氨酸拉链（basic-leucine zipper）在内的碱性螺旋 - 环 - 螺旋（basic-helix-loop-helix）结构。相同类型转录因子 DNA 结合结构域的氨基酸序列较为保守，这段氨基酸序列决定了转录因子的特异性。

- 转录调控结构域包括转录激活结构域和转录抑制结构域，它们决定了转录因子功能的差异。同一类别的转录因子之间的主要区别在于它们具有不同的转录调控结构域。一个转录因子的激活或抑制作用取决于它是激活还是抑制靶基因的转录。转录因子对靶基因的抑制作用可能是通过与其他转录因子竞争同一顺式调控元件来实现的。

- 寡聚化位点是不同转录因子发生相互作用的功能域。寡聚化位点含有保守的氨基酸序列，可与 DNA 结合域作用并形成特定的空间构象，例如，bZIP 型转录因子的寡聚化位点包括一个拉链结构，b/HLH 型转录因子包含一个螺旋 - 环 - 螺旋结构，而 MADS 转录因子的寡聚化位点形成两个 α- 螺旋和两个 β- 折叠。寡聚化位点空间构象的变化使转录因子能特异性地调节基因表达。

- 蛋白质在细胞质的核糖体上合成，但部分蛋白质需要定位细胞核发挥功能，这一过程由核定位信号决定。核定位信号位于转录因子中富含精氨酸和赖氨酸残基的区域，控制转录因子进入细胞核。

4.2 调控元件的人工智能挖掘

通过对基因组中的序列信息进行分析和注释，我们可以得到丰富的启动子、增强子、沉默子、核糖体结合位点、蛋白质编码序列、终止子及转座子等调控元件资源。然而，面对海量的生物数据，利用传统实验手段挖掘基因组中的重要元件非常困难，而通过构建人工智能模型来学习并预测已得到充分研究的基因组中的功能基因，再将这些模型应用于挖掘研究相对较少的基因组中的元件则会变得更加高效。

4.2.1 启动子的挖掘

启动子序列对 RNA 聚合酶的特异性结合和转录启动起着重要作用，是影响基因表达水平的关键因素。因此，准确预测基因组中的启动子序列对解释基因表达模式和理解基因调控网络至关重要。

人工智能算法依赖海量的数据进行训练，训练集的质量对模型性能起到了决定性的作用。通过生物信息工具收集各类生物启动子，然后将其作为基准数据集，并根据启动子的具体类型进行分类，可以实现数据集的构建。目前，已有了一些调控元件的数据集。例如，RegulonDB 为大肠杆菌转录调控和操作子数据库，大肠杆菌中经过实验验证的转录调控信息已被系统地收录在该数据库中；DBTBS 数据库收集整理了关于枯草芽孢杆菌的启动子数据；DBTSS 为转录起始位点数据库，收集了人类成人和胚胎组织的主要部分的转录起始位点数据；EPD 为真核生物启动子数据库，其提供真核生物的启动子序列，包括植物启动子（拟南芥和玉米）、动物启动子（智人、猕猴等）、真菌启动子（酿酒酵母等）和无脊椎动物启动子（疟原虫）。

目前，部分工具可以实现对启动子和非启动子序列的预测，部分工具在此基础上可判断启动子的具体类型，除此之外，也有工具实现了对启动子强弱的预测。

2017 年，Umarov 和 Solovyev 利用卷积神经网络来分析原核生物与真核生物启动子的序列特征，并构建预测模型，分析了包括人类、小鼠、植物（拟南芥）和细菌（大肠杆菌与枯草芽孢杆菌）的启动子序列。与传统的启动子预测方法不同，基于卷积神经网络的预测模型卷积过滤器可以自动捕捉生物元件序列的重要特征。结果表明，在大肠杆菌启动子 σ^{70} 亚类和枯草杆菌启动子上训练的卷积神经网络对启动子和非启动子序列均有很好的分类；对于人类、小鼠和拟南芥启动子，我们可以采用卷积神经网络来识别两个典型启动子类别（TATA 和非 TATA 启动子）。卷积神经网络可识别复杂的功能区域，具备更好的掌握复杂启动子序列特征的能力，与以往的启动子预测方法相比，具有更高的准确率。此外，基于卷积神经网络的方法不需要任何特定的启动子特征知识，可以很容易地泛化到其他序列的识别中，特别是新测序的基因组序列中的启动子和其他复杂的功能区。

2018 年，Wang 等人开发了基于图像的启动子预测（image-based promoter prediction，IBPP）软件。该软件利用进化方法从启动子序列训练集中创建一个"图像"，并通过匹配该"图像"来预测启动子。研究人员使用大肠杆菌 σ^{70} 启动子序列对 IBPP 的性能以及 IBPP 和支持向量机算法（IBPP-SVM）的组合进行测试，结果表明，用该软件生成的"图像"可以有效区分启动子序列和非启动子序列。除此之外，使用 IBPP-SVM 将使模型的灵敏度大幅度提高，在长度 2000 核苷酸序列中表现出较好的性能。

识别人类基因组中的顺式作用元件对于理解基因调控和评估遗传变异至关重要，高通量测序和深度学习技术的发展使得预测并挖掘全基因组的顺式调控区域成为可能。在人类基因组中，98% 的 DNA 序列是非蛋白质编码区，基因组中的 1850 个转录因子需要调控约 25000 个编码基因的表达，承载着各种顺式调控区，它们精确控制着基因的表达。识别人类基因组中活跃的顺式调控元件对于理解基因调控和评估遗传变异对表型的影响至关重要。高通量测序和人工智能技术的发展使得预测全基因组的顺式作用元件成为可能。2018 年，Li 等人使用一种有监督深度学习方法识别出了人类基因组中活跃的顺式调控区域，并在基因组中挖掘了 30 万个候选增强子（占基因组的 6.8%）和 2.6 万个候选启动子（占基因组的 0.6%）。该算法展示了深度学习技术与高通量测序数据相结合的潜力，并激发了其他高级神经网络的发展。

启动子的结构高度复杂且多样，准确预测人类启动子的位置并了解其结构模式至关重要。2019 年，Solovyev 研究团队针对人类长基因组序列上的启动子序列，开发了基于机器学习的人类 RNA 聚合酶 Ⅱ 启动子预测工具 DeeReCT-PromID。该算法并未使用预先定义的启动子特征，而是通过深度学习算法在训练集中学习人类启动子的显著特征，以避免启动子位点先验知识的干扰。他们还通过使用迭代模型降低了模型预测的假阳性率，实现了每 1000 bp 错误率为 0.02，每次正确预测的错误率为 0.31，达到了较高的人类启动子识别准确率。

2019 年，Anveshrithaa 等人通过预测大肠杆菌 DNA 序列中的启动子来测试并评估各类基于不同机器学习方法的启动子序列挖掘模型。该研究通过超参数调整来优化模型性能，以提高预测效果。结果表明，基于机器学习的多种启动子预测模型均有较高的准确率，机器学习技术非常适合于生物序列识别与分析等任务。

快速、准确地预测启动子强度同样具有重要的生物学意义，是制备可定量、可预测生物元件的关键所在。建立具有梯度的强度分布、广泛的动态范围和清晰的序列特征的启动子库，可为人工智能模型提供训练启动子强度预测的数据集。2022 年，Zhao 等人使用 83 轮突变-构建-筛选-表征（mutation–construction–screening–characterization）工程循环，构建了一个 Ptrc 启动子的突变库并对其进行了表征。在排除了无效的突变位点后，他们构建了一个由 3665 个不同变体组成的合成启动子库，其强度差异跨越了两个数量级。最强的变体比原始的 *Ptrc* 强 69 倍，比 1 mmol/L 异丙基 -β-D- 硫代半乳糖驱动的 PT7 启动子强 1.52 倍，最强和最弱的表达水平之间有 454 倍的差异。利用这个合成启动子库，我们可以构建并优化不同的机器学习模型，可以探索启动子序列和转录强度之间的关系。

4.2.2 转录因子结合位点的挖掘

转录因子是一类能与 DNA 序列特异性结合，并能调控目标基因表达的蛋白质。转录因子在基因表达调控乃至整个生命系统中起着至关重要的作用，转录因子结合位点（transcription factor binding site，TFBS）的预测吸引了越来越多的研究人员。

TRANSFAC 数据库是基于真核生物转录调控所建立的数据库，其中收集了大量与基因转录水平有关的数据，由 BIOBASE 公司负责日常更新和维护工作；JASPAR 公开数据库收集了有关转录因子与 DNA 结合位点的数据，根据物种可分成 6 类，即脊椎动物门（Vertebrata）、线虫纲（Nematoda）、昆虫纲（Insecta）、尾索动物亚门（Urochordata）、植物界（Plantae）和真菌界（Fungi）；TFdb 数据库是关于小鼠转录因子的非冗余数据库，包含了小鼠转录因子基因和与之相关联的基因数据；TRRD 是转录调控区数据库，收集基因转录调控区域注释信息资源，其由 7 个子数据库所构成，分别是 TRRDGENES（TRRD 库基因的基本信息和调控单元信息）、TRRDLCR（基因座控制区）、TRRDUNITS（调控区的启动子、增强子、沉默子等具体信息）、TRRDSITES（转录因子结合位点）、TRRDFACTORS（转录因子信息）、TRRDEXP（基因表达模式的信息）和 TRRDBIB（数据库涉及的实验出版物信息）；TRED 为转录调控元件数据库，收集有实验证据的哺乳动物顺式作用元件和反式作用因子，TRED 数据库所提供的数据都经过实验验证，并且经过人工筛选以保证数据的有效性。

Alipanahi 等研究人员采用卷积神经网络预测蛋白质结合序列的特异性和结合模式，并将这种方法命名为 DeepBind。这项工作表明序列特异性可以通过深度学习技术从实验数据中确定，为模式发现提供了一种可扩展的、灵活的和统一的计算方法。即使序列中模式的位置未知，DeepBind 也可以发现新的相互作用模式。此外，DeepBind 是经典的蛋白质 -DNA 结合位点的精确预测方法，催生了深度学习在生物信息学领域的应用高潮。Hassanzadeh 和 Wang 开发了基于长短期记忆递归卷积网络的模型——DeeperBind，以预测蛋白质与 DNA 片段结合的特异性。与 DeepBind 相比，DeeperBind 去掉了中间特征的位置维度，充分利用了长短期记忆网络和卷积神经网络的互补建模功能，可以处理不同长度的序列。DeeperBind 可应用于来自蛋白质结合微阵列（protein binding microarray，PBM）的数据集，形成一种用于量化蛋白质 -DNA 结合偏好性的体外高通量技术，即利用深度学习来生成特征和位置动力学模型，基于从高通量技术产生的数据预测 DNA 序列的结合特性。

有间隔的 k-mer 频率向量（gapped k-mer frequency vector，GKM-FV）是一种基于序列的预测方法，已实现转录因子结合位点等功能性基因组调控元件的有效预测。然而，当 kernel 矩阵和数据量较大时，该模型计算量很大，会导致效率较低。为了解决这个问题，Cao 和 Zhang 提出了一个灵活的、可扩展的神经网络框架（GKM-DNN），利用深度神经网络实现高效的特征表示和精准预测。实验结果表明，GKM-DNN 不但克服了 GKM-FV 维数高、共线性和稀疏性等缺点，而且在较短的训练时间内获得了更高的准确率。

2017 年，Lanchantin 等研究人员开发了基于深度神经网络的 Deep Motif Dashboard 模型，利用三种不同的深度神经网络架构（卷积、递归和卷积 - 递归网络架构），进行转录因子结合位点的挖掘与预测。与此类似，Quang 和 Xie 开发了基于卷积 - 递归的神经网络模型 FactorNet，进行转录因子结合位点的预测，这项工作利用基因组序列、基因组注释、基因表达与信号传导等大量数据信息训练模型，通过可视化神经网络模型来解释转录因子与 DNA 序列相互作用模式，并揭示相关调控规律。FactorNet 在 ENCODE-DREAM 体内转录因子结合位点预测挑战赛中名列前茅。

2018 年，Khamis 等人利用人类基因组高通量测序数据，结合人类转录因子结合位点的核苷酸长度，针对 232 个人类转录因子构建了预测模型 DRAF。DRAF 模型将转录因子结合位点序列信息、结合结构域物理化学特性，以及氨基酸位点对核苷酸结合偏好性这三种特征整合到机器学习模型中，并通过支持向量机进行训练，显著提高了模型预测的准确率。在 98 个人类染色质免疫共沉淀测序（chromatin immunoprecipitation assay-sequencing，ChIP-seq）数据集上对 DRAF 评估显示，与 HOCOMOCO、TRANSFAC 和 DeepBind 模型相比，在相同的敏感度下，假阳性率显著减少。2020 年，Long 等人充分整合基因组序列信息、蛋白质 -DNA 复合物结构数据以及统计学习方法，利用基因组模型和统计学习模型，开发了预测转录因子结合位点的模型。以 TetR 家族蛋白为例，该方法可以发现很多 FootprintDB 数据库未涵盖的新转录因子结合位点。该方法还可以扩展到有足够结构信息的其他转录因子家族。

生物实验中的噪声数据会影响基于卷积神经网络的转录因子结合位点预测的准确率。特别是，现有的分类方法忽略了在峰值识别阶段中的错误引起的假阳性和假阴性，使得模型很容易对有偏差的训练数据进行过拟合，进而导致不准确的识别，无法揭示蛋白质与 DNA 结合的规律。2022 年，Jing 等人提出了一种基于元学习（meta learning）的卷积神经网络方法，用于抑制噪声标签数据的影响，并从芯片组学数据中准确识别 TFBS。基于少量无偏差元数据，该方法可以自适应地从 ChIP-seq 数据中学习一个明确的加权函数，并同时更新分类器的参数。加权函数根据每个样本的训练损失为其分配一个权重，以克服有偏差的训练数据对分类器的影响。在 424 个 ChIP-seq 数据集上的实验结果表明，这种方法不仅优于其他现有的 CNN 方法，还能检测出被赋予小权重的噪声样本。

4.3　调控元件的智能设计

调控元件是搭建合成生物系统的基石。尤其是构建工程化生物系统需要大量性能优良的调控元件作为支撑，以适配不同底盘细胞和生存环境的需求。目前，调控元件获取的主要方式是对生物基因组进行挖掘。为了实现目标基因的特定表达需求，我们需要对基因调控元件进行改造，以实现对基因转录水平和表达强度的精准调节。以启动子为例，一般具有两种设计思路：一种是将原有启动子换为其他已表征启动子，从而改变基因的表达强度，可供选用的启动子既可以是自身，也可以是一些种属相近微生物中已被广泛使用的启动子；另一种是对内源启动子进行突变改造，进而改变启动子强度。例如，可以通过随机突变、定点饱和突变或直接合成等方式对启动子的 UP 区或间隔区进行突变，创造不同强度的启动子库，再结合高通量筛选方法获得目标强度的启动子；还可以针对启动子的核心 -10 区、-35 区等关键区域序列向着 σ 因子识别一致序列的方向突变，从而显著改变启动子的活性。Jiao 等人通过对枯草芽孢杆菌启动子的 -10 区和 -35 区进行单点突变，使启动子的强度提高了 15 倍。然而，利用这些传统方法挖掘调控元件不但成功率低，而且通常只能获得与天然序列非常相似的元件，难以发现全新的调控元件。以 100 碱基长度的序列为例，其潜在的序列组合多达 4^{100} 种可能，潜在的序列空间远超目前实验文库的筛选能力。利用组学数据和生物信息学工具进行启动子序列识别和改造大幅提高了启动子序列设计效率，并指导新启动子发现、高强度新组成型或诱导型启动子改造以及目标基因的高效表达等研究策略，已经成为在合成生物学等生物技术领域开展启动子研究的必要工具。

基于人工智能的算法为启动子序列设计提供了新的策略（见图 4-1）。利用天然基因组数据学习基因调控元件的分布，通过"数字定向进化"可以产生全新的基因调控元件。2020 年，清华大学汪小我研究团队首次用人工智能方法设计产生全新的启动子，为调控元件的设计和优化提供了崭新的手段。该研究团队基于人工智能设计的工作流程包括用于从头生成启动子的生成式对抗网络（generative adversarial network，GAN）和用于选择高活性启动子的预测模型，并在大肠杆菌中通过荧光蛋白表达对生成的合成启动子进行检测（见图 4-2）。该研究将人工智能技术应用于构建全新的基因调控元件，从自动化设计的角度，利用深度学习技术并融合生物先验知识来建立调控元件的生成模型，通过计算机寻优算法替代生物实验中的随机搜索，可以大幅提高实验的成功率。

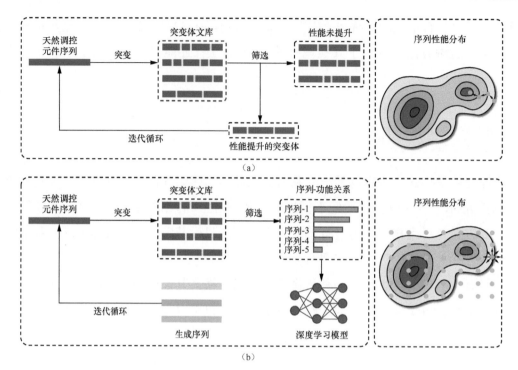

图 4-1 调控元件的不同改造策略

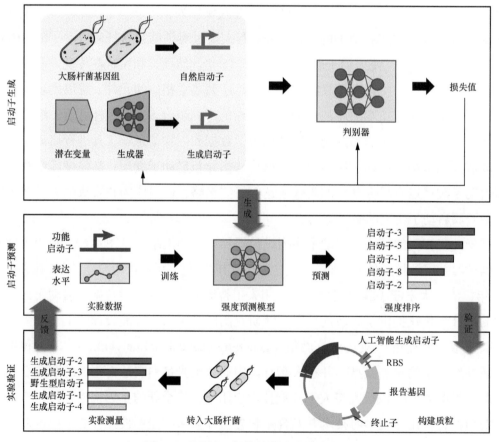

图 4-2 基于人工智能的启动子设计流程

　　生成式对抗网络是一种深度学习模型，通过生成模型（generative model）和判别模型（discriminative model）的对抗来估计概率分布并生成同训练样本位于类似分布中的新样本，即两个模块的相互博弈学习产生输出。在生物序列设计中，生成对抗网络已应用于核酸序列、蛋白质和小分子药物等的设计。GAN 生成网络从低维潜在空间中抽取样本映射到人工启动子上，判别网络评估生成的合成启动子与自然启动子之间的差异。GAN 基于判别器与生成器之间的极大极小博弈算法（minmax algorithm），根据从自然启动子学习到的特征分布生成新序列，引入基因表达数据训练的预测模型来预测序列活性，从而预先选择最有希望的人工启动子。该工作使用 GAN 框架 WGAN-GP 模型来学习基本启动子特征并生成全新的启动子。这些全新启动子元件具备了天然元件关键特征的统计特性，同时具有一些非天然典型的序列模体，在整体序列排布上可以做到与天然启动子很低的相似性，降低了与天然基因组的同源重组风险。该研究团队在大肠杆菌中成功实现了全新基因启动子的设计与生成。该方法可以产生大量全新的启动子，经过迭代优化后实验验证成功率已超过 70%。同时，优化后的人工元件具备比天然序列更高的转录活性。理论上，该方法可以产生数量远远超过天然启动子的全新元件，极大地丰富了可用于工程生物学研究的调控元件库。该研究从实践上证明了利用人工智能方法创造全新调控元件的可行性，对推动工程生物系统更加高效、安全、可控的智能化设计与构建具有重要意义。

　　自动化与人工智能技术的融合推动了生物制造等领域的创新发展，实现了高效率与高产量。越来越多的实验室使用机器替代实验人员以提高通量，逐步走向"无人、高效、智能"自动化实验室。2022 年，Zhang 等人利用机器学习实现了"设计 - 构建 - 测试 - 学习"（design- build-test-learn，DBTL）循环下细菌核糖体结合位点的批量设计，以证明小基因序列如何能够使用相对较小的高质量数据集进行可靠的设计。其在循环的学习阶段使用了高斯过程回归，在设计体内测试的基因变体时使用了多臂老虎机的上置信界算法（upper confidence bound multiarmed bandit algorithm）。该研究将这些机器学习算法与实验室自动化和高通量流程相结合，以获得可靠的生成数据。结果表明，机器学习是设计新型核糖体结合位点的有力工具，为实现更复杂的遗传装置铺平了道路。

4.4　采用人工智能算法所面临的挑战

　　人工智能在处理大样本数据方面具备出色的性能。虽然运用现代组学技术已经能够在一次实验中分析数以万计的生物数据，但我们仍然面临着一系列挑战，例如"维度灾难"和类不平衡性、数据噪声和异质性、模型可解释性、网络架构选择和计算资源的消耗等。

4.4.1 "维度灾难"和类不平衡性

随着数据采集技术的不断发展，实际应用中收集到的数据逐渐呈现规模大、维度高和类别不平衡的特点。高维数据在许多重要应用中普遍存在，这也对传统的数据挖掘与机器学习算法提出了挑战。组学数据是典型的高维数据，因为在生物学中特征的数量经常超过样本数量。小样本量进一步加剧了这一问题。这就是广为人知的"维度灾难"，模型需要拟合过多参数，是深度学习模型出现过拟合的主要原因之一。对高维数据，特征选择和降维技术（如主成分分析或 t 分布随机邻域嵌入）可降低数据的复杂性，有助于识别最有影响力的特征，减少过拟合的可能性并提高模型的预测能力；使用正则化技术，也可以帮助防止模型过拟合，并在处理高维数据时提高模型的泛化能力。

类不平衡性是指在监督学习中，数据集的各个类别中样本数量不均衡的情况，且多数情况下感兴趣的生物事件只出现在一小部分数据中。在类不平衡的情况下，我们可以通过采样少数类或者欠采样多数类来平衡数据集；集成学习也是应对这一挑战的有效方法，例如可以使用自助抽样和基于随机抽样的集成深度学习，来处理 DNA 序列分析中的类不平衡。此外，在处理高维和类不平衡问题时，迁移学习也是一个有力的工具。预训练的模型在大规模的数据集上已经学习到了有用的表示，这些表示可以迁移到新的、小样本的任务上，从而提高模型的学习效率和性能。

4.4.2 数据噪声和异质性

生物系统本身就是异质的和充满噪声的，并且包括实验方法和组学平台在内的各种技术噪声来源。数据的质量对于任何分析的准确性至关重要，因此在模型训练之前应用预处理和噪声减少技术是至关重要的，包括数据清洗、标准化、缺失值插补等措施。例如，对于测序数据，有许多工具可以辅助识别并改正错误碱基插入或缺失。此外，一些机器学习模型和算法在构建之初就考虑到了对噪声的鲁棒性。例如，通常基于树的模型处理噪声的效果比线性模型更好。深度学习方法也已经证明对于许多类型的噪声有很强的鲁棒性。

由于多组学技术的发展加剧了数据集内的异质性，因此我们有必要通过跨组学平台，将不同分子物种结合起来进行综合分析，才能从整体上理解生物系统。数据的异质性是一个挑战，但也提供了机会，因为它可以使我们从多个角度理解生物系统。通过集成不同数据源可以提供更全面的视角。数据集成或数据融合是处理异质性问题的主要方法。通过将不同数据源整合到一起，可以提供一个更完整的视角。然而，这个过程可能会面临技术挑战，需要处理数据规范化、缺失值、不同的测量尺度等问题。迁移学习在面对数据异质性问题时尤其有用，因为我们可以使用在一个数据源上学习到的模型来处理另一个数据源。多视角学习或者多数据源学习同样是一种处理异质性的方法，它通过从不同的数据源中学习来获取更全面的理解。例如，我们可能会在不同的组学数据上训练不同的模型，然后将它们的预测合并到一起。

4.4.3 模型可解释性

模型以输出决策判断为目标，而其可解释性旨在帮助人类理解做出决策的原因。模型的可解释性越高，人们就越容易理解为什么做出某些决定或预测。模型可解释性包括对模型内部机制的理解以及对模型结果的理解，可以辅助研究人员对模型进行调整和优化，直观地阐释模型行为，例如，这个样本被预测为某个标签的原因，某个特征对预测结果的重要程度。目前，深度学习模型的一个常见问题是它们缺乏可解释性，即"黑盒模型"。近年来，已经出现了一些工具和方法，用于提升人工智能模型的可解释性，例如基于注意力机制的神经网络，其注意力权重可以帮助解释模型的决策过程。

4.4.4 网络架构的选择

网络架构的选择对于在特定领域和应用中实现最佳性能至关重要。例如，许多研究选择使用循环神经网络（recurrent neural network，RNN），它适合学习生物序列中的顺序信息。深度神经网络和卷积神经网络结构适用于处理高维输入的生物应用。多模型集成使开发混合体系结构或者在多组学中组合异构数据类型成为可能。虽然诸多研究证明了特定网络体系结构的重要性和专用性，但新的网络体系结构也在不断出现，这可能会在未来几年产生更多新的应用。

4.4.5 计算资源的消耗

深度学习模型通常包含大量参数，特别是在处理大规模组学数据时，模型的计算资源的消耗负担可能非常高。不过，集成深度学习的最新发展利用了深度学习体系结构的模块化，并利用集成策略和算法来实现更有效的模型拟合，大大减少了训练时间。计算机硬件的改进和分布式、联合深度学习等的进步，也促进了集成深度学习在大规模组学数据上的应用。鉴于生物数据的大小和复杂性只会随着技术的进步越来越高，开发更有效的深度学习算法和体系结构将会是机器学习与合成生物学交叉领域研究的另一个重要方向。

4.5 小结

本章从基因表达调控元件的角度讲解了调控元件的智能化设计，概述了基因表达调控元件的类型及特点，介绍了人工智能在调控元件的挖掘和设计中的应用、进展，以及所面临的挑战，旨在让读者掌握调控元件智能挖掘与设计的基本原理和策略。优良的调控元件可实现其与底盘细胞的整体适配，为构建高通量、智能化、自动化的复杂人工生命系统提供重要支撑。构建服务于小样本下的具有生物可解释性的机器学习模型，加速"设计 - 构建 - 测试 - 学习"循环，可促进人工智能和合成生物学的融合发展。

4.6　参考文献

[1] Evan Appleton, Curtis Madsen, Nicholas Roehner, et al. Design automation in synthetic biology[J]. Cold Spring Harb Perspect Biol, 2017, 9(4):a023978.

[2] Gregory A Wray, Matthew W Hahn, Ehab Abouheif, et al. The evolution of transcriptional regulation in eukaryotes[J]. Mol Biol Evol, 2003, 20(9):1377-419.

[3] 朱玉贤 , 李毅 , 郑晓峰 , 等 . 现代分子生物学 [M]. 4 版 . 北京：高等教育出版社 , 2013.

[4] Srinivasan Yegnasubramanian, William B Isaacs. Modern Molecular Biology[M]. New York:Springer, 2010.

[5] Sarai Velazco, Delina Kambo, Kevin Yu, et al. Modeling Gene Expression: Lac operon[J]. Annu Int Conf IEEE Eng Med Biol Soc, 2021: 1086-1091.

[6] Imamoto F. Translation and transcription of the tryptophan operon[J]. Prog Nucleic Acid Res Mol Biol, 1973. 13: 339-407.

[7] Sarath Chandra Janga, J Collado-Vides. Structure and evolution of gene regulatory networks in microbial genomes[J]. Res Microbiol, 2007, 158(10): 787-794.

[8] Aurelia Battesti, Nadim Majdalani, Susan Gottesman. The RpoS-mediated general stress response in Escherichia coli[J]. Annu Rev Microbiol, 2011, 65: 189-213.

[9] Barrios H, Valderrama B, Morett E. Compilation and analysis of sigma(54)-dependent promoter sequences[J]. Nucleic Acids Res, 1999, 27(22): 4305-4313.

[10] Robert S Washburn, Max E Gottesman. Regulation of transcription elongation and termination[J]. Biomolecules, 2015, 5(2): 1063-1078.

[11] Michelle A Kriner, Anastasia Sevostyanova, Eduardo A Groisman. Learning from the Leaders: Gene Regulation by the Transcription Termination Factor Rho[J]. Trends Biochem Sci, 2016,41(8): 690-699.

[12] Ying-Ja Chen, Peng Liu, Alec A K Nielsen, et al. Characterization of 582 natural and synthetic terminators and quantification of their design constraints[J]. Nat Methods, 2013,10(7): 659-664.

[13] Maha Masoudi, Ali Teimoori , Alijan Tabaraei, et al. Advanced sequence optimization for the high efficient yield of human group A rotavirus VP6 recombinant protein in Escherichia coli and its use as immunogen[J]. J Med Virol, 2021, 93(6): 3549-3556.

[14] Joshua D Eaton, Laura Francis, Lee Davidson, et al. A unified allosteric/torpedo mechanism for transcriptional termination on human protein-coding genes[J]. Genes Dev, 2020, 34(1-2): 132-145.

[15] Blackwood E M, Kadonaga J T, Going the distance: a current view of enhancer action[J]. Science, 1998, 281(5373): 60-63.

[16] M Zenke, T Grundström, H Matthes, et al. Multiple sequence motifs are involved in SV40 enhancer function[J]. Embo J, 1986, 5(2): 387-397.

[17] Di Huang, Ivan Ovcharenko. Enhancer-silencer transitions in the human genome[J]. Genome Res, 2022, 32(3): 437-448.

[18] Winoto A, Baltimore D. Alpha beta lineage-specific expression of the alpha T cell receptor gene by nearby silencers[J]. Cell, 1989,59(4): 649-655.

[19] Geyer P K. The role of insulator elements in defining domains of gene expression[J]. Curr Opin Genet Dev, 1997, 7(2): 242-248.

[20] Seshasayee A S, Sivaraman K, Luscombe N M. An overview of prokaryotic transcription factors: a summary of function and occurrence in bacterial genomes[J]. Subcell Biochem, 2011, 52: 7-23.

[21] Alberto Santos-Zavaleta , Heladia Salgado , Socorro Gama-Castro, et al. RegulonDB v 10.5: tackling challenges to unify classic and high throughput knowledge of gene regulation in E. coli K-12[J]. Nucleic Acids Res, 2019, 47(D1): D212-D220.

[22] Ishii T, Yoshida K, Terai G, et al. DBTBS: a database of Bacillus subtilis promoters and transcription factors[J]. Nucleic Acids Res, 2001, 29(1): 278-280.

[23] Riu Yamashita , Sumio Sugano, Yutaka Suzuki, et al. DBTSS: DataBase of Transcriptional Start Sites progress report in 2012[J]. Nucleic Acids Res, 2012. 40(Database issue): D150-154.

[24] Cavin Périer R, Junier T, Bucher P. The eukaryotic promoter database EPD[J]. Nucleic Acids Res, 1998, 26(1): 353-357.

[25] Umarov R K, Solovyev V V. Recognition of prokaryotic and eukaryotic promoters using convolutional deep learning neural networks[J]. PLoS One, 2017, 12(2): e0171410.

[26] Sheng Wang, Xuesong Cheng, Yajun Li , et al. Image-based promoter prediction: a promoter prediction method based on evolutionarily generated patterns[J]. Sci Rep, 2018, 8(1): 17695.

[27] Yifeng Li, Wenqiang Shi, Wyeth W Wasserman. Genome-wide prediction of cis-regulatory regions using supervised deep learning methods[J]. BMC Bioinformatics, 2018, 19(1): 202.

[28] Ramzan Umarov, Hiroyuki Kuwahara, Yu Li, et al. Promoter analysis and prediction in the human genome using sequence-based deep learning models[J]. Bioinformatics, 2019, 35(16): 2730-2737.

[29] Sundareswaran A, Aathavan B, Jaisankar N. Promoter Prediction in DNA Sequences of Escherichia Coli Using Machine Learning Algorithms[J]. International Journal of Scientific & Technology Research, 2019, 8: 3000-

3004.

[30] Mei Zhao, Zhenqi Yuan, Longtao Wu, et al. Precise Prediction of Promoter Strength Based on a De Novo Synthetic Promoter Library Coupled with Machine Learning[J]. ACS Synth Biol, 2022, 11(1): p. 92-102.

[31] Wingender E, Chen X, Hehl R, et al. TRANSFAC: an integrated system for gene expression regulation[J]. Nucleic Acids Res, 2000, 28(1): 316-319.

[32] Castro-Mondragon J A, Riudavets-Puig R, Rauluseviciute I, et al. JASPAR 2022: the 9th release of the open-access database of transcription factor binding profiles[J]. Nucleic Acids Res, 2022, 50(D1): D165-D173.

[33] Abbas Khan, Taimoor Khan, Syed Nouman Nasir, et al. BC-TFdb: a database of transcription factor drivers in breast cancer[J]. Database (Oxford), 2021: baab018.

[34] Kel A E, Kondrakhin Y V, Kolpakov N A, et al. Transcription Regulatory Regions Database (TRRD): its status in 2002[J]. Nucleic Acids Res, 2002, 30(1): 312-317.

[35] Fang Zhao, Zhenyu Xuan, Lihua Liu, et al. TRED: a Transcriptional Regulatory Element Database and a platform for in silico gene regulation studies[J]. Nucleic Acids Res, 2005, 33(Database issue): D103-107.

[36] Babak Alipanahi, Andrew Delong, Matthew T Weirauch, et al. Predicting the sequence specificities of DNA- and RNA-binding proteins by deep learning[J]. Nat Biotechnol, 2015. 33(8): 831-838.

[37] Hassanzadeh H R, Wang M D. DeeperBind: Enhancing Prediction of Sequence Specificities of DNA Binding Proteins[J]. Proceedings (IEEE Int Conf Bioinformatics Biomed), 2016: 178-183.

[38] Mahmoud Ghandi, Dongwon Lee, Morteza Mohammad-Noori, et al. Enhanced regulatory sequence prediction using gapped k-mer features[J]. PLoS Comput Biol, 2014, 10(7): e1003711.

[39] Zhen Cao, Shihua Zhang. Probe Efficient Feature Representation of Gapped K-mer Frequency Vectors from Sequences Using Deep Neural Networks[J]. IEEE/ACM Trans Comput Biol Bioinform, 2020, 17(2): 657-667.

[40] Jack Lanchantin, Ritambhara Singh, Beilun Wang, et al. Deep Motif Dashboard: Visualizing And Understanding Genomic Sequences Using Deep Neural Networks[J]. Pac Symp Biocomput, 2017, 22: 254-265.

[41] Daniel Quang, Xiaohui Xie. FactorNet: A deep learning framework for predicting cell type specific transcription factor binding from nucleotide-resolution sequential data[J]. Methods, 2019, 166: 40-47.

[42] Abdullah M Khamis, Olaa Motwalli, Romina Oliva, et al. A novel method for improved accuracy of transcription factor binding site prediction[J]. Nucleic Acids Res, 2018, 46(12): e72.

[43] Pengpeng Long, Lu Zhang, Bin Huang, et al. Integrating genome sequence and structural data for statistical learning to predict transcription factor binding sites[J]. Nucleic Acids Res, 2020, 48(22): 12604-12617.

[44] Fang Jing, Shao-Wu Zhang, Shihua Zhang. Prediction of the transcription factor binding sites with meta-learning[J]. Methods, 2022. 203: 207-213.

[45] 于慧敏, 郑煜堃, 杜岩, 等. 合成生物学研究中的微生物启动子工程策略 [J]. 合成生物学, 2021, 2(4): 598-611.

[46] Phan T T, Nguyen H D, Schumann W. Development of a strong intracellular expression system for Bacillus subtilis by optimizing promoter elements[J]. J Biotechnol, 2012, 157(1): 167-172.

[47] Song Jiao, Xu Li, Huimin Yu, et al. In situ enhancement of surfactin biosynthesis in Bacillus subtilis using novel artificial inducible promoters[J]. Biotechnol Bioeng, 2017, 114(4): 832-842.

[48] Yafeng Song, Jonas M Nikoloff, Gang Fu, et al. Promoter Screening from Bacillus subtilis in Various Conditions Hunting for Synthetic Biology and Industrial Applications[J]. PLoS One, 2016, 11(7): e0158447.

[49] Anvita Gupta, James Zou. Feedback GAN for DNA optimizes protein functions[J]. Nature Machine Intelligence, 2019, 1(2): 105-111.

[50] Yibo Li, Liangren Zhang, Zhenming Liu. Multi-objective de novo drug design with conditional graph generative model[J]. J Cheminform, 2018, 10(1): 33.

[51] Yibo Li, Liangren Zhang, Zhenming Liu, et al. TITER: predicting translation initiation sites by deep learning[J]. Bioinformatics, 2017, 33: i234-i242.

[52] Ashraful Arefeen, Xinshu Xiao, Tao Jiang. DeepPASTA: deep neural network based polyadenylation site analysis[J]. Bioinformatics, 2019, 35(22):4577-4585.

[53] Jeffrey Dean, Greg S Corrado, Rajat Monga, et al. Large scale distributed deep networks [C]//Proceedings of the NIPS, NJ: IEEE, 2012: 1223–1231.

[54] Goda K, Kitsuregawa M. The History of Storage Systems[C]//Proceedings of the IEEE. NJ:IEEE, 2012, 100 (Special Centennial Issue): 1433-1440.

[55] Mengyan Zhang, Maciej Bartosz Holowko, Huw Hayman Zumpe, et al. Machine Learning Guided Batched Design of a Bacterial Ribosome Binding Site[J]. ACS Synth Biol. 2022, 11(7): 2314-2326.

第 5 章　蛋白质工程

蛋白质（protein）是构成生物系统最重要的基本元件之一，天然蛋白质的合成需要通过转录和翻译形成多肽链，多肽链经盘曲、折叠成一定空间结构进而行使其生物学功能。蛋白质工程（protein engineering）则是从预期的蛋白质功能出发，通过基因工程对天然蛋白质进行改造，探索蛋白质更广阔的非天然序列空间。蛋白质工程构成了后基因组时代最重要的研究内容，具有广阔的发展前景。蛋白质工程技术已在世界范围内广泛应用，并融合了多学科前沿领域的最新成就，将蛋白质与酶的研究推进到崭新阶段，使其在生物医药、工业和农业等方面的应用前景更加广阔。基于人工智能的蛋白质工程已经成为优化复杂蛋白质工程的新范式。

本章先概述了定向进化、半理性设计以及从头设计蛋白质等蛋白质工程策略；然后，从蛋白质数据集的构建、向量表示法、模型的选择与构建、模型的训练与评估等角度介绍了人工智能辅助蛋白质工程策略的基本方案；接着，描述了人工智能模型在蛋白质工程中的应用实例；最后，介绍了蛋白质的智能设计与改造在生物医药和生物制造领域的实际应用。

5.1　基本策略

据估计，地球上可能有几千万个物种，生物体内蛋白质数量和种类繁多，加之蛋白质的可变性和多样性，使蛋白质研究具有一定的复杂性和挑战性。蛋白质工程是在基因工程学、生物化学、分子生物学、分子遗传学等学科的基础之上，融合了蛋白质晶体学、蛋白质动力学、蛋白质化学和计算机学等多学科而发展起来的新兴研究领域。其内容主要有两个方面：根据需要合成具有特定氨基酸序列和空间结构的蛋白质；确定蛋白质化学组成、空间结构与生物功能之间的关系。在此基础上，实现从氨基酸序列预测蛋白质的空间结构和生物功能，对编码蛋白质的基因进行有目的的设计和改造，设计合成具有特定生物功能的全新蛋白质，这也是蛋白质工程最根本的目标之一。在蛋白质工程诞生之初，科学家们通过定点突变来修饰酶的活性位点，促进了生物技术和生物医学的快速发展。1982 年，第一批工程化改造的蛋白质突变体问世，为分析蛋白质结构和功能以及合成新的治疗药物增添了更多的可能性。图 5-1 是蛋白质设计的里程碑结果，展示了通过 X 射线晶体学、核磁共振波谱和冷冻电子显微镜技术从头设计蛋白质结构的部分工作。这些蛋白质结构在 RCSB PBD 中用 ID 表示。蛋白质工程的设计类别包括计算辅助、理性设计、最小化设计和工程化改造。

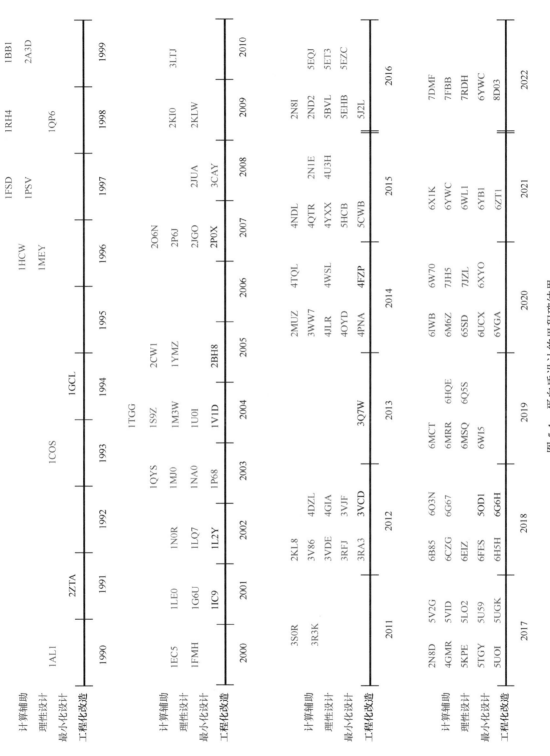

图 5-1 蛋白质设计的里程碑结果

5.1.1　定向进化

定向进化（directed evolution）的概念早在 20 世纪 80 年代就出现了，在过去的 40 多年中获得了充分的发展和应用。定向进化是在试管中模拟自然界的进化过程，将自然界中的突变在实验室中加速，筛选具有特定功能需求的蛋白质。因此，定向进化又称为"代替自然选择的上帝之手"，是试管中的"达尔文主义"。蛋白质的定向进化是通过对蛋白编码的基因序列进行突变，人为创造出序列丰富多样的随机突变体文库；利用定向筛选手段获得具有改进表型的目标突变体；以该目标突变体作为下一轮基因多样化的起点，将这一过程重复数轮进行定向进化迭代，连续积累有益突变，最终获得性能改进或具有新功能的蛋白质。定向进化可以在不了解蛋白质的三维结构以及功能机制的情况下引入随机突变进行性能改良，通过迭代有益突变实现蛋白质性能的飞跃。几十年来，科学家们一直采用转化天然蛋白质的定向进化来研究功能机制、代谢途径等。通过统计分析发现，定向进化是获得性能改进或具有新功能的蛋白质的一种有效手段。2018 年，美国加州理工学院的 Frances H. Arnold 因在酶的定向进化领域做出的杰出贡献而荣获诺贝尔化学奖，其开发了以细胞色素 P450 作为生物催化剂的定向进化方法，不但为理解酶进化机制提供了基础，而且为开发工业应用中可行的生物催化剂提供了技术支撑。定向进化技术主要分为突变库构建和高通量筛选两个部分。

（1）突变库构建。高效地构建基因随机突变库是定向进化的关键步骤之一。目前，主要方法是利用随机突变和重组技术来产生突变体，这些技术包括易错 PCR（error-prone PCR）、位点饱和突变（saturation mutagenesis）、DNA 重组（DNA shuffling）、序列非同源性蛋白重组（sequence homology-independent protein recombination，SHIPREC）、交错延伸重组（staggered extension process，StEP）、随机启动重组（randomized-priming recombination，RPR）、合成文库（synthetic library）等。这些传统突变技术已经成为蛋白质定向进化的强有力工具，而随着分子生物学的快速发展，构建突变库的新方法也不断涌现。随机突变的定向进化结合高通量筛选策略，显著提高了酶的活性，拓宽了其在工业催化中的应用范围。Arnold 团队在 1993 年通过易错 PCR 和高通量筛选方法，构建了包含 6 个突变位点的枯草溶菌素 E（subtilisin E）突变体，使其在有机溶剂 N,N- 二甲基甲酰胺（DMF）中稳定性增强，活性提高了 256 倍。在随后的几年中，大量的基于基因重组的定向进化策略逐渐发展起来。例如，Zhao 等人通过两轮基因重组产生突变体的交错延伸过程构建突变体文库并进行筛选，通过 4 个位置点突变筛选出一株枯草溶菌素 E 突变体，其在 65℃的半衰期比野生型延长了 50 倍；另一个例子是来自不同生物的体外同源基因重组的 DNA 洗牌。Kikuchi 等人提出了一种来自不同生物的体外同源基因重组方法，并将其命名为 DNA 重组（DNA shuffling），其利用单链 DNA 作为模板，显著提高了同源家族重组中杂交双链形成效率。

可以在细胞内对特定基因进行诱导突变，从而可以大幅度缩短实验周期。基于单链 DNA 重组的多元自动化基因组工程技术（multiplex automated genome engineering，MAGE）是针对大肠杆菌基因组上特定基因进行体内诱变的重要策略。近年来，随着 CRISPR/Cas9 技术的发展，对特定基因的插入、敲除以及替换成为现实，也出现了一批高效的细胞内随机突变方法。例如，将 CRISPR/Cas9 系统介导到 MAGE 之后，其基因组重组效率从大约 3% 提高到 98%，片段插入和替换的效率从 5% 提高到 70%。此外，随着 DNA 合成与测序技术的发展，以及成本的不断降低，合成文库可以弥补传统方法存在的序列偏好性等缺陷。2018 年，Li 等人联合创新型 DNA 合成公司 Twist Bioscience 提出了基于 DNA 合成的体外突变库构建方法，其在硅基芯片上应用大规模平行寡核苷酸合成技术，构建了突变体分布更均匀、文库多样性更丰富的随机突变库。

（2）高通量筛选。开发更快速、灵敏、准确的高通量筛选技术，是提高定向进化效率的关键步骤。在耐药性或者其他表型的蛋白质工程领域，可以通过细胞存活率对突变体进行快速评估；利用液相色谱或气相色谱法、可见光光度法、核磁共振以及质谱法可以对酶催化反应的底物或产物进行定量分析；利用表面展示技术进行突变库的高通量筛选，在蛋白质工程中得到了广泛的应用，包括噬菌体展示技术、核糖体展示技术、mRNA 展示技术以及细胞表面展示技术等；流式细胞荧光分选技术（fluorescence-activated cell sorting，FACS）是高纯度识别、分离稀有细胞群体的专项技术，能以每秒 10^5 个细胞的速度对数亿样品的光散射能力和荧光水平进行分析与分选，极大地促进了定向进化高通量筛选技术的进步；荧光偏振技术（fluorescence polarization，FP）和荧光共振能量转移（fluorescence resonance energy transfer，FRET）是利用荧光标记的分子具有的物理性质进行筛选，具有快速、直观、灵敏等优势。液滴微流控技术（droplet microfluidics）作为近年来发展起来的一种基于微芯片的高通量检测筛选技术，可以生成大小均一、相互独立的微体积液滴小室，用于需要非常小体积分析物的高通量筛选。例如，Hosokawa 等人利用凝胶微流控液滴（GMDs）筛选了 67000 个宏基因组文库，并发现了一种名为 EstT1 的新脂解酶。

随着生命科学前沿技术的快速发展，助力蛋白质定向进化的新型高通量技术层出不穷。面对大数据时代丰富的酶资源信息，实现全自动高通量筛选，也是蛋白质定向进化领域面临的全新挑战。目前，自动化生物实验平台通过集成式设施和自动化实验操作，可实现定向进化的连续迭代。例如，美国伊利诺伊大学 H. Zhao 课题组基于全自动生物合成平台 iBioFAB，实现了大肠杆菌和酿酒酵母的自动转化、培养和性状表征筛选等操作，最终获得高产番茄红素的蛋白表达体系。自动化生物实验平台可以缩短"设计-构建-测试-学习"周期，为蛋白质定向进化领域开辟了更广阔的发展空间。

5.1.2 半理性设计

通过定向进化进行的蛋白质工程依赖于反复迭代的过程，随机突变首先产生多样性突变文库，然后采用高通量筛选方法从大量文库中筛选出目的蛋白。这种方法需要大量的工作、材料和财力来选择所需的表型，且完成对蛋白质序列空间的全面搜索是非常困难的。许多研究人员希望找到超越传统定向进化的方法，于是简单、高效的半理性设计（semi-rational design）策略应运而生。半理性设计是建立在已有蛋白质知识的基础上，如同源家族序列、结构信息、相互作用机制、催化机制、前期实验数据等，对目标蛋白进行再设计。相较于定向进化的全随机突变策略，半理性设计基于酶蛋白的结构信息，结合保守氨基酸序列进行分析，专注特定的氨基酸位点，以创建小而精的突变文库并从中筛选目标蛋白，从而避免了耗时、耗力的高通量检测过程。目前，半理性设计一般基于两种策略：基于序列的蛋白质设计和基于结构的蛋白质设计。

（1）基于序列的蛋白质设计。通过同源蛋白序列的多序列比对（multiple sequence alignment, MSA）定位与底物结合的关键保守残基，并结合结构分析可以推断与底物或辅因子的相互作用关系，或者预测功能位点等相关信息。Kataoka 等人对苯丙氨酸脱氢酶（PheDH）、谷氨酸脱氢酶（GluDH）和亮氨酸脱氢酶（LeuDH）进行了多序列比对，以确定亮氨酸脱氢酶的关键底物结合位点。在分子建模的基础上，亮氨酸脱氢酶突变体 A113G/V291S 成功扩展了底物谱，改造后的亮氨酸脱氢酶对甲硫氨酸底物的活性较野生型提高了 130 倍，这表明氨基酸脱氢酶活性位点中的两个相应残基对于区分脂肪族底物侧链的疏水性非常重要。Nakano 等人通过 D- 乳酸脱氢酶的同源家族蛋白序列比对确定了两个关键残基，对特定的氨基酸残基位点进行了定点饱和突变，经动力学分析证实突变体 T75L/A234S 的催化效率比野生型提高了 6.8 倍。You 等人制订了一种辅助因子特异性逆转策略，旨在通过构建基于同源序列比对的小而精的突变文库，改变 7β- 羟基类固醇脱氢酶（7β-hydroxysteroid dehydrogenase）的辅酶偏好。该策略通过对具有不同辅酶偏好的 7β- 羟基类固醇脱氢酶的辅酶结合结构域进行序列分析，精确构建了突变体 G39D/T17A，逆转了 NAD(P)H 的偏嗜性，使其对熊去氧胆酸（ursodeoxycholic acid）生物催化合成活性提高了 223 倍。Miguel Alcalde 团队基于序列同源性开发的 MORPHING（mutagenic organized recombination process by homologous *in vivo* grouping）工具也广泛应用于蛋白酶的设计改造。上述研究展现了半理性设计策略在蛋白质工程中的成功应用，基于序列的酶重新设计可以确定蛋白质功能位点，以提高相互作用能力、酶活性、底物特异性、稳定性以及改变辅酶偏好等。

（2）基于结构的蛋白质设计。一般来说，蛋白质功能与氨基酸序列和三维结构密切相关。基于三维结构的蛋白质半理性设计通常是利用各种分子动力学软件以及分子对接软件分析蛋白质底物、过渡态或产物的结合位点。例如，Gong 等人利用 Autodock 软件将环己胺氧化酶与 D- 缬氨酸、D- 苯丙氨酸和 L- 缬氨酸乙酯进行对接，从而获得了多对接位点。通过定点突变和筛选 Y32I/ M226T，得到的 D- 缬氨酸催化效率比野生型提高了 30 倍，其生产率达到 95%。Li 等人通过分子动力学模拟和分子对接改造费氏弧菌转录激活因子 LuxR，以增强其对小分子 *N*-3-氧-己酰高丝氨酸内酯的结合灵敏度，并利用亲和力增强的 LuxR 突变体构建全细胞生物传感器，实现了对鼠疫耶尔森氏菌的灵敏检测。此外，Tournier 等人利用分子对接和表面分析方法研究了叶枝堆肥角化酶（leaf-branch compost cutinase，LCC）与其底物 2-羟乙基对苯二甲酸的相互作用。从 15 个关键氨基酸的候选位点中筛选出 4 个位点的饱和突变，并在突变体的 238 和 283 位点引入二硫键，最终筛选出最优突变体。经过工艺优化，两个筛选出来的突变体分别在 9.3 h 和 10.5 h 内达到 90% 的降解率，可成功催化降解 1000 kg 废聚对苯二甲酸乙二醇酯（poly ethylene terephthalate，PET），获得 863 kg 对苯二甲酸。这种基于结构的设计策略已成为定制 LCC 生物碱的有效方法，有望帮助人类解决长期面临的塑料污染问题。

5.1.3 从头设计蛋白质

随着计算机运算能力的提升以及设计算法的不断涌现，蛋白质设计策略取得了创新性的突破和发展，人类迎来了从头设计（de novo design）蛋白质的时代。蛋白质设计通常关注于蛋白质整体结构在不同情况下的运动情况，以原子物理、量子物理、量子化学揭示的微观粒子运动、能量与相互作用规律为理论基础，或以统计能量函数为算法依据。蛋白质设计利用分子动力学模拟（molecular dynamic simulations）、分子对接（molecular docking）、量子力学（quantum mechanics）方法、蒙特卡罗（Monte Carlo）模拟等一系列计算方法，设计并预测蛋白质的能量与结构的变化，根据计算结果确定可能符合改造需求的突变体并进行实验验证。蛋白质设计是基于对蛋白质结构与功能之间关系的深入理解，使蛋白质能够通过使用各种计算工具进行定制，从而获得符合需求的特定功能。

从头设计蛋白质最早出现在 20 世纪 80 年代，意在探索巨大的序列空间（见图 5-2）和结构空间，设计具有全新结构与功能的蛋白质，也称为"蛋白质反向折叠问题"。就一个长度为 200 个氨基酸的蛋白质而言，其可能的序列个数就达到了 20^{200}，仅仅是这个数字都会导致计算机出现溢出错误，但在自然界中出现的样本只占这庞大集合中的一小部分。在蛋白质折叠的物理原则指导下，蛋白质的从头设计可以探索整个序列空间。

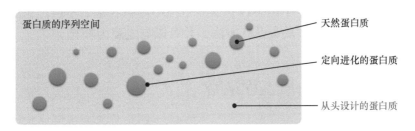

图 5-2　蛋白质序列间示意图

2003 年，David Baker 研究团队使用 Rosetta design 方法从头设计了一个自然界从未发现的折叠拓扑类型蛋白 Top7。其首先使用来自天然蛋白质数据库中的残基片段拼接出符合目标的主链结构，并对该主链结构进行反复迭代的固定主链序列优化以及柔性主链优化，以此来得到最低能量的序列，这项工作对于蛋白质从头设计是一个划时代的突破。自此之后，基于 Rosetta design 方法的蛋白质设计不断涌现，Rosetta 相关软件如今已发展为集蛋白质从头设计、酶活性中心设计、配体对接、生物大分子结构预测等功能为一体的生物大分子计算建模与分析工具。

除 Rosetta design 方法之外，其他蛋白质从头设计方法也相继涌现，例如 Transcent、Tinker、IPRO、LUCS、tetraBASE 和 Osprey 等。刘海燕团队开发了固定主链的蛋白质序列设计的统计能量模型 ABACUS（a backbone based amino acid usage survey）。ABACUS 结合统计能量项与物理能量项，用于对不同折叠类型的天然蛋白质骨架进行从头序列设计，经实验证明，设计蛋白分子的结构解析结果与设计目标高度吻合。ABACUS 从头设计的蛋白一般会表现出超高热稳定性，该课题组应用 ABACUS 对 Ras 蛋白的结合结构域进行全局性的重新设计，使其热稳定性超过 110℃并维持相互作用的功能。通过实验结合计算分析表明，ABACUS 重新设计的 Ras 蛋白结合结构域能够形成一种全局 "颠倒"了天然蛋白质的电荷分布模式，超出了传统的随机突变可探索到的序列空间。

蛋白质从头设计可以分为蛋白质主链骨架设计和固定主链的氨基酸序列设计。蛋白质从头设计中最困难的问题是如何充分地探索蛋白质主链结构空间，发现新颖的、"高可设计性"的主链结构，主链骨架结构的从头设计将进一步提升人工设计蛋白质的能力范围。目前常使用蛋白质天然结构片段作为构建模块来拼接产生人工结构，然而这种方法存在设计结果单一、对主链结构细节过于敏感等不足，限制了设计主链结构的多样性和可变性。Huang 等人构建了从头设计全新主链结构的 SCUBA（for side chain-unknown backbone arrangement）模型，其在不确定序列的前提下，连续、广泛地搜索主链结构空间，自动产生 "高可设计性" 主链。理论计算和实验证明，用 SCUBA 设计主链结构，能够突破只能用天然片段来拼接产生新主链结构的限制，显著扩展了从头设计蛋白质的结构多样性，进而设计出不同于已知天然蛋白的新颖结构。"SCUBA 模型 +ABACUS 模型" 构成了能够从头设计具有全新结构和序列的人工蛋白完整工具链，是 Rosetta design 之外经充分实验验证的蛋白质从头设计方法，并可以与之互为补充。

5.2　人工智能辅助蛋白质工程策略

随着大数据、云计算、互联网、物联网等信息技术的发展，人工智能技术飞速发展，有效弥补了科学与应用之间的 "技术鸿沟"。在人工智能领域，机器学习已经成为图像分类、语音识别、自然语言处理、人机对弈、无人驾驶等应用领域的首选方法。

人工智能辅助蛋白质工程设计策略，具体是指基于已有的数据，利用各种机器学习模型来构建"输入特征－输出特征"的映射关系。利用机器学习模型，我们可以从数据中推断出内在模式，然后据此对未观察到的数据进行预测。研究人员需要收集训练数据，将其以适合机器学习的形式表示，然后选择合适的机器学习算法对模型进行训练和评估，并实现其可解释性。

5.2.1　蛋白质数据集的构建

机器学习算法非常依赖数据，而初始数据的数量和质量与模型的泛化性能也密切相关。使用较为广泛的蛋白质数据集有：UniProt（Universal Protein），该数据集旨在对所有已知的蛋白质序列进行分类，包含蛋白质序列、功能信息、研究论文索引，整合了包括 EBI（European Bioinformatics Institute）、SIB（the Swiss Institute of Bioinformatics）和 PIR（Protein Information Resource）三大数据库的资源；蛋白质结构数据库（Protein Data Bank，PDB），是美国 Brookhaven 国家实验室于 1971 年创建的，由结构生物信息学研究合作组织维护，是通过 X 射线单晶衍射、核磁共振、电子衍射等实验手段确定的蛋白质等生物大分子的三维结构数据库；BRENDA 酶数据库，由德国国家生物技术研究中心创建，目前由德国科隆大学生物化学研究所负责运营，其提供酶的分类、命名法、生化反应、专一性、结构、细胞定位、提取方法、文献、应用与改造及相关疾病的数据。

随着蛋白质工程的不断发展，理论计算以及实验结果促生了越来越多具有明确特征的蛋白质序列与功能关系。收集这些序列与功能关联的数据有助于建立具有特定类别的数据集，包括用于蛋白质稳定性和蛋白质－核酸相互作用的 ProTherm 和 ProNit，以及用于蛋白质－蛋白质复合物的 SKEMPI、AB-Bind 和 PROXIMATE。蛋白质突变体数据库 Protein Mutant Database 提供了关于蛋白质特定位置的氨基酸突变所带来的功能及结构影响的信息，然而目前已经很久没有更新。Protabank 是一个积极维护和更新的通用蛋白质设计和工程数据数据库。ProTherm 是这些数据库中最早且最成熟的，已有很多研究工作使用 ProTherm 中的序列－功能信息来训练机器学习模型并预测突变对稳定性的影响。然而，ProTherm 数据库自从 2013 年以来就没有更新过，且 Yang 等人发现 ProTherm 数据库的内容、质量和相关性方面有一些错误，也有一些没有定义明确的特征。

经过蛋白质工程实验验证的数据集往往规模很小，并且集中在少量天然蛋白质序列衍生出的各类突变体上。此外，蛋白质工程研究中采样的突变体会受到研究方向的限制，这可能使我们很难将在一个数据集上训练的模型推广到以不同方式或基于不同目的其他蛋白质工程的其他突变体。相比之下，来自天然同源家族蛋白数据集规模更庞大一些，但是这些数据集中的突变体分布情况会受到进化方向的影响，而且并非所有生物体已经被研究和测序，因此基于天然同源家族蛋白数据集训练的模型可能难以推广到蛋白质工程中经常遇到的非自然序列。

针对现有蛋白质数据库的训练数据数量少的现状，蛋白质工程和产业的发展将会创造出更多且更为精准的数据，许多数据库正在收集更多涵盖蛋白质序列、结构、功能、稳定性和溶解度等多种特性的文献或实验数据，可以为机器学习算法提供更多的高质量数据。此外，随着二代、三代高通量测序技术的逐步成熟以及测序仪的广泛部署，可用数据的数量和质量都会有明显的提高，为人工智能算法的应用提供更充足的资源。

5.2.2　蛋白质的向量表示法

氨基酸是构成蛋白质的基本单位，赋予蛋白质特定的分子结构形态，使它的分子具有生化活性。蛋白质的氨基酸序列是其生物学语言，而为了让机器学习模型学习蛋白质序列，蛋白质序列必须被表示为向量或数字矩阵，也称为分子描述符（molecular descriptors）。计算机系统仅能理解数字向量，但是算法不能直接作用于蛋白质序列，应将分子的化学信息（例如结构特征）转换成有用的数字形式的工具，理想的分子描述符在不同的蛋白质功能中表现良好，不需要比对、结构或特征选择，并可将未标记序列中包含的信息传递给特定的预测任务。

一般来说，蛋白质序列是一个长度为 L 的字符串，其中每个残基都是从大小为 A 的字母表中选择的。编码这样一个字符串最简单的方法是将每个氨基酸都表示为数字。如果将每个氨基酸残基都分配到一个数字上，就会对氨基酸进行排序，这样是没有物理或生物学意义的。对于将每个位置表示为一个数字来说，独热编码（one-hot encoding）则更有意义。对于 N 个长度为 L 的蛋白质突变体序列，它们若在某一相同位点上包含 Z 种（$Z \leqslant 20$）不同的氨基酸，则该位置的所有氨基酸都可以用一个 Z 维向量表示，每个 Z 维向量都包括（$Z-1$）个 0 和一个 1，其中 1 的位置表明该氨基酸的"身份"。此外，在已知结构信息的蛋白质中，独热编码可以表示空间中一定距离的残基对。单点突变根据独热编码表示为 20 维向量，其中突变前的氨基酸用 −1 表示，突变后的氨基酸用 1 表示，其他所有氨基酸都用 0 表示。但是，独热编码在蛋白质工程中存在一定的缺点，例如，内存效率低和特征空间大；独热编码的值只有 0 和 1，无法表示蛋白质序列或结构元素之间的相似性（它们要么相同，要么不相同）。此外，目标蛋白质突变体的序列需要都对齐。尽管如此，独热编码提供了较好的性能，且复杂度较小，可以被视为一种良好的基础编码方式。

蛋白质也可以通过其物理性质来编码，具体方法是用一组物理性质（如电荷性、体积或疏水性）来表示每个氨基酸，并且用这些性质的组合来表示每个蛋白质。这种方法的挑战在于，有大量的物理性质可以用来描述每个氨基酸或蛋白质。此外，由于决定功能性质的分子性质是未知的（有可能是电荷性，也有可能是疏水性），因此很难先验地知道对于一个特定功能的主导性质。如 AAIndex 中就有大量类似的描述符，包括基于氨基酸序列特征的描述符、结构信息描述符、嵌入式表示描述符以及突变指示描述符。AAIndex 由三部分组成：AAIndex1 包含 554 种氨基酸特征，AAIndex2 包含 94 个氨基酸取代矩阵，AAIndex3 包含 47 个氨基酸接触电位矩阵。ProFET 则是考虑本体蛋白、个体残基和残基子序列等物理性质的编码系统。Barley 等人尝试使用体积和疏水性两个维度来描述每个氨基酸，或将序列中每个位置编码为其几何邻域的氨基酸属性的组合，进而使物理性质与结构信息结合。Liu 等人为描述同源家族序列的电荷分布和极性相互作用空间中的相似关系，对 Raf 进化树中的同源家族序列进行编码，其中带正电荷的氨基酸用 +1 表示，带负电荷的氨基酸用 −1 表示，其他位置用 0 表示，进而对序列进行主成分分析来确定同源家族蛋白的表面氨基酸电荷分布规律。

随着越来越多的序列被存入公共数据库，未标记蛋白质序列的数量将持续增加，这些未标记的序列包含了由进化选择形成的蛋白质氨基酸的频率和模式的信息。蛋白质序列的替换矩阵 BLOSUM 或基于相对氨基酸频率的 AAIndex2 矩阵作为比较简单的编码方式，可以用来对这些序列进行编码。更复杂的序列连续向量编码可以从未标记序列的模式中学习。从概念上讲，通过序列上下文，这些表征学会了从每个 K-mer 或蛋白质序列有一个指标维度的空间到一个维度低得多的连续矢量空间的映射，这样类似的序列在连续空间中就会很接近。当用神经网络对大数据集建模时，单个氨基酸或 K-mer 的嵌入可以与模型权重同时学习。学习到的编码是低维的，不需要排列组合，并且可以通过将未标记序列的信息转移到特定的预测任务中来提高性能。然而，对于任何给定的任务，我们很难预测哪一种学习后的编码会表现良好。就像没有哪个模型会在所有机器学习任务中都是最优的一样，也没有普遍最优的矢量化方法。由于计算资源是有限的，研究人员必须结合特定领域的专业知识和启发式方法来选择一组编码进行比较。

5.2.3　模型的选择与构建

在人工智能辅助蛋白质工程中，模型的选择与构建是至关重要的步骤。理想的模型应具备对蛋白质的结构和功能进行准确预测的能力，也需要能处理大规模数据并且具有良好的泛化性能。模型的选择往往依赖于特定的应用场景和数据特性。

在进行模型选择时，有一些基本的策略可以遵循。如果主要任务是对蛋白质的二维信息进行处理（例如处理接触图和二级结构），则卷积神经网络可能是更合适的选择，因为这种模型在处理图像和空间信息方面有其天然的优势。如果主要任务是处理序列信息（例如氨基酸序列），那么递归神经网络或者 Transformer 可能是更好的选择，因为它们能够捕捉序列中的长距离依赖关系。如果主要任务是进行复杂的蛋白质结构预测或者功能预测，那么 Transformer 模型可能是更好的选择，其可以捕捉氨基酸序列的上下文信息，并且在这些任务上展现出了卓越的性能。

对于传统的机器学习方法，如支持向量机、决策树和随机森林等，虽然它们在某些任务中可能无法与深度学习模型竞争，但在数据量较小或者特征工程显得尤为重要的任务中，这些方法仍然有其独特的价值。例如，当我们进行蛋白质分类任务时，如果可以从领域知识中提取出有效的特征，那么使用支持向量机或者随机森林等模型可能会得到更快且稳定的结果。

在模型构建过程中，通常需要根据所收集到的训练数据作进一步调整，这主要是因为数据的质量和数量都会对模型的性能产生显著影响。因此，在模型构建之前进行有效的数据预处理，例如数据清洗、缺失值填充、归一化处理，以及确定数据的编码策略等，都是模型构建过程中需要考虑的重要因素。

总的来说，模型的选择与构建在人工智能辅助蛋白质工程中扮演了重要的角色。通过选择适合特定任务和数据特性的模型，我们可以更高效地解决蛋白质工程中的问题，从而加速科学研究的进展。

5.2.4   模型的训练与评估

在机器学习和深度学习的应用中，数据集的随机划分至关重要，因为它决定了模型训练和评估的有效性。数据集通常分成训练集、验证集和测试集，以便准确地估计模型的性能。训练集用于学习模型参数，而验证集用于在具有不同超参数的模型之间进行选择。如果训练集较小，可以使用交叉验证（cross-validation）来代替。在 n 折交叉验证中，训练集被划分为 n 个互补子集，然后使用在剩余子集上训练的模型对每个子集进行预测。通常，测试集用于评估模型在未见过的数据上的性能，以便估计模型的泛化能力。

在训练集上进行模型训练的过程主要是通过调整模型参数进行的，其中模型参数包括权重和偏置等。初始阶段，模型的参数是随机初始化的，然后通过反复迭代，模型试图最小化预测结果和实际结果之间的差距，这个差距通常被称为损失函数。通过使用一种优化算法，如梯度下降或其变种，模型的参数会得到逐步调整，以便在训练集上最小化损失函数。这个过程也称为模型的"学习"。

然而，仅仅使模型在训练集上表现优秀是不够的，我们还需要确保模型能在未见过的数据上表现良好，即模型需要有良好的泛化能力。这就是测试集的主要作用。在模型训练完毕后，我们使用测试集进行模型评估。模型在测试集上的表现提供了关于模型泛化能力的重要信息，可以帮助我们理解模型是否过拟合（模型过度复杂，过拟合训练数据而导致在新的数据上表现不佳）或者欠拟合（模型过于简单，无法学习到数据的内在规律）。

通过迭代训练和评估模型，我们可以提高模型预测的准确率。同时，测试集可以确保模型不仅在已知数据上表现优秀，而且在未知数据上也具有可靠的预测能力。

除了参数，所有机器学习模型都有超参数。超参数可以是离散的也可以是连续的，这些超参数决定了机器学习模型的形式。事实上，模型本身就是一个超参数。与普通的参数不同，超参数不能直接从数据中学习，但可以由研究人员手动设置，或者使用网格搜索、模拟退火、随机搜索或贝叶斯优化等方法加以确定。例如，神经网络的超参数包括每一层的数量、大小和连通性；矢量化和向量化方法是对超参数的一种调优处理。

5.2.5　模型的可解释性

模型的可解释性是指对模型内部机制的理解以及对模型结果的理解，如果针对某一蛋白质功能构建了机器学习模型，该模型本身就可以成为关于潜在生物学或物理学机制的知识来源。模型解释是确定模型为什么或如何进行预测的过程，并可以让研究人员从由模型捕获的知识中获得新的生物学理论。此外，模型解释可以让用户对模型的预测有更大的信心，或者更好地理解模型的缺陷所在。

一些机器学习算法本质上更容易解释。例如，线性模型中学习到的权重表明哪些突变或序列模块对所关注的函数有益或有害。然而，对于具有许多参数的复杂模型（神经网络）或非参数模型（高斯过程），模型的解释则比较困难，而这种模型复杂性也赋予了这些模型对系统做出准确预测的能力。解释这些复杂模型的一种方法是建立局部近似（local approximation）或全局近似（global approximation）。局部近似，如 LIME (local interpretable model-agnostic explanations)，可在某单个实例的邻近区域对原始模型建立一个简单的、可解释的近似。相比之下，全局近似试图在所有例子上简化复杂模型。例如，研究人员使用高斯过程回归模型的全局线性来开发以氨基酸序列为主要输入的数据驱动模型，预测膜蛋白表达和质膜定位的可能性。此外，检查神经网络中的层激活和权值可以获得感兴趣的输入数据，卷积权重表明序列基序对预测属性的相对重要性。对于注意力模型，我们也可通过 Vis 等方法可视化残基之间的注意力，了解其可能存在的远距离关系。

最后，SHAP（SHapley Additive exPlanations）工具也是一种用于解释机器学习模型预测的方法。它基于博弈论中的 Shapley 值，通过分配每个特征对预测结果的贡献度来解释模型的预测。对于每个特征，它都会计算在包含该特征和不包含该特征的所有可能的特征子集中，该特征对预测结果的平均贡献（Shapley 值）。Shapley 值可以用于评估该特征对预测结果的重要性。SHAP 保证了每个特征的贡献度都是公平的，即每个特征的贡献度都是基于其对预测结果的实际影响来计算的。另外，如果一个特征的影响增加了，那么 SHAP 会保证其重要性不会减少。此外，SHAP 不仅可以提供全局的特征重要性，还可以为每个单独的预测提供解释，这使得我们能够理解模型在特定情况下的行为。它可以应用于任何机器学习模型，包括深度学习模型，这使得它在模型解释性研究中非常有用。SHAP 还提供了丰富的可视化工具，可以帮助我们更好地理解和解释模型的行为。

5.3   人工智能在蛋白质工程中的应用实例

人工智能辅助蛋白质工程作为蛋白质分子设计新策略，在蛋白质结构预测、指导定向进化，以及蛋白质从头设计等多个方面显现出独特的优势，推动了蛋白质工程技术发展的新浪潮。

5.3.1   人工智能颠覆蛋白质结构预测

1972 年，美国生物化学家 Christian Boehmer Anfinsen 在诺贝尔化学奖的获奖感言中曾提出一个设想："有朝一日，我们仅仅通过氨基酸的序列组成就可以对任何蛋白质的结构进行预测。"20 世纪 50 年代，研究人员开始通过 X 射线对蛋白质的三维结构进行分析和绘制。目前，X 射线晶体学技术、核磁共振技术以及冷冻电子显微镜技术已成为解析蛋白质结构的主要实验方法。

- X 射线晶体学技术（X-ray crystallography）：利用 X 射线对蛋白质晶体进行衍射，从而得到具体的三维结构信息。也就是说，蛋白质分子经规则、重复的排列形成一定的阵列，如果用一束 X 射线射向该阵列，则会发生衍射现象，通过得到的衍射图案还原出单个分子的结构。这是目前解析蛋白质结构最常用也是最成熟的手段，采用该方法可以得到高分辨率的蛋白质结构，并且获得准确、可靠的结构信息。目前，利用 X 射线晶体学技术解析蛋白质结构的难点在于优质蛋白质晶体的获取。纯度高而均一的蛋白质样品是获取优质蛋白质晶体的必备条件，但即便获得高纯度的蛋白质，仍需花费大量的时间摸索蛋白质的结晶条件——该条件依赖于一些不同的参数，包括 pH 值、温度、蛋白质浓度、溶剂和沉淀剂的性质、添加的离子和蛋白质配体种类等。在许多蛋白质结晶实验中，我们需要筛选大量的条件并寻找出合适的组合条件。不同蛋白质不仅结晶条件不一样，晶体生长时间也不一样。大部分晶体生长较慢，可能需要几个月的时间。因此，要得到蛋白质的晶体结构，可能需要进行大量枯燥、烦琐的结晶实验，非常考验研究人员的耐心。
- 核磁共振（nuclear magnetic resonance，NMR）技术：利用 ^1H、^{13}C、^5N 的原子核自旋特征，使用核磁共振去检测这类核的化学环境。通常在含 ^{13}C 和 ^{15}N 这

些同位素的介质中培养微生物，从而获得含同位素的目标蛋白质。核磁共振是指磁矩不为零的核，在外磁场的作用下，核自旋能级发生塞曼分裂（Zeeman splitting），共振吸收某一定频率的射频（radio frequency）辐射的物理过程。产生核磁共振的条件是，当激励磁场的磁矢量旋转频率等于原子核的运动频率且方向一致时，原子核吸收能量并产生能级跃迁。每个原子核所处的化学环境不同，其共振频率也会有差别，从而产生不同的共振谱图。通过记录核磁共振波谱图并进行数据分析，判断该原子在分子中的位置，最后解析出蛋白质的三维结构。NMR 技术和 X 射线晶体学技术在很多方面是互补的，例如晶体学技术测定的是处于晶体状态的蛋白质，而核磁共振技术测定的是在溶液状态下的液体蛋白质。同时两种技术的时间尺度不同，核磁共振技术所捕捉的是动态的蛋白质，因此可以利用核磁共振技术进行蛋白质动力学研究，包括观测蛋白质动态折叠、测定相互作用蛋白质的作用界面等。

● 冷冻电子显微镜（cryo-electron microscopy, cryo-EM）技术近年来得到了迅猛的发展，具有超高分辨率的冷冻电镜可以对蛋白质等生物分子的结构进行高分辨率成像。电子显微镜数据库中的电镜图像数量从 2002 年的 8 个增加到了 2017 年的 1106 个，而同年该项技术斩获了诺贝尔化学奖。现在，冷冻电镜技术的成像质量已经可以与 X 射线晶体技术相媲美，对于无法得到优质晶体的单体蛋白质或者蛋白质复合物，可以使用冷冻电镜技术进行显微成像从而解析蛋白质结构。与 X 射线晶体技术刚性技术捕获蛋白质不同，冷冻电镜可以得到更自然的蛋白质结构。在 cryo-EM 技术中，蛋白质需要在很薄的水层进行快速冷冻，理想情况下冷冻片厚度与蛋白质本身厚度一致。该冷冻片经过低能电子的照射后，会在探测器上产生单个粒子的 2D 图像，该图像为散射电子所投射的模糊阴影。对这些数以万计的噪声图像进行计算机分类计算并进行 3D 建模。最后将蛋白质序列与图像进行拟合匹配，构建蛋白质三维结构模型。对于该实验方法，物体越小，图像的噪声越大，因此冷冻电镜技术非常适合解析较大的蛋白质单体结构以及复合物结构。

截至 2023 年，蛋白质结构数据库 Protein Data Bank 包含了大约 207000 个实验室解析的蛋白质结构，但与超过 2.15 亿个公开可用的蛋白质序列相比，解析结构的数量远远落后于已知序列的数量。蛋白质结构解析是蛋白质设计的基础，图 5-3 是蛋白质结构预测与设计的关系示意图。蛋白质结构预测的方法主要包括以同源家族蛋白模拟、从头预测等方法构成的传统预测算法与以机器学习为基础的深度学习算法。早在 1992 年，机器学习算法就被用于预测蛋白质二级结构，近年来随着信息技术的发展和计算能力的提升，基于深度学习算法预测蛋白质三维结构模型取得了突飞猛进的发展。

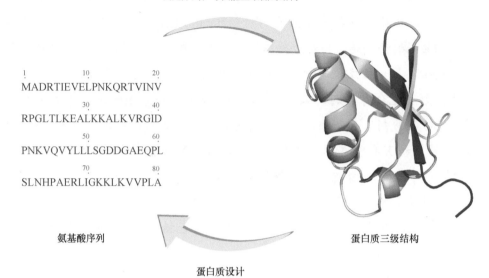

蛋白质结构预测

固定序列，寻找能量最低的结构

```
 1          10         20
MADRTIEVELPNKQRTVINV
         30         40
RPGLTLKEALKKALKVRGID
         50         60
PNKVQVYLLLSGDDGAEQPL
         70         80
SLNHPAERLIGKKLKVVPLA
```

氨基酸序列   蛋白质三级结构

蛋白质设计

固定结构，寻找能量最低的序列

图 5-3　蛋白质结构预测与设计的关系示意图

　　在 2018 年第 13 届国际蛋白质结构预测竞赛（Critical Assessment of Protein Structure Prediction）中，DeepMind 的参赛作品 AlphaFold 模型结合卷积神经网络和 Rosetta 模型、AlphaFold 模型结合深度残差卷积神经网络和快速 Rosetta 模型，获得了预测 43 种蛋白质中的 25 种蛋白质结构的最高分，在自由建模（FM）类别中排名第一，实现了预测成功率的突破。2019 年年底，David Baker 团队发表了 trRosetta 蛋白质结构预测方法，综合了深度学习和 Rosetta 的优势，根据序列比对文件来预测氨基酸之间的距离和分布，并将其转化为平滑的 Rosetta 限制参数，用于后续的能量最小化建模，在具有良好预测精度的同时，在本地电脑上就可以完成计算，使得预测蛋白质结构的门槛大大降低；在 2020 年的第 14 届国际蛋白质结构预测竞赛中，AlphaFold 2 再次获得冠军。AlphaFold 2 具有全新的神经网络架构，以及基于海量蛋白质结构信息和生物物理学性质等数据训练出的深度学习模型，运用共进化分析（co-evolution）与多序列比对（multiple sequence alignment）通过多次迭代优化获得能量最低的模型。DeepMind 团队将 AlphaFold 应用于 20296 种蛋白质（占人类蛋白质组的 98.5%），还对 20 种其他生物蛋白质的结构进行了预测。与此同时，David Baker 团队发表了蛋白质预测工具 RoseTTAFold，其是一个"三轨"神经网络，可以同时考虑蛋白质序列模式、氨基酸相互作用方式以及三维结构可能构象，可实现对蛋白质结构的精准预测。

　　2023 年，Meta（原 Facebook）人工智能研究所使用大型语言模型从初级序列直接推断原子水平蛋白质结构。随着蛋白质序列的语言模型被放大到 150 亿个参数，其在学习中出现了蛋白质结构的原子分辨率图像，使得宏基因组蛋白质的大规模结构表征成为可能。该团队构建了 ESM 宏基因组图谱，预测了超过 6.17 亿个宏基因组蛋白质序列的结构，其中超过 2.25 亿个序列的预测具有很高的置信度，使人们可以看到天然蛋白质的广度和多样性。这些成绩证明了人工智能算法在蛋白质结构预测中的巨大潜力，极大地推进了蛋白质工程的飞速发展。

5.3.2　人工智能指导定向进化策略

受自然进化的启发，定向进化通过在突变和选择的迭代方案中积累有益突变。首先利用随机突变、位点饱和突变或重组等技术使序列多样化，其次通过筛选以确定具有改进性质的突变体，用于下一轮的序列多样化。这些步骤会不断重复，直到预期目标，即定向进化通过重复的局部搜索找到局部最优。定向进化之所以取得已有的斐然成绩，是因为它避开了研究人员无法将蛋白质序列映射到功能上的问题。然而，蛋白质工程定向进化受到了一定的限制。对于一个包含 300 个氨基酸的蛋白质，单氨基酸替换的可能性有 5700 种，而仅用 20 个经典氨基酸进行两种替换的方法就有 32381700 种，这尚未考虑非天然氨基酸的存在，已经有两种以上的组合突变方式。为了找到罕见的有益突变而进行的全面筛查既昂贵又耗时，甚至是不可能的。虽然高通量的方法不断被开发出来，但是由于蛋白质发生突变的可能性非常多，其也只能获得序列的一小部分。重组方法可能在保留功能的同时允许序列空间发生更大的变化，然而其也局限在探索过突变的组合中。

机器学习方法从数据中学习函数关系，研究人员已经开始使用机器学习方法来预测蛋白质序列 - 功能关系。虽然定向进化丢弃了来自未改进序列的信息，但机器学习方法可以使用这些信息来加快定向进化流程，即使在根本的生物物理机制尚未被充分理解的情况下，机器学习模型也可以进行预测。此外，机器学习引导的定向进化能够通过高效地学习整个功能格局来规避局部最优问题，其通过智能选择新的变体进行筛选来扩大可优化的属性数量，从而达到比单独通过定向进化可能达到的更大的搜索范围。

基于机器学习可以智能辅助设计定向进化中的突变文库。易错 PCR 是定向进化中构建随机突变库最直接的方式，其可以在预设的蛋白质序列长度上进行随机突变。然而易错 PCR 产生的众多突变中，通常有益的突变数目很少，更多的则是有害突变或中性突变。运用机器学习模型则可以对这些有益、有害或中性突变进行准备分类，从而比单独通过定向进化获得更多的有益突变；定点饱和突变随机选择序列中对蛋白质功能影响可能最大的位置，通常这些位点是通过先验研究或蛋白质的结构和功能信息来确定的。如果只考虑一个或两个预先识别的位点，则可以基于实验手段对整个文库进行筛选，以识别最优突变体。如果在每个位点检测有限的氨基酸集，则可以同时探索更多位点。

深度突变扫描结合了高通量筛选与二代测序方法，可以生成大型序列功能数据集。

在深度突变扫描中，突变体根据选择标准（如荧光强度或亲和力强度）进行排序。深度突变扫描提供了大型数据集，其可以绘制一个完整的多位点饱和库。目前，已有多种蛋白质的深度突变扫描数据集，包括绿色荧光蛋白、酰胺酶、β - 内酰胺酶、β - 葡萄糖苷酶、HIV 包膜蛋白、流感核蛋白、流感血凝素、类固醇激素受体的 DNA 结合域，以及 Gal4 转录因子。这些数据集为机器学习方法提供了测试平台，可以使其学习预测突变的影响，改进用于蛋白质工程的定向进化。

2018 年，Manfred T. Reetz 研究团队基于机器学习算法开发了蛋白质序列与功能预测模型，并用其辅助环氧化物水解酶（epoxide hydrolase）突变文库的构建。其基于 9 个氨基酸位点的单点突变组合（2^9），预测了 512 个突变体的功能，并找到了性能最佳的突变体。Saito 等人将分子进化与机器学习相结合并指导绿色荧光蛋白改造为黄色荧光蛋白的研究，他们对 4 个关键氨基酸残基位点构建了包含 218 个突变体的定点饱和突变库和随机诱变库，并对这些突变体进行筛选与验证，以指导第二轮的建库过程。研究人员选择其中的 155 个突变体作为研究蛋白质序列与功能关系的初始数据集，通过高斯过程回归算法来构建预测模型。通过预测模型对近 16 万个突变体性能进行打分，最后筛选排名靠前的 78 个突变体进行验证，其中 12 个蛋白质的波长比参考黄色荧光蛋白还要长，显示了这种策略定向进化荧光蛋白的巨大潜力。2019 年，Bedbrook 等人为解决视紫红质通道蛋白定向进化筛选通量太低等问题，根据已实验表征的或文献报道的 183 个序列 - 功能数据构建分类模型，并依据已经表征的视紫红质通道蛋白的特性信息，针对不同的目标属性，例如电流强度、关闭动力学和激活的波长敏感度等来建立不同的回归模型。他们通过对 102 个功能特征的突变体有限实验集进行高斯过程模型训练，并选择少部分排名靠前的突变体进行实验验证，最终获得了性能达到预期的 3 个突变体。2019 年，哈佛大学的 G. Church 研究团队构建了 UniRep 神经网络，其可以通过深度学习直接从氨基酸序列中提取蛋白质结构的基本特征，并准确预测氨基酸替代对蛋白质功能的影响。UniRep 分析了绿色荧光蛋白的 64800 个变异，每个变异均有 1 ～ 12 个突变，结果表明 UniRep 可以准确预测该突变将如何改变蛋白质的亮度。

基于序列的蛋白质设计的主要挑战是潜在序列的巨大空间。上位性（序列中较远残基的氨基酸之间的高阶相互作用）进一步加剧了这一障碍，导致研究人员很难预测序列中微小变化对性质的影响。强大的自然语言模型的发展提高了学习蛋白质序列有意义表示的能力。耶鲁大学的研究人员提出了一种蛋白质设计方法 ReLSO，这种方法可以将模型的强大编码能力与通过信息瓶颈模块输出的蕴含丰富信息的低维潜在表示相结合。ReLSO 是一种基于深度 Transformer 的自动编码器，具有高度结构化的潜在空间，经过训练可以联合生成序列并预测适应度。使用 ReLSO，研究人员对大型标记数据集的序列适应度景观进行建模，并通过使用基于梯度上升的方法在潜在空间内进行优化来生成新分子。该团队在几个公开可用的蛋白质数据集上评估这种方法，包括抗雷珠单抗和绿色荧光蛋白的变体集。与其他方法相比，研究人员观察到使用 ReLSO 的序列优化效率更高（每个优化步骤的适应度增加），其中 ReLSO 更稳健地生成高适应度序列。

5.3.3　人工智能驱动蛋白质从头设计

目前已有多个基于深度学习模型开发的蛋白质序列设计方法。早期 David Baker 研究团队开发的基于深度学习的蛋白质设计方法 trDesign 是使用 trRosetta 蛋白质结构预测模型反向进行序列设计。trDesign 不断学习自然界中存在的蛋白质氨基酸序列和三维结构，该模型通过多轮迭代，缩小了预测结构与设定的主链构象间特征的差异，可以设计出自然界中不存在的蛋白质，该项工作在基于深度学习的蛋白质从头设计领域具有开创性的意义。Anishchenko 等人受到 DeepDream 的启发开发了基于反向传播设计序列的 Hallucination 模型。其在氨基酸序列空间进行蒙特卡罗抽样，优化网络预测的残基间距离分布与所有蛋白质平均的背景分布之间的对比，从不同的随机起点进行优化，产生了横跨广泛序列和预测结构的新蛋白质，通过 X 射线衍射与核磁共振证实了该方法的有效性。Wang 等人采用 RosettaFold 和 AlphaFold 神经网络开发了 RFDesign，其可以较为准确地生成包含功能位点的蛋白质。

在基于固定主链的蛋白质序列设计方面，基于人工智能的方法已被证明其在成功率和准确性方面都超过了传统的序列设计方法，并得到了实验结果的证明。这种模式中输入的固定主链结构对需要设计的序列进行了限制，即生成的序列可以自主地折叠成目标结构。ABACUS-R 模型利用 Transformer 把中心氨基酸残基的化学和空间结构环境映射为隐空间表示向量，再用多层感知机网络将该向量解码为包括中心残基氨基酸类型在内的多种真实特征，经用非冗余天然蛋白序列结构数据训练后，ABACUS-R 编码器 - 解码器被用于给定主链结构的全部或部分氨基酸序列从头设计。相较于 ABACUS 模型，ABACUS-R 序列设计更高的成功率和结构精度进一步增强了数据驱动蛋白质从头设计方法的实用性；ProDESIGN-LE 同样是基于人工智能的蛋白质序列设计算法，其可以快速准确设计与目标结构的主链高度吻合的蛋白质序列。该方法使用 Transformer 结构根据残基的局部环境信息为其分配适当的残基类型，并通过对序列的每个位置进行迭代更新获得最终的设计序列，在对 68 个天然蛋白质与 129 个非天然蛋白质的序列设计中，ProDESIGN-LE 仅在平均 20s 的时间内便可获得预测结构与目标蛋白高度吻合的蛋白质序列。

在蛋白质主链骨架设计序列方面，研究人员希望可以生成足够准确的主链骨架，并可以将其输入逆向蛋白质折叠程序中。生成对抗网络通过训练生成器网络生成的蛋白质结构以假乱真，从而创造出新的蛋白质结构；变分自动编码器（variational auto-encoders，VAE）通过从模型的潜在空间中采样生成新的蛋白质结构等。扩散模型（diffusion model）是受到热力学启发而构建的，其算法理论基础是通过变分推断（variational inference）训练参数化的马尔可夫链，即如果一个概率随时间变化，那么在马尔可夫链的作用下，它会趋向于某种平稳分布，时间越长分布越平稳，利用扩散模型，只需要输入短短几句话，就能让人工智能模型生成美轮美奂的艺术画作。David Baker 研究团队将扩散模型用于蛋白质主链设计中，开发了 RoseTTAFold diffusion（RFDiffusion）。RFDiffusion 将蛋白质结构预测模型 RoseTTAFold 巧妙地与扩散模型融合，可以更好地描述蛋白质序列和结构之间的隐藏关系。RoseTTAFold 拥有序列、结构模板以及初始坐标这三个信息的输入和输出通道，这使得其可以完美适配"扩散"这个具有时间尺度的序列和结构同时迭代的过程。扩散模型最初的结构类似噪声，这是生成模型启动时随机排列的氨基酸。之后它们逐帧变形为越来越复杂的形状，并开始具有例如 α 螺旋和 β 折叠等蛋白质特征，最终形成蛋白质结构。

大自然中存在的蛋白质复合体由多个亚基组成，它们拼接在一起完成各类生物学功能，比如将 DNA 转录为 RNA 的转录复合体等。在自然进化与选择的筛选下，蛋白质亚基严丝合缝地拼接为蛋白质复合体并行使功能。因此，蛋白质复合物设计具有较大的挑战，其不仅要考虑蛋白质单体设计的可靠性，同时需要设计蛋白质之间的相互作用能力。目前的蛋白质复合物设计常用的设计思路为"自下而上"策略，即蛋白质单体首先形成对称的寡聚体，随后再进一步组装形成具有特定结构的蛋白质复合物。这种策略的局限性在于只能依据已有的寡聚体元件来搭建最终的蛋白质复合物，并且无法从全局来直接优化整个蛋白质结构的性质。David Baker 研究团队开启了基于强化学习的"自上而下"蛋白质复合物结构设计新策略，颠覆了以往从复合物亚基入手构建蛋白质复合体的思路，他们从最终蛋白质复合体的结构和功能入手，反向推出构成复合体亚基的结构特征，再根据这些特征去设计蛋白质亚基。他们通过强化学习模型设计了数百种蛋白质，并通过冷冻电镜等方式进行结构解析，确认了与预测的蛋白质结构具有高度一致性。该研究团队设计的病毒二十面体衣壳蛋白亚基可以自动拼接成病毒衣壳，达到其他方法实现不了的小体积和高紧凑性，同时与以往设计的衣壳结构相比，能够更有效地激发针对性免疫反应，具有巨大的潜在应用价值。

5.4　人工智能辅助蛋白质工程应用

合成生物学和人工智能等生物与信息技术的飞速发展和广泛应用，加速了蛋白质工程在医药、工业、环保等生物制造领域的创新创造能力。本节将介绍蛋白质的智能设计与改造在生物医药与抗体研发以及生物制造与酶工程方向的实际应用。

5.4.1　生物医药与抗体研发

在生物医药设计领域中，人工智能算法已应用于肽合成、配体筛选、毒性预测、药物监测、动力学分析、新药设计等方面。治疗性抗体是一类高效且具有广泛市场的生物治疗药物，但传统的抗体开发流程相当烦琐且具有明显的局限性，利用人工智能进行抗体药物研发已经取得了重大进展。在利用蛋白质工程的抗体药物工程领域，研究人员通常需要考虑抗原靶向能力和功能性质，包括抗原结合亲和力、靶点特异性等，以及确保后期可制造性。抗体的序列与结构决定了其能力和性质，因此序列、结构及功能特性等信息为新型抗体的设计提供了重要信息。抗体由重链（VH）和轻链（VL）两种类型的蛋白链组成，每条链都由多个基因片段（V、D 和 J 片段）编码，这些基因片段通过重组拼接在一起。

截至目前，研究人员已经基于已有的抗体序列信息以及抗体结构数据建立了多类标准化抗体数据库。OAS 数据库（observed antibody space database）是一个收集和注释大规模免疫组库分析的数据库，它目前包含来自 80 多项研究的超过 10 亿个序列，涵盖不同的免疫状态和物种；结构抗体数据库（structural antibody database，SAbDab）整合了 PDB 中所有抗体蛋白的结构和序列信息，包括实验信息、基因详细信息、正确的重链和轻链配对、抗原详细信息以及抗体－抗原结合亲和力。此外，PIRD、Thera-SAbDab、SKEMPI、AB-Bind、Cov-AbDab 等数据库的完善为人工智能在抗体研发中的应用提供了数据基础。利用人工智能算法，研究人员可以对抗体的性能进行预测，如结合特异性与亲和力、免疫原性、溶解度、黏度、稳定性、半衰期等。目前已有一系列的生物信息学平台，例如，Raybould 和 Deane 开发了 TAP（therapeutic antibody profiler）生物信息学平台，可以评估抗体药物的理化性质；Młokosiewicz 等人开发的 AbDiver 可以将设计的抗体序列与抗体数据库中的天然抗体进行比较，从而指导抗体药物的开发；Chen 等人利用 SAbDab 数据库中 2400 个抗体的序列数据集构建了一个机器学习模型，以预测抗体的可开发性。

机器学习应用于抗体设计通常分为两类。第一类，一些机器学习模型试图通过生成 3D 坐标来为 CDR-H3 设计主链骨架结构。例如，IG-VAE 模型通过训练变分自动编码器精确重建抗体的原子 3D 坐标、扭转角和距离图，最终生成主链骨架结构。Shan 等人通过重新设计 CDR 区域设计了 SARS-CoV-2 抗体，该模型预测引入特定突变后自由能的变化，通过 Rosetta 工具设计可折叠成主链骨架结构的氨基酸序列。第二类，深度学习模型试图仅从抗体序列中学习抗体的总体特征。这些模型的核心是了解抗体序列中氨基酸残基的相互依赖性。自回归或生成模型（autoregressive or generative model）的兴起使得上述策略成为可能。Olsen 等人根据 OAS 数据库中的抗体序列训练了语言模型

AbLang，其在预测缺失氨基酸方面表现出了强大的性能——超过 40% 的 OAS 序列缺少前 15 个氨基酸，而 AbLang 很准确地恢复了这些抗体序列的缺失氨基酸残基；Akbar 等人仅使用序列信息训练的深度学习模型，便可以预测并设计抗原的结合亲和力；Ruffolo 等人开发了采用 BERT 构架的 AntiBERTy 抗体特异性模型，该模型根据 5.58 亿个抗体序列采用遮罩语言模型（mask language model）的方式进行了训练；Shuai 等人使用了免疫球蛋白语言模型（immunoglobulin language model，IgLM），根据深度生成语言模型重新设计可变长度的抗体序列生成合成库，在生成免疫球蛋白序列方面取得了巨大成功。2024 年，David Backer 团队利用生成式人工智能模型 RFdiffusion 设计了数千个抗体。这些抗体可以识别多种细菌和病毒的抗原特定区域并与其结合，包括呼吸道合胞病毒、流感病毒、艰难梭菌等。实验结果表明，大约 1% 从头设计的抗体可与目标蛋白结合并发挥作用。基于人工智能技术的抗体药物开发策略不仅可以提高抗体的可开发性，还可以降低成本，减少劳动力，也能广泛应用于其他生物治疗药物，并为未来可能的流行病提供解决方案。

5.4.2 生物制造与酶工程

酶工程是通过改变酶的氨基酸组成序列来改进新型生物催化剂性能的过程，即通过引入突变或创建全新结构功能域改造酶来提高特定性质，以满足工业或实验室中的需求，在药物化学合成和生物合成、再生医学、食品生产、废弃物生物降解和生物传感等酶设计和优化方面取得了显著的成果。可改进的酶性质包括催化活性、底物特异性、热力学稳定性、在共溶剂中的稳定性、表达性和溶解度等。近年来酶工程实验相关成果的积累，推动了数据驱动的酶工程发展，使得人工智能方法在酶工程领域得到了有效利用与发展。

目前已有多种机器学习算法应用于生物制造产业中酶工程智能设计平台，包括随机森林、支持向量机、K 近邻分类器等。这些平台既可以通过基于人工智能的蛋白质结构建模、结构设计、虚拟筛选、分子动力学模拟等方法进行酶的设计，又可以通过机器学习方法辅助设计迭代筛选文库进行酶的自动化高通量筛选或定向进化。2003 年，Fox 等人使用偏最小二乘回归法（partial least squares regression，PLSR）最大限度地提高了酶生产率。利用 PLSR 将细菌卤代烷烃脱卤酶的氰化过程生产力提升了约 4000 倍，这是首次将机器学习算法应用到酶的定向进化中，也是统计建模应用于蛋白质工程方面的里程碑式成果。2018 年，吴边团队采用了人工智能蛋白质设计技术，综合选用势能计算、近似反应态几何尺度限定与蒙特卡罗随机序列空间扫描等计算方法，对芽孢杆菌来源的天冬氨酸酶进行了分子重设计，成功获得了一系列新型人工 β- 氨基酸合成酶，实现了自然界未曾发现的催化反应，并通过计算指导获得了工业级微生物工程菌株，取得了人工智能驱动生物制造在工业化应用层面的突破。2021 年，Repecka 等人开发了一种基于生成对抗网络的模型 ProteinGAN，其能够产生具有天然生化特性的人工功能蛋白序列。以苹果酸脱氢酶突变体为例，大概 24% 的生成序列溶解性良好且具有生物催化活性，并筛选出了具有 100 多个位点突变的苹果酸脱氢酶突变体，其具有与野生蛋白质相似的催化功能，这是无法利用定向进化或半理性设计完成的，证明了神经网络具有通过学习氨基酸之间复杂的进化依赖关系和泛化蛋白质序列空间的能力，可以产生高度多样化的序列。2023 年，David Baker 团队开发了一种基于深度学习的"全家族幻视"（family-wide hallucination）方法，能够生成无限数量的具有所需折叠的蛋白质。他们使用该方法来创建荧光素酶，这些荧光素酶体积小、高度稳定、在细胞中表达良好、对一种底物具有特异性并且不需要辅助因子即可发挥作用。这一工作实现了从头开始设计高效人工酶，展现出了酶"自由定制"工程的无限前景。

5.5 小结

近年来，生物大分子数据的数量和质量剧增（包括时间和空间上不同分辨率尺度下的结构、相互作用和活性）、计算机硬件性能的飞速发展（高运算能力的 GPU 和云存储）、人工智能方法的不断涌现（深度学习和其他机器学习方法），都将在蛋白质设计与改造的过程中汇聚和结合。目前，人工智能策略在蛋白质工程领域正处于迅猛发展阶段，各种模型不断更新迭代，其应用范围包括蛋白质结构预测、蛋白质功能预测、蛋白质理化预测以及指导定向进化等。然而，人工智能仍然需要在预测精度和学习蛋白质复杂性质等方面做出突破，高性能深度学习模型将是降低蛋白质工程成本与实验周期的关键工具。蛋白质工程的数字化设计已经成为未来发展的新趋势，未来基于人工智能技术的蛋白质工程将能够满足医疗与工业需求，突破生物制造产业的技术瓶颈。我们应认识和把握这一战略发展机遇，创新蛋白质智能化设计与改造的前沿技术，为促进生物产业创新发展与经济绿色增长等做出重大科技支撑。

5.6 参考文献

[1] Lutz S, Iamurri S M. Protein Engineering: Past, Present, and Future[J]. Methods Mol Biol, 2018, 1685: 1-12.

[2] Yajie Wang, Pu Xue, Mingfeng Cao, et al. Directed Evolution: Methodologies and Applications[J]. Chemical Reviews, 2021, 121(20): 12384-12444.

[3] Packer M S, Liu D R. Methods for the directed evolution of proteins[J]. Nature Reviews Genetics, 2015, 16(7): 379-394.

[4] Xie V C, Styles M J, Dickinson B C. Methods for the directed evolution of biomolecular interactions[J]. Trends Biochem Sci, 2022, 47(5): 403-416.

[5] Fasan R, Jennifer Kan S B, Huimin Zhao. A Continuing Career in Biocatalysis: Frances H. Arnold[J]. ACS Catal, 2019, 9(11): 9775-9788.

[6] Cadwell R C, Joyce G F. Randomization of genes by PCR mutagenesis[J]. PCR Methods Appl, 1992, 2(1): 28-33.

[7] Georgescu R, Bandara G, Sun L. Saturation mutagenesis[J]. Methods Mol Biol, 2003, 231: 75-83.

[8] Joern J M. DNA shuffling[J]. Methods Mol Biol, 2003, 231: 85-89.

[9] Sieber V, Martinez C A, Arnold F H. Libraries of hybrid proteins from distantly related sequences[J]. Nat Biotechnol, 2001, 19(5): 456-460.

[10] Huimin Zhao, Giver L, Zhixin Shao, et al. Molecular evolution by staggered extension process (StEP) in vitro recombination[J]. Nat Biotechnol, 1998, 16(3): 258-261.

[11] Zhixin Shao, Huimin Zhao, Giver L, et al. Random-priming in vitro recombination: an effective tool for directed evolution[J]. Nucleic Acids Res, 1998, 26(2): 681-683.

[12] Kikuchi M, Ohnishi K, Harayama S. An effective family shuffling method using single-stranded DNA[J]. Gene, 2000, 243(1-2): 133-137.

[13] Ronda C, Pedersen L E, Sommer M O, et al. CRMAGE: CRISPR Optimized MAGE Recombineering[J]. Scientific reports, 2016, 6: 19452.

[14] Li A, Acevedo-Rocha C G, Sun Z, et al. Beating Bias in the Directed Evolution of Proteins: Combining High-Fidelity on-Chip Solid-Phase Gene Synthesis with Efficient Gene Assembly for Combinatorial Library Construction[J]. Chembiochem, 2018, 19(3): 221-228.

[15] M Li. Applications of display technology in protein analysis[J]. Nat Biotechnol, 2000, 18(12): 1251-1256.

[16] Ge Qu, Tong Zhu, Yingying Jiang, et al. Protein engineering: from directed evolution to computational design[J]. Sheng Wu Gong Cheng Xue Bao, 2019, 35(10): 1843-1856.

[17] Jochens H, Bornscheuer U T. Natural diversity to guide focused directed evolution[J]. Chembiochem, 2010, 11(13): 1861-1866.

[18] Ebert M C, Pelletier J N. Computational tools for enzyme improvement: why everyone can - and should - use them[J]. Curr Opin Chem Biol, 2017, 37: 89-96.

[19] Bendl J, Stourac J, Sebestova E, et al. HotSpot Wizard 2.0: automated design of site-specific mutations and smart libraries in protein engineering[J]. Nucleic Acids Res, 2016, 44(W1): W479-87.

[20] You Z N, Chen Q, Shi S-C, et al. Switching Cofactor Dependence of 7 β -Hydroxysteroid Dehydrogenase for Cost-Effective Production of Ursodeoxycholic Acid[J]. ACS Catalysis, 2018.

[21] Sinha R, Shukla P. Current Trends in Protein Engineering: Updates and Progress[J]. Curr Protein Pept Sci, 2019, 20(5): 398-407.

[22] Huang P S, Boyken S E, Baker D. The coming of age of de novo protein design[J]. Nature, 2016, 537(7620): 320-7.

[23] Leaver-Fay A, Tyka M, Lewis S M, et al. ROSETTA3: an object-oriented software suite for the simulation and design of macromolecules[J]. Methods in enzymology, 2011, 487: 545-574.

[24] Leman J K, Weitzner B D, Lewis S M, et al. Macromolecular modeling and design in Rosetta: recent methods and frameworks[J]. Nat Methods, 2020, 17(7): 665-80.

[25] Alford R F, Leaver-Fay A, Jeliazkov J R, et al. The Rosetta All-Atom Energy Function for Macromolecular Modeling and Design[J]. J Chem Theory Comput, 2017, 13(6): 3031-3148.

[26] Fischer A, Enkler N, Neudert G, et al. TransCent: computational enzyme design by transferring active sites and considering constraints relevant for catalysis[J]. BMC Bioinformatics, 2009, 10: 54.

[27] Rackers J A, Wang Z, Lu C, et al. Tinker 8: Software Tools for Molecular Design[J]. J Chem Theory Comput, 2018, 14(10): 5273-5289.

[28] Pantazes R J, Grisewood M J, Li T, et al. The Iterative Protein Redesign and Optimization (IPRO) suite of programs[J]. J Comput Chem, 2015, 36(4): 251-263.

[29] Annis S, Fleischmann Z, Logan R, et al. LUCS: a high-resolution nucleic acid sequencing tool for accurate long-read analysis of individual DNA molecules[J]. Aging (Albany NY), 2020, 12(8): 7603-13.

[30] Chu H, Liu H. TetraBASE: A Side Chain-Independent Statistical Energy for Designing Realistically Packed Protein Backbones[J]. J Chem Inf Model, 2018, 58(2): 430-442.

[31] Gainza P, Roberts K E, Georgiev I, et al. OSPREY: protein design with ensembles, flexibility, and provable algorithms[J]. Methods in enzymology, 2013, 523: 87-107.

[32] Liu R, Wang J, Xiong P, et al. De novo sequence redesign of a functional Ras-binding domain globally inverted the surface charge distribution and led to extreme thermostability[J]. Biotechnol Bioeng, 2021, 118(5): 2031-2042.

[33] Jordan M I, Mitchell T M. Machine learning: Trends, perspectives, and prospects[J]. Science, 2015, 349(6245): 255-260.

[34] UniProt Consortium. UniProt: the universal protein knowledgebase in 2021[J]. Nucleic Acids Res, 2021, 49(D1): D480-D489.

[35] Burley S K, Berman H M, Duarte J M, et al. Protein Data Bank: A Comprehensive Review of 3D Structure Holdings and Worldwide Utilization by Researchers, Educators, and Students[J]. Biomolecules, 2022, 12(10).

[36] Placzek S, Schomburg I, Chang A, et al. BRENDA in 2017: new perspectives and new tools in BRENDA[J]. Nucleic Acids Res, 2017, 45(D1): D380-D338.

[37] Kumar M D, Bava K A, Gromiha M M, et al. ProTherm and ProNIT: thermodynamic databases for proteins and protein-nucleic acid interactions[J]. Nucleic Acids Res, 2006, 34(Database issue): D204-206.

[38] Jankauskaite J, Jiménez-García B, Dapkunas J, et al. SKEMPI 2.0: an updated benchmark of changes in

protein-protein binding energy, kinetics and thermodynamics upon mutation[J]. Bioinformatics, 2019, 35(3): 462-469.

[39] Sirin S, Apgar J R, Bennett E M, et al. AB-Bind: Antibody binding mutational database for computational affinity predictions[J]. Protein science : a publication of the Protein Society, 2016, 25(2): 393-409.

[40] Jemimah S, Yugandhar K, Michael Gromiha M. PROXiMATE: a database of mutant protein-protein complex thermodynamics and kinetics[J]. Bioinformatics, 2017, 33(17): 2787-2788.

[41] Kawabata T, Ota M, Nishikawa K. The Protein Mutant Database[J]. Nucleic Acids Res, 1999, 27(1): 355-357.

[42] Wang C Y, Chang P M, Ary M L, et al. ProtaBank: A repository for protein design and engineering data[J]. Protein science: a publication of the Protein Society, 2018, 27(6): 1113-1124.

[43] Tian J, Wu N, Chu X, et al. Predicting changes in protein thermostability brought about by single- or multi-site mutations[J]. BMC Bioinformatics, 2010, 11: 370.

[44] Capriotti E, Fariselli P, Calabrese R, et al. Predicting protein stability changes from sequences using support vector machines[J]. Bioinformatics, 2005, 21 Suppl 2: ii54-58.

[45] Buske F A, Their R, Gillam E M, et al. In silico characterization of protein chimeras: relating sequence and function within the same fold[J]. Proteins, 2009, 77(1): 111-120.

[46] Dehouck Y, Grosfils A, Folch B, et al. Fast and accurate predictions of protein stability changes upon mutations using statistical potentials and neural networks: PoPMuSiC-2.0[J]. Bioinformatics, 2009, 25(19): 2537-2543.

[47] Giollo M, Martin A J, Walsh I, et al. NeEMO: a method using residue interaction networks to improve prediction of protein stability upon mutation[J]. BMC Genomics, 2014, 15 Suppl 4(Suppl 4): S7.

[48] Bengio Y, Courville A, Vincent P. Representation learning: a review and new perspectives[J]. IEEE Trans Pattern Anal Mach Intell, 2013, 35(8): 1798-1828.

[49] Romero P A, Krause A, Arnold F H. Navigating the protein fitness landscape with Gaussian processes[J]. Proc Natl Acad Sci U S A, 2013, 110(3): E193-E201.

[50] Capriotti E, Fariselli P, Casadio R. A neural-network-based method for predicting protein stability changes upon single point mutations[J]. Bioinformatics, 2004, 20 Suppl 1: i63-i68.

[51] Kawashima S, Kanehisa M. AAindex: amino acid index database[J]. Nucleic Acids Res, 2000, 28(1): 374.

[52] Ofer D, Linial M. ProFET: Feature engineering captures high-level protein functions[J]. Bioinformatics, 2015, 31(21): 3429-3436.

[53] Qiu J, Hue M, Ben-Hur A, et al. A structural alignment kernel for protein structures[J]. Bioinformatics, 2007, 23(9): 1090-1098.

[54] Henikoff S, Henikoff J G. Amino acid substitution matrices from protein blocks[J]. Proc Natl Acad Sci U S A, 1992, 89(22): 10915-10919.

[55] Asgari E, Mofrad M R. Continuous Distributed Representation of Biological Sequences for Deep Proteomics

and Genomics[J]. PLoS One, 2015, 10(11): e0141287.

[56] Littmann M, Heinzinger M, Dallago C, et al. Protein embeddings and deep learning predict binding residues for various ligand classes[J]. Scientific reports, 2021, 11(1): 23916.

[57] Yang K K, Wu Z, Bedbrook C N, et al. Learned protein embeddings for machine learning[J]. Bioinformatics, 2018, 34(23): 4138.

[58] Fox R J, Davis S C, Mundorff E C, et al. Improving catalytic function by ProSAR-driven enzyme evolution[J]. Nat Biotechnol, 2007, 25(3): 338-344.

[59] Liao J, Warmuth M K, Govindarajan S, et al. Engineering proteinase K using machine learning and synthetic genes[J]. BMC Biotechnol, 2007, 7: 16.

[60] Bedbrook C N, Yang K K, Rice A J, et al. Machine learning to design integral membrane channelrhodopsins for efficient eukaryotic expression and plasma membrane localization[J]. PLoS Comput Biol, 2017, 13(10): e1005786.

[61] Consortium U. UniProt: a worldwide hub of protein knowledge[J]. Nucleic Acids Res, 2019, 47(D1): D506-D15.

[62] Muggleton S, King R D, Sternberg M J. Protein secondary structure prediction using logic-based machine learning[J]. Protein Eng, 1992, 5(7): 647-657.

[63] Alquraishi M. AlphaFold at CASP13[J]. Bioinformatics, 2019, 35(22): 4862-4865.

[64] Jumper J, Evans R, Pritzel A, et al. Applying and improving AlphaFold at CASP14[J]. Proteins, 2021, 89(12): 1711-1721.

[65] Du Z, Su H, Wang W, et al. The trRosetta server for fast and accurate protein structure prediction[J]. Nat Protoc, 2021, 16(12): 5634-5651.

[66] Jumper J, Evans R, PritzeL A, et al. Highly accurate protein structure prediction with AlphaFold[J]. Nature, 2021, 596(7873): 583-589.

[67] Tunyasuvunakool K, Adler J, Wu Z, et al. Highly accurate protein structure prediction for the human proteome[J]. Nature, 2021, 596(7873): 590-596.

[68] Baek M, Dimaio F, Anishchenko I, et al. Accurate prediction of protein structures and interactions using a three-track neural network[J]. Science, 2021, 373(6557): 871-876.

[69] Lin Z, Akin H, Rao R, et al. Evolutionary-scale prediction of atomic-level protein structure with a language model[J]. Science, 2023, 379(6637): 1123-1130.

[70] Reetz M T, Wang L W, Bocola M. Directed evolution of enantioselective enzymes: iterative cycles of CASTing for probing protein-sequence space[J]. Angew Chem Int Ed Engl, 2006, 45(8): 1236-1241.

[71] Sarkisyan K S, Bolotin D A, Meer M V, et al. Local fitness landscape of the green fluorescent protein[J]. Nature, 2016, 533(7603): 397-401.

[72] Wrenbeck E E, Azouz L R, Whitehead T A. Single-mutation fitness landscapes for an enzyme on multiple substrates reveal specificity is globally encoded[J]. Nat Commun, 2017, 8: 15695.

[73] Klesmith J R, Bacik J P, Wrenbeck E E, et al. Trade-offs between enzyme fitness and solubility illuminated by deep mutational scanning[J]. Proc Natl Acad Sci U S A, 2017, 114(9): 2265-2270.

[74] Romero P A, Tran T M, Abate A R. Dissecting enzyme function with microfluidic-based deep mutational scanning[J]. Proc Natl Acad Sci U S A, 2015, 112(23): 7159-7164.

[75] Haddox H K, Dingens A S, Bloom J D. Experimental Estimation of the Effects of All Amino-Acid Mutations to HIV's Envelope Protein on Viral Replication in Cell Culture[J]. PLoS Pathog, 2016, 12(12): e1006114.

[76] Ashenberg O, Padmakumar J, Doud M B, et al. Deep mutational scanning identifies sites in influenza nucleoprotein that affect viral inhibition by MxA[J]. PLoS Pathog, 2017, 13(3): e1006288.

[77] Doud M B, Bloom J D. Accurate Measurement of the Effects of All Amino-Acid Mutations on Influenza Hemagglutinin[J]. Viruses, 2016, 8(6).

[78] Starr T N, Picton L K, Thornton J W. Alternative evolutionary histories in the sequence space of an ancient protein[J]. Nature, 2017, 549(7672): 409-413.

[79] Kitzman J O, Starita L M, Lo R S, et al. Massively parallel single-amino-acid mutagenesis[J]. Nat Methods, 2015, 12(3): 203-6, 4 p following 6.

[80] Cadet F, Fontaine N, Li G, et al. A machine learning approach for reliable prediction of amino acid interactions and its application in the directed evolution of enantioselective enzymes[J]. Scientific reports, 2018, 8(1): 16757.

[81] Castro E, Godavarthi A, Rubinfien J, et al. Transformer-based protein generation with regularized latent space optimization[J]. Nature Machine Intelligence, 2022, 4: 840-851.

[82] Liu Y, Zhang L, Wang W, et al. Rotamer-free protein sequence design based on deep learning and self-consistency[J]. Nature Computational Science, 2022, 2(7): 451-462.

[83] Kim J, Mcfee M, Fang Q, et al. Computational and artificial intelligence-based methods for antibody development[J]. Trends Pharmacol Sci, 2023, 44(3): 175-189.

[84] Olsen T H, Boyles F. Deane C M. Observed Antibody Space: A diverse database of cleaned, annotated, and translated unpaired and paired antibody sequences[J]. Protein science : a publication of the Protein Society, 2022, 31(1): 141-146.

[85] Dunbar J, Krawczyk K, Leem J, et al. SAbDab: the structural antibody database[J]. Nucleic Acids Res, 2014, 42(Database issue): D1140-1146.

[86] Eguchi R R, Choe C A, Huang P S. Ig-VAE: Generative modeling of protein structure by direct 3D coordinate generation[J]. PLoS Comput Biol, 2022, 18(6): e1010271.

第6章 基因线路

20世纪90年代，借鉴电气工程中的"circuit"概念，基因线路（gene circuit）的概念首次提出，并用于研究DNA、mRNA与蛋白质等分子的调控关系模型。基因线路利用电气工程框架和数字电路的逻辑运算思想，将不同功能的基因和生物分子组成的基本功能元件构建为动态调控系统，并通过特定的控制逻辑在活细胞内感知和处理信号分子，以类似于计算机芯片的方式执行其特定功能。随着合成生物学的各项技术和元件库的日益完善，基因线路在基础研究和实际应用中多有涉及。2000年，波士顿大学James Collins课题组采用互抑制正反馈调节设计的双稳态开关（toggle switch，见图6-1）是第一个真正具有合成生物学意义的基因线路功能模块。同年，Elowitz等人在大肠杆菌中设计构建出能够使绿色荧光蛋白的水平产生稳定周期性振荡的抑制振荡子（repressilator，见图6-2），其作用与具有固定振荡周期的电子振荡器系统类似。实验观察证实了改造菌落具有期望中的振荡行为。这些先驱性工作使得符合预期功能的人工基因调控网络设计成为现实。随后，各种功能模块陆续被设计和构建出来，包括基因开关、振荡器、放大器、逻辑门、计数器等合成器件以及复杂的组合基因线路等，实现了对生命系统的重新编程并执行特殊功能，成为探索生命运行规律的强大工具。

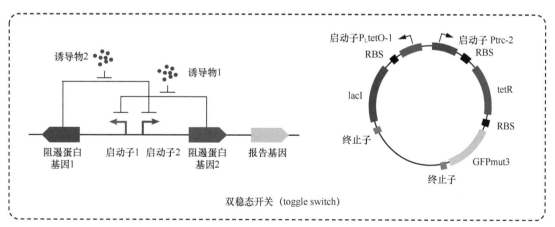

双稳态开关（toggle switch）

图6-1　双稳开关：阻遏物1抑制启动子1的转录，并由诱导物1诱导；阻遏物2抑制启动子2的转录，并由诱导物2诱导

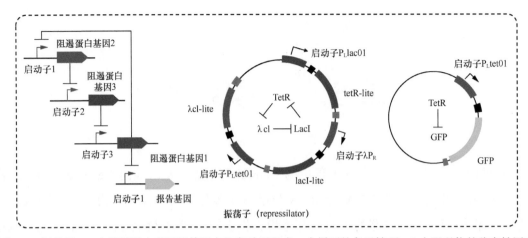

图 6-2 振荡子：3 个阻遏蛋白基因及其相应的启动子组成一个循环的负反馈环。3 个阻遏物的稳定性因破坏标签（记为 "lite"）的存在而降低。相容报告质粒（右）表达中间稳定的 GFP variant11（*gfp-aav*）。两个质粒中的转录单元都是通过大肠杆菌 *rrn* B 操纵子（黑框）的 T1 终止子从邻近区域中分离出来的

与传统的电子线路设计不同，基因线路的设计是基于对生命过程和调控法则的认知，按照标准化的工程学设计策略对生命系统进行生物功能的模块化封装，并根据设计需要在处于动态生长的活细胞环境中进行基因线路重构。与工程设计类似，基因线路设计的关注重点是最终构建的线路是否能够达到最初设计的预期标准，也即基因线路的可预测性问题。由于天然生命系统的复杂性和基因调控网络中广泛存在的串扰（crosstalk）或噪声（noise），设计能够在定量水平精准可预测的基因线路至今仍然是一项艰巨的挑战。基因线路设计的一些典型难点在于模块化、正交化、环境依赖性、稳定性、可预测性等方面。例如，就正交化来讲，来自自然界的基因线路元件经常存在与底盘宿主不可预知的相互作用，从而干扰基因线路的性能。基因线路在设计中需要针对性地减少或消除这些作用，实现目标基因线路与宿主隔离。针对基因线路设计中存在的难点，合成生物学领域的专家们不断开发新的工具和技术手段。人工智能已经成为加速生物系统设计的潜在解决方法，先进的实验手段结合人工智能等计算机辅助设计在调控元件库构建、组装方法优化、底盘细胞选择等方面取得巨大的进步，基因线路设计的能力也不断得到提升。

本章首先综述了合成生物学基因线路设计的相关概念和原理；其次，介绍了基因线路的性能优化与建模策略；接着，概述了基因线路的控制系统理论与设计；然后，讨论了如何利用人工智能模型进行基因线路的理性设计；最后，介绍了基因线路在生物传感器、生物医学以及 DNA 计算等领域的实际应用。

6.1 基因线路设计

基因线路由不同的生物元件组合构建而成，可以在给定的条件下表达和调节目的产物。基因线路的设计首先要选择适合的基因元件，并通过载体进行组装，形成稳定、准

确、灵活的基因线路。质粒的设计和构建以及底盘细胞的选择是基因线路设计的基础。此外，计算机辅助设计工具的发展提供了方便、快捷的实验设计工具，使得基因线路的构建更加快速和高效。本节介绍了基因线路的设计和构建阶段的重要因素，并提供了主要的在线平台和实验工具列表，以供读者参考。

6.1.1　质粒的设计与构建

基因线路调控单元由启动子、核糖体结合位点、蛋白质编码序列和终止子等生物元件组成。基因线路一般搭载在质粒中，质粒是能稳定且独立存在于染色体外的一种能自我复制的环状双链 DNA 分子，也是重组 DNA 技术中常用的载体。Addgene 网站提供了大量可下载资源以详细描述质粒的组成部分。

1. 基因线路调控元件

- 启动子（promoter）可分为诱导型启动子、阻遏型启动子和组成型启动子等。Anderson 启动子库作为一种合成生物学常用库，提供了各种强度的组成型启动子。但是需要注意的是，极高强度的组成型启动子会消耗细胞大部分聚合酶和核糖体资源，进而给细胞带来一定的代谢负担，严重情况下会导致宿主细胞明显的生长缺陷。

- 核糖体结合位点（ribosome binding site，RBS）是指 mRNA 分子中位于启动子下游、起始密码子上游的一段短核苷酸序列。Anderson RBS 库是广泛使用的 RBS 库之一，可提供各种转录强度的 RBS 序列。一些在线设计工具（如 Howard Salis 等 2011 年开发的 RBS 计算工具）可以预测 RBS 序列的强度，并允许用户根据所需要的强度设计 RBS 序列。此外，在 5' 端引入绝缘子（insulator）可消除 5' 非翻译区（5'-UTR）的差异对 RBS 强度的干涉作用，从而提高预测效率。

- 蛋白质编码序列（protein coding sequence，CDS）位于 RBS 下游，是基因线路中编码目标蛋白质的核苷酸序列。当 CDS 来自其他物种时，可根据底盘宿主的密码子使用频率偏好性进行密码子优化以改善蛋白质表达。报告蛋白是充当选择标记的一类特殊序列编码的蛋白质，包括荧光蛋白、生物发光系统（luxCDABE）和比色系统（LacZ 蓝白斑）等。在研究基因表达动力学时，应考虑到不同的报告系统所反映的线路功能属性，如不同的荧光蛋白具有不同的荧光成熟时间，这会限制快速过程测量的时间准确性。

- 终止子（terminator）指终止转录的一段短 DNA 序列。既往研究已发现和鉴定了大肠杆菌 582 种不同强度的终止子，其中的 39 种强终止子可适用于复杂的大型基因线路设计。

2. 质粒骨架构成

- 复制起点（origin of replication，ORI）是允许质粒通过募集宿主中复制相关蛋白进行 DNA 复制的区域。ORI 会直接影响质粒的拷贝数并控制目的蛋白的产量。原核生物中常用的 ORI 包括 ColE1（300 ～ 500 拷贝 / 细胞）、p15A（15 ～ 30 拷贝 / 细胞）和 pSC101（3 ～ 5 拷贝 / 细胞）。通过选择拷贝数更高的 ORI，基因线路中目的蛋白的 mRNA 产生速率可以成倍增加，从而使蛋白表达量增加。在双质粒或三质粒共转化系统中，每种质粒应使用来自不同组别的 ORI，以确保彼此兼容。

- 抗生素耐药基因（antibiotic resistance gene）的表达可筛选出带有正确质粒的细菌种群。典型的抗生素为卡那霉素（kanamycin）、氨苄青霉素（ampicillin）、氯霉素（chloramphenicol）和壮观霉素（spectinomycin）。需要注意的是，抗生素在高温下容易降解，因此应避免将其直接添加到热介质中；某些微生物菌株对某些类型的抗生素具有天然抗性；对于拷贝数较低的质粒（例如 pSC101），应施用较小浓度的抗生素以使细胞生长。

3. 引物设计

引物是可以与 DNA 模板互补结合的短单链 DNA。引物分为两个区域：5' 端有用于酶切的限制性酶切位点的 DNA 序列或 Gibson 装配的 DNA 同源性区域；3' 端引物结合区则允许引物与其模板互补结合。引物设计对于成功的聚合酶链反应至关重要，也是分子克隆技术的重要步骤。例如，分子克隆技术从设计引物开始，就需要根据目的蛋白的核酸序列设计出含有酶切位点及所需标签的特异性引物分子。分子克隆技术指通过纯化和扩增特定 DNA 片段的方法，用体外重组方法将目的基因插入克隆载体，形成重组克隆载体。通过转化与转导的方式，引入适合的宿主细胞进行扩增，然后再从宿主细胞内分离提纯所需的克隆载体。引物设计的一大难点是引物形成自身二聚体和交叉二聚体等结构，这些结构可能影响与模板结合的引物数量进而影响 PCR 产量。在线引物分析工具（Integrated DNA Technologies 的 OligoAnalyzer 和 Sigma-Aldrich Co. LLC 的 OligoEvaluatorTM）可基于吉布斯自由能（Gibbs free energy）ΔG 值（表示这些二级结构的稳定性）得出形成二级结构的概率。通常，建议对二级结构分析使用 $\Delta G < 10$ kcal/mol（表明稳定二级结构形成的可能性很小）。另外，二级结构也可能在 DNA 模板自身形成，因此避免设计结合在这些模板区域的引物。

4. DNA 组装

外源遗传材料通过各种 DNA 组装技术被插入质粒骨架中。合成生物学中通常使用两种组装技术来产生遗传元件，即限制性消化与连接技术以及同源重组技术，并基于这两种技术原理开发多种实现各类型的 DNA 组装的方法，包括 DNA 组装（DNA assembly）、模块化克隆（modular cloning）、合成序列引导的等温组装（synthetic sequence guided isothermal assembly）、连接酶循环反应（ligase cycling reaction）、模块化重叠定向连接体组装（modular overlap directed assembly with linkers）等。表 6-1 展示了常用的 DNA 组装方法及其基本原理。在合成生物学中，BioBrick 是带有由限制性酶切位点 *Eco*R I 和 *Xba* I 组成的前缀，以及 *Spe* I 和 *Pst* I 组成的后缀的标准化元件。BioBrick 为 BglBrick 等新方法奠定了基础，这些新方法在 DNA 组装中展示了更好的灵活性和更高的效率。2008 年，Golden Gate 成功地利用切割位点位于其识别位点之外的ⅡS 型限制内切酶来组装多个 DNA 片段。最新的 DNA 组装方法（例如 MoClo 和 BASIC）通过"起停组装"（start-stop assembly）等方式具有的模块化等特点，展示了更好的组装效率并解决了 Golden Gate 的一些限制因素。

　　同源重组通过设计基因末端的同源序列（使其与另一片段的 DNA 重叠）来连接 DNA 片段。该技术无须添加或改变 DNA 片段上的任何碱基，从而达到无损组装。Daniel Gibson 开创的 Gibson 组装法通过 15 ～ 80 bp 同源序列进行组装，可装配多达 6 个 DNA 片段，而单个等温反应时间为 15 ～ 60 min。研究人员通过这种组装方法以 600 个化学合成的重叠的 60 bp 单链 DNA 为材料，成功地构建了 16.3 kb 大小的完整小鼠线粒体基因组。

表 **6-1**　常用的 **DNA** 组装方法及其基本原理

方法名称	组装原理与功能特性
Gibson组装	使用外切酶、聚合酶和连接酶组装成的预混液。在相同的buffer条件和温度下，含有同源序列的两个或多个片段，在外切酶进行切割后，在同源序列处退火，而后在聚合酶和连接酶的作用下，产生一个完整的长链。简单、快速、高效的DNA定向无缝克隆技术，可将插入片段（PCR产物）定向克隆至任意载体的任意位点
Golden Gate（金门克隆技术）	在目的基因切割位点外设计IIS型限制酶识别位点，酶切连接后该识别位点被消除，不会出现在最后的载体中；载体上含有与目的基因的切割位点互补的突出末端，可以指导连接
DNA assembler（DNA组装体）	在酿酒酵母中通过体内同源重组实施一步组装。主要构建大DNA片段，可用于真核生物的染色体编辑
modular cloning, MoClo（模块化克隆）	通过一系列Golden Gate反应进行系统组装，组装元件的两侧是基于IIS型限制酶位点类型设计的兼容性位点。主要用于较大规模的多基因构建，尤其是库的构建
synthetic sequence guided isothermal assembly（合成序列引导的等温组装）	使用带有标准化系列的独特核苷酸序列的BioBrick/BglBrick 兼容载体进行模块化组装
ligase cycling reaction, LCR（连接酶循环反应）	在热稳定性连接酶作用下，变性的DNA 片段末端与标准化单链寡核苷酸互补连接，实现无痕且有序组装。可一步组装多达20 kb的20个元件
modular overlap directed assembly with linkers, MODAL（模块化重叠定向连接体组装）	通过适配器、前缀和后缀的设计，以及正交连接器模块化实现有序定向的同源重叠组装。基因间区域的正交化连接部分具有良好的耐受性，不会干扰元件的表达
PaperClip DNA Assembly（回形针DNA组装）	基于双链寡核苷酸实现同源重组，其通过 PCR 和连接为每个DNA片段添加同源末端，并引导了两片段间的定向组装。每个片段仅使用4个短寡核苷酸同源臂进行组装，但由于使用了GCC来形成 Clips，因此很可能存在"疤痕（scar）"

续表

方法名称	组装原理与功能特性
methylase-assisted hierarchical DNA assembly, MetClo（甲基化酶辅助的分级DNA组装）	使用单一类型的IIS型限制酶进行DNA片段分层组装，该方法基于体内甲基化介导的IIS型限制酶识别位点的开/关切换。开发了3种不同的IIS型酶 Bsa I、Bpi I和Lgu I，实现了大致218 kb的DNA片段有序组装
start-stop assembly（启停组装）	基于Golden Gate的多片段模块化组装。起始和终止密码子作为融合位点以在组装中实现无痕编码序列

6.1.2 底盘细胞的选择

底盘细胞的选择是基因线路模块化设计的重要步骤，既包括选择合适的宿主细菌进行分子克隆实验，也包括选择使基因线路在特定应用中发挥其功能的最终宿主细菌。在分子克隆中，具有高转化效率以及承载质粒大（约 10 kb）等优势的商业克隆菌株（如大肠杆菌 Escherichia coli DH10β 和 DH5α 菌株）得到了广泛使用。这些商业克隆菌株通过有益突变提高了其稳定性，例如基因 recA1（降低同源重组的发生概率）和 endA1（减少了双链 DNA 的非特异性裂解）的突变。根据所设计质粒的大小和复杂度，研究人员可使用化学感受态细胞和热激法［较小质粒（小于 10 kb）］或者电感受态细胞和电穿孔法（较大质粒）进行质粒的转化，使转化率得以增加。同时，在进行双质粒或三质粒共转化时，如果不能一次性添加多个质粒，可以考虑使用多轮转化的方法（每次使一个质粒转化入感受态细胞）。

将设计的质粒成功克隆到克隆菌株后，研究人员需要根据最终应用需求将质粒再引入至合适的表达菌株中。在选择宿主菌株时，研究人员需要检查菌株是否存在任何内源基因的添加或缺失，这有可能对基因线路性能的实现存在一定影响。对于需要蛋白表达水平较高的基因线路，则宜使用优化过蛋白表达的商业菌株，例如大肠杆菌 E. coli BL21（DE3）菌株，该菌株通过基因组中的正交 T7 RNA 聚合酶基因，将基因线路与菌株自身的转录和翻译机制隔离开。对于依赖宿主菌株天然代谢途径进行工作的基因线路，大肠杆菌 E. coli K-12 MG1655（类似于天然大肠杆菌野生型菌株）则是较为合适的选择。相对于在其他克隆菌株中的表现，一些化学诱导的操纵子例如 AraC-pBAD、LacI-pLac 和 TetR-pTet 系统在 MG1655 菌株中有着更高的产量和灵敏度。

6.1.3 实验设计工具

随着计算机辅助设计工具的不断开发，利用此类工具设计和组装基因线路的遗传元件（例如启动子、核糖体结合位点、终止子等）已经出现。例如，设计涉及 CRISPR/Cas9 特定技术的合成调控网络；在原核和真核系统中构建具有更高表达能力的重组基因序列；预测 RNA 分子之间的相互作用；提供不同物种的密码子和氨基酸使用频率进行密码子优化；设计和评估转录激活因子样效应因子核酸酶。表 6-2 列出了用于实验设计的在线计算机辅助设计工具。

表 6-2　用于实验设计的在线计算机辅助设计工具

工具名称	应用
SnapGene	使用 Gateway、Gibson、In-Fusion 或 TA-GC 克隆方法设计和组装DNA片段
Benchling	使用限制酶、Gibson 或 Golden Gate 方法设计和组装DNA片段
j5	使用 SLIC、Gibson、CPEC、SLiCE 和 Golden Gate 方法设计和组装DNA片段
Atum	使用各种Cas9蛋白设计用于基因编辑的 gRNA
CHOPCHOP	设计用于多系统基因编辑的 gRNA，包括 Cas9、Cpf1 或 CasX、Cas13和TALEN
CRISPOR	设计用于多系统基因编辑的 gRNA，包括Cas9、SpCas9、iSpyMacCas9、xCas9等
IntaRNA	预测两个 RNA 分子之间的相互作用，包括microRNA 和细菌small RNA
CodonW	密码子优化工具，提供不同物种的密码子和氨基酸使用频率分析
TAL Effector-Nucleotide Targeter	设计、评估和组装定制转录激活因子样效应因子的结构
E-TALEN	设计和评估转录激活因子样效应因子核酸酶

6.2　基因线路的性能优化与建模策略

基因线路信号处理通常并不是处于理想的环境中，它们实现特定信号处理功能的过程会受到随机因素（生物噪声）的影响。这种随机因素可以分为外在随机因素和内在随机因素。外在随机因素即外部噪声（extrinsic noise），如外部环境信号变化等；内在随机因素即内部噪声（intrinsic noise），如 DNA、RNA 和蛋白质数目等。

（1）外部噪声。基因线路可以看作一个多控制参数的信号处理系统，在实际的生物系统中，这些控制参数往往不是恒定的，而会受到一系列其他随机波动的因素的影响，比如温度、压强、光等。控制变量的随机波动作为输入进入基因调控网络的信号处理过程，它们对信号处理的影响随着信息的流动过程在基因网络内部扩散。如果基因的转录因子活性对温度变化比较敏感，那么环境中温度的随机波动会使该转录因子活性处于不稳定的状态，进而影响该基因的转录和翻译，使得该基因表达的蛋白质水平也处于一种随机波动的状态。

（2）内部噪声。内部噪声来源于基因线路固有的物理化学反应特性。由于在细胞中各类分子的数目是一个随机变量，而分子数目直接与该分子参与的反应速率相关，因此分子间的物理化学反应是随机过程，而不是确定性的事件。分子数目随机性会使得基因线路调控网络信号处理过程也是一个不确定的随机过程。当基因调控网络中分子数量趋于无穷的时候，基因调控网络可以视为一个无噪声的信号处理系统。然而由于在生物化学反应中，参与反应的分子数目往往很少，因此内部噪声的强度足以对系统的信号处理功能产生重要的影响。在基因线路实现功能的过程中，噪声是不可排除的因素。

本节从基因线路的性能优化和建模策略两个方面分析如何处理生物噪声的问题，以实现构建可达到预期目标的基因线路。

6.2.1　基因线路的性能优化

对于不同的生物元件，通常研究人员需要刻画其功能及相应的性能参数，如对于调控元件，能够测量出其输入/输出转变函数（I/O transfer function），得到其中一些性能参数（转变上下限和动态区间，陡度，转变输入特征值等）（见图 6-3）。为了使基因线路在宿主内实现特定功能，研究人员需对其性能进行调整——通常通过环境依赖性、响应时间、动态范围、灵敏度、特异性、激活时间、稳定性和易用性等来评估基因线路的性能并进行优化。

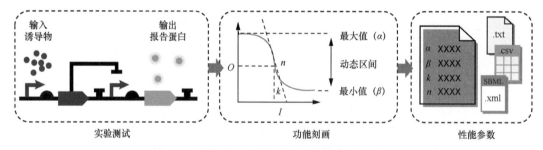

图 6-3　调控元件的功能刻画与性能参数示意图

（1）环境依赖性。环境依赖性是指基因线路在宿主菌中发挥功能的同时，经常伴随着意料之外的宿主与基因线路相互作用。由于细菌和宿主资源（核糖体、tRNA、聚合酶和蛋白酶等）的共享使用，可能严重影响细胞生长和基因线路的稳定性和功能性，并常常会导致不可预测的行为。在平衡宿主底盘细菌和基因线路表达之间的资源分配问题上，一些研究人员采用了工作负荷驱动的负反馈调节系统，即通过感知宿主细菌的自身表达情况，自动调整基因线路的表达能力。Ceroni 等人通过 RNA-seq 技术对宿主细菌基因表达情况进行监测分析，探索大肠杆菌在负荷表达前后的转录水平变化，并构建了基于 CRISPR-dCas9 的反馈调节系统——其可根据负荷自动调整基因线路的表达能力。这种模块化的反馈系统可使细胞保持其天然基因表达的能力并有利于蛋白质产量的提升。为了减轻工作负荷而重新配置资源的另一个解决方案是使用天然 MazF 核糖核酸酶切割不受保护的 mRNA。一些环境因素也会影响基因线路的环境依赖性，例如培养基成分和温度等可能会导致宿主的负荷增加或产生不良反应。此外，还可以使用低拷贝质粒或者将目的基因整合到基因组中等降低基因线路的表达量的方法，以减少资源消耗。

（2）模块化与正交性。模块化可以保障基因线路的功能和反应在变化的物理或遗传环境中的稳定性和持续性，这是前瞻性设计基因线路的核心标准。正交性是模块化的补充，表示元件间或元件与宿主遗传背景间不存在不良相互作用或串扰。这两个属性是合成生物学基因线路构建的主要标准，是提高元件兼容性的关键。联合实验筛选确定元件间或元件与宿主的相容性，或使用外源遗传信息与宿主组件隔离的机制来避免串扰或基因偶联。例如，Rhodius 等人测试了不同的胞质外功能 σ 因子、抗 σ 因子及对应启动子的相互作用能力，并确定了 20 对高度正交的 σ 因子及其启动子。通过使用正交的 σ 因子、抗 σ 因子及对应启动子可实现模块化与正交化的基因线路设计。使用非标准碱基隔离实现正交遗传信息存储和复制、设计和定向进化正交转录因子实现正交转录调控、工程化正交 tRNA- 非天然氨基酸对实现正交翻译等，推动了正交的细胞中心法则的形成，并实现模块化和可预测的人工基因线路。

（3）特异性。特异性本质上是指与唯一的特定事物相关，即专一性。基因线路可能会由不止一种具有相似特性的配体激活触发，从而限制了其设计的特异性。提高基因线路特异性的方法主要有两种：一种是通过诱导突变修饰蛋白质的结合口袋，另一种是采用进化上亲源性较远的元件进行组合。

（4）灵敏度。灵敏度又称为敏感度、敏感性。具有较高灵敏度的基因线路，可以对转录因子或启动子进行随机诱变，使其能检测较低浓度的配体。改变配体膜转运系统（例如增加入胞或减少出胞）通过促进细胞内配体的积累，也可以提高基因线路的灵敏度。对于转录去抑制系统，降低表达阻遏物的启动子的强度可能会降低去掉转录系统抑制所需的配体浓度。对于转录激活因子，可以通过增加表达激活因子的启动子强度来获得更高的结合概率以实现更高灵敏度。但需要注意的是，灵敏度可能是一个跨越多个元件间相互作用而形成的线路的整体性功能特征，对其中元件的单一改动多数情况下会扰动包括灵敏度在内的整个行为，如增加激活因子浓度会提高响应曲线的下限（泄露表达量），此时灵敏度的变化是激活因子宏观亲和力改变与激活因子随机激活表达力改变相博弈的结果。

（5）动态范围。动态范围是指输出信号最大值与最小值决定的输出范围。除了进行随机诱变以改善转录信号输出的动态范围，我们还可以采用将转录因子和其他转录系统中的启动子、操作子等元件结合的办法来扩大信号输出范围。在复杂基因线路结构中，输出动态范围与输入功能范围的合适匹配，对于最大化基因线路的动态响应范围至关重要。这可以通过调整 RBS 强度以获得需要的表达水平，或修改基因线路的拓扑结构来实现。

（6）响应时间。响应时间是指从信号发送到信号接收的时间，包括处理时间和等待时间。对于使用荧光蛋白作为报告蛋白的基因线路，要注意荧光蛋白的成熟时间，响应时间滞后可能造成不必要的麻烦。Balleza 等人对 50 个分布在可见光光谱上的荧光蛋白进行了动力学研究，检测到完全不同的荧光成熟时间，这可能是选择报告蛋白要考虑的关键因素。

6.2.2   基因线路设计的建模策略

通过基于描述基因回路行为的稳态响应函数进行动力学建模，抽象出系统所需的基本条件以进行仿真和假设检验，并以定量方式捕获稳态或动态行为，进行灵敏度分析和合理的设计优化，这种由模型驱动的方法以及基于模型的计算机辅助工具的使用可以大大提高基因线路设计和开发的效率。

1．模型框架

一般情况下，模型驱动的方法会与实验协同工作进行迭代开发和改进。构建模型首先要做的是确定模型目的，并说明所建模型问题的复杂性；其次将模型公式化，这涉及用动力学速率表达式来表示模型网络的关键元素，此表达式需要使用数值积分来求解。无论是整体的还是局部的数值优化方法，都可以作为一种强大的工具来减小模型仿真和实验观测之间的成本函数，并估计相应的参数值。模型分析可同期并行实施，以提供生物学方面的信息并做出预测。整体或局部灵敏性分析可用于评估模型的输出如何因单个输入参数变化或多个输入参数同时变化而变化。通过将模型仿真与获得的实验观察结果进行比较，还可以检验新的假设。

2．调整稳态响应曲线

可以使用配体敏感的稳态响应曲线来研究和评估基因回路性能。这些响应曲线可以用半经验希尔函数来表示，函数中的各个参数可以很好地解释其生物学意义，进而通过实验进行调整。用于激活和抑制响应的希尔函数参数包括表达效率、配体结合时产生的最大表达率、配体浓度等，希尔函数可用于研究参数改变对基因线路行为的影响。这些变化随后可通过实验方法转化为遗传系统。一般而言，调整实验方法包括改变启动子和 RBS 强度、质粒拷贝数、基因位置和拓扑结构，执行操纵子位点修饰，改变降解速率等。

3．动力学建模

动力学建模对于捕获基因线路模块的瞬时动态行为及其在条件变化时的相互作用至关重要，包括细胞生长速率、资源利用或竞争，以及输入浓度变化的影响。以级联动力学反应为代表的基因线路可以在单个基本元件的水平上微调整体性能，这对于实现正确的功能是极为有用的；同时，各个模块的动力学特性是决定基因线路整体响应时间和可再现性的核心指标。基因线路不同模块的基因表达受到调控系统的控制，包括可诱导或可抑制的启动子（通过配体存在或缺失进行调节）以及用于连续表达的组成型启动子，这些构成了更复杂的基因线路设计（如逻辑门）的基础。

6.3 控制系统理论与设计

细胞的复杂性使基因线路具有随机性、非线性等固有特征，因此合成生物学从发展伊始就引入了旨在分析和设计鲁棒动态系统的控制工程方法。反馈控制作为控制工程的关键概念，赋予系统对环境干扰的鲁棒性，使系统性能保持稳定。了解基因线路的控制系统理论，有助于更好地设计工程化的基因线路。基因线路合成控制系统的实现主要包括细胞内控制、细胞间控制及网络细胞控制三种模式。

6.3.1 细胞内控制

细胞内控制是指将存在于单个细胞内的基因线路作为生物分子控制器（见图 6-4）。由于基因线路必须通过分子相互作用（化学反应）来实现，其设计受到很多限制。早期生物分子系统设计从自然界中获得灵感，负反馈控制架构作为设计合成基因线路的主要范式之一，在活细胞中实现了稳定的控制系统。非相干前馈环路（incoherent feedforward loop，IFFL）是另一种基因线路中实现干扰抑制的核心架构。在基于 IFFL 的控制中，输出的基因线路被输入的基因线路同时控制上调和下调，这也称为前馈控制。Segall-Shapiro 等人对生物分子 IFFL 线路进行改造，以抑制大肠杆菌中质粒拷贝数的变异，从而减少靶基因的表达变异。Oishi 等人和 Briat 等人通过理论研究提出了一个用于设计积分反馈控制器的数学框架，其采用了对偶积分反馈（antithetic integral feedback）的生物分子反应模式。这种方式利用两种分子实现负反馈，两者可通过分子隔离实现相互湮灭，实现具有复杂动力学的细胞内的对偶积分反馈。Aoki 等人通过分子隔离枯草芽孢杆菌 σ 因子和抗 σ 因子，在大肠杆菌中实现生物分子对偶反馈控制器的构建并进行了一定的实验验证。

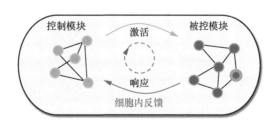

图 6-4　细胞内控制

实现细胞内精准控制的一个主要难点在于共享细胞内资源的有限性（如核糖体和 RNA 聚合酶）。共享资源的竞争可诱导基因表达过程之间的耦合。由于合成生物分子控制器的运行需要消耗共享细胞资源，其设计必须考虑共享资源耦合引起的副作用，如细胞生长缓慢和产量下降。要缓解这种情况，研究人员可以采用资源感知设计创建负荷响应生物分子反馈系统。例如，Alice 等人构建了一个基于 CRISPR/dCas9 的反馈调节系统，通过 htpG1 启动子调控 sgRNA，将 dCas9 与 sgRNA 结合，以抑制 VioB-mCherry 的产生，当其表达被触发时，它会减缓细胞的生长。该系统可以自动调整合成结构的表达，以响应负担。配备了这种通用控制器的细胞保持了天然基因表达的能力，可强劲生长，并在批量生产的蛋白质产量方面优于未受调控的细胞。

实现细胞内精准控制的另一个重要挑战是实现模块化，以保证系统的输入 / 输出行为在与其他系统连接时保持恒定。生物分子系统的互连对于自下而上设计规模更大且结构更复杂的控制器至关重要。但是，模块化并不是生物分子系统的固有属性。如果生物分子系统通过共享分子相互作用，就会产生负载效应（loading effect），这也被称为追溯效应（retroactivity）。可通过在互连系统之间放置绝缘体装置减轻负载效应，如高增益生物分子负反馈装置。

近年来，合成生物分子控制器及其宿主细胞复杂的相互依存关系推动了综合数学框架的发展，在系统水平设计和分析生物分子控制器。宿主生理全细胞模型（whole-cell model）和粗粒机械模型（coarse-grained mechanistic model）可用于集成宿主和生物分子回路。

6.3.2　细胞间控制

细胞间控制是指将单个细胞内存在单独的基因线路作为生物分子控制器，但允许它们相互作用，从而产生集体行为（见图 6-5），例如种群水平控制、分工或协调空间组织。细胞间生物分子控制的灵感来源于生物技术中长期使用的天然微生物聚生体。微生

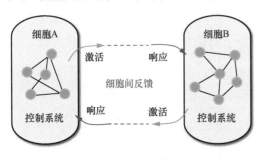

图 6-5　细胞间控制

物聚生体在专业化细胞之间分配养分和功能，实现分工并减少单个细胞的代谢负担。此外，微生物聚生体通常对环境扰动抵抗力更强，并且更适合于模块化和空间组织结构。

细胞间控制器设计和实现的主要难点是细胞间通信系统。现有的生物通信系统包括物理或化学通信网络、离子通道、黏附分子

和电信号。细菌群体感应已经成为生物分子控制器细胞间通信的主要范例："发送者"细胞产生小分子（群体感应分子），通过细胞膜扩散，调节"接收者"细胞中生物分子线路的表达。首先需要注意的是应保证群体感应通道的正交性，以避免通信细胞之间的串扰；其次应将群体水平控制在可操作范围内，避免破坏细胞间控制功能。建立菌株之间的协同互作对于增加微生物聚生体的稳健性至关重要，也可以创建其他类型的相互作用，如竞争、捕食、互利共生、偏害共生和中性共生。实现细胞间控制器设计的难点还在于开发用于设计和分析细胞间控制系统的数学框架。数学框架的构建可以使用基于代

理的模型框架，即每个细胞作为一个代理，通过细胞间信道与其他细胞互动。近年来，基于代理的模拟器等计算工具已被用于此类系统的计算机模拟设计。

6.3.3 网络细胞控制

网络细胞控制是指通过计算机连接细胞，计算机在细胞外实现控制器功能。在网络细胞控制中，研究人员必须对细胞进行改造以感知并对外部信号做出反应，信号可以通过化学作用或物理作用传递给细胞。通过荧光显微镜或流式细胞仪（取决于生长平台）测量细胞群或细胞个体对这些刺激的反应（如果细胞在微流体装置中生长，则使用显微镜；如果细胞在生物反应器中生长，则使用各种传感器，如 pH 玻璃电极）。细胞响应信号由计算机通过数字反馈控制规则处理，以确定最佳细胞控制输入，实现所需细胞反应行为。计算机获得的控制信号通过物理驱动装置作用于细胞，如用于化学响应细胞的自动泵/注射器或用于光响应细胞的光源，从而闭合网络细胞控制回路。尽管网络细胞控制最初被用于控制细胞群，但随着光源技术的进步（如数字微镜器件），其已经可以独立控制单个细胞。网络细胞控制的一个优点是计算机易于实现复杂的控制策略，突破了生物分子控制架构的设计限制。

网络细胞控制主要用于实时控制基因表达。2011 年，Milias-Argeitis 等人首次利用 PhyB/PIF3 光遗传系统（红光/远光刺激）对酿酒酵母基因表达进行网络细胞控制。选择一种有效的控制策略对于实现稳健而严格的基因表达调控至关重要。通常有三种控制策略：Bang-Bang 控制、比例积分（proportional-integral，PI）控制和模型预测控制（model predictive control，MPC）。每种控制策略都有其利弊。Bang-Bang 和 PI 是无模型控制策略，只需计算细胞响应的期望值和测量值之间的误差，因此更容易实现。相反，MPC 是一种基于模型的控制策略，可以在基因表达控制中实现优异的性能。因此，MPC 需要一个可靠的模型来处理有可能影响基因表达的噪声和不确定性。此外，MPC 需要根据测量输出精确估计控制系统状态，通常需要使用卡尔曼滤波器（Kalman filter）。

使用网络细胞控制有许多优点，如快速原型设计可以节省基因线路的开发时间。即使有可能在活细胞中实现相应的生物分子控制器，在此之前也可利用网络细胞计算机模拟快速测试新的控制架构。此外，通过检测可能的细胞反应行为，网络细胞控制可用于细胞生物学研究。Perkins 等人研究了酿酒酵母中网络细胞模拟侧向抑制系统的模式涌现，即通过网络细胞控制设置模拟细胞间的通信，将计算机生成的光刺激传递给单细胞，从而模拟它们之间的侧向抑制信号。Perrino 等人利用酿酒酵母网络细胞控制定量展示 α-突触核蛋白（帕金森病的生物标志物）的聚集过程。通过严格控制 α-突触核蛋白在外部化学刺激下的表达水平，作者量化了 α-突触核蛋白聚集所需的表达阈值，从而深入揭示了帕金森病的分子生物学机制。

6.4　利用人工智能设计基因线路

鉴于应用模型驱动的方法以推动实验实现的重要性日益提高，已有越来越多的计算机辅助平台进行模型开发和仿真工作。一部分工具采用正向工程方法（基于先前的特征数据库来仿真和预测基因线路行为），而另一部分工具则侧重于反向工程法以提取实验信息。综合利用正向工程法和反向工程法既可以有效地从实验中获得有用信息的先决条件，又强化了仿真和预测过程以实现高性能的模型驱动的设计和优化。数学建模已被广泛用于基因线路的设计与优化，以实现预期功能模块。常微分方程常用于恒定环境中的时间性基因线路的动态建模；偏微分方程和代理人基模型（agent-based model，ABM）则可被用于空间扩展系统中的基因线路动力学模型。需要注意的是，任何数学模型的构建都是基于现有知识设定的一系列假设，例如基因元件或调控元件的动力学特性、元件与环境之间的相互作用、元件间以及元件与宿主之间的干扰。通过建模，研究人员就可以分析在生物学上可行的条件下，一组基因线路的理论功能是否可达到预期水平，进而对元件的选择和优化进行指导。

电子设计自动化（electronic design automation，EDA）为从手工设计到自动化电子设计铺平了一条道路，借鉴电子设计自动化领域的思想和工具，可建立一个通用的基因设计自动化（genetic design automation，GDA）设计框架。2009 年，PecCoud 团队开发了一款根据基因元件设计线路结构的网络应用程序（Gene CAD）。2013 年，Myers 团队开发了 iBioSim，这是一个支持学习、分析和设计合成遗传线路的计算工具。2016 年，Voigt 团队开发了自动化设计基因线路的软件 Cello，它使用硬件描述语言 Verilog 来描述线路功能，基于输入传感器（例如化学分子诱导系统）、回路功能（例如逻辑真值表）以及相应底盘细胞中的用户约束文件，自动将目标功能基因线路编译成 DNA 序列。从基于抑制器的布尔非 / 非逻辑门的库中，Cello 可以设计出能够执行各种任务的 DNA 序列编码线路。2020 年，基于酿酒酵母以及环境微生物的 Cello 2.0 版本正式推出。Cello 2.0 能够灵活地描述逻辑门的结构及其代表动态行为的数学模型，描述基因组中逻辑门的位置的新形式化规则。这些功能将 Cello 的能力从大肠杆菌质粒扩展到新的生物体和更广泛的遗传背景。用 Cello 2.0 设计电路可以从 Verilog 文件中产生一个抽象布尔网络，为布尔网络中的每个节点分配生物元件，构建一个 DNA 序列，并产生高度结构化和有注释的序列表示。其结果是在生物体内实现指定的布尔函数的序列，以及对电路性能的预测。通过 Cello 2.0，研究人员在酿酒酵母中构建了 9 个高性能且相关绝缘的逻辑门。真核生物的自动化基因线路设计简化了调控网络的构建，为代谢工程研究，以及环境传感器或者细胞治疗药物的开发提供了重要的平台。表 6-3 对计算机辅助设计工具的功能进行了概述。

表 6-3　基于模型的计算机辅助设计工具

工具名称	功能特性
MatLab SimBiology Toolbox	提供模块图编辑器交互或编程方式来构建模型以及模拟和分析动态系统；支持确定性动力学和随机模拟；支持敏感度分析和参数估计
COPASI	用于创建、修改、模拟和计算分析各个领域动力学模型；支持确定性动力学和随机模拟；支持时间序列分析和稳态模拟；支持敏感度分析和参数估计
SynBioSS	用于合成生物网络的生成、存储、检索和定量模拟，其由Designer、Wiki和Simulator三个组件组成；可关联 BioBrick 的生物元件；可根据所需要的结构自动生成动力学模型；可从 Wiki数据库中检索所需的动力学信息，模拟生物系统的动态行为
TinkerCell	在 TinkerCell 中，可使用生物元件和模块构建生物网络；支持用于模拟的详细可视化图表；自动从结构导出基于动态速率方程的模型；支持确定性动力学和随机模拟以及 COPASI 支持的其他一些分析；支持SBOL标准文件
RBS Calculator	通过输入mRNA 序列或目的基因序列的前 35 个核苷酸，预测 mRNA 转录的每个起始密码子的翻译起始率；可设计和优化合成 RBS 序列，以实现蛋白质表达所需的翻译率；基于热力学模型（核糖体结合的吉布斯自由能）结合随机优化（模拟退火）的原理
Cello	这是一个基因线路设计自动化平台，通过电子硬件描述语言（Verilog）设计对应的基因线路；整合了大量调控元件的表征数据和生物元件组装的经验；可预测基因线路的性能，并将生长状态和负荷考虑在内
iBioSim	通过基于模型的设计策略促进基因线路的设计，包含了基因线路的设计、建模和分析；支持确定性动力学和随机模拟
Tellurium	用于模型构建、模拟和分析，可促进系统和合成生物学中模型的复现；支持确定性动力学、随机模拟和稳态分析；支持扩展模块，例如可视化分析、多维参数扫描和分支分析等
BMSS	这是一种自动化生物模型选择系统，其包含预先构建好的模型库，用于诱导型和组成型启动子系统、逻辑门系统的构建

　　传统数学模型预测能力主要受到两个问题的限制。首先，模型模拟过程需要进行大量计算，设计一个基因线路可能需要用模型在不同情况下进行多次模拟，需要花费大量时间；其次，模型预测能力可能会受到各种因素的影响，包括代谢负担和固有生物噪声。为了克服这些因素对模型预测准确率的影响，研究人员在不同的层面上修正了模型，例如，测量并定量代谢负担以及基因线路 - 宿主的相互作用，通过基因剂量补偿达到降噪效果，以及在基因线路设计过程中考虑进化稳定性等。但是，由于生物系统的复杂性和现有认知的局限性，将与基因线路设计相关的所有可能因素纳入数学模型是一项难以完成的任务，而人工智能技术的发展则为突破上述限制带来了新的机会。

　　应用机器学习模型可以显著提高模型指导基因线路设计的计算速度。例如，偏微分方程常用于基因线路的时空建模，然而其模型模拟需要用到大量资源。为了解决这个问题，我们可以使用合理数量的偏微分方程模型模拟结果训练一个机器学习模型，相应的参数作为输入数据，使机器学习模型的学习参数与结果之间产生直接映射。完成训练的机器学习模型可用于快速探索巨大的参数空间，从而绕过数值积分过程——Wang 等人已将该方法应用于基因线路的研究中。此外，机器学习模型可用于分析各类干扰因素，以尽可能地减小模型预测与实际测量结果之间的差异。集成机器学习模型与数学建模可保留两种方法的优点：机器学习模型对其训练数据集的高精度，以及数学模型对各类实验条件的通用性。

　　基于机器学习设计基因线路的策略是：先设计一个网络，然后通过计算机模拟确定网络可以执行哪些任务，最后修改参数以实现所需的网络功能。另一种更符合机器学习理论的方法是从期望功能开始，然后探索可能的网络配置（例如，一个基因激活或抑制其他基因的强度），以找到能够实现该功能的配置。这种方式已用于发现各种任务的线路，例如识别和折叠变化检测。然而，网络参数的数量随着成员基因数量的增加而迅速增加，导致这种方法的计算代价很高。为了克服这一挑战，蒙特卡罗方法提供了一种可行的替代方案——进化算法。在进化算法中，反复选择最佳网络，然后随机改变其配置，以进化出高性能的网络。Hiscock 最近的一项研究提出，使用梯度下降算法可以显著加快这一参数的搜索过程。梯度下降是许多机器学习方法特别是深度学习方法背后的主要工作，因为它能使机器学习模型在给定新的数据点时快速更新它们的参数。通过将这种方法与基于常微分方程的模型相结合，Hiscock 开发了一个 Python 模块 GeneNet，其成功地设计了 French-flag 线路、脉冲检测线路、振荡器和生物计数器。

　　物理信息神经网络（physics-informed neural network，PINN）是一种用于解决有监督学习任务的神经网络，集成了机器学习模型与数学建模方法。传统机器学习模型的训练目标是使模型的预测值与训练数据集的差异最小，而 PINN 模型中还有另一个约束条件，模型的预测必须同时与数学模型的预测实现较好的匹配。另一种集成机器学习模型与数学建模方法是混合建模（hybrid modeling），即通过将机器学习模型插入数学模型中，补偿预测和实测结果之间的差异，换言之，就是通过机器学习模型寻找未考虑的干扰因素，达到对数学模型的补充效果。为了达成该目标，研究人员需要使用预测和实测结果之间的差异数据来训练数学模型。综上所述，物理信息神经网络和混合模型都可以提高建模的准确性，有助于实现可预测性基因线路工程。

6.5　基因线路的应用

　　合成生物学的飞速发展推动了基因线路在各领域的广泛应用，研究人员在基因线路设计以及相应辅助工具开发中取得的成果斐然。本节从基因线路在生物传感器、生物医学以及 DNA 计算等领域中的应用出发，介绍基因线路在这些领域的应用前景与面临的挑战。

6.5.1　在生物传感器中的应用

合成生物学的发展大大促进了基于基因线路的生物传感器的发展，其利用待检测物质作为输入信号，通过构建的基因线路将输入信号转为细胞内的生化信号，并实现下游特定基因的表达。

基于基因线路的生物传感器通常包含三个阶段：对输入的单一或多重信号感知、信号处理和产生可观测的输出反应。就输入的检测信号而言，化学离子、代谢物、蛋白质、光、温度、酸碱度、压力、渗透压、黏度和氧化还原刺激物等的检测已均有明确报道。目标物理量的探测通常是通过转录因子发生别构效应从而转换为内部生化信号，并触发随后的一系列细胞信号转导事件以引发反应。传感过程的最后一步是将细胞内部的生化信号转化为外部可定量或定性检测的报告信号，包括荧光信号、生物发光信号、比色参数等。基于基因线路的生物传感器具有传统传感器无法比拟的优势，其能以仅几微米的尺寸构建最先进的设备，用完全自主的方式将一种或多种现象的感应、复杂的信号处理逻辑及全套的输出反应整合起来。这使基于基因线路的细胞生物传感器适用于无法人为干预的环境中，例如生物体内的应用。在诊断治疗（细胞可检测感染病原体的类型并释放出足够的毒素）、生物修复（细胞可检测污染物类型并做出相应的响应）以及生物制造（细胞工厂可感知生产循环所在的阶段并激活相应的生物合成途径）等领域均发挥了实际应用。同样，细菌分裂与繁殖使得生物传感器的制造成本低廉，从而具有重要的经济意义，减少了将生物传感平台扩展到工业应用水平的障碍。

然而，基于基因线路的细胞生物传感器的应用也存在一定的挑战。细胞的复杂性以多种方式影响细胞生物传感器技术的使用。其中之一是涉及细胞行为时的高度变异性以及缺乏再现性。导致此现象的部分原因是缺乏对细胞生命行为的充分理解，无法精确控制外部环境条件和细胞生命过程的内在随机性，使生物传感器的行为无法准确预测，这阻碍了此类新型生物传感器技术的开发和商业化。基于合成生物学的研究为解决此类关键问题做出了极大贡献，本章前面部分提到的基因线路性能优化、控制系统理论设计和一些计算机辅助设计工具均极大地推动了基因线路的工程学构建。解决此类问题的另一研究方向是发展细胞最小基因组，即细胞在保持执行预期功能所需的特性的同时，具有最小的内部复杂度，以提高细胞行为的可预测性。

6.5.2　在生物医学领域的应用

人工合成基因线路在疾病诊断和治疗等生物医学领域中的研究也逐渐成为热点，并具有非常广阔的研究前景。Qin 等人通过开发一种模块化、可编程的正交型转录调控系统，以及建立基于胞内资源竞争和结合能的定量理论模型，实现了对哺乳动物细胞中多个基因表达剂量的精确设计和预测。通过利用这种正交型转录系统，Qin 等人还成功地优化了甲型流感病毒的病毒样颗粒，为新型高效甲型流感疫苗的开发和生产提供了可能。

在癌症诊断与治疗领域，触发诱导型药物表达的基因线路可能会实现精准化治疗策略。Anderson 等人通过设计由甲酸脱氢酶启动子和假结核耶尔森氏菌侵袭素基因组成的基因线路，以及基于大肠杆菌密度感应系统的正反馈基因线路，使宿主大肠杆菌实现感知肿瘤微环境、入侵癌细胞以及释放细胞毒性药物。Nissim 等人通过设计可调的双启动子整合器来精准靶向癌细胞。这种双启动子整合器由不同转录因子激活的两个癌症感应启动子组成，仅在两个启动子的活性高时才会产生嵌合转录因子并表达效应基因。这套系统可最大限度地减少对细胞状态的误报识别，并提高靶向精度和效率。癌细胞的转移扩散是阻碍癌症治愈的一大难题。Jeffrey 等人利用编码 Cas9 蛋白的基因改造了癌细胞。当小鼠体内的癌细胞分裂时，Cas9 在目标 DNA 位点进行切割，留下一个名为 "indel" 的修复序列，这使得研究人员可以使用计算机模型来跟踪细胞，并绘制了一个详细的癌细胞谱系。基于此谱系，Jeffrey 等人发现并敲除了与癌细胞转移能力相关的基因 KRT17，从而抑制了肿瘤的侵袭性。

在其他疾病领域，基因线路也同样取得了令人瞩目的进展。例如，Duan 等人通过基因线路控制人体共生细菌促胰岛素蛋白 GLP-1 和 PDX-1 的分泌，从而刺激肠上皮细胞中葡萄糖依赖性胰岛素的产生。通过设计高复杂度和高精准度的基因线路控制装置，将传感系统与传递机制结合，既可缩短诊断到治疗的时间，又可避免病原体产生耐药性，可为目前生物医学领域中存在的难点与挑战提供新的策略。

6.5.3 在 DNA 计算中的应用

DNA 计算是一种全新的计算模式，其使用生物分子的信息处理能力替代传统的硅电路，依靠碱基而并非二进制数字存储信息或数据。该计算方式具有体积小、能耗低、储存密度高、可大规模并行计算等优点。由于不需要传统计算机的诸多硬件设施，其可在各种环境下自主进行运算，有着广泛的应用前景。随着合成生物学技术的发展，基于 DNA 置换链反应和生物酶催化反应的 DNA 计算方式已实现了诸多复杂的计算任务。基于具有调控功能的基因线路的 DNA 计算是另一种重要方式。基因调控可以通过转录和翻译将隐藏在 DNA 序列中的遗传信息转化为功能蛋白。基因线路通过这一生化反应构建数字逻辑门，采用类似计算机硬件编程方式的基因线路编程，根据不同需求将不同逻辑门进行连接构建不同功能的基因线路。目前，基于基因线路调控的 DNA 计算还处于发展阶段，其发展关键在于明确基因线路以及构成基因线路元件的各项性能指标。因此，应利用基于正向工程和反向工程的模型驱动方法，更好地了解系统行为和潜在的相互作用，以得到更优的生物预测能力，从而开发出更准确、更可靠、能满足所需功能的基于基因调控的 DNA 计算模型。

使用生物分子信息处理能力替代传统硅电路、使用碱基替代二进制数字存储信息或数据的方法，促进了 DNA 存储与计算的蓬勃发展。智能化的基因线路将成为基于 DNA 存储与计算的未来芯片的关键"算法"。

6.6 小结

合成生物学以及人工基因线路设计的蓬勃发展突破了传统生物学的"格物致知"研究思路，其针对不同的功能需求实现生命的重编程，开创了"造物致知"研究思路的新时代。传统基因线路设计主要依赖于数学模型，数学建模则是建立在基因线路元件之间的已知相互作用，其基于底层的基因元件和生物物理模型来实现。由于目前多数基因线路设计工具都是计算辅助设计，因此在定量预测具体基因线路设计方面具有一定的局限性。机器学习等人工智能技术的应用可以有效提升基因线路工程设计能力，提高预测的速度和准确性，并有助于挑选候选方案。

本章主要概述了基因线路设计的相关概念和原理、性能优化，以及建模策略，同时介绍了细胞内控制、细胞间控制以及网络细胞控制等方面的控制系统理论，分析了采用人工智能算法设计基因线路的原理和进展，总结了基因线路在不同领域中的应用，旨在让读者掌握基因线路智能设计与构建的基本原理和策略。

6.7 参考文献

[1] Kosman D, Reinitz J, Sharp D H. Automated assay of gene expression at cellular resolution[J]. Pac Symp Biocomput, 1998:6-17.

[2] Gardner T S, Cantor C R, Collins J J. Construction of a genetic toggle switch in Escherichia coli[J]. Nature, 2000, 403(6767): 339-342.

[3] Elowitz M B, Leibler S. A synthetic oscillatory network of transcriptional regulators[J]. Nature, 2000, 403(6767): 335-338.

[4] Brophy J A N, Voigt C A. Principles of genetic circuit design[J]. Nature Methods, 2014, 11(5): 508-520.

[5] Costello A, Badran A H. Synthetic Biological Circuits within an Orthogonal Central Dogma[J]. Trends in Biotechnology, 2021, 39(1): 59-71.

[6] Howard M Salis. The Ribosome Binding Site Calculator[J]. Methods Enzymol, 2011, 498: 19-42.

[7] Alec A K Nielsen, Bryan S Der, Jonghyeon Shin, et al. Genetic circuit design automation[J]. Science, 2016,

352(6281): aac7341.

[8] Balleza E, Kim J M, Cluzel P. Systematic characterization of maturation time of fluorescent proteins in living cells[J]. Nat Methods, 2018, 15(1): 47-51.

[9] Ying-Ja Chen, Peng Liu, Alec A K Nielsen, et al. Characterization of 582 natural and synthetic terminators and quantification of their design constraints[J]. Nat Methods, 2013, 10(7): 659-664.

[10] Arturo Casini, Marko Storch, Geoffrey S Baldwin, et al. Bricks and blueprints: methods and standards for DNA assembly[J]. Nat Rev Mol Cell Biol, 2015, 16(9): 568-576.

[11] Englcr C, Kandzia R, Marillonnet S. A one pot, one step, precision cloning method with high throughput capability[J]. PLoS One, 2008, 3(11): e3647.

[12] Ernst Weber, Carola Engler, Ramona Gruetzner, et al. A modular cloning system for standardized assembly of multigene constructs[J]. PLoS One, 2011, 6(2): e16765.

[13] Marko Storch, Arturo Casini, Ben Mackrow, et al. BASIC: A New Biopart Assembly Standard for Idempotent Cloning Provides Accurate, Single-Tier DNA Assembly for Synthetic Biology[J]. ACS Synth Biol, 2015, 4(7): 781-787.

[14] Gibson D G, Lei Young, Ray-Yuan Chuang, et al. Enzymatic assembly of DNA molecules up to several hundred kilobases[J]. Nat Methods, 2009, 6(5): 343-345.

[15] Gibson D G, Hamilton O S, Venter J C, et al. Chemical synthesis of the mouse mitochondrial genome[J]. Nat Methods, 2010, 7(11): 901-903.

[16] Zengyi Shao, Hua Zhao, Huimin Zhao. DNA assembler, an in vivo genetic method for rapid construction of biochemical pathways[J]. Nucleic Acids Res, 2009, 37(2): e16.

[17] Torella J P, Boehm C R, Florian Lienert, et al. Rapid construction of insulated genetic circuits via synthetic sequence-guided isothermal assembly[J]. Nucleic Acids Res, 2014, 42(1): 681-689.

[18] Stefan de Kok, Leslie H Stanton, Todd Slaby, et al. Rapid and reliable DNA assembly via ligase cycling reaction[J]. ACS Synth Biol, 2014, 3(2): 97-106.

[19] Arturo Casini, James T MacDonald, Joachim De Jonghe, et al. One-pot DNA construction for synthetic biology: the Modular Overlap-Directed Assembly with Linkers (MODAL) strategy[J]. Nucleic Acids Res, 2014, 42(1): e7.

[20] Maryia Trubitsyna, Gracjan Michlewski, Yizhi Cai, et al. PaperClip: rapid multi-part DNA assembly from existing libraries[J]. Nucleic Acids Res, 2014, 42(20): e154.

[21] Da Lin, O'Callaghan C A. MetClo: methylase-assisted hierarchical DNA assembly using a single type IIS restriction enzyme[J]. Nucleic Acids Res, 2018, 46(19): e113.

[22] Taylor G M, Mordaka P M, Heap J T. Start-Stop Assembly: a functionally scarless DNA assembly system optimized for metabolic engineering[J]. Nucleic Acids Res, 2019, 47(3): e17.

[23] Venturelli O S, Mika Tei, Stefan Bauer, et al. Programming mRNA decay to modulate synthetic circuit resource

allocation[J]. Nat Commun, 2017, 8: 15128.

[24] Jing Wui Yeoh, Kai Boon Ivan Ng, Ai Ying Teh, et al. An Automated Biomodel Selection System (BMSS) for Gene Circuit Designs[J]. ACS Synth Biol, 2019, 8(7): 1484-1497.

[25] Minhee Park, Nikit Patel, Albert J Keun, et al. Engineering Epigenetic Regulation Using Synthetic Read-Write Modules[J]. Cell, 2019, 176(1-2): 227-238.e20.

[26] Meyer A J, Segall-Shapiro T H, Emerson Glassey, et al. Escherichia coli "Marionette" strains with 12 highly optimized small-molecule sensors[J]. Nat Chem Biol, 2019, 15(2): 196-204.

[27] Daniele Cervettini, Shan Tang, Fried S D, et al. Rapid discovery and evolution of orthogonal aminoacyl-tRNA synthetase-tRNA pairs[J]. Nat Biotechnol, 2020, 38(8): 989-999.

[28] Hynninen A, Tönismann K, Virta M. Improving the sensitivity of bacterial bioreporters for heavy metals[J]. Bioeng Bugs, 2010, 1(2): 132-138.

[29] Xinyi Wan, Francesca Volpetti, Ekaterina Petrova, et al. Cascaded amplifying circuits enable ultrasensitive cellular sensors for toxic metals[J]. Nat Chem Biol, 2019, 15(5): 540-548.

[30] Kim H J, Lim J W, Haeyoung Jeong, et al. Development of a highly specific and sensitive cadmium and lead microbial biosensor using synthetic CadC-T7 genetic circuitry[J]. Biosens Bioelectron, 2016, 79: 701-708.

[31] Joachim Almquist, Marija Cvijovic, Vassily Hatzimanikatis, et al. Kinetic models in industrial biotechnology - Improving cell factory performance[J]. Metab Eng, 2014, 24: 38-60.

[32] Floudas C A, Gounaris C E. A review of recent advances in global optimization[J]. Journal of Global Optimization, 2009, 45(1): 33-38.

[33] Bhosekar A, Ierapetritou M. Advances in surrogate based modeling, feasibility analysis, and optimization: A review[J]. Computers & Chemical Engineering, 2018, 108: 250-267.

[34] Morio J. Global and local sensitivity analysis methods for a physical system[J]. European Journal of Physics, 2011, 32: 1577-1583.

[35] Segall-Shapiro T H, Sontag E D, Voigt C A. Engineered promoters enable constant gene expression at any copy number in bacteria[J]. Nature Biotechnology, 2018, 36(4): 352-358.

[36] Oishi K, Klavins E. Biomolecular implementation of linear I/O systems[J]. IET Syst Biol, 2011, 5(4): 252-260.

[37] Briat C, Gupta A, Khammash M. Antithetic Integral Feedback Ensures Robust Perfect Adaptation in Noisy Biomolecular Networks[J]. Cell Systems, 2016, 2(1): 15-26.

[38] Aoki S K, Lillacci G, Gupta A, et al. A universal biomolecular integral feedback controller for robust perfect adaptation[J]. Nature, 2019, 570(7762): 533-537.

[39] Y Qian, Hsin-Ho Huang, Jiménez J I, et al. Resource Competition Shapes the Response of Genetic Circuits[J]. ACS Synth Biol, 2017, 6(7): 1263-1272.

[40] Boo A, Ceroni F. Engineering Sensors for Gene Expression Burden[J]. Methods Mol Biol, 2021, 2229: 313-

330.

[41] Del Vecchio D, Dy A J, Y. Qian. Control theory meets synthetic biology[J]. J R Soc Interface, 2016, 13(120).

[42] Grunberg T W, Vecchio D D. Modular Analysis and Design of Biological Circuits[J]. Curr Opin Biotechnol, 2020, 63: 41-47.

[43] Macklin D N, Ahn-Horst T A, Heejo Choi, et al. Simultaneous cross-evaluation of heterogeneous E. coli datasets via mechanistic simulation[J]. Science, 2020, 369(6502).

[44] Liao Chen, Blanchard A E, Ting Lu. An integrative circuit-host modelling framework for predicting synthetic gene network behaviours[J]. Nat Microbiol, 2017, 2(12): 1658-1666.

[45] Lingchong You, Ron Weiss, Arnold F H, et al. Programmed population control by cell-cell communication and regulated killing[J]. Nature, 2004, 428(6985): 868-871.

[46] Kang Zhou, Kangjian Qiao, Steven Edgar, et al. Distributing a metabolic pathway among a microbial consortium enhances production of natural products[J]. Nat Biotechnol, 2015, 33(4): 377-383.

[47] Subhayu Basu, Yoram Gerchman, Cynthia H Collins, et al. A synthetic multicellular system for programmed pattern formation[J]. Nature, 2005, 434(7037): 1130-1134.

[48] McCarty N S, Ledesma-Amaro R. Synthetic Biology Tools to Engineer Microbial Communities for Biotechnology[J]. Trends Biotechnol, 2019, 37(2): 181-197.

[49] Scott S R, Hasty J. Quorum Sensing Communication Modules for Microbial Consortia[J]. ACS Synth Biol, 2016, 5(9): 969-977.

[50] Faust K, Raes J. Microbial interactions: from networks to models[J]. Nat Rev Microbiol, 2012, 10(8): 538-550.

[51] Wentao Kong, Meldgin D R, Collins J J, et al. Designing microbial consortia with defined social interactions[J]. Nat Chem Biol, 2018, 14(8): 821-829.

[52] Gianfranco Fiore, Antoni Matyjaszkiewicz, Fabio Annunziata, et al. In-Silico Analysis and Implementation of a Multicellular Feedback Control Strategy in a Synthetic Bacterial Consortium[J]. ACS Synth Biol, 2017, 6(3): 507-517.

[53] Gorochowski T E. Agent-based modelling in synthetic biology[J]. Essays Biochem, 2016, 60(4): 325-336.

[54] Martín Gutiérrez, Paula Gregorio-Godoy, Guillermo Pérez Del Pulgar, et al. A New Improved and Extended Version of the Multicell Bacterial Simulator gro[J]. ACS Synth Biol, 2017, 6(8): 1496-1508.

[55] Remy Chait, Jakob Ruess, Tobias Bergmiller, et al. Shaping bacterial population behavior through computer-interfaced control of individual cells[J]. Nat Commun, 2017, 8(1): 1535.

[56] Melinda Liu Perkins, Dirk Benzinger, Murat Arcak, et al. Cell-in-the-loop pattern formation with optogenetically emulated cell-to-cell signaling[J]. Nat Commun, 2020, 11(1): 1355.

[57] Jean-Baptiste Lugagne, Sebastián Sosa Carrillo, Melanie Kirch, et al. Balancing a genetic toggle switch by real-time feedback control and periodic forcing[J]. Nat Commun, 2017, 8(1): 1671.

[58] Giansimone Perrino, Cathal Wilson, Marco Santorelli, et al. Quantitative Characterization of α -Synuclein Aggregation in Living Cells through Automated Microfluidics Feedback Control[J]. Cell Rep, 2019, 27(3): 916-927.e5.

[59] Jannis Uhlendorf, Agnès Miermont, Thierry Delaveau, et al. Long-term model predictive control of gene expression at the population and single-cell levels[J]. Proc Natl Acad Sci U S A, 2012, 109(35): 14271-14276.

[60] Barbara Shannon, Criseida G Zamora-Chimal, Lorena Postiglione, et al. In Vivo Feedback Control of an Antithetic Molecular-Titration Motif in Escherichia coli Using Microfluidics[J]. ACS Synth Biol, 2020, 9(10): 2617-2624.

[61] Gianfranco Fiore, Giansimone Perrino, Mario di Bernardo, et al. In Vivo Real-Time Control of Gene Expression: A Comparative Analysis of Feedback Control Strategies in Yeast[J]. ACS Synth Biol, 2016, 5(2): 154-162.

[62] Tal Danino, Octavio Mondragón-Palomino, Lev Tsimring, et al. A synchronized quorum of genetic clocks[J]. Nature, 2010, 463(7279): 326-330.

[63] Michael J Czar, Yizhi Cai, Jean Peccoud. Writing DNA with GenoCAD[J]. Nucleic Acids Research, 2009, 37: W40 - W47.

[64] Chris J Myers, Nathan Barker, Kevin Jones, et al. iBioSim: a tool for the analysis and design of genetic circuits[J]. Bioinformatics, 2009,25 21: 2848-2849.

[65] Alec A K Nielsen, Bryan S Der, Jonghyeon Shin, et al. Genetic circuit design automation[J]. Science, 2016, 352(6281):aac7341.

[66] Eling N, Morgan M D, Marioni J C. Challenges in measuring and understanding biological noise[J]. Nat Rev Genet, 2019, 20(9): 536-548.

[67] Peng W, Song R, Acar M. Noise reduction facilitated by dosage compensation in gene networks[J]. Nat Commun, 2016, 7: 12959.

[68] Hye-In Son, Andrea Weiss, Lingchong You. Design patterns for engineering genetic stability[J]. Curr Opin Biomed Eng, 2021, 19:100297.

[69] Shangying Wang, Kai Fan, Nan Luo, et al. Massive computational acceleration by using neural networks to emulate mechanism-based biological models[J]. Nat Commun, 2019, 10(1): 4354.

[70] Alireza Yazdani, Lu Lu, Maziar Raissi, et al. Systems biology informed deep learning for inferring parameters and hidden dynamics[J]. PLoS Comput Biol, 2020, 16(11): e1007575.

[71] Miri Adler, Pablo Szekely, Avi Mayo, et al. Optimal Regulatory Circuit Topologies for Fold-Change Detection[J]. Cell systems, 2017, 4(2): 171-181.e8.

[72] Theodore J Perkins, Johannes Jaeger, John Reinitz, et al. Reverse Engineering the Gap Gene Network of Drosophila melanogaster[J]. PLoS Computational Biology, 2006, 2(5):e51.

[73] Hiscock T W. Adapting machine-learning algorithms to design gene circuits[J]. BMC Bioinformatics, 2019, 20(1): 214.

[74] Raissi M, Perdikaris P, Karniadakis G E. Physics-informed neural networks: A deep learning framework for solving forward and inverse problems involving nonlinear partial differential equations[J]. Journal of Computational Physics, 2019, 378: 686-707.

[75] Tsopanoglou A, I. Jiménez del Val. Moving towards an era of hybrid modelling: advantages and challenges of coupling mechanistic and data-driven models for upstream pharmaceutical bioprocesses[J]. Current Opinion in Chemical Engineering, 2021, 32: 100691.

[76] Stefan Hoops, Sven Sahle, Ralph Gauges, et al. COPASI--a COmplex PAthway SImulator[J]. Bioinformatics, 2006, 22(24): 3067-3074.

[77] Weeding E, Houle J, Kaznessis Y N. SynBioSS designer: a web-based tool for the automated generation of kinetic models for synthetic biological constructs[J]. Brief Bioinform, 2010, 11(4): 394-402.

[78] Chandran D, Bergmann F T , Sauro H M. Computer-aided design of biological circuits using TinkerCell[J]. Bioeng Bugs, 2010, 1(4): 274-281.

[79] Leandro Watanabe, Tramy Nguyen, Michael Zhang, et al. iBioSim 3: A Tool for Model-Based Genetic Circuit Design[J]. ACS Synth Biol, 2019, 8(7): 1560-1563.

[80] Kiri Choi, J Kyle Medley, Matthias König, et al. Tellurium: An extensible python-based modeling environment for systems and synthetic biology[J]. Biosystems, 2018, 171: 74-79.

[81] Behide Saltepe, Ebru Şahin Kehribar, Side Selin Su Yirmibeşoğlu, et al. Cellular Biosensors with Engineered Genetic Circuits[J]. ACS Sens, 2018, 3(1): 13-26.

[82] Jing wui Yeoh, Chueh Loo Poh, Waikit David Chee, et al. Genetic Circuit Design Principles[M/OL]. Handbook of Cell Biosensors. Cham: Springer, 2020: 1-44.

[83] Brophy J A, Voigt C A. Principles of genetic circuit design[J]. Nature methods, 2014, 11(5): 508-20.

[84] Clyde A Hutchison 3rd, Ray-Yuan Chuang, Vladimir N Noskov, et al. Design and synthesis of a minimal bacterial genome[J]. Science, 2016, 351(6280): aad6253.

[85] 李金玉, 杨姗, 崔玉军, 等. 细菌最小基因组研究进展 [J]. 遗传, 2021, 43(02): 142-159.

[86] Chenrui Qin, Yanhui Xiang, Jie Liu, et al. Precise programming of multigene expression stoichiometry in mammalian cells by a modular and programmable transcriptional system[J]. Nat Commun, 2023, 14(1): 1500.

[87] Nissim L, Bar-Ziv R H. A tunable dual-promoter integrator for targeting of cancer cells[J]. Mol Syst Biol, 2010, 6: 444.

[88] Jeffrey J Quinn, Matthew G Jones, Ross A Okimoto, et al. Single-cell lineages reveal the rates, routes, and drivers of metastasis in cancer xenografts[J]. Science, 2021, 371(6532).

[89] Georg Seelig, David Soloveichik, David Yu Zhang, et al. Enzyme-free nucleic acid logic circuits[J]. Science,

2006, 314(5805): 1585-1588.

[90] Fei Wang, Hui Lv, Qian Li, et al. Implementing digital computing with DNA-based switching circuits[J]. Nat Commun, 2020, 11(1): 121.

[91] 滕越, 杨姗, 刘芮存. 基于生物分子的神经拟态计算研究进展 [J]. 科学通报, 2021, 66(31): 3944-3951.

[92] Ramiz Daniel, Jacob R Rubens, Rahul Sarpeshkar, et al. Synthetic analog computation in living cells[J]. Nature, 2013, 497(7451): 619-623.

[93] Friedland A E, Timothy K Lu, Xiao Wang, et al. Synthetic gene networks that count[J]. Science, 2009, 324(5931): 1199-1202.

[94] 杨姗, 刘芮存, 刘拓宇, 等. 利用基因线路构建神经网络实现神经拟态计算的研究 [J]. 科学通报, 2021, 66(31): 3992-4002.

第 7 章　生物传感器

生物传感器（biosensor）是一种由生物敏感元件（sensing element）与传感器（transducer）构成的分析装置，其利用生物物质（如酶、抗体、受体或细胞等）作为识别元件，将特定的生化反应转换成可定量检测的电、光或其他类型的物理或化学信号。目前，生物传感器可用于检测各类生物分子、病原体、环境污染物等多种物质，并广泛应用于科学研究、医疗诊断、环境监测、生物修复、生物制造等领域。近年来，合成生物学和人工智能技术的发展给智能化、自动化生物传感器带来了强劲动力，这些技术的融合为生物传感器提供了更高的灵敏度和适应性。基于合成生物学与人工智能技术的智能生物传感器展现出对复杂问题的适应性和灵活性，有助于在生物制造等领域实现更高效和精确的监测与控制。智能生物传感器的开发和应用不仅加速了技术创新，还为生物传感器的商业化提供了新机遇。

7.1　全细胞生物传感器

近年来，合成生物学的发展大大促进了基于细胞的生物传感器的发展，以细胞作为敏感元件构建生物传感器的技术显示了巨大的优势和潜力。传统生物传感器通常将酶或其他生物分子溶解或悬浮在液相中，或对生物分子表面进行功能化等操作，通过比色变化等监测反应以及可供后续电子设备（例如葡萄糖监测仪）解读的电化学原始信号进行监测。全细胞生物传感器则是指以生物细胞作为感受元件，利用整个细胞（以酵母或细菌为典型）精密的生理功能来进行生物监测的生物传感系统。其通过将收集的待测信息转换为光、电等信号，并保持信号强度与待测物含量成正比，从而实现对细胞内外的待检物进行定量和定性动态监测，是生物传感器的一大重要分支。此外，全细胞生物传感器的应用不限于体外。最近有报道表明它们作为活体生物传感器在体内有监测肠道环境的潜力。尽管基于细胞的生物传感器处于发展起步阶段，但由于其具有体积小、成本低、检测灵活快捷等优点，已经在诊断学、治疗学、环境监测等领域多有应用。

全细胞生物传感器最早出现于 20 世纪 70 年代。第一代全细胞生物传感器主要基于具有特定代谢能力的野生或突变细胞的生物毒性和生物电监测方法，待检物可被细胞代谢并改变细胞活力或功能。第二代全细胞生物传感器通过基因工程构建，其基因线路含有感应元件和报告基因，因此也被称为基因线路型全细胞生物传感器。区分两代全细胞生物传感系统的一个关键因素是功能元件的类型和组装方式，因为其决定了系统的检测性能。异质性传感元件（如转录因子和核糖开关）的引入显著提高了全细胞生物传感器的特异性，而报告元件（如萤光素酶和荧光蛋白）的引入则提高了检测的便利性，这些功能元件使第二代全细胞生物传感器具有了通用且高效的检测能力。

全细胞生物传感器的检测通常分为三个阶段：第一，对输入信号的单一或多重感知；第二，信号处理；第三，产生可观察的输出反应。由于不同类型细胞中有大量的遗传背景，因此可以以多种方式来实现上述通用架构。

（1）信号感知。就输入信号的检测而言，对化学离子、代谢物和蛋白质的检测已有明确报道。Shetty 等人利用基因工程细菌设计和开发了对镉和铅离子有反应的全细胞生物传感器，使大肠杆菌可以对环境中的镉、铅和锌离子产生反应。此外，对较大波长范围内的光、声、温度、pH 值、压力、渗透压、黏度和氧化还原刺激物等的检测也有报道。对上述目标信号的探测，常见的做法是通过转录因子（通过影响启动子区域来抑制或诱导基因转录的启动）将其转换为细胞内部的生化信号。

（2）信号处理。检测到的目标信号一旦被转导为细胞内的生化信号，就可以触发随后的一系列细胞信号转导事件，进而引发反应。这个过程即为生物传感过程的信号处理阶段。为了更好地理解该信号处理阶段，我们可以将细胞中产生的生化相互作用与数字电子电路中存在的逻辑门进行比较。例如，如果需要两个生化事件才能发生第三个生化事件，则其相互作用等效于"和"门；如果仅其中一个生化事件就足够了，则可以将其类比为"或"门；同样，如果一个生化事件的存在会导致另一个生化事件停止，则该相互作用可被视为"非"门。目前已有数种不同方法可以将具有逻辑门功能的基因线路整合到基于细胞的生物传感器中。典型的例子是使用转录因子建立一个抑制/诱导元件的组合，从而产生一个在转录水平上控制基因表达的复杂逻辑回路。

（3）信号输出。传感过程的最后一步是将细胞内部的生化信号转化为外部可检测的信号，产生可经后续分析程序检测到的特定化学物质，趋化反应，以及生成可经后续电子设备检测到的电化学信号。

7.2 基于双组分系统的生物传感器

环境感知和稳态调节是生物体的基本属性。细菌在面对自然界中各种的应激环境时，其胞质膜中的跨膜信号系统可感应来自环境中的化学和物理刺激信号，并将其转变成胞内生化信号进行传递，通过调控转录水平，并诱导表达特定基因来适应这些应激环境，从而促进细菌在压力环境下的生存与生长。双组分系统在细菌感知与应答外界环境变化的过程中发挥着重要作用。双组分系统能够感知大量输入信号并具有鲁棒性、易于重构和定向进化等优点。合成生物学旨在通过将生物元件标准化、去耦合和模块化来改造或设计生命系统。采用合成生物学技术，有助于突出其双组分系统感知范围广以及易于重构和编程的特点，并加速细菌双组分信号传导系统的不断发掘，及对其蛋白结构和信号响应机制的深入研究，使其成为合成生物学元件和模块库中的关键组成部分，从而推进生物传感器的发展，并拓展其应用领域。

7.2.1   双组分系统简介

细菌中主要有 3 种类型的跨膜信号系统：单组分系统（one-component system，OCS）、胞质外功能 σ 因子（extra cytoplasmic function σ，ECF-σ）和双组分系统（two-component system，TCS）。单组分系统一般由单跨膜蛋白组成，仅 3% 为膜整合蛋白，是最简单的细菌跨膜信号系统。胞质外功能 σ 因子是细菌调控转录起始水平的另一种方式，σ 因子是 RNA 聚合酶的一个亚基并决定 RNA 聚合酶对启动子的特异性识别过程。不同的胞质外功能 σ 因子可以使 RNA 聚合酶选择性地起始某种启动子，从而实现对特定基因的转录调控。双组分系统是存在于细菌、古菌和一些真核生物（包括真菌和植物）中的相关信号传递系统，能够感知和响应多种细胞内外的物理、化学和生物刺激，并可对微生物的各种生理功能进行重新编程。双组分系统最早由 Ninfa 和 Magasnik 于 1986 年在探索大肠杆菌氮调节蛋白过程中发现。已知的双组分系统感知信号包括光、温度、pH 值、金属、营养物质、氧化剂、小分子代谢物、细菌间通信所需的信号物质、抗生素、抗菌肽、低聚糖、蛋白质、激素等。双组分系统由组氨酸激酶（histidine kinase，HK）和反应调控蛋白（response regulator，RR）组成（见图 7-1），利用蛋白质的磷酸化和柔性传递信号，参与调控细胞分裂和分化、代谢、毒力、产孢、群体感应、抗生素耐药性、生物膜形成和应激反应等细胞过程。

双组分系统在应答环境刺激相关信号通路中发挥着重要作用，是原核生物中最普遍的信号传导系统之一。双组分系统中的组氨酸激酶通常是通路的"输入"成分。目前公认的组氨酸激酶分类方式基于其结构中的二聚化和组氨酸 - 磷酸基团转移域（dimerization and histidine-phosphotransfer domain，DHp）序列，以及组氨酸激酶结构域（histidine kinases domain，HisKA）。具体可分为 5 种家族蛋白：HisKA（Pfam family PF00512）、HisKA_3（Pfam family PF07730）、HisKA_2（Pfam family PF07568）、H_kinase_dim 以及 HWE_HK（Pfam family PF07536）。其中，"HWE"是指催化结构域中的 3 个残基，即 N-box 蛋白中的一个组氨酸和 G1-box 蛋白附近的一个 WxE 基序。也有一些研究将 HK 根据其模块化设计分为 Ⅰ ～ Ⅲ 类，其中，绝大多数组氨酸激酶属于第 Ⅰ 类，即由组氨酸激酶样三磷酸腺苷结构域（histidine kinase-like adenosine triphosphate domain，

HATPase_c）和 HisKA 两个单体组成的跨膜蛋白。Ⅱ类和Ⅲ类组氨酸激酶则嵌入膜内，如枯草芽孢杆菌的 DscK；还有许多其他组氨酸激酶位于细胞质内，负责感知细胞内信号。

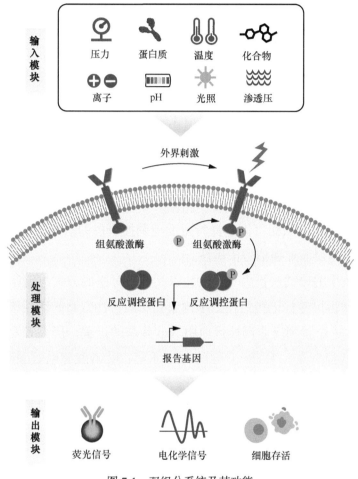

图 7-1　双组分系统及其功能

7.2.2　双组分系统的效率调控

信号感知的复杂性以及细胞信号传递的复杂层级网络是构建全细胞生物传感器的一大难点。双组分系统通过创建磷酸中继传递（phosphorelay）系统整合多种信号，并根据整合的结果触发不同的输出反应。在磷酸中继传递系统中，组氨酸激酶主要负责感应各种输入信号，并通过磷酸基团转移反应传递信号。反应调控蛋白则是常见的与 DNA 结合的转录因子。这两种蛋白通过转磷酸化反应进行交流，通过组氨酸激酶自磷酸化、磷酸基团从组氨酸激酶上的组氨酸残基传递到反应调控蛋白磷酸接受域（又称为接受域）上的天冬氨酸残基、反应调控蛋白的去磷酸化这 3 个过程，完成信号传递。信号以变构方式调节组氨酸激酶的活动，形成组氨酸激酶 - 反应调控蛋白（HK-RR）复合物，从而有效开 / 关双组分系统信号通路。双组分系统中存在两种控制信号传递效率的方法：对

通路的开 / 关进行严格的信号依赖性控制；使通路上的信息损失最小化，即减少信号传递过程中磷酸盐的损失。

（1）控制信号依赖性双组分系统蛋白。形成组氨酸激酶 – 反应调控蛋白（HK-RR）复合物，从而有效开 / 关双组分系统信号通路。研究发现，组氨酸激酶与信号级联中的 3 种磷酸化转移反应的功能状态有关：自激酶（自磷酸化）、磷酸化转移酶（P~HK → RR 磷酸化转移）和磷酸化酶（组氨酸激酶介导的 P~RR 去磷酸化）。前两种对应活跃状态，参与通路的开启过程；而磷酸酶对应组氨酸激酶的非活跃状态，参与通路的关闭过程。在信号依赖性控制的方法中，通路的开关是由组氨酸激酶结构中的卷曲螺旋重排机制引导的。重排发生于活性组氨酸激酶附近区域，并以该区域周围两个 DHp 螺旋中残基的移动为重点，影响组氨酸激酶的磷酸传递过程。反应调控蛋白表现为更灵活的非活性结构，一旦被磷酸化就会变为不连续状态。同源组氨酸激酶的结构通过相互作用表面共同进化的方式进一步优化，从而可以选择特定反应调控蛋白的活性 / 类似活性的构象，促进磷酸化，并在整体层面加强信号依赖性。

（2）控制传输中的磷酸盐损失。磷酸盐以共价且可逆的方式与组氨酸激酶和反应调控蛋白结合，并作为标签标记蛋白在三维构象和功能特性方面的活性状态。通过追踪磷酸基从 ATP 中的 γ 位置到反应调控蛋白中 Asp 残基的过程，研究者发现其中有 3 个环节是潜在的磷酸盐损失点：① HK 介导的 ATP 水解；②磷酸化组氨酸激酶的去磷酸化，未转移到 RR 中；③过早的 P~RR 去磷酸化，特别是在大多数未磷酸化的组氨酸激酶有能力催化 P~RR 磷酸酶反应的情况下。对磷酸盐损失反应的调控可影响双组分系统通路的效率。通过严格卷曲螺旋驱动的切换机制，组氨酸激酶所介导的潜在磷酸盐流失可通过阻碍亲核水分子进入适当的位置而被最小化。

7.2.3   双组分系统的特异性

多数细菌会编码几十种甚至几百种双组分系统，用于应答各种输入信号。输入信号与双组分系统的精确耦合具有高度特异性。分子识别、磷酸酶活性和底物竞争是 3 种确保双组分通路特异性的磷酸转移关键机制。

分子识别是确保双组分系统特异性的主要机制，即自磷酸化的组氨酸激酶识别其同源应答蛋白。研究人员对某种激酶将磷酸转移到基因组中所有可能的调控蛋白进行了系统分析，发现组氨酸激酶在体外对其同源应答调控蛋白具有明显的动力学偏好；在生物体内可以通过组氨酸激酶的磷酸酶活性进一步加强双组分通路的特异性。大多数组氨酸激酶具有双功能，可以催化其同源反应调控蛋白的磷酸化，也可以作为磷酸酶催化同源反应调控蛋白的去磷酸化。磷酸酶反应在一定程度上调节通路的输出水平，并在激活信号消失后抑制通路活性。在同源应答调控蛋白被非同源激酶或小分子磷酸供体磷酸化时，组氨酸激酶的磷酸酶活性还可以通过去磷酸化减少串扰；组氨酸激酶同应答调控蛋白的相对细胞浓度，以及不同调控蛋白对磷酸化激酶的竞争，也会进一步增强了特异性。对于大多数双组分通路，反应调控蛋白的表达丰度超过了同源组氨酸激酶的表达丰度。

此外，通路的时间或空间限制也与特异性有关。由于组氨酸激酶和反应调控蛋白相互作用界面的序列和结构相似，不同双组分系统的组氨酸激酶和反应调控蛋白可能在同一细胞内发生串扰。这种磷酸信号串扰可能降低双组分系统传感器在复杂细胞环境中的检测精度。McClune 等人经研究发现，由于有一个较大并且所用不多的相互作用序列空间，组氨酸激酶通常对其在细胞中的同源反应调控蛋白表现出高度的特异性，因此磷酸信号串扰风险较低，可以在一个细胞中使用多个双组分系统传感器。例如，在荚膜红细菌中的趋化蛋白定位于细胞的端部或中部，因此有效防止了串扰的发生。

7.2.4 双组分系统在生物传感器中的应用

双组分系统具有的感知范围广、稳定性强、可编程性等突出特质使其在合成生物学领域具有强大的改造潜力。第一，组氨酸激酶可以与膜结合或位于细胞膜，因此双组分系统可以感知胞外、膜内或胞内的输入信号。第二，由于组氨酸激酶具有激酶 / 磷酸酶双功能活性，双组分系统的输出信号（通过磷酸化反应调控蛋白控制转录速率）对组氨酸激酶和反应调控蛋白的表达水平变化不太敏感。这种内在的稳健性可以缓冲双组分系统的响应，使其不受基因表达噪声或生长条件变化导致的组氨酸激酶和反应调控蛋白表达波动的影响。第三，组氨酸激酶的磷酸酶活性可以作为调整双组分系统检测阈值的一个内置旋钮。通过引入降低组氨酸激酶磷酸酶活性的催化模块（CAT）突变，可以将双组分系统能够感知的输入信号物质浓度降低两个数量级。第四，大部分组氨酸激酶（64%）的催化模块中，存在可变残基可以突变为不同的疏水残基的现象，可在不需要对磷酸酶突变进行表征的情况下调节双组分系统的检测阈值，这种磷酸酶调节方法比计算设计和定向进化更容易实现。

双组分系统的突出特征使其具备应用于合成生物学技术库的独特优势，并广泛应用于工程化设计单一或多重感知的全细胞生物传感器。双组分系统在 30 多年前已有应用于合成生物学的实例。Utsumi 等人通过将反应调控蛋白 Tar 的信号接受域的一部分与组氨酸激酶 EnvZ 的催化模块相融合，构建了一个嵌合的组氨酸激酶 Taz，并将其应用于大肠杆菌中，使得大肠杆菌在天冬氨酸存在的情况可以下触发渗透反应。目前已有多种基于双组分系统的生物传感器被用于合成生物学研究。例如，光应答双组分系统被用于在空间上操纵整个二维菌毯的基因表达，对细菌进行编程以实现图像处理中的边缘检测，在陶瓷、聚苯乙烯和棉布上形成生物膜沉积图案。大量双组分系统的整合还可以构建细胞生物传感器，并用于检测检测肠道炎症等。例如，通过对细菌重编程由硫代硫酸盐、四硫酸盐和酸性 pH 激活的双组分系统，使其在结肠炎和克罗恩病小鼠模型中感知并报告肠道炎症。对此类具有诊断功能的肠道细菌进行改造，可以形成创伤更小，副作用更少的长期监测和治疗炎性肠病治疗方法。此外，合成生物学工程化改造双组分系统构建的全细胞生物传感器也为检测环境污染物小分子提供了新的策略。基于双组分系统的生物传感器能够测量的环境物质包括重金属、碳氢化合物、杀虫剂和爆炸残留物等。例如，Landry 等人重新编程途径反应动力学，调整了 NarX-NarL 双组分系统对四硫代硫酸盐和硫代硫酸盐的灵敏度，并在枯草芽孢杆菌中表达来检测和报告土壤中的各种肥料浓度。基于双组分系统的生物传感器在环境污染物分子监测中的应用也引起了越来越多的关注。

　　总的来说，目前我们已经对双组分系统信号感知、信号传导及其自激酶和磷酸化反应、磷酸酶活性和选择性机制有了更深入的了解。越来越多的结构数据为组氨酸激酶信号感知和传导的分子机制提供了支持，让研究人员对双组分系统信号传导的特异性和方向性有了更全面的解释。目前，大多数双组分系统能够感知的信号尚不明确，细菌基因组还存在大量未表征的双组分系统。在未来的合成生物学研究中，双组分系统将是一类重要的传感器，相关研究人员通过了解特定组氨酸激酶如何感知信号和信号传导过程，将进一步促进合理开发基于双组分系统的多功能生物传感器，以加速更多未确定双组分系统的发现，并根据其特征不断开发新的可对广泛刺激做出反应的生物传感器，得到能够用于农业、环境、医学等领域的与多种输入信号相关的生物传感器。

7.3　合成生物学使能的生物传感器

　　传统基因工程将细胞视为"作物"，而合成生物学将细胞视为"机器"。在细胞机械化方面，全细胞生物传感器和合成生物学的观点高度一致。基因线路是新一代全细胞生物传感器的"中央处理单元"，合成生物学则是基因线路设计的"编程语言"。合成生物学旨在使用工程原理设计具有标准模块的程序化遗传网络。通过引入新的标准模块和复杂控制器，我们可以利用合成生物学设计基因线路，实现精确的信号处理和满足常见的需求，进而推动生物传感器的发展。

　　模块化合成生物学具有定制化、标准化和即插即用三大特点，是快速、高效构建生物传感器的基础。配体结合域的识别和报告域的整合是构建智能生物传感器的关键，因此开发标准化的模块库和载体对于构建智能生物传感器至关重要。利用标准化模块，研究人员可以将模块文库中的特定功能组件整合到适当的载体中，并将其用于构建智能生物传感器。智能生物传感器包括输入模块、输出模块和控制模块，分别用于目标识别、信号读取和可编程信号处理。标准化模块使智能生物传感器具有自动和智能处理信号的能力，可以用于精确激活基因线路。图 7-2 展示了合成生物学使能的生物传感器的设计。

我们从基因元件、基因模块和基因线路组装原则三方面介绍一下合成生物学技术在生物传感器中的应用。

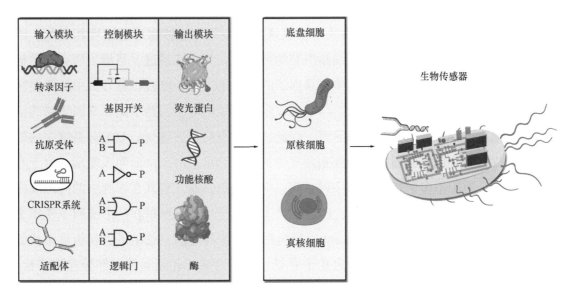

图 7-2 合成生物学使能的生物传感器的设计

（1）基因元件。作为实现大部分细胞功能的转录因子、荧光蛋白、萤光素酶等蛋白质是构建智能生物传感器的常用分子模块。当前，生物传感器的开发仍然依赖于已有的蛋白质元件，从头设计功能蛋白的发展将真正实现生物传感器自上而下的设计。此外，新型合成 RNA 元件能够调节基因表达、目标识别以及信号报告，同样可作为生物传感器的常用分子模块。它们的序列、结构和功能之间的关系明确，有助于了解 RNA 分子与代谢物和其他核酸的相互作用，增加了 RNA 驱动的功能编程的可塑性和吸引力。SELEX 方法可用于快速筛选对任何特定目标物质具有高亲和力和强特异性的 RNA 适配体。在 RNA 裁剪的帮助下，这些适配体可以转化为合成核糖开关并作为智能生物传感器的感应元件。此外，几种结合并激活多种小分子荧光基团的 RNA 适配体可用作报告元件，与荧光蛋白相比，其成熟速度快且抗光漂白能力强。基于 RNA-RNA 相互作用的元件（反义 RNA、Toehold 开关和小转录激活 RNA），具有快速调控基因表达的能力，已成为构建逻辑门的首选元件。

（2）基因模块。多功能集成化的实现，需要在生物传感器基因线路中安装更多的基因元件，从而增加了基因线路的复杂性。针对这种情况，功能元件的模块化组装是一种更高效、更智能的方法。在合成生物学领域，基本转录调控元件以及功能性 RNA 元件已被应用于信号放大器、逻辑门计算器、振荡器、内存等设备。由于基因表达调控和 RNA 相互作用机制的普适性，这些模块的构建和优化可以独立进行，无须考虑兼容性问题。研究人员可以将这些即插即用的模块进行组合，创建具有复合功能的基因线路，促进智能生物传感器从探针到设备的转变。

（3）基因线路组装原则。将具有不同功能的模块组装成基因线路是生物传感器设计的关键，信号感应的智能调节和信号传输的抗串扰是两个基本问题。当生物传感器同时检测多种目标物质时，每种目标物质的检测阈值都必须与这种物质的浓度相匹配。因此，精确调控每个传感元件是基因线路组装的第一步。为了实现这一目标，研究人员提出了多种合成生物学方法，包括调整转录因子的启动子强度，修改核糖开关中的调控区域，以及构建混合感应元件。此外，与电流仅限于导线的电子回路不同，基因线路的信号流在细胞质中扩散，未受到空间隔离，因此抗串扰策略至关重要。双组分系统中的磷酸信号串扰可能降低传感器在复杂细胞环境中的检测精度。McClune 等人发现，由于有一个较大并且所用不多的相互作用序列空间，组氨酸激酶通常对其在细胞中的同源反应调控蛋白表现出高度的特异性，因此磷酸信号串扰风险较低，可以在一个细胞中使用多个双组分系统传感器。Brophy 和 Voigt 以逻辑门和振荡器为例，总结了引起信号串扰的 7 种常见模式，即失配响应函数、启动子背景、RBS 背景、转录通读、部分连接干扰、正交性和重组。

7.4　人工智能驱动的生物传感器

人工智能驱动的生物传感器主要涉及三大核心元素：信息收集、信号转换和人工智能－数据处理。信息收集是指利用生物传感器监测物理、化学、生物、环境等信息；信号转换是指将收集的信息转化为具有确定灵敏度的电输出信号；人工智能－数据处理可分为电信号输入、数据处理、数据建模、数据分析等，制定决策，并最终导出相应的信号。

人工智能在数据处理方面发挥着关键作用，其任务包括学习如何恰当分析数据，确保得出正确结论，以及辨识数据是否存在误读。机器学习算法对于这些目标的实现具有两方面的作用。一方面，于无线传输前减少数据量，以实现超低能耗的人工智能生物传感器；另一方面，解决数据质量问题，如数据一致性、监测的准确性与可靠性。机器学习算法可以从数据中学习，发掘信息或现象的预测模型。机器学习算法及其学习方式种类繁多，其中监督学习和无监督学习是两种主要的学习方式。

目前已有多种机器学习算法被应用于生物传感器，以提高决策的有效性与准确性，这些机器学习算法包括支持向量机、主成分分析、层次聚类分析等。

（1）支持向量机（support vector machine，SVM）。这是一种有监督的机器学习算法，它基于在两个数据类别之间找到最佳的分离超平面来解决两类模式识别问题。例如，

Boubin 和 Shrestha 使用支持向量机评估了使用呼吸挥发性有机化合物检测血糖水平的准确性。此外，支持向量机也被用于解决同时检测溶菌酶和三磷酸腺苷的荧光光谱重叠问题。

（2）主成分分析（principal component analysis，PCA）。这是一种无监督的机器学习算法，通过用主成分替换一组变量来实现降维。Feng 等人使用主成分分析将测量的表面增强红外吸收光谱特征分离成两个不同的集合，并用于鼻咽癌检测。Stravers 等人采用主成分分析对使用表面等离子体共振成像的体液样品进行聚类。此外，Squire 等人通过 PCA 和偏最小二乘回归（partial least squares regression，PLSR）算法对测量的荧光图像进行分析，用于低水平 N 末端 B 型利钛肽原（NT-proBNP）的测定。

（3）层次聚类分析（hierarchical clustering）。这是一种无监督的聚类方法，可以形成一个层次结构，将附近的对象归入数据集中的同一组。例如，Kim 等人采用层次聚类分析方法，通过基于噬菌体的比色传感器阵列对医疗化学品进行分类。

（4）决策树（decision tree）。这是机器学习中广泛使用的分类器，是处理复杂行为的有效工具。例如，Wang 等人使用决策树方法来分析类风湿关节炎患者的细胞因子水平，并获得一个直观和客观的类风湿关节炎疾病活动性评分系统。该方法揭示了白细胞介素 -6（IL-6）和肿瘤坏死因子 - α（TNF-α）水平与类风湿关节炎患者炎症特征的关系，有助于预测疾病活动性。人工神经网络是人工智能的一个分支，可以认为是对人脑模拟的延伸。ANN 是对复杂关系进行分类的非线性模型。例如，ANN 被利用作为儿茶酚和对苯二酚的流动注射歧管测定的非线性模型校准。Zhang 和 Tao 设计了一种用于生理监测的人工神经网络算法，通过个体差异解决复杂的生理 / 化学原因。还有一种基于手机摄像头的超灵敏的微泡检测方法，可利用卷积神经网络来识别和计算图像中的微泡数量，进而实现非摩尔水平的蛋白质生物标志物的量化。

随着智能手机的全球普及，基于智能手机的传感系统备受关注。智能手机集成了多种传感元件、处理和通信等功能，成为人工智能生物传感器的数据处理、共享、存储和云端互动的重要平台。基于智能手机的传感系统通常由智能手机和附加生物传感模块设备组成，如电化学、荧光、质子共振模块，或带有额外的硬件组件，如摄像头、蓝牙、USB 和音频端口，以增加可访问性，控制检测过程和接收检测数据。例如，谷歌的 Project Ara 模块化智能手机和多技术生物传感器平台集成了用于诊断和监测健康的模块的 PCB 原型，其尺寸和功率均得到最小化设计。

7.5　智能生物传感器的实例及应用

为了满足生物传感器在不同应用场景下的需求，研究人员开展了大量工作，以期改善生物传感器的性能，包括提高灵敏度、增加处理量、缩短检测时间、实现自动化等。然而，新的检测要求对传统生物传感器提出了新的挑战。例如，新出现的传染性病毒变种要求生物传感器具有很强的适应性，缩短从设计到生产的周期，能够快速迭代和校准以便检测不同的样品；筛查多种肿瘤生物标志物时，需要通过可编程设计，构建具有智能分析和即插即用功能的生物传感器；进行长期和实时监测时，还需要具有信号记忆和存储功能的生物传感器。为了适应不同的应用场景，生物传感器正朝着模块化、可扩展化、自动化等智能化方向发展。

智能生物传感器是指基于合成生物学模块化和编程的思想，通过合成生物学和人工智能技术构建生物传感器，以优化目标识别、信号处理和信号输出。传统生物传感器的基本输入 / 输出为二进制模式，即包括一个用于目标识别的输入模块和一个用于信号读取的输出模块，合成生物学使能的智能生物传感器在此基础上增加了数据处理模块，用于计算、存储和自校准。具体而言，智能生物传感器的计算能力主要依靠逻辑门和状态机，使其能够处理大量目标数据。记忆存储能力依靠合成拨动开关或定点重组酶，使其能够记录和读取瞬时检测信号。自校准能力依靠降解标签和反义转录，从而提高了生物传感器的动态范围和信噪比。

7.5.1　智能生物传感器的应用实例

利用合成生物学和人工智能技术，智能生物传感器已经具有精确的空间和时间控制能力，整合了正向自调节反馈回路、记忆系统、数学计算和高阶函数。此类合成生物学使能的生物传感器集成了多种功能，能够感知、收集、独立判断、分析和处理信息。

1. 具有计算能力的智能生物传感器

大多数应用场景需要智能生物传感器具有复杂信号处理能力，因此需要提高其特异性和敏感性。为解决以上问题，研究人员将分层布尔逻辑门和状态机等基于计算模块的多输入系统应用于智能生物传感器。这些模块可以同时分析多个信号，提高智能生物传感器的鲁棒性，并且能显著提高目标识别的准确性。拥有逻辑门的智能生物传感器能够收集周围环境中的信息并做出对应的复杂决策。

通过使用组装技术构建多层结构的布尔逻辑门，我们可以开发出更复杂的计算模块。Du 等人利用模拟和数字逻辑回路精确控制传感器和执行器，建立了高通用性、强正交性和大规模生物计算系统，可以用于多个生物传感领域，其应用范围远超传统的生物传感系统。Zah 等人提出了基于 T 细胞的智能生物传感器，通过 "OR" 门信号计算识别癌症。Jung 等人将即插即用逻辑门集成到生物传感器中，通过使用不同的逻辑函数执行类似模数转换器的功能，并且通过核酸链和一系列二进制输出之间的可编程相互作用，开发出了可以实现分子计算的智能生物传感器。

状态机可以响应一系列不同的输入，不同的输入组合和顺序可以产生不同的系统状态。例如，Weinberg 等人使用重组酶构建了一个稳健、通用、可扩展的系统，用于复杂的细胞计算。重组酶可以将基因线路信号整合到单一转录层上。由于重组酶具有正交性，能够产生由多个输入构成的"AND"门，因此该系统不需要复杂的设计即可实现100 多种输出。具有计算模块的智能生物传感器在执行基于多路输入和输出的复杂决策方面具有巨大潜力。

2. 具有记忆存储能力的智能生物传感器

生物传感器依靠持续供应的诱导物实现长期信号输出。然而，许多目标物质存在时间过短，难以维持信号的输出，这就需要生物传感器配备记录仪进行长期、连续监测。智能生物传感器中的记忆元件可以记录部分外部输入。带有记忆元件的智能生物传感器可以将刺激信号记录到基因线路中。即使在目标物质消失后，我们仍然可以通过基因序列读取之前的刺激信号。目前，智能生物传感器已经可以存储关于细胞历史和环境的信息。我们可以通过基于转录的拨动开关、DNA 特定位点重组和 CRISPR 构建合成基因记忆元件，进而有效跟踪不同时间发生的生物事件。

具有拨动开关的智能生物传感器能够长时间保持对输入刺激的记忆。例如，Riglar 等人合成了一种可以在小鼠肠道中检测目标分子的稳定的工程细菌菌株，工作时间可达 6 个月。该工程细菌菌株在肠道中保留了对刺激的记忆，可以对粪便进行分析。然而，现有基因线路依赖转录和翻译进行信号传递，因此反应缓慢。Mishra 等人开发了一种基于磷酸化相互作用的拨动开关，提高了反应速度。该开关基于双组分系统中组氨酸激酶和反应调节蛋白之间的快速的磷酸相互作用。上游蛋白被触发器激活后，就会与下游蛋白结合，产生活化或抑制作用。此外，基于拨动开关的记忆元件可以作为一种安全机制被嵌入智能生物传感器中，如果智能生物传感器的功能已被破坏并可能导致生物危害，则会触发细胞死亡。

基于重组酶的记忆模块可以改变基因线路的 DNA 序列，从而使智能生物传感器能够记忆相关信息。Mimee 等人通过引入一系列连续的整合酶位点构建了永久记忆模块，可以通过监测肠道微环境中的生物标记物进行诊断。Bonnet 等人构建了一个基于重组酶的记忆模块，该模块集成了丝氨酸整合酶和切割酶，可以转化和恢复特定的 DNA 序列，实现记录擦除和信息重写。这种基于记忆模块的智能生物传感器能够存储信息并可重复使用，但是可记录的信息量有限。

基于 CRISPR/Cas9 的记忆模块被用于记录外源刺激，如目标分子和刺激期间发生的细胞事件。Perli 等人设计了能够自我定位的向导 RNA，可以引导 Cas9 产生反复突变。刺激信号可以被记录在突变的 DNA 序列上。CRISPR 系统也被用于构建一种记忆模块，通过 Cas 蛋白选择性地切割记录质粒，然后对经过编辑的质粒进行测序，读取记录的信息。

3．具有自动校准能力的智能生物传感器

在开发智能生物传感器的过程中，信号放大往往会导致泄漏表达。传统的校准需要用到昂贵的仪器设备，目前已有许多合成生物学技术可以提高智能生物传感器的自校准能力。

前馈回路为减少泄漏表达提供了一种模块化策略，回路被识别元件激活后能够调节报告基因的表达。Ho 等人使用基于亮氨酸 - 琥珀密码子突变的前馈回路（leucine amber-based feedforward loop）改进了乳酸检测；使用条件沉默亮氨酸 - 琥珀密码子突变构建输出模块，获得基于前馈回路的智能生物传感器，在没有乳酸的情况下实现了极低的泄漏表达。Jones 等人开发了一个由激酶和磷酸酶组成的共价修饰反馈回路，可以实现转录因子的可逆磷酸化和去磷酸化。此外，Greco 等人使用脚踏开关和小片段转录激活 RNA 开发了防泄漏抑制器，并用于检测异丙基 β-D-1- 硫代半乳糖吡喃糖苷。该系统通过两个结构化的 RNA 元件分别校正翻译和转录的启动。多级调节能够抑制噪声，并且输出"开"和"关"数字信号。此外，我们可以采用防泄漏阻尼器回路，对生物传感器的信号表达进行调整，优化剂量 - 响应曲线，从而提供一种模块化的自校准策略。

可以通过即插即用的方式组合标准化模块，按照这种方法设计的智能生物传感器可以执行不同功能。通过对丰富多样的功能元件进行深入研究和标准化，我们可以加速实现对基因线路和整个生物传感过程更智能、更高效的控制和优化。

7.5.2　智能生物传感器的应用领域

随着合成生物学和人工智能技术的发展，生物传感器已从简单的检测探测器转变成能够进行复杂操作（如检测、计算和信息存储）的生物装置。如今，用于即时检验（Point-of-Care Testing, POCT）和可穿戴监测系统的生物传感器，能够在实验室环境之外进行可靠检测。得益于合成生物学的模块化特性，智能生物传感器通过与便携设备的集成促进了即时检验与可穿戴监测的实现。

1．即时检验

即时检验（point-of-care testing，POCT）一般不需要实验室技术人员介入或专业设备支持，可在短至几秒、长至几小时内出具结果，广泛应用于环境监控和临床诊断等多个领域。智能生物传感器以其快速的响应时间、明确的信号反应和广泛的动态检测范围，对保证检测平台在变化环境下的稳定性起着关键作用。在复杂环境下，智能生物传感器还展现出卓越的抗干扰和信号增强能力，使得非专业人员也能在现场即时检验环境中操作它们。

在野外环境中，生物传感平台需搭载数据处理与计算功能。将小型化智能生物传感器与移动检测设备（例如智能手机、血糖测试仪）结合，便能施行迅速、高效且经济

的即时检验。基于试纸的智能生物传感器适用于检测目标物质、处理复杂数据和输出信息。例如，Pardee 等人将智能生物传感器与无细胞基因表达系统结合，并在试纸上进行冻干处理，以此开发出快速识别埃博拉病毒的生物检测器。Graham 等人研发的微流控平台能够培育逾 2000 种细菌，并实时监测成千上万个启动子驱动的基因表达，这使得该平台可作为实时智能生物传感器用于野外环境下的重金属检测。

智能生物传感器还能进行信息传输并与其他设备进行通信。血糖仪作为最常见的即时检验设备之一，具备便捷的定量测量功能，因此被患者和医生广泛采用。智能手机和互联网技术的广泛使用为开发可持续监测的生物传感器创造了新的可能。例如，Amalfitano 等人开发了一种用于高灵敏度和高特异性检测 SARS-CoV-2 的技术，通过一种传统的机械激活方法启动传感器，检测所产生的葡萄糖浓度。De Puig 等人则使用智能手机实现了对 SARS-CoV-2 多个变体的高灵敏度检测。他们的系统集成了基于 Cas13a 的 RNA 感应和原位核酸放大技术，并通过测流试纸进行信号检测，以提高信号输出的精确性。相较于传统的荧光定量 PCR 技术，这种生物传感器提供了一个更适用于便携式新冠病毒诊断的方案。

2. 可穿戴监测

智能生物传感器可以被集成到可穿戴设备中，用于无创监测各种生物标志物。微型化、低成本以及与电子设备和配件的整合，推动了可穿戴智能生物传感器的发展。基于智能生物传感器的可穿戴设备最普遍的应用是检测与疾病有关的生化分子。例如，Fan 等人利用一种对皮肤无害的硅胶弹性体开发了智能生物传感系统，利用耐用、轻质的织物构建体表可穿戴生物传感系统。水凝胶在可穿戴监测方面也有一定的应用。例如，可以通过 3D 打印构建基于水凝胶的智能生物传感器——其集成了多个化学传感细胞。当化学物质被识别时，基于水凝胶的智能生物传感器在打印中形成荧光图案。此外，Nguyen 等人将无细胞基因线路嵌入纤维素材料的面罩中，用于快速检测 SARS-CoV-2，其检测极限可与目前基于实验室的方法相媲美。

合成生物学技术的发展将推动新一代基于智能生物传感器的可穿戴设备的研发，并促使其应用转化。可穿戴监测设备可以不断感知、获取、分析和存储人类日常活动中的海量数据，这对具有计算和数据存储功能的智能生物传感器提出了更高的要求。

7.6 小结

生物传感器已经成为生物分析的重要技术，合成生物学通过引入标准化模块和巧妙的控制器，利用工程原理改造基因线路，实现了生物传感器的精确信号处理。目前，合成生物学、人工智能技术已被用于构建具有计算、记忆存储和自校准能力的智能生物传

感器，极大地提高了传感器的适应性，可以满足不同的应用需求，在即时检验和可穿戴
监测中显示出了较好的适用性。

7.7　参考文献

[1] Thevenot D R, Tóth K, Durst R A, et al. Electrochemical Biosensors: Recommended Definitions and Classification[J]. Pure and Applied Chemistry, 1999, 71(12): 2333-48.

[2] Clark L C, Jr Lyons C. Electrode systems for continuous monitoring in cardiovascular surgery[J]. Ann N Y Acad Sci, 1962, 102: 29-45.

[3] Heller A, Feldman B J. Electrochemical glucose sensors and their applications in diabetes management[J]. Chemical reviews, 2008, 108 7: 2482-2505.

[4] Kim J, Campbell A S, De Ávila B E, et al. Wearable biosensors for healthcare monitoring[J]. Nat Biotechnol, 2019, 37(4): 389-406.

[5] Woo S G, Moon S J, Kim S K, et al. A designed whole-cell biosensor for live diagnosis of gut inflammation through nitrate sensing[J]. Biosensors & bioelectronics, 2020, 168: 112523.

[6] Ames B N, Durston W E, Yamasaki E, et al. Carcinogens are mutagens: a simple test system combining liver homogenates for activation and bacteria for detection[J]. Proc Natl Acad Sci U S A, 1973, 70(8): 2281-2285.

[7] Bitton G, Koopman B. Bacterial and enzymatic bioassays for toxicity testing in the environment[J]. Rev Environ Contam Toxicol, 1992, 125: 1-22.

[8] Van Der Meer J R, Belkin S. Where microbiology meets microengineering: design and applications of reporter bacteria[J]. Nat Rev Microbiol, 2010, 8(7): 511-522.

[9] Shetty R S, Deo S K, Shah P, et al. Luminescence-based whole-cell-sensing systems for cadmium and lead using genetically engineered bacteria[J]. Analytical and bioanalytical chemistry, 2003, 376(1): 11-17.

[10] Saltepe B, Kehribar E, Su Yirmibeşoğlu S S, et al. Cellular Biosensors with Engineered Genetic Circuits[J]. ACS Sens, 2018, 3(1): 13-26.

[11] Jing wui Yeoh, Chueh Loo Poh, Waikit David Chee, et al. Genetic Circuit Design Principles[M/OL]. Handbook of Cell Biosensors. Cham: Springer, 2020: 1-44.

[12] Kolinko I, Lohße A, Borg S, et al. Biosynthesis of magnetic nanostructures in a foreign organism by transfer of bacterial magnetosome gene clusters[J]. Nature nanotechnology, 2014, 9(3): 193-197.

[13] Jia J, Li H, Zong S, et al. Magnet bioreporter device for ecological toxicity assessment on heavy metal contamination of coal cinder sites[J]. Sensors and Actuators B: Chemical, 2016, 222: 290-299.

[14] Miller V L, Taylor R K, Mekalanos J J. Cholera toxin transcriptional activator toxR is a transmembrane DNA binding protein[J]. Cell, 1987, 48(2): 271-279.

[15] Helmann J D. The extracytoplasmic function (ECF) sigma factors[J]. Advances in microbial physiology, 2002, 46: 47-110.

[16] Wuichet K, Cantwell B J, Zhulin I B. Evolution and phyletic distribution of two-component signal transduction systems[J]. Current opinion in microbiology, 2010, 13(2): 219-225.

[17] Buschiazzo A, Trajtenberg F. Two-Component Sensing and Regulation: How Do Histidine Kinases Talk with Response Regulators at the Molecular Level?[J]. Annual review of microbiology, 2019, 73: 507-528.

[18] De Mendoza D. Temperature sensing by membranes[J]. Annual review of microbiology, 2014, 68: 101-16.

[19] Szurmant H, Hoch J A. Interaction fidelity in two-component signaling[J]. Current opinion in microbiology, 2010, 13(2): 190-197.

[20] Mcclune C J, Alvarez-Buylla A, Voigt C A, et al. Engineering orthogonal signalling pathways reveals the sparse occupancy of sequence space[J]. Nature, 2019, 574(7780): 702-706.

[21] Landry B P, Palanki R, Dyulgyarov N, et al. Phosphatase activity tunes two-component system sensor detection threshold[J]. Nature communications, 2018, 9(1): 1433.

[22] Utsumi R, Brissette R E, Rampersaud A, et al. Activation of bacterial porin gene expression by a chimeric signal transducer in response to aspartate[J]. Science, 1989, 245(4923): 1246-1249.

[23] Gao R, Stock A M. Biological insights from structures of two-component proteins[J]. Annual review of microbiology, 2009, 63: 133-154.

[24] Lima S, Blanco J, Olivieri F, et al. An allosteric switch ensures efficient unidirectional information transmission by the histidine kinase DesK from Bacillus subtilis[J]. Science signaling, 2023, 16(769): eabo7588.

[25] Tanaka T, Saha S K, Tomomori C, et al. NMR structure of the histidine kinase domain of the E. coli osmosensor EnvZ[J]. Nature, 1998, 396(6706): 88-92.

[26] Brophy J A, Voigt C A. Principles of genetic circuit design[J]. Nature methods, 2014, 11(5): 508-20.

[27] Pei Du, Huiwei Zhao, Haoqian Zhang, et al. De novo design of an intercellular signaling toolbox for multi-channel cell-cell communication and biological computation[J]. Nature communications, 2020, 11(1): 4226.

[28] Zah E, Lin M Y, Silva-Benedict A, et al. T Cells Expressing CD19/CD20 Bispecific Chimeric Antigen Receptors Prevent Antigen Escape by Malignant B Cells[J]. Cancer immunology research, 2016, 4(6): 498-508.

[29] Jung J K, Archuleta C M, Alam K K, et al. Programming cell-free biosensors with DNA strand displacement circuits[J]. Nature chemical biology, 2022, 18(4): 385-393.

[30] Weinberg B H, Pham N T H, Caraballo L D, et al. Large-scale design of robust genetic circuits with multiple inputs and outputs for mammalian cells[J]. Nature biotechnology, 2017, 35(5): 453-462.

[31] Riglar D T, Giessen T W, Baym M, et al. Engineered bacteria can function in the mammalian gut long-term as live diagnostics of inflammation[J]. Nature biotechnology, 2017, 35(7): 653-658.

[32] Mishra D, Bepler T, Teague B, et al. An engineered protein-phosphorylation toggle network with implications

for endogenous network discovery[J]. Science, 2021, 373(6550).

[33] Mimee M, Nadeau P, Hayward A, et al. An ingestible bacterial-electronic system to monitor gastrointestinal health[J]. Science, 2018, 360(6391): 915-918.

[34] Bonnet J, Subsoontorn P, Endy D. Rewritable digital data storage in live cells via engineered control of recombination directionality[J]. Proceedings of the National Academy of Sciences of the United States of America, 2012, 109(23): 8884-8889.

[35] Perli S D, Cui C H, Lu T K. Continuous genetic recording with self-targeting CRISPR-Cas in human cells[J]. Science , 2016, 353(6304).

[36] Ho J M L, Miller C A, Parks S E, et al. A suppressor tRNA-mediated feedforward loop eliminates leaky gene expression in bacteria[J]. Nucleic acids research, 2021, 49(5): e25.

[37] Jones R D, Qian Y, Ilia K, et al. Robust and tunable signal processing in mammalian cells via engineered covalent modification cycles[J]. Nature communications, 2022, 13(1): 1720.

[38] Greco F V, Pandi A, Erb T J, et al. Harnessing the central dogma for stringent multi-level control of gene expression[J]. Nature communications, 2021, 12(1): 1738.

[39] Pardee K, Green A A, Ferrante T, et al. Paper-based synthetic gene networks[J]. Cell, 2014, 159(4): 940-954.

[40] Graham G, Csicsery N, Stasiowski E, et al. Genome-scale transcriptional dynamics and environmental biosensing[J]. Proceedings of the National Academy of Sciences of the United States of America, 2020, 117(6): 3301-3306.

[41] Amalfitano E, Karlikow M, Norouzi M, et al. A glucose meter interface for point-of-care gene circuit-based diagnostics[J]. Nature communications, 2021, 12(1): 724.

[42] De Puig H, Lee R A, Najjar D, et al. Minimally instrumented SHERLOCK (miSHERLOCK) for CRISPR-based point-of-care diagnosis of SARS-CoV-2 and emerging variants[J]. Science advances, 2021, 7(32).

[43] Fan W, He Q, Meng K, et al. Machine-knitted washable sensor array textile for precise epidermal physiological signal monitoring[J]. Science advances, 2020, 6(11): eaay2840.

[44] Nguyen P Q, Soenksen L R, Donghia N M, et al. Wearable materials with embedded synthetic biology sensors for biomolecule detection[J]. Nature biotechnology, 2021, 39(11): 1366-1374.

[45] Boubin M, Shrestha S. Microcontroller Implementation of Support Vector Machine for Detecting Blood Glucose Levels Using Breath Volatile Organic Compounds[J]. Sensors (Basel, Switzerland), 2019, 19(10).

[46] Feng S, Chen R, Lin J, et al. Nasopharyngeal cancer detection based on blood plasma surface-enhanced Raman spectroscopy and multivariate analysis[J]. Biosensors and Bioelectronics, 2010, 25(11): 2414-2419.

[47] Stravers C S, Gool E L, Van Leeuwen T G, et al. Multiplex body fluid identification using surface plasmon resonance imaging with principal component analysis[J]. Sensors and Actuators B: Chemical, 2019, 283: 355-362.

[48] Squire K J, Zhao Y, Tan A, et al. Photonic crystal-enhanced fluorescence imaging immunoassay for

cardiovascular disease biomarker screening with machine learning analysis[J]. Sensors and Actuators B: Chemical, 2019, 290: 118-124.

[49] Kim C, Lee H, Devaraj V, et al. Hierarchical Cluster Analysis of Medical Chemicals Detected by a Bacteriophage-Based Colorimetric Sensor Array[J]. Nanomaterials, 2020, 10(1).

[50] Wang L, Zhu L, Jiang J, et al. Decision tree analysis for evaluating disease activity in patients with rheumatoid arthritis[J]. The Journal of International Medical Research, 2021, 49(10): 3000605211053232.

[51] Zhang Y, Tao T H. Skin-Friendly Electronics for Acquiring Human Physiological Signatures[J]. Advanced materials, 2019, 31(49): e1905767.

[52] Ravì D, Wong C, Deligianni F, et al. Deep Learning for Health Informatics[J]. IEEE Journal of Biomedical and Health Informatics, 2017, 21(1): 4-21.

第 8 章　工程化载体

基因治疗通过将改变特定细胞功能的基因引入患者体内来治疗疾病，现已逐渐成为药物开发和风险投资领域的热点。基因治疗的关键步骤是将基因有效传递到靶组织／靶细胞，此传递可通过基因载体实现。因此，开发安全、高效和特异的基因递送载体是提高基因治疗效果的重要方向。目前基因治疗主要有两种类型的载体：病毒工程化载体和非病毒工程化载体。非病毒工程化载体可以大规模生产，并且可通过化学修饰来设计或增强其功能特性。然而，非病毒工程化载体的递送效率低，保存条件较为苛刻，且存在不良反应。病毒工程化载体则利用亲本病毒开发的高度进化机制来有效识别和感染靶细胞，从而使携带的目的基因进入靶细胞，既适用于治疗应用，也适用于生物学研究，是目前常用的基因递送方式。

基因疫苗将编码抗原的基因而不是抗原本身递送到靶细胞，是一种诱导免疫反应的新策略。与传统方法相比，基因疫苗显示出两个明显的优势。第一个优势是它们除了体液免疫，还能够激发有效的细胞免疫，特别是细胞毒性 CD8$^+$ T 淋巴细胞。第二个优势是每种疫苗的制造过程标准化。基因疫苗是基于携带编码目标抗原基因的化学实体（载体）开发的，只要载体保持不变，每种新型疫苗都可以用相同的工艺生产。基因疫苗有三大类：DNA 疫苗、RNA 疫苗和病毒（或细菌）工程化载体疫苗。其中，病毒工程化载体疫苗是指利用基因工程技术，把目标抗原基因序列插入不同种类病毒载体的基因组中，以生成带有目的基因的重组病毒。重组病毒进入体内，通过感染宿主细胞表达目标抗原，由此诱导特定的先天性免疫反应和适应性免疫反应。病毒工程化载体疫苗具有多方面优势，目前已有多种此类载体疫苗作为潜在的候选疫苗在应对流感、乙型肝炎、艾滋病、新型冠状病毒感染、埃博拉出血热等疾病中发挥至关重要的作用。

本章概述了工程化载体的概念与常见类型，介绍了传统的工程化载体设计策略和基于合成生物学技术的工程化载体设计策略，最后讨论了人工智能模型在优化改造病毒载体方面的应用。

8.1　工程化载体概述

目前，工程化载体多以腺病毒、腺相关病毒、慢病毒工程化载体为主，广泛应用于基因治疗与疫苗研发中。由于病毒载体具有感染性，因此其在将治疗基因递送到患者体内时具有优势。我们也可以提取患者的细胞并在体外培养，然后通过导入治疗性基因对细胞进行基因修饰，将其重新引入患者体内，以实现基因治疗。目前，临床的基因治疗设计方法主要有：①基因替换，即通过传递功能基因来替换不起作用的基因；②基因沉默，使针对病因的突变基因失活；③基因添加，通过外源基因的过度表达来影响细胞功能。

8.1.1 腺病毒工程化载体

腺病毒（adenovirus，Ad）是无包膜的双链 DNA（dsDNA）病毒，其基因组长约36000 bp。腺病毒基因组的两端各有 100 ～ 150 bp 倒置末端重复序列。腺病毒基因分为早期（E）基因和晚期（L）基因。早期基因编码用于病毒复制的调节蛋白；晚期基因主要编码病毒结构蛋白，这些结构蛋白对后代病毒粒子的组装至关重要。此外，还存在次要的非结构蛋白（Ⅵ、Ⅷ、Ⅸ和ⅢA）以稳定衣壳。末端蛋白（terminal protein，TP）共价连接到腺病毒基因组的 5′ 末端。腺病毒衣壳呈二十面体对称结构，由 252 个壳粒组成，包括 240 个六邻体蛋白（hexon）、12 个五邻体蛋白（penton）和纤维蛋白（fiber protein）。腺病毒的常见结构及其基因组结构如图 8-1 和图 8-2 所示。腺病毒衣壳纤维蛋白与宿主细胞的识别及相互作用有关。腺病毒可以感染多种脊椎动物宿主，包括哺乳动物、爬行动物、鸟类和鱼类。根据完整基因序列分析，可感染人类的腺病毒分为 A ～ G 七组，目前已发现 100 余个基因型。上述腺病毒可以介导目的基因传递到目标组织，如呼吸道、眼睛、肝脏和泌尿道。目前，人群中2 型和 5 型腺病毒（HAd2 和 HAd5）感染最常见，主要引起轻度呼吸道疾病，人类血清 4 型和 7 型腺病毒（HAd4 和 HAd7）则可引起严重的肺炎。用于基因治疗的原型腺病毒载体是基于 HAd5 的。人体对腺病毒的免疫反应迅速，在感染腺病毒数

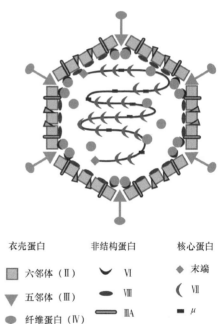

衣壳蛋白	非结构蛋白	核心蛋白
■ 六邻体（Ⅱ）	⌣ Ⅵ	◆ 末端
▼ 五邻体（Ⅲ）	▬ Ⅷ	(Ⅶ
● 纤维蛋白（Ⅳ）	═ ⅢA	▬ μ
	▲ Ⅸ	● Ⅴ

图 8-1 腺病毒的常见结构

小时内，固有免疫细胞特别是树突状细胞和巨噬细胞即开始产生 IL-6、IL-12 和 TNF-α 等促炎细胞因子。因此，选用人类腺病毒作为疫苗载体时，需关注使用人群的血清阳性率。腺病毒载体还存在一些明显的局限性，例如生产时间长、成本较高、辅助依赖性病毒生产困难，有不良反应记录等。但腺病毒基因不会整合到宿主基因组，宿主基因组的插入突变风险极低，能诱导机体产生免疫应答。因具有较高的热稳定性等特点，腺病毒

载体平台仍然是用于基因治疗的最有效工具之一。例如，腺病毒工程化载体被广泛用作骨修复、软骨修复和伤口愈合应用中的基因递送载体。在心血管疾病或外周血管疾病患者的局部缺血治疗中，腺病毒载体被用于促进血管生成。

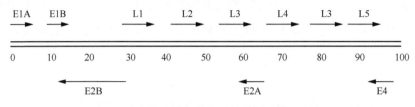

图 8-2　腺病毒基因组结构（箭头指示转录方向）

8.1.2　腺相关病毒工程化载体

腺相关病毒（adreno-associated virus，AAV）是无包膜的单链 DNA（single-stranded DNA，ssDNA）病毒，其基因组大小约 4.7 kb，被归为细小病毒科的依赖病毒属。腺相关病毒的常见基因组结构如图 8-3 所示。腺相关病毒基因组两侧有两个 T 形末端反向重复（inverted terminal repeat，ITR）序列，包含 Rep 与 Cap 两个基因的开放阅读框。重组型腺相关病毒载体的衣壳依然沿用野生型腺相关病毒的序列与构造，但是衣壳内部的基因组被完全剔除了 Rep 基因和 Cap 基因，仅保留了负责引导病毒载体基因组复制和包装的序列。腺相关病毒的感染和复制依赖于与辅助病毒（如腺病毒、疱疹病毒或痘苗病毒）的共感染，或通过化学致癌物、羟基脲或紫外线照射等基因毒性应激来实现。在没有辅助病毒或基因毒性应激的情况下，腺相关病毒通常将其基因组在特定位点整合到宿主基因组中，该位点位于人类 19 号染色体的 q 臂上（19q13.3-qter，也称为 AAVS1 位点）。此时腺相关病毒仍处于潜伏阶段，直到与辅助病毒共感染或发生基因毒性应激。其中，复制缺陷型腺相关病毒病毒样颗粒（recombinant AAV，rAAV）基因组的所有开放阅读框被消除，并且含有异源遗传信息，可以组装和包装成高载体产量，进而用于基因转移。迄今为止，从人类和动物组织中分离出的腺相关病毒多达 100 余种不同血清型。此外，最近研究人员在腺相关病毒包装细胞系和纯化方法（如离子交换）的开发方面取得了进展，极大地缩短了腺相关病毒的生产用时，并扩大了腺相关病毒载体在临床治疗中的应用。

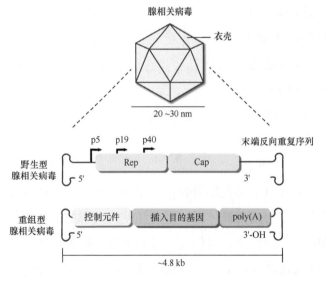

图 8-3　腺相关病毒（野生型及重组型）的常见基因组结构

腺相关病毒工程化载体具有多种优势：①腺相关病毒能够同时感染分裂和静止期的细胞；②腺相关病毒稳定整合的特点使其比逆转录病毒更具可预测性；③不同血清型的腺相关病毒具有不同的组织嗜性；④腺相关病毒的 DNA 随机整合到基因组的频率很低；⑤腺相关病毒具有非常低的免疫原性，仅限于中和抗体的产生，而不会诱导细胞毒性反应。腺相关病毒因具有高转导效率、高安全性、可靶向不同类型细胞等特点，已成为人类基因治疗临床试验中最常用的病毒载体之一。迄今为止，基于腺相关病毒的载体的临床试验已超过 130 项，用于包括肝脏、肺、大脑、眼睛和肌肉在内的组织靶点，主要用于血友病、遗传性失明等单基因遗传疾病以及肿瘤疾病的治疗。在肿瘤疾病的治疗方面，腺相关病毒载体可以转导多种肿瘤原代细胞和细胞系，并且能够携带高效的癌症治疗载荷，包括抗血管生成基因、免疫刺激基因和编码小核糖核酸（如 shRNA、siRNA 等）的 DNA，可用于癌基因的转录后调控。腺相关病毒已越来越多地用于体内临床前肿瘤模型的治疗基因（例如抗血管生成基因）递送。血管生成是由现有血管形成新血管的过程，也是肿瘤生长和转移的重要过程。腺相关病毒抑制肿瘤中的血管生成以限制其恶化和转移是长期的抗癌策略。AAV2 已经用于向胶质母细胞瘤小鼠模型（SNB19）递送组织因子途径抑制剂（tissue factor pathway inhibitor，TFPI-2）。TFPI-2 是血管生成、肿瘤生长和肿瘤细胞侵袭的抑制剂。kringle 5 是一种具有强效抗血管生成特性的纤溶酶原片段，用于卵巢癌小鼠模型（MA148）。Cai 等人使用 AAV5 将血管生成的内源性抑制剂 vasostatin 蛋白基因递送到肺癌的皮下、原位瘤和自发转移模型中。此外，腺相关病毒还可用于递送抗癌单克隆抗体基因。抗癌单克隆抗体治疗药物多以肿瘤细胞为靶点，通过阻断与肿瘤细胞过程（如迁移）相关的抗原功能来抑制癌症细胞生长，并抑制免疫抑制信号分子，从而增强抗肿瘤免疫反应。腺相关病毒已被用于递送编码上述单克隆抗体的基因，并在动物模型中长期表达。例如，Ho 等人通过在 A431 人外阴癌异种移植物模型中肌内注射 AAV1 载体，用其递送一种小鼠抗人表皮生长因子（EGFR）抗体——14E1。利用上述方法，小鼠的生存期明显延长，多数小鼠的肿瘤完全消退。除基因治疗外，腺相关病毒载体也有望用于新型疫苗的开发。在抗病毒疫苗领域的研究表明，腺相关病毒诱导的免疫效果比其他类型疫苗（包括重组蛋白、灭活病毒）更高效且持久。腺相关病毒还可以用于将抗原递送到抗原呈递细胞，从而引发针对表达该抗原（肿瘤疫苗）的肿瘤细胞的免疫反应。腺相关病毒肿瘤疫苗开发的一个例子是靶向人乳头瘤病毒 16（Human papilloma virus 16，HPV16）抗原的 HPV 疫苗，HPV16 与宫颈癌和生殖器官癌症的发展有关。

　　尽管目前腺相关病毒载体已成为基因治疗的首选方法，但还存在可以递送的转基因相对较小、需要辅助病毒进行腺相关病毒激活等限制。另外，单次给药即可产生抗腺相关病毒载体的长期中和抗体，对多种腺相关病毒血清型产生交叉反应，使随后的腺相关病毒给药治疗变得复杂。为了实现更低、更安全的载体剂量，研究人员需要提高腺相关病毒转导效率、逃逸中和抗体、提升细胞和组织靶向性。对腺相关病毒本身进行改造，如对衣壳蛋白进行改造，不仅可以提高腺相关病毒的转导效率和靶向性，还能减轻体液免疫和细胞免疫反应，从而降低腺相关病毒载体的免疫原性。研究人员还可以根据不同的组织嗜性，选择不同血清型腺相关病毒，并针对某个器官组织使用特定的启动子。对腺相关病毒应用方面的改造有添加调控元件对腺相关病毒表达进行调控、通过腺相关病毒作为载体进行基因编辑等。

8.1.3   逆转录病毒工程化载体

逆转录病毒（retrovirus）是单股正链 RNA 包膜病毒，属于逆转录病毒科，是能够在逆转录酶的作用下将其基因组 RNA 逆转录为互补 DNA（cDNA），然后导入细胞核并整合到宿主染色体中，在 DNA 复制、转录、翻译作用下扩增的一类病毒。逆转录病毒载体的基本结构如图 8-4 所示。病毒 RNA 分子的两个拷贝与逆转录酶和整合酶一起，被衣壳蛋白的外壳包围，构成了逆转录病毒颗粒的核心。这个核心被一个包膜包围，这个包膜即来源于宿主细胞的细胞膜的脂质双层。病毒基质蛋白位于病毒核心和包膜之间。重组逆转录病毒根据其基因组复杂性大致分为两类：简单的重组逆转录病毒和复杂的重组逆转录病毒。简单的重组逆转录病毒仅包含三个基因：gag，编码主要衣壳蛋白；pol，编码参与病毒复制早期事件的逆转录酶和整合酶，以及用于病毒蛋白加工的蛋白酶；env，编码位于病毒粒子表面的包膜糖蛋白，并通过与靶细胞表面受体的特异性相互作用确定病毒的宿主范围。复杂的重组逆转录病毒包含编码许多其他蛋白质的基因，这些蛋白质负责调节病毒复制并与宿主细胞免疫反应相互作用。例如，除了 gag、pol 和 env，人类免疫缺陷病毒 1 型（human immunodeficiency virus 1，HIV-1）基因组还包含 6 个附属蛋白基因，即 tat、rev、nef、vpr、vpu 和 vif。

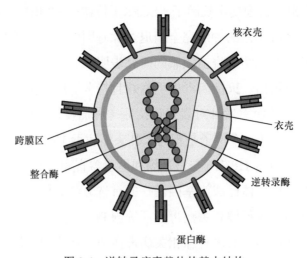

图 8-4　逆转录病毒载体的基本结构

逆转录病毒工程化载体来自野生型逆转录病毒，旨在将目的外源基因携带到靶细胞中。逆转录病毒工程化载体具有复制缺陷性，可避免因新病毒粒子的产生和释放而感染其他细胞。通常，逆转录病毒表达系统由包膜蛋白载体、用外源基因替换病毒结构基因的逆转录病毒工程化载体和基因组 DNA 中整合了逆转录病毒结构基因的包装细胞系组成。三者功能互补，能生成具有感染力的假型病毒颗粒，将含有这种颗粒的包装细胞培养上清感染相应的靶细胞，实现目的基因与靶细胞染色体 DNA 整合。

作为真核细胞基因转移的载体系统之一，尽管受到相对较小的承载能力和无法感染非分裂细胞的限制，但逆转录病毒工程化载体仍具有以下优点：①具有广泛的宿主范围；②转移的基因稳定地整合到宿主的染色体中，促成转导细胞的永久修饰，转染效率高；③病毒生命周期中具有 DNA 阶段，并且基因组结构简单，便于基因操作；④缺少结构基因的重组逆转录病毒以假型病毒的形式存在，仅能将外源基因整合在靶细胞染色体中，而不能复制产生子代病毒，使得安全性有所提高。

逆转录病毒工程化载体具有广阔的应用前景，多用于人类疾病的基因治疗、表达外源基因、确定基因的结构和功能、生物制药、疫苗研发、发育生物学研究、癌变模型研究等方面。

在基因治疗方面，自 20 年前首次临床试验以来，逆转录病毒和慢病毒工程化载体已用于 350 多项基因治疗研究，并被批准用于目前 40 多项 Ⅰ / Ⅱ 期临床试验。其中，最常见的研究之一是骨骼修复。目前的骨移植方法受到来源移植材料的可用性和疾病转移危险性的限制。逆转录病毒工程化载体被用于将各种生长因子和分化因子递送到成熟骨细胞和干细胞（这些细胞已被用于组织支架），并在各种动物实验中产生了显著疗效。逆转录病毒工程化载体还可用于修复受损软骨和形成用于治疗心血管疾病的组织工程血管。尽管具有上述优点，但逆转录病毒工程化载体仍存在一些缺点，包括产量低、包膜蛋白不稳定以及半随机整合模式——这些模式存在插入诱变的风险。例如，采用逆转录病毒治疗 X 连锁严重联合免疫缺陷（X-linked severe combined immunodeficiency，X-SCID），通过逆转录病毒介导的离体基因转移治愈了 X-SCID 婴儿，然而 9 名治疗成功的患者中有 4 名后来患上了白血病，可能是由逆转录病毒整合导致的细胞原癌基因的意外激活引发的。该试验证实了插入性致癌的潜在风险，也提示研究人员，如果采用逆转录病毒基因治疗方法，必须要解决安全问题。通过逆转录病毒工程化载体与自杀基因的共转导，我们可以提高基因治疗的安全性。单纯疱疹病毒胸苷激酶（HSV-tk）用于在几种不同的环境中选择性破坏细胞，我们可以将逆转录病毒工程化载体设计为共表达 HSV-tk 自杀基因，并将其作为安全开关及治疗基因。当转导细胞的异常生长时，如出现 X-SCID 示例中的情况，转导细胞理论上是可以完全清除的。除与自杀基因的共转导以外，靶向感染、局部递送、靶向逆转录病毒插入等也被视为逆转录病毒基因治疗风险的可能解决方案。上述措施也可以应用于使用其他病毒和非病毒载体系统的基因治疗方案。

8.1.4 慢病毒工程化载体

慢病毒（lentivirus）与逆转录病毒同属于逆转录病毒科，但与常见的逆转录病毒不同，慢病毒对分裂细胞和非分裂细胞均有感染能力。慢病毒能将自身基因整合到宿主基因组中，致病过程缓慢，在宿主表现出临床症状前能潜伏感染数年之久。研究人员利用其上述优势，开发了慢病毒工程化载体（lentiviral victor，LV）。LV是一种经过基因改造的病毒载体，在剔除慢病毒致病因子的同时，保留其基因组能整合到宿主基因组的能力，可携带各种外源性基因或改造基因整合至宿主染色体中，达到稳定表达的目的。慢病毒基因组结构与逆转录病毒的基本结构组成相同，包括 gag、pol、env 基因及 3' 和 5'LTR，其 gag 编码核心结构蛋白，pol 编码整合到宿主细胞基因组过程中所需的酶，env 编码包膜蛋白，LTR 包含顺式作用元件及病毒包装信号。最初慢病毒多感染淋巴细胞、巨噬细胞，经改造后可感染神经细胞、肝细胞、脑细胞等多种组织细胞。慢病毒工程化载体适合用于目的基因递送，其具有如下特征。①慢病毒的包装容量高达9kb，感染效率高。②慢病毒工程化载体具有从单个载体表达多个基因的能力。③慢病毒工程化载体可以转导有丝分裂后的细胞和静止细胞，而其他基于逆转录病毒的平台，如 γ-逆转录病毒工程化载体，需要活跃的细胞分裂才能成功感染。④与腺病毒工程化载体相比，慢病毒工程化载体具有较高在体内转导树突状细胞（dendritic cell，DC）的潜力。在激活初始 T 细胞最有效的这些细胞中，慢病毒工程化载体诱导转基因抗原的内源性表达，抗原直接进入抗原呈递途径，而不需要外部抗原捕获或交叉呈递。⑤慢病毒工程化载体可诱导强大、稳健和持久的体液免疫和细胞免疫，对多种传染病进行有效保护，是最有效的疫苗接种病毒载体之一。⑥由于人群中没有慢病毒工程化载体的预存免疫，因此慢病毒工程化载体的促炎特性极低，这更利于其在黏膜疫苗接种中的使用。慢病毒工程化载体已在疫苗研发中显示出了潜力。国外针对猴免疫缺陷病毒（simian immunodeficiency virus，SIV）、猫免疫缺陷病毒（feline immunodeficiency virus，FIV）及人艾滋病（acquired immune deficiency syndrome，AIDS）等已都进行了成熟的慢病毒疫苗研发及机制研究。马传染性贫血病毒（equine infectious anemia virus，EIAV）减毒疫苗是国内首次成功应用的慢病毒疫苗，通过对减毒活疫苗株多个基因的多重突变减弱其致病力。使用该疫苗进行的大规模免疫接种对我国马传染性贫血疾病的预防和控制做出了巨大贡献。

　　慢病毒工程化载体作为生物疾病研究中的重要载体，除疫苗外，还被广泛应用在肿瘤治疗、基因调控、通路研究、免疫等领域。在基因治疗方面，慢病毒工程化载体已成为基因治疗离体转基因递送的首选工具之一，已经在许多成功的临床试验中进行了测试，例如 AIDS、β-地中海贫血和镰刀形红细胞贫血、维-奥二氏综合征、帕金森病、异染性脑白质营养不良、肾上腺脑白质营养不良、白血病、慢性糖尿病等。在对 AIDS 的治疗中，使用慢病毒工程化载体，通过针对野生型 HIV 病毒包膜基因的反义序列对患者的 CD4 细胞进行离体转导，可对 HIV 阳性患者进行治疗。基于慢病毒工程化载体的离体基因治疗策略在治疗遗传疾病方面已经取得了显著进展。β-地中海贫血是由于 β-珠蛋白基因缺陷或缺失导致血红蛋白的 β-珠蛋白链合成受到抑制而引起的溶血性贫血，是一种单基因遗传病。在 Ⅰ/Ⅱ 期临床研究中，18 名携带 HBB 珠蛋白基因突变的 β-地中海贫血患者接受了用编码人 βA-T34Q-珠蛋白基因的慢病毒工程化载体转导的自体 CD87+ 细胞的输注。该治疗策略被证明可成功替代长期的同种异体造血干细胞移植方法。维-奥二氏综合征是一种由调节细胞骨架的蛋白质 WASP 的基因突变引起的遗传性免疫缺陷，目前只能通过异体造血干细胞移植治疗。对于无法获得匹配的造血干细胞供体的患者来说，通过体外基因修饰自体造血干细胞并移植回患者体内的基因治疗方法是唯一的选择。Alessandro Aiuti 等人使用慢病毒工程化载体将功能性 WAS 基因引入造血干细胞和祖细胞中进行自体移植，成功治愈了 3 名儿童患者。患者的免疫学、血液学临床症状得到全面改善，未见任何造血干细胞克隆扩增现象，证明了慢病毒工程化载体的安全性。Hacein-Bey Abina 等人对平均年龄 7 岁的 7 名维-奥二氏综合征患者进行了慢病毒介导的基因治疗，其中 6 名患者症状有了极大的改善，进一步证明了慢病毒携带的 WAS 基因治疗这种疾病的有效性和安全性。帕金森病是一种常见于中老年人的神经变性疾病，临床上以静止性震颤、运动迟缓、肌强直和姿势步态障碍为主要特征，目前主要以口服多巴胺的替代治疗为主要方式，然而，长期替代治疗会导致运动并发症和冲动控制障碍，而以慢病毒为基础的基因治疗可长期维持患者自身多巴胺的水平。Stéphane Palfi 等人在 15 名帕金森病患者 Ⅰ/Ⅱ 期临床试验中，将 3 个多巴胺合成基因以慢病毒为载体注射进双侧纹状体，替代帕金森病中丧失功能的多巴胺源，促使帕金森病进展期患者脑内局部持续分泌多巴胺，改善了他们的运动功能且未见明显不良反应。与 γ-逆转录病毒工程化载体相比，慢病毒工程化载体优先用于许多 CAR-T 细胞疗法的 Ⅲ 期临床试验。如慢病毒工程化载体被用于针对难治性 B 细胞淋巴瘤（NCT03391726）、ALL（NCT03027739 和 NCT03937544）和难治性 B 细胞急性髓系白血病（NCT03631576）的 CAR-T 细胞正在进行的 Ⅲ 期临床试验。慢病毒工程化载体介导的基因治疗在近年来获得了很大进展，由于新一代慢病毒工程化载体的应用及慢病毒自身区别于普通逆转录病毒的特性，其在基因治疗临床研究中表现出了较高的安全性，这为未来进一步的临床研究和更广泛的临床应用奠定了基础。

8.2   传统设计策略

8.2.1   嵌合病毒工程化载体策略

嵌合病毒指由两个或两个以上的病毒衣壳基因通过基因拼接而产生的具有杂交衣壳的新病毒。通过在病毒血清型之间交换受体结合域，可产生嵌合体，从而实现载体的重构。腺病毒载体被"嵌合"工程化改造后，其靶向性会得到优化。例如，Ad5 依赖于其 knob 功能域和柯萨奇病毒腺病毒受体（coxsackievirus-adenovirus receptor，CAR）之间的相互作用来结合并感染细胞，但靶细胞（如肿瘤细胞）通常不表达 CAR。为克服该限制，研究人员将 Ad5 纤维 knob 功能域替换为猪腺病毒 4 型 NadC-1 毒株的结构域，以产生与含有乳糖和 N- 乙酰基 - 乳糖胺单元的细胞表面聚糖结合的嵌合体。该类嵌合体的成功开发是针对异常糖基化癌细胞的病毒载体快速发展的典型代表。除改变疫苗的靶向性外，嵌合病毒还通过交换衣壳上的潜在抗体表位来避免抗病毒免疫情况的发生。嵌合病毒方法作为一种合理的设计策略，有助于阐明功能性衣壳结构域（例如细胞结合结构域、免疫原性表位等）的存在，并且易与其他相关病毒株的类似结构域交换。嵌合病毒方法也可以作为研究衣壳生物学的有效工具。根据 Ho 等人的研究，嵌合 AAV 的产生揭示病毒衣壳组装和包装基因组的能力对由突变引起的结构破坏不敏感。

8.2.2   镶嵌病毒工程化载体策略

病毒衣壳是含有多个独立蛋白质亚基的自组装体。镶嵌病毒利用这一特性，将来自不同病毒的亚基混合到一个衣壳中。镶嵌法通常是将两个或多个变体表型性状结合的有效方法。例如，含有 Ad3 和 Ad5 纤维蛋白 knob 功能域的腺病毒嵌合体能够使用 CD40（Ad3 靶向性）和 CAR（Ad5 靶向性）作为细胞受体，且在其中之一被阻断时也能够感染细胞，从而扩大了腺病毒载体的靶向范围。最近，Judd 等人利用镶嵌法设计了需要两种胞外蛋白酶切割才能介导转基因传递的 AAV 载体。蛋白酶激活病毒（protease-activatable virus，PAV）通过将肽类插入自组装 AAV 上，从而将病毒衣壳"锁住"，使 AAV 载体无法结合和感染细胞。当存在靶细胞外蛋白酶（如基质金属蛋白酶）时，"锁"从衣壳上被切断，病毒在"解锁"后即可结合和转染细胞。在设计镶嵌衣壳时，PAV 相当于"与"逻辑门，需要通过两种蛋白酶切割才能发生基因传递。

8.2.3   假病毒工程化载体策略

假病毒是病毒载体的另一种设计策略，可用于模拟病毒外膜结构和 RNA 病毒核酸状态。在该策略中，病毒的靶向性可以通过交换病毒的包膜蛋白得到改变。研究人员利用 HIV-1 骨架改造工程化载体，用水泡性口炎病毒的融合性外壳 G 糖蛋白（glycoprotein G from vesicular stomatitis virus，VSV-G）代替 HIV-1 的包膜进行包装，扩展载体的靶向范围至更广泛的宿主细胞。其他糖蛋白也可被应用，常见的有麻疹病毒糖蛋白血凝素（H）和融合蛋白（F）的截短形式。截短的 H 蛋白能够阻止病毒与固有受体以及表皮生长因子（epidermal growth factor，EGF）或靶向 CD20 的单链抗体等配体与其胞外结构域的结合，进而使病毒与新靶细胞结合，例如 EGF 受体（epidermal growth factor receptor，EGFR）表达细胞和 CD20 阳性淋巴细胞。

8.2.4 利用 DNA 改组技术形成嵌合体

除了上述病毒工程化载体设计策略，病毒元件还可以通过组合方式形成嵌合体。例如，通过 DNA 改组（DNA shuffling）及随机片段化，研究人员可以组装和扩增来自不同病毒变体的衣壳基因，构建嵌合病毒文库。DNA 改组是指 DNA 分子的体外重组，是基因在分子水平上进行的有性重组（sexual recombination）。DNA 改组已被用于通过体内外选择来修饰病毒衣壳。例如，Yang 等人改组了 AAV 血清型 1-9 的衣壳基因，并在小鼠尾静脉注射后，对横纹肌中高转导和肝脏中低转导的衣壳进行了体内选择，获得了由来自血清型 1、6、7 和 8 的衣壳基因片段组成的最佳病毒嵌合体。AAV 通过 DNA 重组也可产生嵌合载体，增强其对神经胶质细胞和肝细胞的结合能力，从而穿过癫痫发作患者的血脑屏障，并对人类静脉注射免疫球蛋白产生耐药性。DNA 改组也已应用于逆转录病毒，例如小鼠白血病病毒包膜基因的改组。DNA 改组被视为构建大型嵌合体病毒库的有效设计策略之一。体内选择有助于识别出能克服复杂生理障碍的病毒变体。与其他基于退火的重组方法相比，DNA 改组的不足之处是缺乏对交叉位点的控制，因为其交叉位点仅出现在序列同源性高的区域。虽然通过 DNA 改组产生的氨基酸取代现象比通过随机突变产生的更为保守，但无法避免对蛋白质结构的破坏，从而产生低适应性病毒突变体。该缺点或可利用结构引导的蛋白质重组文库来克服，即利用蛋白质三维坐标识别可发生同源蛋白质间互换而不破坏蛋白质结构的结构域。此外，通过组合方式嵌合现有病毒元件，可对下一代病毒载体起到优化作用。

8.3　基于合成生物学的工程化载体设计策略

大多数合成生物学应用是将生物元件整合到生物底盘中。生物底盘指本身的功能精简、具备最基本的自我复制和代谢能力的生物平台，其通常是某种类型的宿主细胞，例如大肠杆菌或酿酒酵母。无细胞系统和囊泡系统也可作为生物底盘。病毒与底盘细胞相结合也可作为强大的生物底盘系统。底盘细胞负责稳定的自我维持和复制，而病毒则执行将基因传递到靶细胞的效应功能。其中，腺病毒载体的特性使其很适合作为生物元件的理想底盘。这种"底盘"与"元件"的相互作用方式在利用工程化载体进行基因治疗中的应用推动了下一代多功能病毒载体的发展。尤其是，基于合成生物学技术改造工程化载体逐渐成为研究焦点，其主要通过工程化设计减弱工程化病毒载体的免疫毒性，并利用逻辑基因线路赋予载体更精确的组织或细胞靶向性，这些人工优化改造提高了工程化载体在基因治疗与疫苗研发中的有效性与安全性。

8.3.1 基于合成生物学的工程化载体设计特点

基于合成生物学的工程化载体设计具有如下特点。

1. 减弱病毒载体的免疫原性

优化病毒载体面临的突出挑战之一是如何减弱其免疫原性。病毒注射到人体后会引发机体的特异性及非特异性免疫反应，抑制病毒载体的有效传递。例如，针对腺病毒的非特异性免疫始于模式识别受体与补体系统对病毒的识别，引发以血小板减少症和大量细胞因子产生等现象为代表的早期毒性反应。3 ~ 7 天后，细胞免疫反应生效，其主要通过细胞毒性 T 淋巴细胞裂解感染细胞。2 ~ 3 周后，体液免疫反应生效，B 细胞产生抗腺病毒中和抗体并产生免疫记忆，从而影响腺病毒疫苗的治疗效果。野生型腺病毒在肝脏中的积聚加剧了免疫反应，导致肝毒性，这既会伤害疫苗被注射者，又会妨碍疫苗的治疗效果。

合成生物学对于减弱病毒载体免疫原性有较大助力。从合成生物学角度来看，病毒衣壳蛋白（见图 8-5a）经工程化后可作为模块化生物元件，从而降低免疫原性。一种策略是将病毒衣壳蛋白替换为设计合理的自身变体，以躲避中和抗体；另一种策略是在病毒衣壳外部添加生物成分以保护病毒表面。基于此，研究人员制订了各种衣壳工程策略。例如，许多研究人员将纳米材料和生物材料添加到病毒衣壳表面，以屏蔽腺病毒的免疫原性成分。对现有衣壳蛋白的修饰也有助于构建免疫毒性较小的腺病毒。交换六邻体高变区序列也是屏蔽抗体的有效策略。已有的 Ad5 血清型抗体大多针对上述区域。例如，Roberts 等人对 Ad5 底盘进行改造，用稀有血清型 Ad48 替换 Ad5 的高变区，既保留了 Ad5 的高感染性，也降低其与中和抗体的反应能力，构建了能够避免小鼠抗体反应的嵌合载体（见图 8-5b）。用于降低腺相关病毒衣壳免疫原性的策略可能也同样适用于腺病毒。例如，Bryant 等人使用高通量活性测定方法来确定各种突变组合对病毒的影响，并将其结果用作深度学习模型的分析数据。研究人员通过深度学习模型发现了由一系列突变组成的巨大序列空间，并预测这些突变能在腺相关病毒衣壳中保持活力。该序列空间限制了多突变衣壳的设计，使其仅限于被预测可行的衣壳，从而加速了寻找逃避免疫反应的突变型腺相关病毒的进程。

目前已有几种 SARS-CoV-2 疫苗利用腺病毒底盘作为编码 SARS-CoV-2 刺突蛋白抗原的 DNA 的递送载体。由阿斯利康与强生开发的 SARS-CoV-2 疫苗分别使用了猿猴腺病毒载体 ChAdOx1 和人腺病毒载体 Ad26。与 mRNA 疫苗不同，上述腺病毒作为生物底盘具有在 4℃保持稳定的关键优势。此外，它们在人群中表现出低血清阳性率，预存免疫的比例很低。对于腺病毒衣壳蛋白，研究人员可以通过定向进化、理性设计或机器学习等策略开发载体免疫原性更低的稳定疫苗底盘。

在腺病毒表面构造额外元件可以屏蔽其最具免疫原性的衣壳区域。经典方法是利用化学方法将聚乙二醇链连接到腺病毒衣壳暴露的赖氨酸残基上。此方法催生了后续一系列基于聚合物保护腺病毒衣壳方法。例如，Rojas 等人将白蛋白结合域（albumin binding domain，ABD）插入腺病毒六邻体蛋白中间（见图 8-5c）。此方法的缺点之一是经白蛋白结合域修饰的腺病毒感染性降低，这可能是由于大量的白蛋白干扰了胞内运输过程。在另一种合成生物学方法中，Lv 等人使用 CRISPR-Cas9 创建了转基因小鼠品系，该品系通过糖蛋白 -Asn-Gly-Arg（NGR）融合蛋白在红细胞膜上表达 NGR 三肽，这些红细胞膜被收集后用于包裹溶瘤性腺病毒，保护其免受免疫攻击（见图 8-5d）。

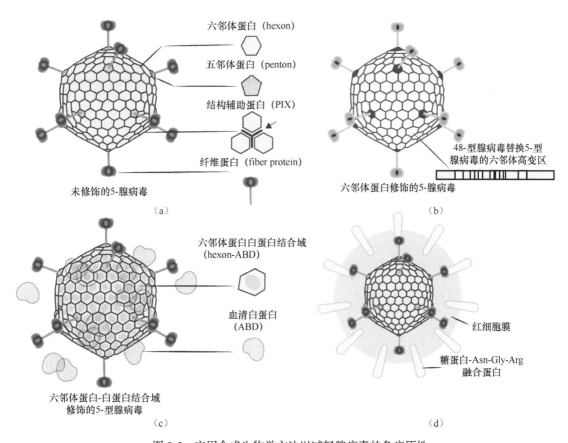

图 8-5　应用合成生物学方法以减轻腺病毒的免疫原性

2. 提高病毒的组织嗜性和靶向性

未修饰的腺病毒（如 Ad5）倾向于在肝脏中累积，这可能导致肝毒性并抑制腺病毒达到预期的治疗靶点。此外，未修饰的腺病毒不能感染缺少 CAR 的细胞，导致其靶向范围仅局限于几种细胞类型。制备靶向特定细胞和组织的病毒是病毒载体临床应用的关键，合成生物学方法已被用于克服上述问题以提高治疗效果。例如，腺病毒纤维蛋白工程已经成为改变腺病毒靶向性的重要方式之一，通过肽融合、其他腺病毒血清型替代和基于抗体的修饰等途径，将外源性生物成分整合到腺病毒中以实现预期靶向性。

腺病毒纤维蛋白的肽融合已成功将病毒重定向至缺少 CAR 的细胞（见图 8-6a）。例如，Wickham 等人制备了融合载体，包括纤维 C 端带有 RGD 基序和带有多聚赖氨酸基序的腺病毒。这些载体在巨噬细胞、内皮细胞和平滑肌细胞等多种非肝细胞类型中的传播与扩散能力得到增强。再如，研究人员将来自 VSV-G 的表位和来自 HIV-Tat 蛋白的细胞穿透结构域进行了融合。肽融合体现了从不同的生物借用（例如 RGD、VSVG 和 Tat 肽）与从头合理设计（例如聚赖氨酸肽）的合成生物学实践。上述肽与纤维融合的例子为利用合成生物学解决腺病毒可编程靶向性奠定了基础。纤维假分型（fiber pseudotyping）和异种分型（fiber xenotyping）（见图 8-6c）也扩大了腺病毒可以感染的组织范围，使其不再局限于表达 CAR 的组织，但仍不能实现所需细胞类型的高度靶向性。纤维假分型和异种分型利用了来自不同腺病毒血清型的生物元件，体现了合成生物学的模块化。

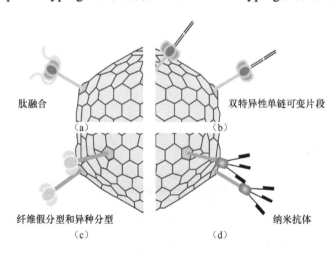

图 8-6   合成生物学方法提高腺病毒的特异性以及靶向性

基于抗体的策略已被用于更精确地靶向所需细胞类型。Haisma 设计了含两个单链可变片段的单链抗体（single-chain variable fragment，scFv），其中一个单链可变片段针对腺病毒纤维蛋白 knob 功能域，另一个针对 EGF 受体（见图 8-6b）。这种双特异性 scFv 可附着于纤维蛋白的 knob 功能域，赋予腺病毒对表达 EGF 受体的细胞系（如表皮癌细胞系）的靶向性。Coughlan 等人探索出一系列将抗体或抗体片段连接到纤维蛋白 knob 功能域的方法。但这些方法依赖于非共价结合，可能在体内递送时受到一定程度的破坏。针对上述问题，van Erp 等人选择通过将骆驼纳米抗体基因融合到纤维蛋白上来制备腺病毒（见图 8-6d）。由于 knob 功能域的 C 端指向腺病毒衣壳，knob 功能域被 T4 纤维蛋白三聚化蛋白代替，从而使纳米体指向外部。这种巧妙的蛋白质工程手段可将纤维蛋白和纳米抗体生物功能直接整合到腺病毒底盘中，避免了策略的复杂性。将腺病毒与免疫球蛋白结合的方法为编程精确靶向性的腺病毒载体提供了多功能平台，其精确性和可编程性是合成生物学设计的关键属性。

8.3.2　基于合成生物学的工程化载体设计策略

基于合成生物学的工程化载体设计策略如下。

1. 利用定向进化改造工程化载体

目前，对腺相关病毒载体衣壳蛋白进行改造的策略主要有定向进化、理性设计等。其中，定向进化是一种高通量的基因工程方法，其通过模拟自然进化的过程，利用随机点突变法（如易错 PCR）、体外重组（如 DNA 改组）和随机序列多肽展示等方法，利用遗传多样化和选择过程来积累有益突变，从而逐步改善生物分子的功能，生成高丰度的基因突变文库，随后按照特定的目的对文库给予选择压力，迭代地进行基因筛选，富集有效的突变体。应用定向进化策略，研究人员可以对腺相关病毒 Cap 基因进行迭代优化，从而获得可满足特定需求的新型腺相关病毒载体。Chen 和 Arnold 最初使用 "随机点突变" 的定向进化策略进行酶的优化改造，Mccafferty 等人基于 Smith 于 1985 年提出的 "噬菌体展示" 技术进行抗体的定向进化筛选。1998 年，Zhao 等人运用 "交错延伸 PCR（stagger extension process PCR，StEP PCR）" 改进了 Stemmer 提出的 "DNA 改组" 的进化方法。2002 年，Muller 等人借鉴 "噬菌体展示" 技术，首次将定向进化的策略应用于腺相关病毒的衣壳蛋白改造。2008 年，Gimm 等人首次将 DNA 改组的方法引入腺相关病毒定向进化领域。借助定向进化的方法，Tevo 等人筛选得到了可在神经元内沿轴突逆向运输的突变体 rAAV2-retro，Grimm 等人筛选获得了可逃避血清中和抗体且对肝脏靶向性较好的 AAV-DJ。在目前腺相关病毒的定向进化领域，研究人员一方面凭借蛋白结构解析和计算预测，使得突变体库的构建更加精巧、智能，例如 Ojla 等人将 SCHEMA 方法运用到基于 DNA 改组的突变体库构建中，获得了可靶向脑室下区神经干细胞的 AAV-SCH9 突变体；另一方面借助 DNA 条形码技术和新一代测序技术，使得高通量突变体筛选成为可能，例如 Davidsson 等人将定向进化的方法结合 DNA 条形码技术，仅通过一轮活体筛选即可有效地获得多种类型的腺相关病毒功能突变体。

定向进化首先被应用于解决中和抗体的问题，例如，通过定向进化产生的 AAV 功能突变体在体外和体内实验中可以耐受比野生型高得多的中和抗体水平。Bartel 等人使用几种不同的人腺相关病毒特异性抗体库作为选择压力促使腺相关病毒多轮定向进化，产生了可以增强体外和体内抗体逃避的新变体。此外，定向进化产生的突变腺相关病毒衣壳可以更有效地克服病毒感染的组织运输障碍。例如，视网膜疾病中，感光细胞和视网膜色素上皮细胞位于数百微米的致密组织后面。与玻璃体内注射相比，视网膜下注射会带来手术风险，并且无法转导至整个视网膜。对此，研究人员设计了一种腺相关病毒载体，使其能够在玻璃体内注射时产生高度特异性感染（94%）视网膜的 Müller 细胞。在大鼠视网膜色素变性模型中，用腺相关病毒载体转导这些细胞能够广泛表达神经保护因子，并减缓视网膜变性。最近，研究人员使用体内定向进化来产生腺相关病毒，其可以通过视网膜运输遗传物质并在玻璃体内递送后直接感染感光细胞。通过成功应用于各种体外和体内系统，定向进化已经显示出克服广泛的基因传递挑战的能力。

2. 利用理性设计改造工程化载体

除定向进化的方法之外，基于已知的蛋白信息进行理性化设计的策略，也是构建新型腺相关病毒载体的重要方法，这类方法具有智能化、集约化的特点，可以弥补定向进化“高冗余度”的缺点。

一种理性设计方法依赖于对现有衣壳氨基酸残基的直接修饰，以将有益的特征从一个腺相关病毒衣壳转移到另一个衣壳。这种方法可能涉及不同腺相关病毒衣壳之间单个氨基酸或整个结构域的取代或缺失。例如，通过突变 AAV2 衣壳上的几个酪氨酸残基显著增强了其对纹状体和海马神经元的转导；突变 AAV9 衣壳三倍轴凸起处的两个氨基酸残基，使其保留穿越血脑屏障和转导神经元能力的同时，减少对外周组织的转导；设计突变 AAV2 和 AAVrh8R 的衣壳，提高其对视网膜和大脑的转导能力；通过将已知功能的短肽插入衣壳三倍轴凸起处，获得可高效转导内耳细胞的腺相关病毒突变体等。通过理性设计使腺相关病毒向免疫细胞递送这一方法也引起了人们的强烈兴趣。树突状细胞是一种抗原呈递细胞，可以启动 T 细胞并产生抗肿瘤细胞毒性 T 淋巴细胞（CTL）免疫反应。将 AAV6 中表面暴露的丝氨酸和苏氨酸残基突变为缬氨酸残基，可以提高单核细胞衍生的 DC（moDC）的腺相关病毒载体体外转导效率。突变株 T492V、S663V 和 T492V+S663V 的感染性显著增强，双突变株的转导效率提高 5 倍。该 T492V+S663V 突变株用于将人前列腺特异性抗原（hPSA）转导给 moDC，与野生型 AAV6 基因传递相比，其在 moDC 中的 hPSA 表达提高了 3 倍，对人前列腺癌细胞的 CTL 反应增加了 1.3 倍。如果可以在体内实现递送，其效率无疑会进一步增强。腺相关病毒衣壳理性设计的另一种方法是将非病毒元件插入衣壳中，以实现将腺相关病毒重新靶向替代细胞受体。例如，小靶分子化合物已经通过与腺相关病毒衣壳蛋白的直接遗传融合或者与表面显示的生物素受体肽或分裂内含子的化学偶联而连接到腺相关病毒衣壳。这些研究使腺相关病毒能够重新靶向细胞受体，包括 CD4、CD30、CD34、CD133、Her2/neu 和 EpCAM，并为开发对不同细胞类型具有特异性的腺相关病毒载体带来了希望。

另一种理性设计方法，是通过系统发育分析，从现存腺相关病毒的共同祖先中重建基因序列，进而创建完全人工的腺相关病毒衣壳。通过这种方法产生的重建的祖先腺相关病毒衣壳更耐热，并且对几种不同的细胞和组织具有很强的效力。采用类似的方法，研究人员从许多哺乳动物、鸟类和有袋动物中鉴定出了来自细小病毒科依赖病毒属谱系的种系内源性病毒成分（endogenous viral element，EVE）。这些 EVE 目前已被用于指导合理设计新型腺相关病毒载体，基于其独特的结构元素，可以提供独特的载体特性或趋向性。

最近的一项研究表明，将定向进化与理性设计相结合，开发出能够以更高的效率和特异性穿过血脑屏障的腺相关病毒突变体。由此产生的载体 AAV1RX 不仅可以很容易地转导中枢神经系统中的细胞，还表现出更高的特异性。然而，通过上述手段生成功能性衣壳通常是困难的。导致这种困难的部分原因是病毒载体衣壳及其在病毒生命周期中的作用尚未完全了解，即衣壳上的变化理论上可以改善病毒载体与特定细胞受体的结合，但可能会对其他方面产生负面影响，例如载体组装和释放。了解更多关于病毒载体及其如何与细胞和组织相互作用的信息，有助于开发新的合理设计策略，进而发现用于不同治疗应用的改进载体。

8.3.3 利用人工智能技术优化改造工程化载体

目前针对工程化载体研究的关键，在于如何将期望的属性（高产量、低人群免疫原性、高转导效率、高靶向性等）结合在一个病毒衣壳中，以实现预期应用。目前，对于设计和构建多属性衣壳的相关技术不够完善，可应用的工程化病毒载体较少。对此，研究人员可以考虑利用先进的人工智能技术，如序列分析和机器学习等，设计具有一系列优异特性的新型衣壳变体，以实现安全、有效的基因治疗。2019 年，Ogden 等人制作了完整的一阶腺相关病毒 2（adeno-associated virus 2，AAV2）衣壳适应性图谱，描述了跨多个体内递送相关功能的所有单密码子取代、插入和缺失的情况。研究人员在 VP1 区域发现了一个移码基因，该基因表达膜相关辅助蛋白，其通过竞争性排斥作用抑制腺相关病毒的产生。研究人员通过算法设计和实验，对多种体内靶向衣壳库进行了验证，其可行性远超过随机诱变方法。

先进的序列分析方法同样有利于新型病毒载体的构建。由于病毒的高突变率，其在数千年的演化中衍生出了庞大的支系图谱。根据其血清型的不同，研究人员可以将野生型病毒单独分离，并将分离株的氨基酸序列形成数据集，通过分析该数据集，确定不同免疫特性和药理特性所必需的氨基酸残基。例如，Vandenberghe 和 Fakhiri 的团队对天然腺相关病毒衣壳的分离株进行特定研究发现，衣壳特定位置中的某些可变残基在许多其他血清型中是保守的，他们将这种残基称为"单子"（singleton）。通过"单子"所提供的对衣壳适配性的解释，Vandenberghe 推测腺相关病毒衣壳上存在的一个或多个"单子"残基会对载体的复制和 / 或基因传递效率产生负面影响。当"单子"被恢复为默认的保守残基时，所产生的衣壳将具有更高的复制能力（通过载体产量评估）和感染能力。此外，Zinn 等人利用祖先序列重建算法测算了原始无单体 Eve 腺相关病毒衣壳的氨基酸序列，并创建了一个由 2^{11} 个排列组合组成的概率序列空间，通过研究发现变体 Anc80L65 相比 AAV2 型毒株具有更高的热稳定性（15℃～30℃）和同等的产量。这项大大推进了腺相关病毒载体的研究。

通过理性设计或组合方法识别先导候选衣壳的过程耗时长且工作量大，机器学习结合组合优化是衣壳工程研究的突破性新技术，即从有限的对象集（衣壳池）中找到满足特定用户定义目标的最优对象（衣壳）。腺相关病毒衣壳库作为选择基因治疗载体的工具也越来越受欢迎。复杂衣壳文库定向进化的关键问题是如何在有限的载体上结合最有价值的衣壳特征，在机器学习中，上述问题体现为：首先，许多参数会限制衣壳结合所需特征的筛选，从而干扰筛选结果；其次，数据库过大也会降低筛选效率，例如 AAV2 VP1 受体的大小为 735 个氨基酸残基，则有 19735 种可能的排列组合，计算的复杂程度非常高。因此，迫切需要规模可控并且包含足量信息的突变体文库来担任分析数据集。2020 年，Marques 等人利用病毒组装前后收集的腺相关病毒衣壳库数据对机器学习算法进行测试，发现人工神经网络和支持向量机都可用于预测未知衣壳变体是否能组装成可行的病毒样结构。通过构建精确的模型，模拟文库构建中的假设突变模式，研究人员证明了 N495、G546 和 I554 在 AAV2 衍生衣壳中的重要性；使用机器学习衍生数据生成两个比较文库，对这些发现进行生物学验证，证明了机器学习在载体设计中的预测能力。经研究发现，卷积神经网络和递归神经网络在腺相关病毒衣壳的适合度预测方面展现出显著的有效性。现代实验技术可用于分析大量的生物序列，但工程蛋白质库很少能超过天然蛋白质家族的序列多样性。机器学习模型直接基于实验数据进行分析，无须生物物理建模，为获得多样性工程蛋白质提供了途径。2021 年，Bryant 等人应用深度学习模型设计了高度多样化的 AAV2 衣壳蛋白变体——这些变体仍然可以用于包装 DNA。其针对 AAV2 衣壳蛋白 28 个氨基酸片段，生成了 201426 个氨基酸片段AAV2 野生型序列的变体，产生了 110689 个有效可行的工程衣壳，其中有 57348 个超过了天然 AAV 血清型序列的平均多样性，在该区域有 12 ～ 29 个突变。即使通过分析有限数据，深度神经网络模型也可以准确预测各种突变体中的衣壳活性。这种方式解锁了功能齐全但先前无法利用的序列空间，在病毒载体的制备和蛋白治疗方面具有许多潜在应用。

总的来说，利用人工智能技术，研究人员首先要确定可组装衣壳并构建数据集，然后推导出机器学习算法，随后将其应用于新文库中，纳入更高比例的可组装衣壳，再进行抗体规避筛选。这种病毒衣壳设计方法有望使病毒工程化载体的改造更加安全和高效。

8.4　小结

合成生物学技术的不断发展促进了病毒工程化载体在基因治疗和疫苗研发中的应

用，尤其是包括蛋白质设计软件在内的新兴计算方法大大提高了病毒工程化载体的设计效率。高通量技术可以为机器学习模型提供数据支撑，有助于实现工程化载体的更优设计。研究人员可以在突变表征实验前应用合理的设计，结合机器学习探索更广阔的可能空间，进而辅助和加速病毒工程化载体的设计。搭载 CRISPR/Cas9 的病毒工程化载体可以在靶细胞中实现多重编辑，有望促进多基因治疗的实现。

8.5 参考文献

[1] Shenk T. Adenoviridae: The Viruses and Their Replication[J]. Fields Virology, 1999, 2.

[2] Douglas J T. Adenoviral vectors for gene therapy[J]. Mol Biotechnol, 2007, 36(1): 71-80.

[3] Campos S K, Barry M A. Current advances and future challenges in Adenoviral vector biology and targeting[J]. Curr Gene Ther, 2007, 7(3): 189-204.

[4] Landes R. Adenoviruses: Basic Biology to Gene Therapy[J]. 1999.

[5] Barnett B G, Crews C J, Douglas J T. Targeted adenoviral vectors[J]. Biochim Biophys Acta, 2002, 1575(1-3): 1-14.

[6] Munoz F M, Piedra P A, Demmler G J. Disseminated adenovirus disease in immunocompromised and immunocompetent children[J]. Clin Infect Dis, 1998, 27(5): 1194-1200.

[7] Arrand J R, Roberts R J. The nucleotide sequences at the termini of adenovirus-2 DNA[J]. J Mol Biol, 1979, 128(4): 577-594.

[8] Lee J Y, Peng H, Usas A, et al. Enhancement of bone healing based on ex vivo gene therapy using human muscle-derived cells expressing bone morphogenetic protein 2[J]. Hum Gene Ther, 2002, 13(10): 1201-1211.

[9] Tarkka T, Sipola A, Jämsä T, et al. Adenoviral VEGF-A gene transfer induces angiogenesis and promotes bone formation in healing osseous tissues[J]. J Gene Med, 2003, 5(7): 560-566.

[10] Folegatti P M, Ewer K J, Aley P K, et al. Safety and immunogenicity of the ChAdOx1 nCoV-19 vaccine against SARS-CoV-2: a preliminary report of a phase 1/2, single-blind, randomised controlled trial[J]. Lancet, 2020, 396(10249): 467-478.

[11] Gonçalves M A. Adeno-associated virus: from defective virus to effective vector[J]. Virol J, 2005, 2: 43.

[12] Liu J, Koay T W, Maiakovska O, et al. Progress in Bioengineering of Myotropic Adeno-Associated Viral Gene Therapy Vectors[J]. Hum Gene Ther, 2023, 34(9-10): 350-364.

[13] Ding W, Zhang L, Yan Z, et al. Intracellular trafficking of adeno-associated viral vectors[J]. Gene Ther, 2005, 12(11): 873-880.

[14] Kotterman M A, Schaffer D V. Engineering adeno-associated viruses for clinical gene therapy[J]. Nat Rev Genet, 2014, 15(7): 445-451.

[15] Bartlett J S, Samulski R J, McCown T J. Selective and rapid uptake of adeno-associated virus type 2 in brain[J]. Hum Gene Ther, 1998, 9(8): 1181-1186.

[16] Duan D, Sharma P, Yang J, et al. Circular intermediates of recombinant adeno-associated virus have defined structural characteristics responsible for long-term episomal persistence in muscle tissue[J]. J Virol, 1998, 72(11): 8568-8577.

[17] Samulski R J, Chang L S, Shenk T. Helper-free stocks of recombinant adeno-associated viruses: normal integration does not require viral gene expression[J]. J Virol, 1989, 63(9): 3822-3828.

[18] Stroes E S, Nierman M C, Meulenberg J J, et al. Intramuscular administration of AAV1-lipoprotein lipase S447X lowers triglycerides in lipoprotein lipase-deficient patients[J]. Arterioscler Thromb Vasc Biol, 2008, 28(12): 2303-2304.

[19] Samulski R J, Muzyczka N. AAV-Mediated Gene Therapy for Research and Therapeutic Purposes[J]. Annual Review of Virology, 2014, 1(1): 427-451.

[20] Asokan A, Schaffer D V, Samulski R J. The AAV vector toolkit: poised at the clinical crossroads[J]. Mol Ther, 2012, 20(4): 699-708.

[21] Jacobson S G, Cideciyan A V, Ratnakaram R, et al. Gene therapy for leber congenital amaurosis caused by RPE65 mutations: safety and efficacy in 15 children and adults followed up to 3 years[J]. Arch Ophthalmol, 2012, 130(1): 9-24.

[22] MacLaren R E, Groppe M, Barnard A R, et al. Retinal gene therapy in patients with choroideremia: initial findings from a phase 1/2 clinical trial[J]. Lancet, 2014, 383(9923): 1129-1137.

[23] Gaudet D, Méthot J, Déry S, et al. Efficacy and long-term safety of alipogene tiparvovec (AAV1-LPLS447X) gene therapy for lipoprotein lipase deficiency: an open-label trial[J]. Gene Ther, 2013, 20(4): 361-369.

[24] Münch R C, Janicki H, Völker I, et al. Displaying high-affinity ligands on adeno-associated viral vectors enables tumor cell-specific and safe gene transfer[J]. Mol Ther, 2013, 21(1): 109-118.

[25] Arap W, Pasqualini R, Ruoslahti E. Cancer treatment by targeted drug delivery to tumor vasculature in a mouse model[J]. Science, 1998, 279(5349): 377-380.

[26] Hajitou A. Targeted systemic gene therapy and molecular imaging of cancer contribution of the vascular-targeted AAVP vector[J]. Adv Genet, 2010, 69: 65-82.

[27] Excoffon K J, Koerber J T, Dickey D D, et al. Directed evolution of adeno-associated virus to an infectious respiratory virus[J]. Proc Natl Acad Sci U S A, 2009, 106(10): 3865-3870.

[28] Jang J H, Koerber J T, Kim J S, et al. An evolved adeno-associated viral variant enhances gene delivery and gene targeting in neural stem cells[J]. Mol Ther, 2011, 19(4): 667-675.

[29] Asuri P, Bartel M A, Vazin T, et al. Directed evolution of adeno-associated virus for enhanced gene delivery and gene targeting in human pluripotent stem cells[J]. Mol Ther, 2012, 20(2): 329-338.

[30] Fang J, Qian J J, Yi S, et al. Stable antibody expression at therapeutic levels using the 2A peptide[J]. Nat Biotechnol, 2005, 23(5): 584-590.

[31] Wu S, Meng L, Wang S, et al. Reversal of the malignant phenotype of cervical cancer CaSki cells through adeno-associated virus-mediated delivery of HPV16 E7 antisense RNA[J]. Clin Cancer Res, 2006, 12(7 Pt 1): 2032-2037.

[32] Sun A, Tang J, Terranova P F, et al. Adeno-associated virus-delivered short hairpin-structured RNA for androgen receptor gene silencing induces tumor eradication of prostate cancer xenografts in nude mice: a preclinical study[J]. Int J Cancer, 2010, 126(3): 764-774.

[33] Expression of Concern: Recombinant adeno-associated virus (rAAV) expressing TFPI-2 inhibits invasion, angiogenesis and tumor growth in a human glioblastoma cell line[J]. Int J Cancer, 2021.

[34] Bui Nguyen T M, Subramanian I V, Xiao X, et al. Adeno-associated virus-mediated delivery of kringle 5 of human plasminogen inhibits orthotopic growth of ovarian cancer[J]. Gene Ther, 2010, 17(5): 606-615.

[35] Cai K X, Tse L Y, Leung C, et al. Suppression of lung tumor growth and metastasis in mice by adeno-associated virus-mediated expression of vasostatin[J]. Clin Cancer Res, 2008, 14(3): 939-949.

[36] Nieto K, Kern A, Leuchs B, et al. Combined prophylactic and therapeutic intranasal vaccination against human papillomavirus type-16 using different adeno-associated virus serotype vectors[J]. Antivir Ther, 2009, 14(8): 1125-1137.

[37] Steel J C, Di Pasquale G, Ramlogan C A, et al. Oral vaccination with adeno-associated virus vectors expressing the Neu oncogene inhibits the growth of murine breast cancer[J]. Mol Ther, 2013, 21(3): 680-687.

[38] Nieto K, Stahl-Hennig C, Leuchs B, et al. Intranasal vaccination with AAV5 and 9 vectors against human papillomavirus type 16 in rhesus macaques[J]. Hum Gene Ther, 2012, 23(7): 733-741.

[39] Ho D T, Wykoff-Clary S, Gross C S, et al. Growth inhibition of an established A431 xenograft tumor by a full-length anti-EGFR antibody following gene delivery by AAV[J]. Cancer Gene Ther, 2009, 16(2): 184-194.

[40] Kim S H, Kim S, Robbins P D. Retroviral vectors[J]. Adv Virus Res, 2000, 55: 545-563.

[41] Varmus H. Retroviruses[J]. Science, 1988, 240(4858): 1427-1435.

[42] Rittiner J E, Moncalvo M, Chiba-Falek O, et al. Gene-Editing Technologies Paired With Viral Vectors for Translational Research Into Neurodegenerative Diseases[J]. Front Mol Neurosci, 2020, 13: 148.

[43] Kushnir N, Streatfield S J, Yusibov V. Virus-like particles as a highly efficient vaccine platform: diversity of targets and production systems and advances in clinical development[J]. Vaccine, 2012, 31(1): 58-83.

[44] Garbuglia A R, Lapa D, Sias C, et al. The Use of Both Therapeutic and Prophylactic Vaccines in the Therapy of Papillomavirus Disease[J]. Front Immunol, 2020, 11: 188.

[45] Harper D M, DeMars L R. HPV vaccines - A review of the first decade[J]. Gynecol Oncol, 2017, 146(1): 196-204.

[46] Laurencin C T, Attawia M A, Lu L Q, et al. Poly(lactide-co-glycolide)/hydroxyapatite delivery of BMP-2-producing cells: a regional gene therapy approach to bone regeneration[J]. Biomaterials, 2001, 22(11): 1271-1277.

[47] Lieberman J R, Ghivizzani S C, Evans C H. Gene transfer approaches to the healing of bone and cartilage[J]. Mol Ther, 2002, 6(2): 141-147.

[48] Peterson B, Zhang J, Iglesias R, et al. Healing of critically sized femoral defects, using genetically modified mesenchymal stem cells from human adipose tissue[J]. Tissue Eng, 2005, 11(1-2): 120-129.

[49] Sugiyama O, An D S, Kung S P, et al. Lentivirus-mediated gene transfer induces long-term transgene expression of BMP-2 in vitro and new bone formation in vivo[J]. Mol Ther, 2005, 11(3): 390-398.

[50] Mason J M, Grande D A, Barcia M, et al. Expression of human bone morphogenic protein 7 in primary rabbit periosteal cells: potential utility in gene therapy for osteochondral repair[J]. Gene Ther, 1998, 5(8): 1098-1104.

[51] Mason J M, Breitbart A S, Barcia M, et al. Cartilage and bone regeneration using gene-enhanced tissue engineering[J]. Clin Orthop Relat Res, 2000, (379 Suppl): S171-178.

[52] Yu H, Eton D, Wang Y, et al. High efficiency in vitro gene transfer into vascular tissues using a pseudotyped retroviral vector without pseudotransduction[J]. Gene Ther, 1999, 6(11): 1876-1883.

[53] Hacein-Bey-Abina S, Garrigue A, Wang G P, et al. Insertional oncogenesis in 4 patients after retrovirus-mediated gene therapy of SCID-X1[J]. J Clin Invest, 2008, 118(9): 3132-3142.

[54] Hossain J A, Ystaas L R, Mrdalj J, et al. Lentiviral HSV-Tk.007-mediated suicide gene therapy is not toxic for normal brain cells[J]. J Gene Med, 2016, 18(9): 234-243.

[55] Campbell S, Vogt V M. In vitro assembly of virus-like particles with Rous sarcoma virus Gag deletion mutants: identification of the p10 domain as a morphological determinant in the formation of spherical particles[J]. J Virol, 1997, 71(6): 4425-4435.

[56] Beasley B E, Hu W S. cis-Acting elements important for retroviral RNA packaging specificity[J]. J Virol, 2002, 76(10): 4950-4960.

[57] Watanabe S, Temin H M. Encapsidation sequences for spleen necrosis virus, an avian retrovirus, are between the 5' long terminal repeat and the start of the gag gene[J]. Proc Natl Acad Sci U S A, 1982, 79(19): 5986-5990.

[58] Breckpot K, Dullaers M, Bonehill A, et al. Lentivirally transduced dendritic cells as a tool for cancer immunotherapy[J]. J Gene Med, 2003, 5(8): 654-667.

[59] Gardner M, Yamamoto J, Marthas M, et al. SIV and FIV vaccine studies at UC Davis: 1991 update[J]. AIDS Res Hum Retroviruses, 1992, 8(8): 1495-1498.

[60] Gardner M B. Simian and feline immunodeficiency viruses: animal lentivirus models for evaluation of AIDS vaccines and antiviral agents[J]. Antiviral Res, 1991, 15(4): 267-286.

[61] Craigo J K, Montelaro R C. EIAV envelope diversity: shaping viral persistence and encumbering vaccine

efficacy[J]. Curr HIV Res, 2010, 8(1): 81-86.

[62] Wang X F, Lin Y Z, Li Q, et al. Genetic Evolution during the development of an attenuated EIAV vaccine[J]. Retrovirology, 2016, 13: 9.

[63] Levine B L, Humeau L M, Boyer J, et al. Gene transfer in humans using a conditionally replicating lentiviral vector[J]. Proc Natl Acad Sci U S A, 2006, 103(46): 17372-17377.

[64] Thompson A A, Walters M C, Kwiatkowski J, et al. Gene Therapy in Patients with Transfusion-Dependent β -Thalassemia[J]. N Engl J Med, 2018, 378(16): 1479-1493.

[65] Fumagalli F, Calbi V, Natali Sora M G, et al. Lentiviral haematopoietic stem-cell gene therapy for early-onset metachromatic leukodystrophy: long-term results from a non-randomised, open-label, phase 1/2 trial and expanded access[J]. Lancet, 2022, 399(10322): 372-383.

[66] Hacein-Bey Abina S, Gaspar H B, Blondeau J, et al. Outcomes following gene therapy in patients with severe Wiskott-Aldrich syndrome[J]. Jama, 2015, 313(15): 1550-1563.

[67] Palfi S, Gurruchaga J M, Ralph G S, et al. Long-term safety and tolerability of ProSavin, a lentiviral vector-based gene therapy for Parkinson's disease: a dose escalation, open-label, phase 1/2 trial[J]. Lancet, 2014, 383(9923): 1138-1146.

[68] Cartier N, Hacein-Bey-Abina S, Bartholomae C C, et al. Lentiviral hematopoietic cell gene therapy for X-linked adrenoleukodystrophy[J]. Methods Enzymol, 2012, 507: 187-198.

[69] Maude S L, Frey N, Shaw P A, et al. Chimeric antigen receptor T cells for sustained remissions in leukemia[J]. N Engl J Med, 2014, 371(16): 1507-1517.

[70] Kochenderfer J N, Feldman S A, Zhao Y, et al. Construction and preclinical evaluation of an anti-CD19 chimeric antigen receptor[J]. J Immunother, 2009, 32(7): 689-702.

[71] Asokan A, Conway J C, Phillips J L, et al. Reengineering a receptor footprint of adeno-associated virus enables selective and systemic gene transfer to muscle[J]. Nat Biotechnol, 2010, 28(1): 79-82.

[72] Kim J W, Glasgow J N, Nakayama M, et al. An adenovirus vector incorporating carbohydrate binding domains utilizes glycans for gene transfer[J]. PLoS One, 2013, 8(2): e55533.

[73] Ho M L, Adler B A, Torre M L, et al. SCHEMA computational design of virus capsid chimeras: calibrating how genome packaging, protection, and transduction correlate with calculated structural disruption[J]. ACS Synth Biol, 2013, 2(12): 724-733.

[74] Murakami M, Ugai H, Wang M, et al. An adenoviral vector expressing human adenovirus 5 and 3 fiber proteins for targeting heterogeneous cell populations[J]. Virology, 2010, 407(2): 196-205.

[75] Judd J, Ho M L, Tiwari A, et al. Tunable protease-activatable virus nanonodes[J]. ACS Nano, 2014, 8(5): 4740-4746.

[76] Halbert C L, Rutledge E A, Allen J M, et al. Repeat transduction in the mouse lung by using adeno-associated

virus vectors with different serotypes[J]. J Virol, 2000, 74(3): 1524-1532.

[77] Funke S, Maisner A, Mühlebach M D, et al. Targeted cell entry of lentiviral vectors[J]. Mol Ther, 2008, 16(8): 1427-1436.

[78] Li W, Asokan A, Wu Z, et al. Engineering and Selection of Shuffled AAV Genomes: A New Strategy for Producing Targeted Biological Nanoparticles[J]. Mol Ther, 2008, 16(7): 1252-1260.

[79] Koerber J T, Klimczak R, Jang J H, et al. Molecular evolution of adeno-associated virus for enhanced glial gene delivery[J]. Mol Ther, 2009, 17(12): 2088-2095.

[80] Grimm D, Lee J S, Wang L, et al. In vitro and in vivo gene therapy vector evolution via multispecies interbreeding and retargeting of adeno-associated viruses[J]. J Virol, 2008, 82(12): 5887-5911.

[81] Gray S J, Blake B L, Criswell H E, et al. Directed evolution of a novel adeno-associated virus (AAV) vector that crosses the seizure-compromised blood-brain barrier (BBB)[J]. Mol Ther, 2010, 18(3): 570-578.

[82] Koerber J T, Jang J H, Schaffer D V. DNA shuffling of adeno-associated virus yields functionally diverse viral progeny[J]. Mol Ther, 2008, 16(10): 1703-1709.

[83] Powell S K, Kaloss M A, Pinkstaff A, et al. Breeding of retroviruses by DNA shuffling for improved stability and processing yields[J]. Nat Biotechnol, 2000, 18(12): 1279-1282.

[84] Stemmer W P. Rapid evolution of a protein in vitro by DNA shuffling[J]. Nature, 1994, 370(6488): 389-391.

[85] Huimin Zhao, Giver L, Zhixin Shao, et al. Molecular evolution by staggered extension process (StEP) in vitro recombination[J]. Nat Biotechnol, 1998, 16(3): 258-261.

[86] Drummond D A, Silberg J J, Meyer M M, et al. On the conservative nature of intragenic recombination[J]. Proc Natl Acad Sci U S A, 2005, 102(15): 5380-5385.

[87] Voigt C A, Martinez C, Wang Z G, et al. Protein building blocks preserved by recombination[J]. Nat Struct Biol, 2002, 9(7): 553-558.

[88] Roberts D M, Nanda A, Havenga M J, et al. Hexon-chimaeric adenovirus serotype 5 vectors circumvent pre-existing anti-vector immunity[J]. Nature, 2006, 441(7090): 239-243.

[89] Yoon A R, Hong J, Kim S W, et al. Redirecting adenovirus tropism by genetic, chemical, and mechanical modification of the adenovirus surface for cancer gene therapy[J]. Expert Opin Drug Deliv, 2016, 13(6): 843-858.

[90] Sumida S M, Truitt D M, Lemckert A A, et al. Neutralizing antibodies to adenovirus serotype 5 vaccine vectors are directed primarily against the adenovirus hexon protein[J]. J Immunol, 2005, 174(11): 7179-7185.

[91] Bryant D H, Bashir A, Sinai S, et al. Deep diversification of an AAV capsid protein by machine learning[J]. Nat Biotechnol, 2021, 39(6): 691-696.

[92] Crommelin D J A, Volkin D B, Hoogendoorn K H, et al. The Science is There: Key Considerations for Stabilizing Viral Vector-Based Covid-19 Vaccines[J]. J Pharm Sci, 2021, 110(2): 627-634.

[93] Samaranayake L P, Seneviratne C J, Fakhruddin K S. Coronavirus disease 2019 (COVID-19) vaccines: A concise review[J]. Oral Dis, 2022, 28 Suppl 2: 2326-2336.

[94] He Q, Mao Q, Zhang J, et al. COVID-19 Vaccines: Current Understanding on Immunogenicity, Safety, and Further Considerations[J]. Front Immunol, 2021, 12: 669339.

[95] O'Riordan C R, Lachapelle A, Delgado C, et al. PEGylation of adenovirus with retention of infectivity and protection from neutralizing antibody in vitro and in vivo[J]. Hum Gene Ther, 1999, 10(8): 1349-1358.

[96] Choi J W, Lee Y S, Yun C O, et al. Polymeric oncolytic adenovirus for cancer gene therapy[J]. J Control Release, 2015, 219: 181-191.

[97] Rojas L A, Condezo G N, Moreno R, et al. Albumin-binding adenoviruses circumvent pre-existing neutralizing antibodies upon systemic delivery[J]. J Control Release, 2016, 237: 78-88.

[98] Lv P, Liu X, Chen X, et al. Genetically Engineered Cell Membrane Nanovesicles for Oncolytic Adenovirus Delivery: A Versatile Platform for Cancer Virotherapy[J]. Nano Lett, 2019, 19(5): 2993-3001.

[99] Shayakhmetov D M, Gaggar A, Ni S, et al. Adenovirus binding to blood factors results in liver cell infection and hepatotoxicity[J]. J Virol, 2005, 79(12): 7478-7491.

[100] Hagedorn C, Kreppel F. Capsid Engineering of Adenovirus Vectors: Overcoming Early Vector-Host Interactions for Therapy[J]. Hum Gene Ther, 2017, 28(10): 820-832.

[101] Wickham T J, Tzeng E, Shears L L, 2nd, et al. Increased in vitro and in vivo gene transfer by adenovirus vectors containing chimeric fiber proteins[J]. J Virol, 1997, 71(11): 8221-8229.

[102] Yun C O, Cho E A, Song J J, et al. dl-VSVG-LacZ, a vesicular stomatitis virus glycoprotein epitope-incorporated adenovirus, exhibits marked enhancement in gene transduction efficiency[J]. Hum Gene Ther, 2003, 14(17): 1643-1652.

[103] Han T, Tang Y, Ugai H, et al. Genetic incorporation of the protein transduction domain of Tat into Ad5 fiber enhances gene transfer efficacy[J]. Virol J, 2007, 4: 103.

[104] Coughlan L, Alba R, Parker A L, et al. Tropism-modification strategies for targeted gene delivery using adenoviral vectors[J]. Viruses, 2010, 2(10): 2290-2355.

[105] Haisma H J, Grill J, Curiel D T, et al. Targeting of adenoviral vectors through a bispecific single-chain antibody[J]. Cancer Gene Ther, 2000, 7(6): 901-904.

[106] van Erp E A, Kaliberova L N, Kaliberov S A, et al. Retargeted oncolytic adenovirus displaying a single variable domain of camelid heavy-chain-only antibody in a fiber protein[J]. Mol Ther Oncolytics, 2015, 2: 15001.

[107] Yang K K, Wu Z, Arnold F H. Machine-learning-guided directed evolution for protein engineering[J]. Nature Methods, 2019, 16(8): 687-694.

[108] Smith G P, Petrenko V A. Phage Display[J]. Chem Rev, 1997, 97(2): 391-410.

[109] Huimin Zhao,Wenjuan Zha. In vitro 'sexual' evolution through the PCR-based staggered extension process (StEP)[J]. Nat Protoc, 2006, 1(4): 1865-1871.

[110] Müller O J, Kaul F, Weitzman M D, et al. Random peptide libraries displayed on adeno-associated virus to select for targeted gene therapy vectors[J]. Nat Biotechnol, 2003, 21(9): 1040-1046.

[111] Tervo D G, Hwang B Y, Viswanathan S, et al. A Designer AAV Variant Permits Efficient Retrograde Access to Projection Neurons[J]. Neuron, 2016, 92(2): 372-382.

[112] Ojala D S, Sun S, Santiago-Ortiz J L, et al. In Vivo Selection of a Computationally Designed SCHEMA AAV Library Yields a Novel Variant for Infection of Adult Neural Stem Cells in the SVZ[J]. Mol Ther, 2018, 26(1): 304-319.

[113] Davidsson M, Diaz-Fernandez P, Schwich O D, et al. A novel process of viral vector barcoding and library preparation enables high-diversity library generation and recombination-free paired-end sequencing[J]. Sci Rep, 2016, 6: 37563.

[114] Kwon I, Schaffer D V. Designer gene delivery vectors: molecular engineering and evolution of adeno-associated viral vectors for enhanced gene transfer[J]. Pharm Res, 2008, 25(3): 489-499.

[115] Klimczak R R. Molecular evolution of adeno-associated virus for improved retinal gene therapies [D]; University of California, Berkeley, 2010.

[116] Kanaan N M, Sellnow R C, Boye S L, et al. Rationally Engineered AAV Capsids Improve Transduction and Volumetric Spread in the CNS[J]. Mol Ther Nucleic Acids, 2017, 8: 184-197.

[117] Wang D, Li S, Gessler D J, et al. A Rationally Engineered Capsid Variant of AAV9 for Systemic CNS-Directed and Peripheral Tissue-Detargeted Gene Delivery in Neonates[J]. Mol Ther Methods Clin Dev, 2018, 9: 234-246.

[118] Sullivan J A, Stanek L M, Lukason M J, et al. Rationally designed AAV2 and AAVrh8R capsids provide improved transduction in the retina and brain[J]. Gene Ther, 2018, 25(3): 205-219.

[119] Tan F, Chu C, Qi J, et al. AAV-ie enables safe and efficient gene transfer to inner ear cells[J]. Nat Commun, 2019, 10(1): 3733.

[120] Pandya M, Britt K, Hoffman B, et al. Reprogramming Immune Response With Capsid-Optimized AAV6 Vectors for Immunotherapy of Cancer[J]. J Immunother, 2015, 38(7): 292-298.

[121] Münch R C, Muth A, Muik A, et al. Off-target-free gene delivery by affinity-purified receptor-targeted viral vectors[J]. Nat Commun, 2015, 6: 6246.

[122] Hörner M, Weber W. Spatially Defined Gene Delivery into Native Cells with the Red Light-Controlled OptoAAV Technology[J]. Curr Protoc, 2022, 2(6): e440.

[123] Gomez E J, Gerhardt K, Judd J, et al. Light-Activated Nuclear Translocation of Adeno-Associated Virus Nanoparticles Using Phytochrome B for Enhanced, Tunable, and Spatially Programmable Gene Delivery[J].

ACS Nano, 2016, 10(1): 225-237.

[124] Liu Y, Fang Y, Zhou Y, et al. Site-specific modification of adeno-associated viruses via a genetically engineered aldehyde tag[J]. Small, 2013, 9(3): 421-429.

[125] Albright B H, Simon K E, Pillai M, et al. Modulation of Sialic Acid Dependence Influences the Central Nervous System Transduction Profile of Adeno-associated Viruses[J]. J Virol, 2019, 93(11).

[126] Ogden P J, Kelsic E D, Sinai S, et al. Comprehensive AAV capsid fitness landscape reveals a viral gene and enables machine-guided design[J]. Science, 2019, 366(6469): 1139-1143.

[127] Zinn E, Pacouret S, Khaychuk V, et al. In Silico Reconstruction of the Viral Evolutionary Lineage Yields a Potent Gene Therapy Vector[J]. Cell Rep, 2015, 12(6): 1056-1068.

[128] Marques A D, Kummer M, Kondratov O, et al. Applying machine learning to predict viral assembly for adeno-associated virus capsid libraries[J]. Mol Ther Methods Clin Dev, 2021, 20: 276-286.

第 9 章　微生物基因组

　　微生物基因组是指微生物体内所有遗传信息的总称，包括细菌、真菌和病毒等微生物。基因组包含了控制微生物生存、繁殖和适应环境的遗传信息，是微生物生命活动的重要基础。DNA测序及合成技术的发展，为精确设计微生物菌株提供了坚实的研究基础。然而，微生物基因组的理性设计仍面临挑战。基因组设计变量的全面解析既可以促进对基因组特征功能的理解，又可以为菌株工程提供新的解决方案。合成生物学以模块化和标准化等工程原理为基础，通过"设计－构建－测试－学习"循环设计构建基因路线，对细胞基因组进行重编程，精确调控细胞的行为，从而更快地定制细胞来完成特定的任务。

　　本章首先从病毒、细菌以及真核细胞三方面介绍了合成基因组的相关概念；其次，重点描述了最小基因组的设计；最后，介绍了人工智能在基因组智能化设计中的应用。

9.1　合成基因组

　　合成基因组（synthetic genome）是指为生产某种产品或获得某种特性，对已有物种的基因组进行遗传改造的新基因组。也就是说，通过一系列技术手段从头合成整个基因组或者基因组的大部分。合成基因组的历史可以追溯到 1970 年，Khorana 等人成功合成了一个 77 bp 的双链 DNA，其编码了酵母丙氨酸的结构基因 tRNA^{Ala}。随着基因组技术和相关知识的不断完善，"自下而上"的合成生物学通过构建最小的类生命系统，为理解生命进程提供了新的手段。合成基因组学已经从最初仅合成寡核苷酸的阶段发展到了合成组装染色体大小的 DNA 片段的阶段。接下来，我们将从病毒、细菌和真核细胞三方面（见图 9-1）讲述合成基因组的发展历程和研究进展。

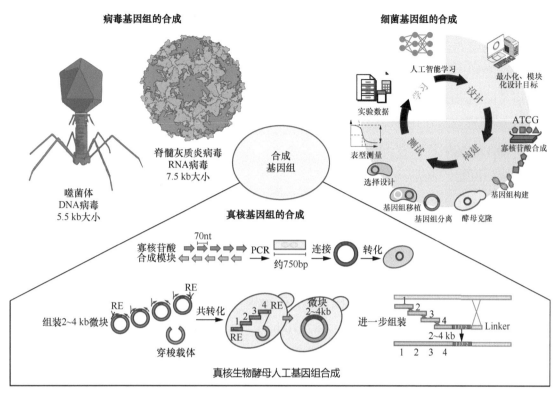

图 9-1　合成基因组的不同类型

9.1.1　病毒基因组的合成

在理解生命基本功能机制（如细胞分裂、细胞运动、细胞通信和形态发生等）的基础上，"自下而上"的合成生物学为重建细胞结构与功能开辟了新的途径。脊髓灰质炎病毒（poliovirus）是一种 RNA 病毒，其基因组为一种阳性的单链 RNA（约 7.5 kb）。2002 年，Cello 等人通过化学合成寡核苷酸的方法重新合成了具备传染性的脊髓灰质炎病毒。这项开创性工作不仅首次证明了在没有天然模板的情况下通过化学途径合成病原体的可行性，而且证明了在实验室中创造和修改更复杂基因组的现实合理性。此外，通过合成脊髓灰质炎病毒基因组，研究人员发现，作为遗传标记引入的点突变（A103G）使脊髓灰质炎病毒的毒性减弱到了原来的 1/10000。受此启发，研究人员开发出了一种新型、稳定的脊髓灰质炎病毒（A133Gmono-crePV），用以消除 CD155 tg A / J 小鼠的神经母细胞瘤。

尽管 7.5 kb 脊髓灰质炎病毒基因组很小，但是其 cDNA 合成仍历经了数月时间，而合成由数百万个碱基对组成的微生物基因组将是更大的挑战。2003 年，Venter 团队通过改进现有方法，显著缩短了从化学合成的单一寡核苷酸池中组装 5-6 kb 片段所需的时间。Venter 团队选择了基因组结构紧凑、大小为 5.5 kb 的噬菌体 φX174 为验证对象。噬菌体

φX174 是环状单链 DNA 病毒，其 DNA 于 1978 年由 Sanger 等人完成第一次完全测序。φX174 基因组的合成包括 3 个关键步骤：①凝胶纯化寡核苷酸，以避免链长不正确的分子污染；②使用严格的退火温度连接纯化的寡核苷酸，以避免错误配对；③通过聚合酶链反应（polymerase chain reaction，PCR）组装连接产物以产生全长基因组，将化学合成的 φX174 基因组电穿孔到大肠杆菌中，形成新的噬菌体颗粒。与脊髓灰质炎病毒的合成不同，φX174 基因组仅在 14 天内完成了合成。这项工作意味着病毒基因组快速且准确的合成成为可能，为进一步合成细菌基因组铺平了道路。

9.1.2 细菌基因组的合成

细菌基因组要比病毒基因组复杂得多，而人工合成细菌基因组的难度则更高。支原体是最小和最简单的自我复制细菌，其基因组为双链环状 DNA 分子。根据从 φX174 合成基因组中获得的经验，Venter 团队于 2008 年实现了生殖分枝杆菌基因组合成（*Mycoplasma genitalium*，JCVI-1.0，582970 bp）。尽管 M. genitalium 的基因组是所有生物中最小的，但仍是 φX174 的 100 倍。这项工作证明染色体大小的 DNA 合成可以从化学合成片段中实现，因此被视为合成基因组学的里程碑。2010 年，Venter 团队进一步合成和组装了蕈状支原体基因组（*Mycoplasma mycoides*，JCVI-syn1.0，1077947 bp），并将其移植到山羊支原体受体中以产生新细胞。这项工作标志着合成完整基因组技术的进步，是首个由人类制造并能实现自我复制的细胞生命。2016 年，Venter 团队成功获得了迄今为止最小的细菌——3.0 版辛西娅（Syn3.0），531 kb 的基因组仅编码 473 个基因。他们采用了广泛转座子突变的方法来确定必需基因和非必需基因。他们将 Syn1.0 的基因组分为 8 个大片段，逐段采用广泛转座子突变的方法来构建插入突变体文库，然后根据分析结果，保留必需基因和半必需基因，去掉非必需基因，从而得到了该最小基因组。

2016 年，Nili Ostrov 等人在大肠杆菌全基因组范围内使用同义密码子系统地替换了 7 个密码子（包括 6 个有义密码子和 UAG 终止密码子），将大肠杆菌的遗传密码子数量从 64 个减少到 57 个，为细菌基因组的人工改造提供了重要的进展。2019 年，Jason W. Chin 团队人工合成并替换了全部的 4Mb 大肠杆菌基因组，并将其中丝氨酸的密码子 TCG 和 TCA 替换为同义密码子 AGC 和 AGT，将琥珀密码子 TAG 替换为 TAA，成功构建一株只有 61 个密码子的大肠杆菌，从而为重编码多种非标准氨基酸奠定了基础。

2023 年，Jason W. Chin 等人开发了细菌人工染色体逐步插入合成（bacterial artifcial chromosomestepwise insertion synthesis，BASIS）技术，其是一种在大肠杆菌中进行可扩展的 DNA 组装方法，为构建不同生物体的合成基因组提供了技术支持。他们还开发了连续基因组合成（continuous genome synthesis，CGS）技术，BASIS 和 CGS 技术使同时构建多个完全合成的基因组成为可能，可以在不到两个月的时间内从功能设计合成完整的大肠杆菌基因组。

9.1.3 真核细胞基因组的合成

与原核生物相比，真核生物基因组结构更复杂、序列更长，因此其合成面临更多的挑战。合成酵母基因组计划（Sc2.0）在 Jef Boeke 和 Srinivasan Chandrasegaran 的带领下启动，是世界上第一个真核基因组合成项目，旨在对酿酒酵母的基因组进行全人工合成。酿酒酵母是首个全基因组测序的单细胞真核生物，是实验室和工业应用最广泛的生物之一。酿酒酵母基因组长度约为 12 Mbp，是 JCVI-syn3.0 的原型基因组的 12 倍。Sc2.0 的目标是设计并完全化学合成 16 条含有 1250 万个碱基的酿酒酵母染色体以及一个携带所有 tRNA 基因的"新染色体"。2014 年，由美、英、法等多国研究人员组成的科研小组成功合成了第一条能正常工作的酵母染色体，这也是人类第一次合成完整的真核生物染色体。2017 年，天津大学、清华大学、华大基因等高校和研究机构的科学家在 *Science* 杂志连续发表 4 篇论文，完成了 4 条真核生物酿酒酵母染色体的从头设计与化学合成。研究突破合成型基因组导致细胞失活的难题，设计构建染色体成环疾病模型，开发长染色体分级组装策略，证明人工设计合成的基因组具有可增加、可删减的灵活性。2023 年，由包括深圳先进技术研究院、华大研究院等机构的国际团队同时公布 10 篇研究论文，共同宣布完成了酵母全部 16 条染色体和一条特殊设计的 tRNA 全新染色体的设计与合成。该系列成果是 Sc2.0 计划推进过程中的里程碑，更是合成基因组学领域的关键一步。该项目不但为真核生物染色体的系统研究提供了平台，而且其"从构建到理解"的过程有助于打破对生物学知识理解的局限性。

经过近 20 年的发展，合成基因组学取得了巨大的成就，原核生物和真核生物的基因组重编码、基因组最小化以及大规模的合成染色体重排都已成为现实。合成基因组学正在创新对生命的理解和应用，使我们能以全新的方式理解生物系统并从中受益。继病毒、细菌、真核生物之后，旨在理解生命蓝图的国际合作项目——基因组编写计划，将研究对象从酵母基因组扩展为包括人类基因组在内的其他多种生物基因组。合成基因组学研究将深化对基因蓝图和生命形式的理解，为后基因组时代研究提供强有力的技术支持，并将加速包括药物、疫苗研发和工业生产在内的广泛领域的研究、开发和创新。

9.2 最小基因组的设计

现代生物的基因组代表了地球上 38 亿年生命进化的顶峰，并编码了非常惊人的复杂信息。尽管分子生物学研究已有 70 多年的历史，但是我们对这种复杂信息在基因组中的编码仍然缺乏确切的了解。例如，在大肠杆菌基因组中，只有 48.9% 的基因得到了功能鉴定，而在酿酒酵母基因组中，约 6000 个基因中有 1000 多个具有未知功能。随着全基因组合成技术的发展，借助系统生物学和合成生物学，研究人员可以通过基因编辑技术将生物体的基因组精简至最小化的状态，以达到更高的生存效率和适应性。目前有两种广泛的方法被用来构建最小化基因组，分别为"自上而下"和"自下而上"策略。"自上而下"的最小基因组是通过减少现有基因组的基因数量和基因组大小而产生的；"自下而上"则依赖于新基因组的从头合成，或者用合理设计和化学合成的 DNA 逐步取代现有基因组（见图 9-2）。

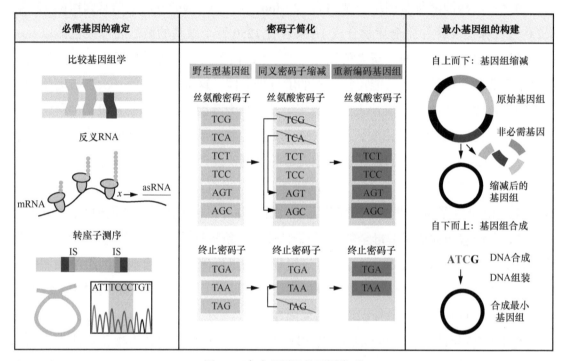

图 9-2　合成基因组的不同类型

9.2.1　最小基因组概述

最小基因组是指在无外界压力条件下（如营养充足且无应激）能够维持生命活动所需的基因集合。一些实验研究将最小基因组定义为在富含培养基中能够支持纯种培养的基因集合。由于大多数生物在自然生态环境中需要额外的基因，所需的基因集合会因环境条件的变化而有所不同。最小基因组的概念与细菌全基因组测序时代同时出现和发展，始于 20 世纪 90 年代中期。生物的基因组大小范围从几十万个碱基对到一千多亿个碱基对不等。其中，布赫纳氏菌（*Buchnera spp.*）是一种胞内共生菌，与大肠杆菌具有共同的祖先。与其祖先相比，布赫纳氏菌的基因组缩减了 75%，仅为 250 kb，是基因组缩减的典型示例。最小基因组的概念不仅出现在布赫纳氏菌中，还存在于许多其他共生细菌中。例如，昆虫共生细菌 *Nasuia deltocephalinicola* 拥有最小自主复制基因组（112 kb）。这些例子展示了基因组进化趋势的生态位适应来源。共生生物不需要与环境条件响应相关的基因，因为它们的宿主提供稳定的营养供应并保护其免受恶劣环境变化的影响，因此在长时间的进化过程中，这些不必要的基因已从它们的基因组中移除。

通过对不同生物基因库的计算分析，以及纯种培养生物的基因诱变破坏实验，研究人员已对最小基因组的基因完整性进行预测。研究表明，不同生物的通用基因集合很小，可能以完全不同的方式完成基本生命活动。例如，通过运输而不是从头合成获得所需的化合物，或者使用不相关的基因和不同的途径使特定 tRNA 装载正确的氨基酸。不同的研究预测了不同的最小基因集，虽然这些各基因集中的基因分布较广泛，但都包括参与细胞基本功能的基因。

细菌基因组含有数百万个碱基对。例如，研究最广泛的模式生物大肠杆菌的基因组超过 5 Mb，包含 4000 多个基因，其中 1000 多个为未知功能的基因。大肠杆菌可在多种环境下繁殖，如好氧和厌氧，以及不同营养物质、pH 值和温度等。大肠杆菌的基因组中有许多基因负责处理环境压力和利用各种营养物质，然而在环境确定的实验室条件下，不再需要某些应激反应基因，因此许多基因可以被删除，而不会对细胞生长产生负面影响。同时，大肠杆菌基因组还编码了许多实验室培养和工业发酵不需要的基因，这些基因会导致能量和生物质前体的浪费，非必需的基因组片段的复制，以及功能冗余或无用的转录物、蛋白质和代谢物的合成。删除这些不必要基因的生物体或可成为人工条件下产品生产的新方法。

合成生物学在过去 10 年中得到了迅速发展，尤其是在微生物底盘工程和改造领域。理想的底盘可代指具有简化的基因组且可以实现全部功能的生物，以及能够更有效地合成所需产物的代谢网络。我们应结合"自上向下"和"自下向上"策略，揭示对于微生物生存必不可少的基因，并工程设计、改造、合成最小基因组，使得其成为科学、工业和许多其他应用的理想生物底盘。

9.2.2 最小基因组的构建原理

高速发展的合成生物学技术使基因网络、生物合成途径乃至基因组的构建成为可能，将基因组学领域从描述性应用转移到了合成应用。本节将从非必需基因删减和密码子简化两方面介绍最小基因组的构建原理。

1. 非必需基因删减

要构建最小基因组，首先要确定维持生命所必需的基因。20 世纪 90 年代，研究者只测得了少数微小细菌的全基因组序列。Mushegian 等人对生殖支原体和流感嗜血杆菌（*Haemophilus influenza*）进行比较，证实这两种细菌都有相对较小的基因组，但表现出完全不同的进化轨迹。根据比较基因组学原则，多种生物中的保守基因很可能有必需的功能。研究人员在生殖支原体和流感嗜血杆菌中共发现 240 个直系同源基因，但遗漏了几个编码细胞必需功能的基因，如磷酸甘油酸变位酶和核苷二磷酸激酶基因。这两个物种有不同且不相关的磷酸甘油酸变位酶，因此非同源基因偶尔可以取代古老的基因并破坏其保守性。研究结果证明，包括非直系同源基因取代在内，估计共有 262 个基因构成了两个物种的核心生物功能。尽管这两种细菌和它们的共同祖先之间经历了 15 亿年的进化，但是仍有约 50% 的基因被保存下来。

自 2000 年以来，研究人员已获得了数万基因组序列。他们比较了数百个基因组，以确定物种间普遍存在的基因，但这样的基因并不常见。Brown 等人比较了 45 个基因组，发现只有 23 个保守基因；Koonin 等人报道了普遍存在于 100 个基因组的 63 个基因；Charlebois 等人比较了 14 个门中的 147 个原核生物基因组，仅发现 34 个通用基因。虽然保守基因数目不同，但这些研究同时证明只有少数保守基因绝对不足以维持生命。因此，比较基因组学对必需基因的理论预测仅限于功能未知、非同源取代和具有数十亿年进化历史的基因。

研究人员还使用一些实验方法来探究必需基因。最简单的方法是从基因组中删除一个特定的基因位点，观察其致死效应。在迄今为止已知的任何自由生活的生物体中，生殖支原体具有最小的基因组，其中许多基因可能通过转座子作用而失活。在枯草芽孢杆菌（*Bacillus subtilis*）中，通过对其基因组的 79 个区域进行随机突变，发现只有 6 个位点是必不可少的。人们设计了各种方法，如通过重组、转座子插入和反义 RNA 直接使单个基因失活，以确定细菌中的必需基因。通过插入非复制质粒失活枯草芽孢杆菌中的单个基因，Kobayashi 等人发现 4101 个基因中只有 271 个是必需基因。在大肠杆菌中，4288 个开放阅读框中的 3985 个可被敲除，表明剩余的 303 个对生命至关重要。尽管靶向基因敲除研究提供了基因必需性的直接证据，但该方法耗时长，需要进行数千次删除实验。为了克服这些限制，研究人员决定采用基于转座子诱变失活的高通量方法。转座子是一种基因元件，可在基因组内随机移动并插入，破坏基因的正常功能。如果基因组中的必需基因被插入转座子，则此突变体不能存活。利用此特征，研究人员可以通过鉴定存活突变体中的转座子插入位点来区分必需和非必需基因。Glass 等人和 Hutchison 等人分别利用 1300 和 3000 个突变体，在生殖支原体中构建了全基因组转座子插入图谱，发现了 265～382 个必需编码序列。由 3000 个包含唯一插入位点组成的转座子插入图谱，其平均分辨率约为每 200 bp 一个插入位点。此分辨率无法检测功能性 RNA（如 tRNA 和 ncRNA）等小遗传元件的必需性。这些必需基因 3' 端对转座子插入检测具有抗性，因为短截尾或延伸并不影响其功能。为了规避限制，研究人员发明了一种通过 asRNAs 使基因失活的方法。与转座子不可逆的基因破坏不同，利用 asRNAs 可以特异性敲低某个基因。因此，一旦构建出 asRNA 文库，研究人员就可以在多种环境条件和迭代过程中评估基因的必需性或适合性，而无须重复构建敲除菌株或转座子突变体。转座子插入位点的鉴定依赖于单个克隆的分离和现有的高通量测序技术的发展。通过与高通量测序技术相结合，研究人员可以并行识别多个插入位点。转座子诱变与下一代测序技术相结合，即利用转座子诱变以更高的分辨率检测必需基因。研究人员对 2×10^5 大肠杆菌转座子突变体文库的统计分析，共鉴定出 620 个必需基因。这种技术和单个基因敲除研究之间的差异可能源于细胞增殖。一个重要基因即使不是严格意义上的必需基因，其失活也会导致严重的生长缺陷：在细胞繁殖过程中，这种缺陷可能未被充分表达或逐渐消失。此外，不同的统计临界值和实验条件也可能导致这种差异。

基于成簇规律间隔短回文重复序列 CRISPR 引领的技术革命，催化失活 Cas9（catalytically-dead Cas9，dCas9）可以在转录水平抑制靶基因的表达。由于 CRISPR 系统的特异性只取决于嵌合单导向 RNA（sgRNA）中 20 nt 的原间隔序列，因此可通过 DNA 合成构建大规模全基因组 sgRNA 文库。利用全基因组 CRISPR 干扰（CRISPR interference，CRISPRi），研究人员通过约 59000 个 sgRNA 抑制所有基因，在大肠杆菌中鉴定出 379 个必需基因。利用 CRISPRi 技术估计的必需基因数量略大于其他方法估计的数量。在细菌中，许多基因是多顺反子转录的，故前导多顺反子的破坏会使操纵子中包含的下游基因失活。因此，即使前导基因是非必需的，其转录抑制也会导致下游必需基因的致死效应，即多顺反子结构导致必需基因的高估。利用高通量 DNA 合成技术，研究人员可以高效合成庞大的 sgRNA 文库，并将其用于鉴定如人类等具有更大基因组的生物的必需基因。

总之，人们已经采用多种方法来确定各种生物体中的必需基因。尽管用不同方法得到的必需基因的确切数目不同，但人们普遍认为 500 个基因足以维持生命。利用单基因敲除、CRISPRi 等技术直接检查单个基因的必需性存在固有局限性，即这些方法依赖于单个基因的移除或失活，无法测试同时失活两个以上的基因。因此，通过开发新的技术来探索更多基因组合是非常有必要的。

2. 密码子简化

在自然界中，61 个密码子可编码 20 个氨基酸，从而实现蛋白质合成，这意味着一个氨基酸可以由多个密码子编码。编码同一个氨基酸的密码子称为同义密码子。在基因到蛋白质的翻译过程中，一些同义密码子会比其他密码子更常被使用。这种现象被称为密码子偏差或密码子使用偏差。研究人员已经利用合成基因组技术实现了遗传密码的重编程。Lajoie 等人将 80 个大肠杆菌菌株中 42 个高度表达的必需基因中的 13 个稀有密码子与编码相同氨基酸的同义密码子交换，证明了在活细胞中以全基因组规模进行编码的可行性。

接合组装基因组改造（conjugative assembly genome engineering，CAGE）技术可通过定义的同义密码子对目标密码子进行全基因组取代，减少用于编码规范氨基酸的密码子数量。例如，Fredens 等人对大肠杆菌的 18214 个密码子重新编码，创建了一个具有 61 个密码子，基因组大小为 4 Mb 的大肠菌变体，其利用 59 个密码子编码 20 个氨基酸，并能够删除以前必不可少的转移 RNA。研究结果表明，生命可以在减少数量的同义有义密码子下运转。这种方法将设计的基因组分割成多个片段或部分，通过逆向合成与扩增、定向缀合等技术进行融合，并通过无缝组装方式实现设计基因组的构建，为未来的基因组合成提供了指导。

9.2.3 最小基因组构建示例

本节以模式生物大肠杆菌及枯草芽孢杆菌为例，介绍最小基因组构建示例。

1. 大肠杆菌基因组缩减

大肠杆菌是研究最广泛的模式生物，研究人员已为其构建了多种缩减基因组，缺失大小从 300kb 到 1.38Mb 不等。大肠杆菌 K-12 菌株的基因组约为 4.64Mb，缺失大小约为原始基因组的 6.8% ～ 29.7%。2002 年，Yu 等人报道的大肠杆菌 CDΔ3456 菌株缺失片段大小超过 300 kb。该菌株构建过程中，位于 Cre 位点特异性重组酶识别的两个 loxP 位点之间的一个较大的基因组区域被删除。使用转座子将 loxP 位点预先插入基因组中的任意位置。CDΔ3456 菌株缺少了 287 个开放阅读框，其中包含 179 个未知基因，以及与组氨酸生物合成、菌毛和数个转运蛋白相关的基因，最终获得克隆的生长速率与亲本大肠杆菌相当。

同年，研究人员构建了缩减基因组的大肠杆菌 MDS12 菌株，其缺少大肠杆菌 K-12 菌株的 12 个 K- 岛。K- 岛是 K-12 通过水平基因转移获得的基因组区域。利用 I-SceI 巨核酶和双链断裂修复系统，研究人员用无痕删除法将 12 个 K- 岛依次删除。具体方法是，将含有氯霉素抗性基因的 DNA 组件引入大肠杆菌 MG1655，以取代同源靶区。虽然靶标被删除，但下一轮删除需要去除抗性基因，因此采用 I-SceI 将该基因删除。之后，双链断裂被 RecA 修复，形成无痕缺失株。经过 12 次迭代删除和 P1 转导，删除长度合计为 376 kb，包含 409 个开放阅读框。由于被删除的基因没有必需功能，MDS12 的生长速度和 DNA 转化效率与原始菌株无差异。MDS12 的最终细胞密度比野生型大肠杆菌高约 10%。在 MDS12 中，节省的能量和物质可以转化为生物量，显示出缩减基因组的优势。

2006 年，Pósfai 等人通过删除大肠杆菌 MG1655 中的非必需序列，成功获得了一个基因组减少了 15% 的大肠杆菌菌株 MDS42。MDS42 的生长特性没有发生改变，同时基因组的稳定性和电转效率得到了提高，并且能够表达一些毒素蛋白。2008 年，Mizoquchi 等人对大肠杆菌 W3110 的基因组进行了删减，获得了基因组减小了 22% 的大肠杆菌菌株 MFG-01。这个菌株的生长特性没有发生改变，但细胞密度提高了 1.5 倍，并且苏氨酸的产量提高了 2.4 倍。

　　2. 枯草芽孢杆菌基因组缩减

　　枯草芽孢杆菌是研究最广泛的革兰氏阳性菌之一，因其具有蛋白分泌系统而成为各种蛋白的优良生产宿主。Westers 等人通过去除 6 个基因组位点，包括聚酮、蛋白质抗生素生物合成、原噬菌体和原噬菌体样元件相关基因，构建了基因组缩减枯草芽孢杆菌 Δ6 菌株，共包含 332 个基因（320 kb）。基因组缩减枯草芽孢杆菌 Δ6 菌株在细胞生理上没有明显变化。与亲本菌株相比，该菌株的生长速度、葡萄糖 / 醋酸盐代谢通量、异源蛋白分泌和生物量均相同。出乎意料的是，尽管没有删除与细胞运动相关的基因，Δ6 菌株在琼脂糖平板上显示出细胞运动性增加的变化。Reu 等人进一步缩减枯草芽孢杆菌 Δ6 菌株基因组，构建了两个独立的基因组缩减菌株 PG10 和 PG38，分别包含 88 和 94 个迭代缺失，缺失部分包含产孢、运动、抗生素合成和次生代谢相关的非必需基因。两种衍生菌株的生长速度较慢（倍增时间延长约 40%），细胞形态呈长丝状。虽然这两个菌株的生长速度都有所降低，与之前认为细胞存活所需的基因组相比，它们的基因组缩减比例是迄今为止最大的（1.46 Mb 和 1.54 Mb），超过了它们原始基因组的三分之一。

　　Ara 等人基于枯草芽孢杆菌 168 菌株构建了一株缩减基因组枯草芽孢杆菌 MGB469。缩减基因组菌株缺少 9 个与原噬菌体和原噬菌体样元件相关的基因组位点和 2 个抗生素合成基因（巴斯他汀和聚酮）。研究人员发现了一个可以增加蛋白质产率的基因组缩减位点，最终构建出了比原始菌株具有更高生产率的基因组缩减菌株。Morimoto 等人重新利用中间菌株 MGB469 构建具有优势特征的新型基因组缩减枯草芽孢杆菌 MGB874，缺失基因长度为 874 kb。与枯草芽孢杆菌的其他缩减基因组不同，MGB874 产生的纤维素酶和蛋白酶比枯草芽孢杆菌 168 分别提高了 1.7 倍和 2.5 倍。转录组研究推测许多转录组水平的基因表达变化，如产孢、降解酶分泌和 σ 因子，可能是其生产率提高的原因，这也使其成为工业蛋白生产的优良候选宿主。

9.2.4　最小基因组构建的阻碍和挑战

　　目前，最小基因组构建仍面临许多阻碍和挑战。其中一个挑战是解析突变和选择对细菌基因组 GC 含量的影响。1962 年，研究人员提出一个模型，将基因组中 GC 平均含量描述为严格中性突变过程的结果，该过程由 (G 或 C)-(A 或 T) 和 (A 或 T)-(G 或 C) 碱基替换率差异所驱动。随后，人们将细菌类群之间基因组 GC 含量的变异归因于谱系特异性突变模式和对各种全基因组特性的选择。最近的研究表明，存在一种固有且普遍的 (G 或 C)-(A 或 T) 突变偏倚，并且选择过程有利于高 GC 含量，这是决定细菌基因组碱基组成的主要因素。

大部分缩减基因组菌株的生长速度与其原始菌株相当，有些菌株甚至具有更高的生长速率。缩减基因组菌株还具有一些有利的特性，如更高的转化效率和生产能力。然而，少数情况下，尽管与生长、细胞周期和形态相关的基因未发生改变，但缩减基因组菌株表现出意想不到的表型，如生长迟缓和异常细胞形态。最近一项研究提出了一种实验室适应进化（adaptive laboratory evolution，ALE）技术，用以改善缩减基因组大肠杆菌的生长表型。对进化菌株的多组学分析表明，不平衡代谢通过 ALE 重组代谢扰动诱导生长延迟和转录组及翻译组重构。上述研究说明，目前对基因功能、代谢和基因组的认识还不全面，需要通过对细菌基因组进行更全面的研究来填补知识空白，解答基因组缩减生物体所呈现的表型特征。

9.3 人工智能在基因组智能化设计中的应用

人工智能在基因组智能化设计中发挥的作用越来越重要。研究人员可以利用大数据、机器学习和深度学习等技术来解析基因组数据，加速对基因功能的理解，挖掘必需基因、优化与辅助基因组的全新设计，为生物制造产业提供快速发展的机会。

9.3.1 人工智能辅助染色体完全合成

人工智能在基因编辑工程领域的最新进展之一是在实验室中染色体的完全合成，即设计染色体。设计染色体在技术上具有挑战性，成本高且耗时。以酵母为例，基因组在酵母中通过转化和同源重组三个阶段组装，从 10 kb 的合成中间体逐步增加到 100 kb 的合成中间体，直至得到完整基因组。大部分成本是由重复尝试合成特定片段失败导致的。尽管合成生物学取得了一些进展，但仍然难以合成某些序列，例如高 GC 区域、大重复和发夹结构等。为提高染色体合成的成功率和效率，Zheng 等人采用序列重写和自定义合成等技术，开发了一个机器学习框架，用其预测和量化染色体合成中的困难，为优化合成过程提供指导。他们定义了 S 指数（S-index），将 XGBoost 模型的输出作为一个连续分数，用于量化 6 个关键特征对合成染色体困难性的复杂影响，以此推动大规模设计染色体项目的进展。S 指数的取值范围是 0 到 1，其中 0 代表最简单的合成，1 代表最困难的合成，阈值 0.5 表示简单序列和困难序列之间的分界线。S 指数适用于染色体和基因组的合成，其具有 2 kb 的分辨率，这也是染色体合成中小块的常用长度。通过对编码和重构前后序列的 S-index 进行比较，研究人员可以清楚地了解哪些序列需要用重写，并且可以将困难的序列分割成更短、更易于管理的片段。然而，即使经过优化，具有较高 S 指数的序列在合成过程中仍然可能面临挑战。在这种情况下，研究人员应考虑更有效的合成方法，如金门组装（golden gate assembly）或连接酶链反应（ligase chain reaction），以替代高通量的方法。

9.3.2　人工智能辅助必需基因发掘

人工智能在必需基因发掘技术中也发挥着重要作用。例如，在具有大量重复元件和基因间区域的物种中，确定关键的基因组调控区域面临挑战。为了应对这些挑战，研究人员利用基于自然语言处理的 K-mer 分析等方法高效且精确地注释调控区域，例如，使用大规模的 ChIP-seg 技术来重建物种中的网络，训练机器学习模型来预测 TF 的结合和共定位，所得到的网络可覆盖 77% 的表达基因，并显示出像现实世界网络一样的无标度拓扑结构和功能模块化。

启动子是在转录水平上调控基因表达的关键元件，启动子的选择是合成生物学应用中的一个重要考虑因素。深度学习方法的最新进展为启动子设计提供了新方法。特别是生成对抗网络，这是一种基于深度神经网络的生成模型，为导航序列空间从而生成新的启动子提供了一种很有前景的方法。基于两个神经网络（生成器和鉴别器）之间的对抗博弈，生成对抗网络可以从数据中提取基本特征并自动生成新的样本。利用生成对抗网络，研究人员创建了多种先进的突变体，其中一些已被用于设计用于蛋白质结合微阵列、编码抗菌肽的合成基因和药物样分子结构的探针。Wang 等人基于生成对抗网络框架进行从头启动子设计，并在体内验证了合成启动子的活性。之后的体内实验结果表明，筛选到的新序列中有 70.8 % 是大肠杆菌中的功能性启动子。Zrimec 等人使用深度学习框架在酿酒酵母中成功设计出功能调控 DNA 序列。他们训练了一个生成对抗网络模型，发现其生成的调控序列与天然序列非常相似。通过结合生成对抗网络和深度预测模型，其学习了在不同表达水平上精确设计特定基因调控序列的方法。经实验证实，生成的序列与已知的调控序列有相异性，并且该模型成功预测了 mRNA 表达水平。

9.4　小结

合成基因组学的发展加速了多个领域的研究和开发，包括药物发现、疫苗研发和疾病治疗。生物技术的新进展加速了从基因组阅读到基因组编辑，再到基因组的写作和设计的转变。这些进步标志着合成基因组学迈入新时代，具有创造新的设计基因组、最小细胞甚至新的人工生命形式的潜力。合成最小基因组是合成基因组学领域的一个重要里程碑，最小基因组生物已经成为科学、工业和许多其他应用的理想生物底盘。随着人工智能和合成生物学前沿技术的不断发展，我们相信目前存在的诸多难题终将得到解决。

9.5　参考文献

[1] Agarwal K L, Büchi H, Caruthers M H, et al. Total synthesis of the gene for an alanine transfer ribonucleic acid from yeast[J]. Nature, 1970, 227(5253): 27-34.

[2] CEllo J, Paul A V, Wimmer E. Chemical synthesis of poliovirus cDNA: generation of infectious virus in the absence of natural template[J]. Science, 2002, 297(5583): 1016-1018.

[3] Toyoda H, Yin J, Mueller S, et al. Oncolytic treatment and cure of neuroblastoma by a novel attenuated poliovirus in a novel poliovirus-susceptible animal model[J]. Cancer research, 2007, 67(6): 2857-2864.

[4] Smith H O, Clyde A Hutchison 3rd, Pfannkoch C, et al. Generating a synthetic genome by whole genome assembly: phiX174 bacteriophage from synthetic oligonucleotides[J]. Proceedings of the National Academy of Sciences of the United States of America, 2003, 100(26): 15440-15445.

[5] Sanger F, Coulson A R, Friedmann T, et al. The nucleotide sequence of bacteriophage phiX174[J]. Journal of Molecular Biology, 1978, 125(2): 225-246.

[6] Glass J I, Merryman C, Wise K S, et al. Minimal Cells-Real and Imagined[J]. Cold Spring Harbor perspectives in biology, 2017, 9(12).

[7] Gibson D G, Benders G A, Andrews-Pfannkoch C, et al. Complete chemical synthesis, assembly, and cloning of a Mycoplasma genitalium genom[J]. Science , 2008, 319(5867): 1215-1220.

[8] Gibson D G, Glass J I, Lartigue C, et al. Creation of a bacterial cell controlled by a chemically synthesized genome[J]. Science, 2010, 329(5987): 52-56.

[9] Hutchison C A, 3rd, Chuang R Y, Noskov V N, et al. Design and synthesis of a minimal bacterial genome[J]. Science, 2016, 351(6280): aad6253.

[10] Fredens J, Wang K, De La Torre D, et al. Total synthesis of Escherichia coli with a recoded genome[J]. Nature, 2019, 569(7757): 514-8.

[11] Wang K, Fredens J, Brunner S F, et al. Defining synonymous codon compression schemes by genome recoding[J]. Nature, 2016, 539(7627): 59-64.

[12] Chin J W. Expanding and reprogramming the genetic code[J]. Nature, 2017, 550(7674): 53-60.

[13] Ostrov N, Landon M, Guell M, et al. Design, synthesis, and testing toward a 57-codon genome[J]. Science, 2016, 353(6301): 819-822.

[14] Annaluru N, Muller H, Mitchell L A, et al. Total synthesis of a functional designer eukaryotic chromosome[J]. Science, 2014, 344(6179): 55-58.

[15] Mitchell L A, Wang A, Stracquadanio G, et al. Synthesis, debugging, and effects of synthetic chromosome consolidation: synVI and beyond[J]. Science, 2017, 355(6329).

[16] Xie Z X, Li B Z, Mitchell L A, et al. "Perfect" designer chromosome V and behavior of a ring derivative[J].

Science, 2017, 355(6329).

[17] Wu Y, Li B Z, Zhao M, et al. Bug mapping and fitness testing of chemically synthesized chromosome X[J]. Science, 2017, 355(6329).

[18] Dymond J, Boeke J. The Saccharomyces cerevisiae SCRaMbLE system and genome minimization[J]. Bioengineered bugs, 2012, 3(3): 168-171.

[19] Richardson S M, Mitchell L A, Stracquadanio G, et al. Design of a synthetic yeast genome[J]. Science, 2017, 355(6329): 1040-1044.

[20] Xu X, Meier F, Blount B A, et al. Trimming the genomic fat: minimising and re-functionalising genomes using synthetic biology[J]. Nature communications, 2023, 14(1): 1984.

[21] Egeland R D, Southern E M. Electrochemically directed synthesis of oligonucleotides for DNA microarray fabrication[J]. Nucleic acids research, 2005, 33(14): e125.

[22] Hall D A, Ananthapadmanabhan N, Choi C, et al. A Scalable CMOS Molecular Electronics Chip for Single-Molecule Biosensing[J]. IEEE transactions on biomedical circuits and systems, 2022, 16(6): 1030-1043.

[23] Serres M H, Gopal S, Nahum L A, et al. A functional update of the Escherichia coli K-12 genome[J]. Genome biology, 2001, 2(9): Research0035.

[24] Peña-Castillo L, Hughes T R. Why are there still over 1000 uncharacterized yeast genes?[J]. Genetics, 2007, 176(1): 7-14.

[25] Keseler I M, Gama-Castro S, Mackie A, et al. The EcoCyc Database in 2021[J]. Frontiers in microbiology, 2021, 12: 711077.

[26] Bilder R M, Reise S P. Neuropsychological tests of the future: How do we get there from here?[J]. The Clinical neuropsychologist, 2019, 33(2): 220-245.

[27] Mccutcheon J P, Moran N A. Extreme genome reduction in symbiotic bacteria[J]. Nature reviews Microbiology, 2011, 10(1): 13-26.

[28] Moran N A, Mira A. The process of genome shrinkage in the obligate symbiont Buchnera aphidicola[J]. Genome biology, 2001, 2(12): Research0054.

[29] Pelletier J F, Sun L, Wise K S, et al. Genetic requirements for cell division in a genomically minimal cell[J]. Cell, 2021, 184(9): 2430-40.e16.

[30] Moger-Reischer R Z, Glass J I, Wise K S, et al. Evolution of a minimal cell[J]. Nature, 2023.

[31] Mizoguchi H, Mori H, Fujio T. Escherichia coli minimum genome factory[J]. Biotechnology and applied biochemistry, 2007, 46(Pt 3): 157-167.

[32] Hashimoto M, Ichimura T, Mizoguchi H, et al. Cell size and nucleoid organization of engineered Escherichia coli cells with a reduced genome[J]. Molecular microbiology, 2005, 55(1): 137-149.

[33] Mushegian A R, Koonin E V. A minimal gene set for cellular life derived by comparison of complete bacterial

genomes[J]. Proceedings of the National Academy of Sciences of the United States of America, 1996, 93(19): 10268-10273.

[34] Brown J R, Douady C J, Italia M J, et al. Universal trees based on large combined protein sequence data sets[J]. Nature genetics, 2001, 28(3): 281-285.

[35] Koonin E V. Comparative genomics, minimal gene-sets and the last universal common ancestor[J]. Nature reviews Microbiology, 2003, 1(2): 127-136.

[36] Charlebois R L, Doolittle W F. Computing prokaryotic gene ubiquity: rescuing the core from extinction[J]. Genome research, 2004, 14(12): 2469-2477.

[37] Baltes N J, Voytas D F. Enabling plant synthetic biology through genome engineering[J]. Trends in biotechnology, 2015, 33(2): 120-131.

[38] Chai M, Deng C, Chen Q, et al. Synthetic Biology Toolkits and Metabolic Engineering Applied in Corynebacterium glutamicum for Biomanufacturing[J]. ACS synthetic biology, 2021, 10(12): 3237-3250.

[39] 李金玉, 杨姗, 崔玉军, 等. 细菌最小基因组研究进展 [J]. 遗传, 2021, 43(02): 142-159.

[40] Lajoie M J, Rovner A J, Goodman D B, et al. Genomically recoded organisms expand biological functions[J]. Science, 2013, 342(6156): 357-360.

[41] Yu B J, Kim C. Minimization of the Escherichia coli genome using the Tn5-targeted Cre/loxP excision system[J]. Methods in molecular biology (Clifton, NJ), 2008, 416: 261-277.

[42] Kolisnychenko V, Plunkett G, 3rd, Herring C D, et al. Engineering a reduced Escherichia coli genome[J]. Genome research, 2002, 12(4): 640-647.

[43] Ostrov N, Nyerges Á, Chiappino-Pepe A, et al. Synthetic genomes with altered genetic codes[J]. Current Opinion in Systems Biology, 2020, 24: 32-40.

[44] Reuß D R, Altenbuchner J, Mäder U, et al. Large-scale reduction of the Bacillus subtilis genome: consequences for the transcriptional network, resource allocation, and metabolism[J]. Genome research, 2017, 27(2): 289-299.

[45] Wongsuphasawat K, Gotz D. Exploring Flow, Factors, and Outcomes of Temporal Event Sequences with the Outflow Visualization[J]. IEEE transactions on visualization and computer graphics, 2012, 18(12): 2659-2668.

[46] Rogister P, Benosman R, Ieng S H, et al. Asynchronous event-based binocular stereo matching[J]. IEEE transactions on neural networks and learning systems, 2012, 23(2): 347-353.

[47] Phaneuf P V, Zielinski D C, Yurkovich J T, et al. Escherichia coli Data-Driven Strain Design Using Aggregated Adaptive Laboratory Evolution Mutational Data[J]. ACS synthetic biology, 2021, 10(12): 3379-3395.

[48] Zheng Y, Song K, Xie Z X, et al. Machine learning-aided scoring of synthesis difficulties for designer chromosomes[J]. Science China Life sciences, 2023, 66(7): 1615-1625.

[49] Wang Y, Wang H, Wei L, et al. Synthetic promoter design in Escherichia coli based on a deep generative network[J]. Nucleic acids research, 2020, 48(12): 6403-6412.

[50] Zrimec J, Fu X, Muhammad A S, et al. Controlling gene expression with deep generative design of regulatory DNA[J]. Nature communications, 2022, 13(1): 5099.

[51] Zrimec J, Börlin C S, Buric F, et al. Deep learning suggests that gene expression is encoded in all parts of a co-evolving interacting gene regulatory structure[J]. Nature communications, 2020, 11(1): 6141.

[52] Killoran N, Lee L, Delong A, et al. Generating and designing DNA with deep generative models[J]. 2017.

[53] Pósfai G, Plunkett G, Fehér T, et al. Emergent properties of reduced-genome Escherichia coli[J]. Science, 2006, 312(5776): 1044-1046.

[54] Westers H, Dorenbos R, van Dijl J M, et al. Genome engineering reveals large dispensable regions in bacillus subtilis[J]. Mol Biol Evol, 2003, 20(12): 2076-2090.

[55] Zürcher J F, Kleefeldt A A, Funke L F H, et al. Continuous synthesis of E. coli genome sections and Mb-scale human DNA assembly[J]. Nature, 2023, 619(7970): 555-562.

第 10 章 代谢工程

代谢工程（metabolic engineering）是利用生物学手段，对细胞代谢途径进行理性的设计改造，以期细胞在进行正常代谢活动时，实现目的产物的从无到有或者产量的从少到多。合成生物学运用系统生物学和工程学原理，设计和构建新的生物学元件，从而合成新的生物系统。合成生物学技术引入代谢工程领域为解决药物、疫苗以及重要工业化合物等生物制造问题提供了新方法。

人工智能在代谢工程中的应用是一个相对较新的方向，其可与代谢分析技术结合起来探索更有效的代谢工程模型。本章阐述了代谢工程的相关概念，介绍了代谢工程中常见的模式菌株，展示了代谢工程的改造策略，并给出了代谢途径改造实例；介绍了人工智能在代谢工程智能化设计中的作用，尤其是人工智能在代谢途径改造中的应用，以及对细菌代谢系统进化的预测。

10.1 代谢工程概述

代谢（metabolism）又称新陈代谢，是指生物体内所发生的用于维持生命的一系列有序化学反应的总称，一般可分为合成代谢和分解代谢。在生物体内，细胞从外界环境中摄取营养物质，通过一系列化学反应，形成自身所需的组分，称为合成代谢或同化作用。生物体分解自身一部分组成物质，释放出其中的能量，并把分解的终产物排出体外的过程，称为分解代谢或异化作用。两种代谢在细胞活动中处于动态平衡，使胞内物质不断更迭，同时使细胞能够对外界干扰刺激有良好的适应性，维持细胞稳态。

通过研究细胞内各类化学物质间的反应及其调控因子功能，人们对细胞内的代谢过程有了更深入的认识。代谢物间的反应过程是通过一系列连续的酶促反应实现的。这些连续的酶促反应就是代谢途径（metabolic pathway）。按照产物特点的不同，代谢途径可分为三种类型：第一种是线性代谢途径，其反应途径一般是单向的，所有反应均指向一个主要产物；第二种是环状代谢途径，例如三羧酸循环和卡尔文循环等；第三种是分支状代谢途径，这种代谢途径一般有多个产物或起始物，各个代谢途径交汇融合成庞大的代谢网络。

由于科技发展带来的环境问题日益严重，人们越来越注重生产与环境保护的平衡。

随着分子生物学工具的发展以及发酵生产对人类生活质量的提升,"代谢工程"的概念于 1991 年应运而生。人工合成代谢途径技术的研究正式拉开帷幕。该技术以分析、合成和表征作为最基本的研究方法。随着合成生物学技术的引入,代谢工程迎来了快速发展,越来越多的大宗化合物可通过微生物细胞工厂发酵生产,同时还能通过提高合成途径的代谢通量来增加目标产物的产量。

近年来,以标准化和模块化为核心准则的合成生物学的发展,为生物合成体系的精准化构建奠定了理论基础。基因组编辑、多基因同时调节、蛋白质支架、基因动态调节和高通量筛选等为微生物细胞工厂的构建提供了关键技术,使微生物得以拥有高效合成化合物的代谢途径。

10.2 代谢工程中常见的模式菌株

在代谢工程的研究中,选择合适的宿主菌株进行代谢途径的设计至关重要。代谢工程的本质是对宿主菌株的代谢网络进行改造,进而实现高附加值化学物质以及疫苗、抗体等的高效实现。图 10-1 展示了常用的模式菌株在代谢工程中的应用。因此,认识常规代谢工程中的模式菌株并了解其特性,是设计和改造代谢途径的第一个步骤。

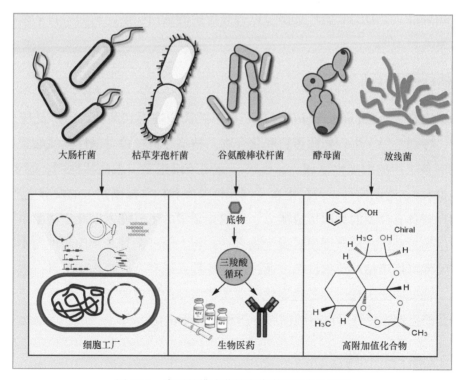

图 10-1 常用的模式菌株在代谢工程中的应用

10.2.1 大肠杆菌

大肠杆菌（*Escherichia coli*）可作为多用途的微生物细胞工厂，经改造后可用于在厌氧条件下生产各类目标化合物。在过去几年里，以大肠杆菌作为模式菌株，优化或改造其胞内代谢途径的研究报道越来越多。大肠杆菌的高度可编程性，使其成为开发各种代谢途径的理想底盘。例如，糖类物质可以通过大肠杆菌发酵转化为乙醇、乙酸盐、甲酸盐以及少量的琥珀酸盐，同时产生大量的 H_2 和 CO_2。大肠杆菌的代谢途径有很多分支，每个分支下的反应通量根据培养基的 pH 值和发酵基质的性质而变化。值得一提的是，调节发酵产物的比例，可平衡糖酵解过程中产生的还原等价物的量。目前，参与这些发酵途径的酶和相应的基因，以及这些基因和酶的调节反应已被探明，但是更深层次的调节机制并不明确。

合成生物学技术在大肠杆菌代谢途径的设计和改造中发挥着重要作用。例如，Paul 等人利用 60 株大肠杆菌 MG1655 工程菌实现两个"设计 - 构建 - 测试 - 学习"（DBTL）循环优化葡萄糖生产 1- 十二醇（1-dodecanol）途径。第一个 DBTL 循环采用简单的策略从相对较少的菌株中高效学习改造模型，其中只有核糖体结合位点的选择和 acyl-ACP/acyl-CoA 还原酶被调节在单一的途径操纵子中，被测量的变量包括工程途径中的十二醇和所有蛋白质的浓度。Paul 等人使用第一个 DBTL 循环中产生的数据来训练几种机器学习算法，并为第二个 DBTL 循环提出可以提高产量的蛋白质谱，从而将目的菌株中十二醇的产量提高了 21 %。

10.2.2 枯草芽孢杆菌

枯草芽孢杆菌（*Bacillus subtilis*）是一种革兰氏阳性模式菌株，已广泛应用于工业生产当中，特别是用于生产异源蛋白和化合物。枯草芽孢杆菌是碱性丝氨酸蛋白酶与中温淀粉酶制备生产的常见生物底盘，也被广泛用于维生素、表面活性剂、维生素 B_2 复合物（核黄素）、透明质酸以及抗生素（例如杆菌肽和枯草杆菌素）的发酵生产。此外，枯草芽孢杆菌具有典型的芽孢形成能力、细胞分裂素的生成能力以及生物膜系统形成能力，是微生物机理研究的典型模式微生物之一。与大肠杆菌等革兰氏阴性菌不同，只有少数调控元件可用于枯草芽孢杆菌。通过应用各种系统和合成生物学工具，包括模块化途径工程、辅助因子工程引导的代谢优化、支架引导的蛋白质工程、转运体工程等，枯草芽孢杆菌的生产力特性可以得到彻底分析和进一步优化。

10.2.3 谷氨酸棒状杆菌

谷氨酸棒状杆菌（*Corynebacterium glutamicum*）属于一种食品级微生物，其由日本科学家 Kinoshita 于 1957 年首次从土壤中分离出来。谷氨酸棒状杆菌的表观特征为短杆、小棒状、两端钝圆，不产生芽孢，最适宜的生长温度为30℃。随着DNA、RNA重组技术的进一步发展，以及市场对氨基酸需求的增加，谷氨酸棒状杆菌在工业化生产中的使用率直线上升。其生产的重组蛋白和有机酸可被用于药物、粮食、饲料、化妆品、农药和肥料等化合物的生产。由于谷氨酸棒状杆菌对芳香族化合物具有较高的耐受性，其在工业界被视为生物制造的理想底盘细胞，同时也是构建食品级表达系统的优良宿主。

谷氨酸棒状杆菌缺乏碳分解代谢物抑制调节系统，可以利用糖类和有机酸等作为单一或混合碳源，大量生产L-谷氨酸（L-glutamic）。除了谷氨酸，苏氨酸（Threonine）和赖氨酸（Lysine）也可用谷氨酸棒状杆菌的大量生产。因具有安全性高、生长快、密度高、不产生胞外蛋白酶、无孢子以及转录组稳定等特点，谷氨酸棒状杆菌被广泛用于氨基酸、燃料维生素、乙醇和有机酸等多种高附加值化合物的生产。以含硫氨基酸L-半胱氨酸（L-cysteine）的生产为例，我国是L-半胱氨酸的生产大国，主要以皮肤、毛发等为原料，利用盐酸水解的方法合成。但该工艺产物转化率低，"三废"高，容易对环境造成严重污染。近年来，各国科学家尝试利用对环境友好的微生物发酵法合成L-半胱氨酸，并进行了大量研究。由于硫转化率低，这种方法的生产效率无法满足工业化生产需求。在发酵生产过程中，L-半胱氨酸会伴随大量低水溶性的H_2S产生，并释放到空气中，从而降低了硫的转化效率，导致其合成能力降低，造成硫资源浪费和环境污染问题。有效解决含硫化合物发酵生产过程中硫原子逃逸问题，是提高L-半胱氨酸高效生物合成效率的关键。基于上述问题，刘君等人在谷氨酸棒状杆菌中构建了H_2S封存和再利用循环系统。他们通过重构L-半胱氨酸合成途径，构建了合成L-半胱氨酸的底盘细胞，在此基础上利用硫醌氧化还原酶（sulfide quinone oxidoreductase，SQR）催化发酵过程中生成的H_2S，将其转化成可溶的H_2S_2，实现了H_2S的封存；随后基于转录调控因子*CstR*构建了一个响应H_2S_2的动态双功能基因回路，可以通过感应胞内H_2S_2的含量水平，动态激活或者抑制目标基因的表达。通过利用该基因回路调控H_2S_2和H_2S，研究人员可以实现根据胞内H_2S_2和H_2S的浓度定向强化H_2S向L-半胱氨酸的转化，从而提升了H_2S的封存和循环利用，减少了H_2S的排放；最终构建的基因工程菌株，生产的L-半胱氨酸含量在5 L发酵罐中达到5.92 g/L，硫的转化率达到了75%，为目前报道的谷氨酸棒状杆菌生产L-半胱氨酸的最高值。

10.2.4 酿酒酵母

酿酒酵母（*Saccharomyces cerevisiae*）是目前重要的外源基因表达载体之一，其具有简单、安全和无毒的优点。酿酒酵母可以为多种异源酶的表达提供具有类似功能的生理环境，现已成为用于高价值代谢物生物合成的常见微生物细胞工厂。例如，Zhan等人通过工程模块回路策略构建了合成甲基营养型酿酒酵母，并通过Aox-XuMP途径的划分提高了甲醇的利用率，通过实验室适应进化（ALE）技术进一步提高了甲醇利用能力。工程模块回路策略包括三个步骤：对酿酒酵母的异源甲醇利用途径进行工程性组合测试；确定最佳的甲醇利用途径；甲醇利用途径进入酿酒酵母过氧化物酶体，减轻甲醛和过氧化氢（H_2O_2）的毒性，并对工程模块回路进行优化。研究人员将甲醇利用途径分为 4 个不同的模块，即双甲醇氧化、氧化还原穿梭、中间循环和丙酮酸羧化酶模块（见图 10-2），并依次设计，以提高能源生产效率和甲醇利用率。通过 ALE 技术进一步优化改造后的酿酒酵母菌株，不仅能够在以甲醇为唯一碳源的培养基中生长，而且能够将甲醇转化为核黄素二磷酸腺苷酯等高价值生物产品。由此可见，合成的甲基营养型酵母是一个有吸引力的生物合成平台，可以将甲醇转化为各种有价值的产品。

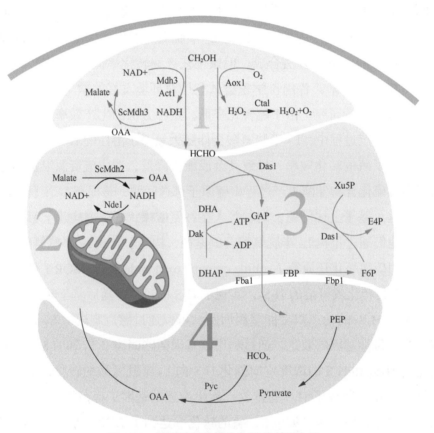

图 10-2　酿酒酵母的模块化甲醇利用途径

ScMdh：酿酒酵母天然过氧化物酶体苹果酸脱氢酶；Malate：苹果酸盐；Das：二羟基丙酮合酶；Dak：二羟基丙酮激酶；Aox：乙醇氧化酶；Nde1：NADH 脱氢酶；Fba1：果糖 - 二磷酸醛缩酶；Fbp1：果糖 1,6- 双磷酸酶

值得一提的是，启动子工程已广泛应用于合成具有多种特征的启动子，以实现更高的生产效率和良好遗传网络的调控。半乳糖诱导型表达系统由 GAL 启动子及相关调控元件组成，广泛应用于酿酒酵母蛋白质的过表达和通路构建。研究人员构建了一株酿酒酵母，其中包含 4 种小分子诱导系统香草酸（vanillic acid）、木糖（xylose）、脱水四环素（aTc）和异丙基 - β -D- 硫代半乳糖苷（IPTG）的细菌调节 "传感器阵列"。这个系统

可以在不构建多个菌株的情况下研究时间对基因表达水平的影响。研究人员将本方法用于带有 4 个异源基因的途径优化，以萜烯芳樟醇作为含能材料的前体物质，通过诱导剂的不同组合进行筛选，优化了芳樟醇产量。

　　酿酒酵母的高效重组方法和多种基因组编辑技术为复杂天然产物合成途径的异源表达提供了基础。青蒿酸、人参皂苷、文多灵和长春质碱等多种复杂植物天然产物已在酵母中合成。例如，稀有人参皂苷是人参皂苷的去糖基化次生代谢衍生物，其更容易被吸收到血液中并发挥活性物质的作用。传统的制备方法阻碍了这些有效成分的潜在应用。随着人参皂苷生物合成途径的不断发现，利用合成生物学技术大规模生产稀有人参皂苷成为可能。近年来，相关研究已取得了良好的进展，实现了一些稀有人参皂苷的从头合成，例如人参皂苷复合物 K（compound K，CK）。目前稀有人参皂苷的生产已达到工业化水平。

10.2.5　其他菌株

1. 丝状真菌

　　丝状真菌通过与生长和腐烂的植物群及其组成微生物群的相互作用，推动全球生态系统中的碳和营养循环。丝状真菌具有显著的代谢多样性、分泌能力和纤维样菌丝结构，已越来越多地被用于商业运营。菌丝发酵具有极强的工业潜力，可助力酶和生物活性化合物的生物生产、食品和材料的脱碳生产、环境修复和农业生产能力的提高。基因工程、定向进化和计算建模等合成生物学技术可用于突破丝状真菌菌株的开发瓶颈。这些问题包括菌丝体生长速度慢、产量低、替代原料生长不理想、下游纯化困难等。在生物制造的范围内，研究人员可以通过靶向蛋白质加工和分泌途径、菌丝形态发生和转录控制来解决相应问题。将合成生物学理念引入霉菌和蘑菇的代谢途径改造有助于扩大有限的底盘细胞种类，提升商业上可行和环境可持续的酶、化合物、药物、食品和未来材料的生产能力。曲霉属是丝状真菌中的一类，占空气中真菌的 12% 左右。曲霉属主要包括黑曲霉、米曲霉、土曲霉、黄曲霉等。由于曲霉属强大的水解酶系统蛋白质分泌途径，它们能够快速生长和繁殖并适应恶劣环境，因此在酶、有机酸和其他高价值产品的生产方面具有天然优势。研究人员开发了基于高蛋白分泌效率、基因组信息和低培养成本的更有效生产策略，而通过突变筛选和代谢工程也可以提高曲霉属的生产效率。

2. 念珠菌

　　念珠菌家族成员众多，常见的有白色念珠菌、热带念珠菌、近平滑念珠菌、都柏林念珠菌、光滑念珠菌和产朊念珠菌，它们都是典型的以丝状形式生长的酵母，其可以形成芽生孢子和假菌丝。其中，光滑念珠菌和产朊念珠菌在生产高价值蛋白质、酶和有机酸方面具有潜在的工业应用价值。尽管光滑念珠菌具有潜在的致病性，但其在工业应用中不但能有效地产生有机酸，而且能提升细胞耐受性。利用代谢工程技术可以更高效地生产各种化合物和材料。进一步提高细胞耐受性和代谢途径中关键酶突变体筛选可以有效地增强微生物细胞工厂的效率。

3. 放线菌

放线菌是一组特殊的原核生物，主要通过孢子进行繁殖，呈菌丝状生长，因菌落呈放射状而得名。放线菌的代谢产物（如生物碱、酯类、肽类等）具有显著活性，且有较高的产业价值。此外，放线菌为天然抗生素的主要来源。合成生物学技术可以用于工程化改造放线菌，以助力抗生素和其他药物的合成。

10.3　代谢途径的改造策略

在细胞内合理重构代谢网络是代谢工程的重要目标之一。通过基于调控元件的改造和生物合成途径的重建，研究人员可以成功地重编程细胞功能，提高细胞生产速率，减少细胞生产过程中的副产物和对环境有害的物质，扩大微生物代谢工程的应用范围，并进一步发掘微生物代谢途径改造的潜力。

10.3.1　调控元件的改造

启动子是构建诱导表达系统的良好候选元件。以枯草芽孢杆菌为例，目前研究人员已经开发了几种基于不同类型启动子的基因调控系统，这些系统可分为诱导特异性启动子、生长期启动子和自诱导启动子。基因调控系统也被用作基因开关或阀门来调节宿主细胞中的代谢通量，以提高所需产品的产量。例如，Gang 等人通过缩短 P_{malA} 启动子的长度，删除麦芽糖利用预测的基因 yvdK 和 malL，在枯草芽孢杆菌中建立了麦芽糖诱导的表达调控系统，但因缺乏 P_{malA} 启动子中的操作子（记为 malO）的序列信息，导致该系统的效能有限。

一个理想的调控系统应该能够快速和精确地调节目标基因之间"开"（ON）或"关"（OFF）状态，甚至同时切换不同的基因到"ON"或"OFF"状态。在代谢工程和合成生物学研究中，需要的是严格具有快速"ON"和"OFF"动力学的表达元件，如真核细胞中的 Tet-On/Tet-Off 系统。为了实现这一点，Gang 等人鉴定并分析了启动子 pMAla 的 malO 操纵子，用于指导后续的诱变以提高转录活性。具体方法是：通过替换或重新定位启动子 pMAla 中的野生型 malO 操纵子，构建麦芽糖激活或抑制的遗传元件，生成麦芽糖激活的 MATE-ON 系统和麦芽糖抑制的 MATE-OFF 系统。该系统将为多种代谢工程及合成生物学研究及应用提供有用工具。基于 MATE-ON 和 MATE-OFF 系统的基因开关或代谢阀，可优化枯草芽孢杆菌中核黄素和紫色杆菌素的生物合成，作为其应用潜力的关键实例，使 MATE 系统可以灵活、可调节、均匀和严格地控制枯草芽孢杆菌的基因表达；还提高了 MATE 体系的性能，消除了碳分解代谢物抑制（carbon catabolite repression，CCR）效应，在不影响表达强度的情况下，最大诱导倍数可增加到 790 倍。

随机突变是一种快速、有效的筛选方法，可用于构建一个大型子库且不需要明确每个子元素的功能。随机突变的常用方法之一是易错 PCR，即通过将突变随机引入序列来构建突变文库，然后使用合适的方法筛选突变启动子，以满足表达强度。研究人员于 2005 年将该方法应用于酿酒酵母，他们采用易错 PCR 方法构建了 pTEF 1 启动子突变文库，筛选出 11 个突变启动子集（其起始强度为原始 pTEF1 启动子的 8% ～ 120%），并在此基础上用 5 个不同强度的 pTEF 1 启动子突变体替换 pGPD 1，分析甘油 3- 磷酸脱氢酶活性对甘油产量的影响。研究人员使用类似的方法构建了指导木糖利用途径三步基因的 pPDC1 突变体、pTEF1 突变体和 pENO2 突变体文库，并成功构建了高效木糖利用途径和纤维二糖利用途径。随机突变可以在短时间内获得大量不同的启动子序列，这是一种操作简单但筛选工作量大的方法。除了易错 PCR，饱和突变也是一种非常有效的方法，这种方法保留了保守区和靶向间隔区，使通过随机化间隔区序列得到的启动子同源性低于易错 PCR，从而获得更高的遗传稳定性。由于原核启动子具有明确的保守区，饱和突变主要在原核生物中进行研究。酿酒酵母启动子不具有清晰的间隔区序列，因此与易错 PCR 相比，相关研究较少。例如，Jeppsson 等人没有对内源性启动子进行饱和突变，而是通过组装酿酒酵母启动子改变组装元件之间的间隔距离，获得了包含 37 个不同强度启动子的文库，并成功地将获得的启动子用于下调 *ZWF*1。

某些代谢工程菌株中的基因长度可达几百个碱基对，并且这些基因通常需要构建启动子 - 基因 - 终止子表达模块。启动子较长会使细胞的生产效率降低，在这种情况下，研究人员希望获得一种尽可能短的启动子，以便正常引导基因表达，这意味着要从自然启动子中去除不必要的序列。例如，研究人员通过截去酿酒酵母的部分序列获得了截短的 *ADH*1 启动子，该启动子在乙醇消耗阶段活性保持不变。要通过缩短启动子长度来提高基因表达效率，研究人员需要对启动子结构有更深入的了解，否则可能得不到预期的结果。然而，对于步骤较多的生物合成途径，如何缩短启动子仍需进一步探索。但随着代谢工程和合成生物学的快速发展，研究人员对启动子元件的要求越来越高，希望获得更多调控强度不同、表达更精细的启动子元件，于是开始探索启动子的修饰和优化。启动子包括调节组分和核心组分，其分别决定转录强度和转录起始位点。研究人员尝试融合来自不同启动子的调节组分和核心组分，以获得具有更宽范围强度的杂合启动子，进而将其用于更精细的控制基因表达。

内含子是真核生物中特殊的基因组序列。在内含子翻译之前，相应 mRNA 序列的可变剪接增加了基因表达的复杂性。基于内含子和基因表达之间的相关性，研究人员可以通过内含子来改变促进剂的强度。1994 年，Yoshimatsu 和 Nagawa 等人通过克隆 RP 51A

的内含子，并将其插入 *URA* 3 和 PGK-lacZ 融合基因的不同位置，研究内含子对基因表达的影响。Cui 等人还通过插入不同的内含子构建了强度更大的工程启动子文库，并发掘出启动子 pGPD + RPL23A——其强度是天然强启动子 pTPI 的两倍。与此方法类似，Myburgh 等人选择了一个插入 RPS25A 内含子的启动子，成功提高了用酿酒酵母生产的乙醇产量。

基因组尺度代谢网络模型（genome-scale metabolic model，GEM）主要用于分析细胞基因型和表型关系，在探索代谢网络之间的相互作用、指导底盘细胞的设计以及预测各种目标产物能否高效合成等研究中多有应用。例如，利用 AMMEDEUS 机器学习框架可以重建枯草芽孢杆菌菌株 GEM-iBsu1209，编写多约束模型搭建及分析软件 Model Tool，搭建枯草芽孢杆菌多尺度综合代谢网络模型 etiBsu1209。GEM-iBsu1209 的构建过程如下：首先，对枯草芽孢杆菌现有数据库数据和文献进行收集；其次，结合已发表的 iBsu1147 数据进行模型框架的整合；最后，通过 AMMEDEUS 机器学习框架优化模型，搭建新一代的枯草芽孢杆菌 GEM-iBsu1209。经对模型进行代谢流分析及预测验证，结果表明，iBsu1209 在 14412 个不同实验条件下的基因表达的预测准确率达到 89.3%；iBsu1209 提供了不同碳氮源条件下中心碳代谢的准确预测，与实验数据相比，皮尔逊相关系数均达到 0.9 以上。基于 iBsu1209，研究人员利用 Model Tool 软件搭建了整合热力学约束、酶约束和转录调控网络的多尺度综合代谢网络模型 etiBsu1209。其中，etiBsu1209 准确预测了 10 个基因敲除表型，其皮尔逊相关系数为 0.83；etiBsu1209 预测细胞生长的精度达到 95.3%，比 iBsu1209 高 8.7%。通过利用不同约束模型进行细胞中心代谢流分析，研究人员发现，与湿实验相比，etiBsu1209 有效提高了模型中心碳代谢的预测精度。此外，基于 etiBsu1209 预测代谢网络中七烯甲萘醌（menaquinone 7）生物合成的关键代谢靶点，并对其进行验证，结果显示，关键靶点的敲除可以显著提高菌株七烯甲萘醌的产量，约为对照菌株的 2.5 倍。

10.3.2　生物合成途径的重构

合成生物学旨在创建标准的、特征良好的、可控的天然产物生物合成系统。目前有两种策略用于生物合成途径的重构。一种策略是 DNA 的从头合成。基因组测序信息和先进的基因挖掘工具使生物学家能够获得天然产物的生物合成基因簇（biosynthetic gene cluster，BGC）。此外，DNA 合成的成本降低，促进了人工代谢途径的合成与构建。研究人员能够从头合成与异源宿主的密码子使用频率匹配的大型密码子优化片段。另一种策略是 DNA 组装。细菌人工染色体（bacterial artificial chromosome，BAC）载体已被应用于表达所有次生代谢产物的 BGC。含有 phiC31 *att/int* 系统和 *oriT* 功能的 BAC 已被用于将大的基因簇整合到异源宿主的染色体中。

如何控制合成生物系统中的合成通量是合成天然产物的一大难点。在合成生物学中，生物合成途径的调控已经在转录和翻译水平上得到了实现。生物合成途径中的基因表达通过不同的遗传部分来精确控制。例如，小肽（small peptide）是一组低分子量、结构复杂的天然产物，由天然宿主体内的特定途径合成。合成小肽的一种常见策略是通过在操纵子前插入强启动子来增加与生物合成相关的基因的表达。启动子 *ermE* 源自红霉素抗性基因的天然启动子，广泛用于驱动基因或基因簇的表达，可用于生产小肽。通过诱导启动子控制基因表达水平，研究人员可以协调细胞生长和产物合成。一个典型的例子是 T7 启动子，它已被用于增加大肠杆菌中生物合成基因的表达，用于异源生产多肽。此外，通过调节蛋白质合成的效率，可以实现对生物合成途径的翻译调控。例如，Martin-Gomez 等人用大肠杆菌优化后的 β 合成基因的 *cptB*1 和 *cptB*2 序列替换天然 RBS 序列，从而在大肠杆菌中产生套索肽（lasso peptide）。

目前，小肽的生产可以使用合成生物学方法，其重点是选择合适的底盘细胞、进化生物合成途径以及改进菌株和发酵策略。生物合成途径的确定对提高合成机制、发现新的化合物和异源表达至关重要。同时，基因组测序成本的直线下降促进了细菌基因组测序数量的增长，从而为研究编码生物合成途径的潜在 BGC 提供了丰富的数据。许多生物信息学工具用于搜索已知数据库（如 antiSMASH 数据库），通过匹配最相似的生物合成基因候选者来挖掘肽天然产物。

小肽的生物合成基因簇由多个操纵子组成。天然生物合成基因簇可能受到内源性细胞调控，从而影响生物合成途径中的基因表达水平。为了克服这一限制，研究人员通过使用表征良好的遗传元件重构生物合成途径，以实现生物过程的可控。在重构过程中，需要做的是去除基因簇中的非编码基因和天然调控元件。编码未知调控元件的 DNA 序列将通过随机组装编码基因来识别和删除，其余编码基因则通过 DNA 合成技术获得。通过重构 BGC，基因的表达被启动子、核糖体结合位点和终止子等生物元件调控。具有合成调控元件的 BGC 在理论上是相对正交的，因此其可以绕过天然调控网络并调控基因的表达。此外，高通量技术在 BGC 重构中的应用也可以对生物合成途径起到优化作用。不同强度的启动子可以通过合理的组合策略来优化 BGC 的表达，并通过构建一系列短合成终止子来避免出现重复序列，从而提高了重组合成途径的稳定性。

10.4 代谢工程改造示例

代谢工程可有目的地改造细胞代谢、调节信号网络，以实现增强所需化学物质的生产能力和环境有害化学物质的降解能力。在过去的 30 年里，通过进一步综合应用合成生物学、系统生物学、进化工程和人工智能等技术，代谢工程取得了显著进展。

10.4.1　光滑念珠菌的代谢工程

通过提高能量利用率和调节腺苷三磷酸（ATP）无效循环，以优化能量代谢，这种方法能够提高光滑念珠菌的丙酮酸产量。例如，添加柠檬酸盐可以促进能量代谢，获得较高的 ATP 浓度，以维持 pH 值。在 pH4.5 和 pH5.0，丙酮酸效价分别提高了 28% 和 32.5%。构建 ATP 无效循环系统是为了调节中枢代谢，自动降低细胞内 ATP 含量。对此，研究人员通过优化 ATP 与其他代谢途径来促进丙酮酸合成，最后使丙酮酸的最大滴度、生产效率和底物转化率分别提高了 33.1%、55.0% 和 74.2%。当然，也可以引入新的途径来生产有价值的化学物质。例如，光滑念珠菌作为丙酮酸产生菌，可用作基于丙酮酸来生产 L- 苹果酸的平台。为了实现这一点，研究人员通过质粒过表达来自米根霉 NRRL 1526 的 RoMAEl 酶，以及来自粟酒裂殖酵母 ATCC 26189 的 RoMDH 和 RoPYC 酶来形成 T.G-PMS 菌株。最终发酵产生的 L- 苹果酸达到 8.5 g/L，比原始菌株增加了 10 倍。另一个实例是，工程化改造尿素循环和嘌呤核苷酸循环生产富马酸盐。工程菌株 T.G-ASL（H）-ADSL（L）SpMAE 1 可生产 8.83 g/L 富马酸盐，比原始菌株 T.G-212 增加 67.9 倍。

为了提高化学物质的生产效率，研究人员利用模块化途径工程将酶组装为整个调控靶点，优化表达强度。例如，在富马酸盐生产中分离 PMFM 模块、KSSS 模块和 RPSF 模块。通过将合成的 DNA 引导的支架与设计的 sRNA 开关相结合，富马酸盐滴度提高到 33.13 g/L。研究人员利用区室工程，将异源乙偶姻途径的 mALS 和 mALDC 酶靶向到光滑念珠菌，以增加相对酶浓度，从而获得菌株 CmA5，使菌株 CmA5 的乙偶姻产量达到 3.26 g/L，与没有靶向的菌株相比提高了 59.8%。此外，研究人员通过优化线粒体丙酮酸载体，将丙酮酸转运到线粒体中。经改造的工程菌的最大生长速率和丙酮酸产量分别提高了 3.38 倍和 3.47 倍。

10.4.2　放线菌属的代谢工程

基因组工程、基因线路改造、代谢途径优化等合成生物学技术大大提升了放线菌中代谢工程的设计与合成能力。其中，基因组工程主要利用多组学数据分析、全基因组代谢模型构建和多重位点特异性基因组工程改造等方法，在系统水平上对放线菌中的代谢途径进行重编程。研究人员利用基于转录组和蛋白组技术等多组学数据分析方法，在放线菌属的天蓝色链霉菌中鉴定了 3570 个与抗生素合成相关的转录起始位点，并模拟了 250 个可能合成新型抗生素的 RNA，助力放线菌产抗生素的开发。在野生菌株中，多杀霉素产量较低。为此，研究人员通过构建刺糖多孢菌的全基因组代谢模型，预测出转氢酶 pntAB 是潜在的多杀霉素代谢调控靶点，并通过在野生菌株中调控其表达，将多杀菌素产量提高到 75.32 mg/L。此外，研究人员通过多重位点特异性基因组工程改造方法，提高了原始霉素 II 的产量。具体方法是：利用"一个整合酶 – 多个 attB 位点"的概念进行多位点特异性基因组工程改造，实现了在始旋链霉菌中原始霉素 II 生物合成基因簇的 5 个拷贝合成，并在摇瓶发酵和分批发酵中得到了原始霉素 II 的最高产量。

除了基因组工程，代谢工程也可通过基因线路改造技术，利用启动子和终止子等调控元件提高代谢产物的产量。例如，研究人员将土霉素响应性阻遏物、操纵子以及启动子用于在链霉菌中构建土霉素浓度依赖性遗传通路，当土霉素浓度在 0.01 ～ 4 μM 范围时，链霉菌中的 GFP 产量显著提高。

在代谢途径优化方法中，我们可通过增加途径中间代谢物通量和删除副产物来提高最终代谢产物的产量。例如，研究人员通过表达甲基丙二酰辅酶 A，进而调控丙酰辅酶 A 羧化酶途径，最后将强力新型免疫抑制剂 FK 506（他克莫司）的产量增加至 164.92 mg/L。此外，研究人员通过消除委内瑞拉沙门氏菌中乙基丙二酰辅酶 A 的副产物途径，使乙基丙二酰辅酶 A 的产量增加到 5.5 mg/L。

10.4.3　曲霉属的代谢工程

曲霉属代谢工程改造的方法主要包括 CRISPR 技术、区室工程、代谢途径优化和优化底物利用率。研究人员利用 CRISPR 技术更准确、容易地编辑染色体基因的优点，来提高代谢途径效率。例如，HUANG 等人利用 CRISPR/Cas9 技术在黑曲霉中进行单碱基编辑，实现了基因的修饰，并利用脱氨酶、Cas9 切割酶和尿嘧啶糖基化酶抑制剂，构建了 CRISPR/Cas9-rAPOBEC1 碱基编辑系统。该系统以 47% ～ 100% 的效率灭活尿苷营养不良基因 *pyrG* 和色素基因 *fwmA*。Steiger 等人对转运蛋白 CexA 进行功能缺失突变鉴定，并通过构建基于 pmbfA 基因的诱导表达系统将柠檬酸的产量提高到了 109g/L。

研究人员还通过区室工程、代谢途径优化和优化底物利用率等方法来提高代谢途径效率。例如，研究人员利用区室工程在米曲菌中合成 L- 苹果酸，并且通过改善碳代谢的方法优化线粒体中的乙醛酸旁路途径，将 L- 苹果酸的产量和生产率分别提高到了 117.2 g/L、0.9 g/g 和 1.17 g/L/h。

通过代谢途径优化，研究人员在米曲霉中表达了参与 L- 苹果酸合成的蛋白（*pyc*、*mdh 3* 和 L- 苹果酸转运蛋白），构建了米曲菌菌株 2103 a-68，使得该菌株的 L- 苹果酸产量增加了 3 倍。此外，为了重新分配从柠檬酸盐转化为 L- 苹果酸的途径，研究人员过表达了转运蛋白 MstC 和乙醇途径中的关键酶，构建了黑曲霉菌株 S1149，使其 L- 苹果酸产量提升到 201.13 g/L，生产率提升到 1.05 g/L · h。

通过优化底物利用率，研究人员在米曲霉中过表达了黑曲霉葡萄糖淀粉酶基因 *glaA*、淀粉酶基因 *amyB* 和葡萄糖苷酶基因 *agdA*，以优化玉米淀粉的利用率，同时利用延胡索酸酶促进延胡索酸的转化，从而提高了 L - 苹果酸的产量。

10.5   人工智能在代谢工程中的应用

当前，人工智能在代谢工程中多有应用，例如预测翻译起始位点、注释蛋白质功能、预测合成途径、优化多个异源基因的表达水平、调控元件的强度预测、预测质粒表达、优化营养物浓度和发酵条件、预测酶动力学参数和了解基因型－表型关联。随着生物大数据量的不断增加，人工智能在代谢工程中的应用将越来越广泛。

10.5.1   人工智能在代谢途径中的设计原理

逆合成是一种通过观察生物系统中的反应规则来设计和改造代谢途径的方法。利用人工智能辅助设计代谢途径时，研究人员需要将代谢物分子等表示为机器可读的形式，然后通过逆合成算法预测前体分子结构。其主要有两种方法（见图 10-3）：基于模板的

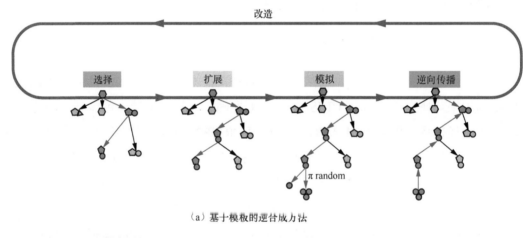

（a）基于模板的逆合成方法

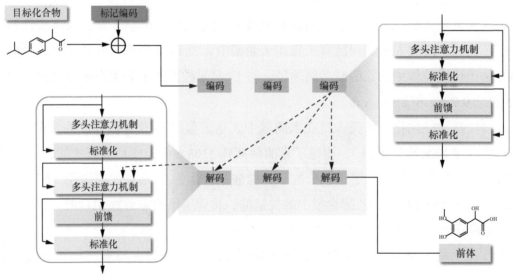

（b）无模板的逆合成方法

图 10-3   基于人工智能的逆合成方法

逆合成方法，即匹配目标化合物的化学转化的通用描述；而无模板的逆合成方法可以在没有反应模板的情况下找到目标化合物的前体。要将代谢物分子等表示为机器可读的形式，具体方法为：通过输入行输入系统（SMILES）简化分子，使其以ASCII字符串的形式表示为化学结构，并将每个SMILES字符串编码成潜在向量，之后将向量解码为新的SMILES字符串，从而预测前体结构。从逆生物合成预测的大量前体中寻找最有可能的前体和代谢途径进行设计。这可用于评估缩小候选前驱体的反应可行性。

（1）基于模板的逆合成方法。基于模板的逆合成方法通常使用化学反应规则来表示反应中心及其邻域的原子和键的变化，并将化学反应规则应用于目标化合物，使其能够识别合适的化学转化和相应的前体。然而，要将所有化学反应规则与产生的目标化合物及其逆合成方法预测的前体匹配起来，需要花费大量时间和计算资源。对此，研究人员引入了可用于评估缩小候选前驱体的反应可行性的人工智能技术。机器学习可以实现反应规则的有效匹配，并已被用于基于模板的逆合成代谢途径设计。例如，使用高速神经网络进行反应规则的多尺度分类，以提高预测反应的性能。多尺度分类需要两步预测：第一步预测目标化合物可以应用的一组反应规则；第二步预测在反应规则组内的特定化学转化。此外，对于代谢途径预测，应仅考虑酶促反应的反应规则。逆合成工具RetroPathRL可以通过酶促反应的反应规则预测前体化合物，例如，预测从L-谷氨酸到中康酸的生物合成途径，该途径为使用3-甲基天冬氨酸酶（3-methylaspartase）和谷氨酸变位酶（glutamate mutase）的两步酶促反应。RetroPath RL使用为酶促反应设计的反应规则和Monte-Carlo搜索算法来规划目标化合物的生物合成途径，使用分子指纹计算目标化合物与天然代谢物分子之间的相似性。支持向量机和高斯过程等的机器学习算法已被用于以蛋白质序列和反应特征（参与反应的原子的连接性）作为输入来识别可以催化特定反应的酶。此外，基于深度学习的方法DeepEC能通过预测酶的多个EC数来识别可能催化途径反应的酶的混杂性。

（2）无模板的逆合成方法。基于模板的逆合成方法用于预测时，在设计反应规则中并没有考虑到化合物转化方面的限制。无模板的逆合成方法则避开了这种固有的限制。无模板的逆合成方法并没有利用反应规则，而是通过机器学习方法将目标化合物翻译为相应的计算机语言来找到合适的前体和转化反应途径。例如，通过从目标化合物的SMILES串预测前体流程来将逆合成转换为序列到序列预测问题的递归神经网络。递归神经网络将目标化合物的每个元素作为标记来编码潜在特征，随后将其解码为前体。尽管已有针对无模板方法开发的各种机器学习算法，但是标记化SMILES的生成容易产生错误的SMILES特征，其具有诸如语法错误或对结构上不存在的分子的描述等问题。这样的问题可以使用额外的模块来解决，比如用语法校正器来检查所生成SMILES字符串的有效性或正向反应预测模块，以检查所生成的 SMILES 串的循环一致性。

10.5.2　人工智能辅助代谢途径优化

随着微生物在不同生理和细胞状态下代谢信息的获取，机器学习已成为辅助代谢途径优化的有效工具，如基因电路设计、提高目标产物产量、菌株改良、通量预测等。多种机器学习方法可用于创建和测试细胞工厂，如 CRISPR/Cas 9 单向导 RNA（sgRNA）设计、用于最佳表达的蛋白质工程化、生物降解过程参数的优化等。在用于细胞工厂开发的基因编辑技术中，使用 CRISPR/Cas 9 的主要挑战之一是脱靶活性的预测和高效 sgRNA 的设计。支持向量机、深度学习和神经网络等机器学习算法已被应用于从大量 sgRNA 文库中找到具有准确活性的高效 sgRNA。数据驱动的机器学习模型在代谢工程应用中是高效的，可以预测新途径，创建具有最佳 RBS 序列或启动子强度的设计菌株，以提高产量。这种方法不仅减少了 DBTL 循环的迭代，还以一种高效的方式提高了过程的准确性。利用可用的训练数据，机器学习方法可以通过为优化函数选择最优突变来减少定向进化的迭代次数。此外，机器学习方法也应用于关键的代谢工程阶段，如工艺放大和其他下游加工，可以从大型实验数据集中选择最佳生长条件和工艺参数，以获得最大滴度、速率和生产率等。

采用基于机器学习的方法可促进代谢途径的重建。最近，研究人员开发了一种将三种不同类型的神经网络与蒙特卡罗树搜索算法（3N-MCTS）结合使用的反合成方法，该算法可从更简单的前体中识别到目标化学物质的合成路线。Opgenorth 等人将机器学习整合到 DBTL 循环中，以优化大肠杆菌中十二醇的生产。

代谢途径优化的一个重要方向是确定一个通路内多个基因表达水平的最佳组合。利用高通量筛选技术充分探索潜在的遗传设计空间是一种很有前景的策略。然而，高通量筛选的性能依赖于准确和快速的检测方法，适用范围狭窄。此外，搜索整个遗传设计空间是一种资源密集型的策略，这可能会产生高昂的成本。对此，研究人员通过多种方法来了解微生物的代谢调节过程，确定必要的遗传干预，以实现所需的表型，并采用机器学习等人工智能方法探索遗传设计空间。

在大规模的代谢数据筛选中，机器学习作为高通量筛选工具在目的菌株代谢途径优化和微生物产能提高方面得到了广泛应用。例如，EcoSynther 平台使用反应数据库 Rhea 中约 10000 条质量和电荷平衡的反应为外源反应数据源，并整合野生型大肠杆菌代谢网络模型中内源反应，利用途径搜索的概率分析算法模拟生产目标化合物的大肠杆菌在不同生长条件下的整体代谢、目标化合物合成途径以及量化合成情况。Jervis 等人通过将支持向量回归和前馈神经网络用于优化预测生产中核糖体结合位点和表型的关联，使得柠檬烯产量提高 60% 以上。

10.5.3 人工智能辅助细菌代谢系统的进化预测

通过基因测序和靶向基因修饰分析的相关研究表明，大肠杆菌及酿酒酵母的很多序列突变可以独立和重复地积累，通过上位作用形成的适应度景观，从而使预测微生物进化成为可能。研究人员通过机器学习开发了一种预测细菌代谢系统进化方法，其利用大约 3000 个细菌基因组数据，结合祖先基因内容重建和机器学习技术，成功预测了代谢系统中基因增益和丢失的进化过程，从而证明代谢系统对进化的压力和限制是普遍存在的。进一步分析显示，基因增益和丢失的预测取决于其功能相关基因的存在。例如，代谢途径中的基因增益可能由于其他反应所需，而基因丢失可能与下游模块的丢失有关。研究人员还进行了宏基因组数据的元分析，揭示了代谢途径进化的生态基础，即通过分析各种环境中的宏基因组数据，能够估算出不同细菌物种的环境偏好，并发现这些环境偏好与特定代谢途径的进化紧密相关。

Akshit Goyal 等人探讨了水平基因转移在微生物代谢依赖性进化中的作用。研究人员分析了 835 个细菌物种的基因增益和损失动态信息，并探究了其对细菌代谢网络的影响。结果表明，水平基因转移对细菌代谢依赖性的演化具有重要影响。此外，研究发现细菌种群中新获得的代谢途径可能使特定的原始途径丢失，这种现象称为"耦合增益和损失"（Coupled Gains and Losse，CGL）。此外，这种机制对于细菌代谢依赖性的演化至关重要。

从生理学的角度来看，代谢途径的下游到上游的进化顺序与最初提出的通过基因复制来解释途径进化的逆行模型相一致，其中基因增益的适应度效应是由功能依赖性决定的。从生态学的角度来看，从土壤向植物相关环境的生境转变模式与基因增益顺序相关。这也表明，基于丰富的宏基因组数据集推断过去的环境，并明确利用这些信息进行进化预测，可以提高预测模型的性能。诱发预测模型的迭代应用可以模拟长期的基因组进化，并在基因组状态空间中进行轨道分析。

10.6 小结

代谢工程方法旨在通过遗传干预重新改造代谢途径，构建微观细胞工厂，从而对细胞代谢途径进行修饰和改造、实现高附加值化合物的高效生产。然而，多数天然微生物并不能在工业规模上直接生产所需的化合物。为了克服这一障碍，研究人员开始采用代谢途径优化技术来构建高效的微生物细胞工厂。尽管代谢途径优化技术有显著的应用，但一些潜在的问题可能会阻碍进一步的发展。例如，由于对靶细胞的表型和基因型之间的关系了解不完全，经常需要采用传统的试错方法。

借助人工智能强大的计算能力和智能算法，研究人员能够更加高效地设计和优化代谢途径。人工智能的影响不再局限于合成生物学"设计－构建－测试－学习"循环中的"学习"阶段，更能推动实验室工作实现自动化，并推进实验设计。值得一提的是，自动化作为获得高质量、大容量、低偏差数据最可靠的方法，正在逐渐成为一个关键环节，因为这些数据是训练人工智能算法和实现可预测的生物工程所必需的。人工智能将通过系统生物学、合成生物学和进化工程与传统的代谢工程相结合，简化菌株的开发过程，在代谢工程中发挥积极作用。人工智能与代谢途径改造技术的深度融合将进一步赋能包括发酵在内的传统代谢工程，使得代谢途径的分析和优化调控变得更加便利、高效，为生物经济发展提供支撑。

10.7   参考文献

[1] El-Mansi M. Control of central metabolism's architecture in escherichia coli: an overview[J]. Microbiological research, 2023, 266: 127224.

[2] Tong Wu, Yumei Liu, Jinsheng Liu, et al. Metabolic engineering and regulation of diol biosynthesis from renewable biomass in escherichia coli[J]. Biomolecules, 2022, 12(5).

[3] Singh S, Verma T, Nandi D, et al. Herbicides 2,4-Dichlorophenoxy Acetic Acid and Glyphosate Induce Distinct Biochemical Changes in E. coli during Phenotypic Antibiotic Resistance: A Raman Spectroscopic Study[J]. The Journal of Physical Chemistry B, 2022, 126(41): 8140-8154.

[4] Bang J, Hwang C H, Ahn J H, et al. Escherichia coli is engineered to grow on CO(2) and formic acid[J]. Nature Microbiology, 2020, 5(12): 1459-1463.

[5] Opgenorth P, Costello Z, Okada T, et al. Lessons from Two Design–Build–Test–Learn Cycles of Dodecanol Production in Escherichia coli Aided by Machine Learning[J]. ACS Synthetic Biology, 2019, 8(6): 1337-1351.

[6] Pramastya H, Song Y, Elfahmi E Y, et al. Positioning Bacillus subtilis as terpenoid cell factory[J]. Journal of Applied Microbiology, 2021, 130(6): 1839-1856.

[7] ZHang Q, Wu Y, Gong M, et al. Production of proteins and commodity chemicals using engineered Bacillus subtilis platform strain[J]. Essays in Biochemistry, 2021, 65(2): 173-85.

[8] Bampidis V, Azimonti G, Bastos M L, et al. Safety and efficacy of a feed additive consisting of riboflavin-5'-phosphate ester monosodium salt (vitamin B(2)) (from riboflavin 98%, produced by Bacillus subtilis KCCM 10445) for all animal species (Hubei Guangji Pharmaceutical Co. Ltd)[J]. EFSA journal European Food Safety Authority, 2022, 20(11): e07608.

[9] Xu J, Wang C, Ban R. Improving riboflavin production by modifying related metabolic pathways in Bacillus subtilis[J]. Letters in Applied Microbiology, 2022, 74(1): 78-83.

[10] Li Y, Sanfilippo J E, Kearns D, et al. Corner Flows Induced by Surfactant-Producing Bacteria Bacillus subtilis and Pseudomonas fluorescens[J]. Microbiology Spectrum, 2022, 10(5): e0323322.

[11] Amjad Zanjani F S, Afrasiabi S, Norouzian D, et al. Hyaluronic acid production and characterization by novel Bacillus subtilis harboring truncated Hyaluronan Synthase[J]. AMB Express, 2022, 12(1): 88.

[12] Maan H, Gilhar O, Porat Z, et al. Bacillus subtilis Colonization of Arabidopsis thaliana Roots Induces Multiple Biosynthetic Clusters for Antibiotic Production[J]. Frontiers in cellular and infection microbiology, 2021, 11: 722778.

[13] 占米林. 辅因子代谢工程改造谷氨酸棒状杆菌合成 L- 精氨酸 [D]. 江南大学, 2018.

[14] Becker J, Wittmann C. Bio-based production of chemicals, materials and fuels -Corynebacterium glutamicum as versatile cell factory[J]. Current opinion in biotechnology, 2012, 23(4): 631-40.

[15] Fangyu Cheng, Huimin Yu, Stephanopoulos G. Engineering Corynebacterium glutamicum for high-titer biosynthesis of hyaluronic acid[J]. Metabolic engineering, 2019, 55: 276-89.

[16] Xiaomei Zhang, Yujie Gao, Ling Yang, et al. Amino acid exporters and metabolic modification of Corynebacterium glutamicum - a review[J]. Chinese Journal of Biotechnology, 2020, 36(11): 2250-2259.

[17] Kalinowski J, Bathe B, Bartels D, et al. The complete Corynebacterium glutamicum ATCC 13032 genome sequence and its impact on the production of L-aspartate-derived amino acids and vitamins[J]. Journal of Biotechnology, 2003, 104(1-3): 5-25.

[18] Du Y, Cheng F, Wang M, et al. Indirect Pathway Metabolic Engineering Strategies for Enhanced Biosynthesis of Hyaluronic Acid in Engineered Corynebacterium glutamicum[J]. Frontiers in bioengineering and biotechnology, 2021, 9: 768490.

[19] Tabibzadeh S. Signaling pathways and effectors of aging[J]. Frontiers in bioscience, 2021, 26(1): 50-96.

[20] Henry S A, Kohlwein S D, Carman G M. Metabolism and regulation of glycerolipids in the yeast Saccharomyces cerevisiae[J]. Genetics, 2012, 190(2): 317-349.

[21] Zhan C, Li X, Lan G, et al. Reprogramming methanol utilization pathways to convert Saccharomyces cerevisiae to a synthetic methylotroph[J]. Nature Catalysis, 2023, 6(5): 435-450.

[22] He S, Zhang Z, Lu W. Natural promoters and promoter engineering strategies for metabolic regulatio in Saccharomyces cerevisiae[J]. Journal of industrial microbiology & biotechnology, 2023, 50(1).

[23] Li M, Ma M, Wu Z, et al. Advances in the biosynthesis and metabolic engineering of rare ginsenosides[J]. Applied microbiology and biotechnology, 2023, 107(11): 3391-3404.

[24] Wösten H A B. Filamentous fungi for the production of enzymes, chemicals and materials[J]. Current opinion in biotechnology, 2019, 59: 65-70.

[25] Alberti F, Foster G D, Bailey A M. Natural products from filamentous fungi and production by heterologous expression[J]. Applied microbiology and biotechnology, 2017, 101(2): 493-500.

[26] Chroumpi T, Mäkelä M R, De Vries R P. Engineering of primary carbon metabolism in filamentous fungi[J]. Biotechnology advances, 2020, 43: 107551.

[27] Kövilein A, Umpfenbach J, Ochsenreither K. Acetate as substrate for L-malic acid production with Aspergillus oryzae DSM 1863[J]. Biotechnology for biofuels, 2021, 14(1): 48.

[28] Li S, Chen X, Liu L, et al. Pyruvate production in Candida glabrata: manipulation and optimization of physiological function[J]. Critical reviews in biotechnology, 2016, 36(1): 1-10.

[29] Luo Z, Zeng W, Du G, et al. Enhancement of pyruvic acid production in Candida glabrata by engineering hypoxia-inducible factor 1[J]. Bioresource technology, 2020, 295: 122248.

[30] Kunigo M, Buerth C, Tielker D, et al. Heterologous protein secretion by Candida utilis[J]. Applied microbiology and biotechnology, 2013, 97(16): 7357-7368.

[31] Tamakawa H, Ikushima S, Yoshida S. Ethanol production from xylose by a recombinant Candida utilis strain expressing protein-engineered xylose reductase and xylitol dehydrogenase[J]. Bioscience, biotechnology, and biochemistry, 2011, 75(10): 1994-2000.

[32] Palazzotto E, Tong Y, Lee S Y, et al. Synthetic biology and metabolic engineering of actinomycetes for natural product discovery[J]. Biotechnology advances, 2019, 37(6): 107366.

[33] Gang Fu, Jie Yue, Dandan Li, et al. An operator-based expression toolkit for Bacillus subtilis enables fine-tuning of gene expression and biosynthetic pathway regulation[J]. Proceedings of the National Academy of Sciences of the United States of America, 2022, 119(11): e2119980119.

[34] Xinyu Bi, Yang Cheng, Xianhao Xu, et al. etiBsu1209: A comprehensive multiscale metabolic model for Bacillus subtilis[J]. Biotechnology and bioengineering, 2023, 120(6): 1623-1639.

[35] Nevoigt E, Kohnke J, Fischer C R, et al. Engineering of promoter replacement cassettes for fine-tuning of gene expression in Saccharomyces cerevisiae[J]. Applied and environmental microbiology, 2006, 72(8): 5266-5273.

[36] Jing Du, Yongbo Yuan, Tong Si, et al. Customized optimization of metabolic pathways by combinatorial transcriptional engineering[J]. Nucleic acids research, 2012, 40(18): e142.

[37] Yongbo Yuan, Huimin Zhao. Directed evolution of a highly efficient cellobiose utilizing pathway in an industrial Saccharomyces cerevisiae strain[J]. Biotechnology and bioengineering, 2013, 110(11): 2874-81.

[38] Jeppsson M, Johansson B, Jensen P R, et al. The level of glucose-6-phosphate dehydrogenase activity strongly influences xylose fermentation and inhibitor sensitivity in recombinant Saccharomyces cerevisiae strains[J]. Yeast (Chichester, England), 2003, 20(15): 1263-1272.

[39] Ruohonen L, Aalto M K, Keränen S. Modifications to the ADH1 promoter of saccharomyces cerevisiae for efficient production of heterologous proteins[J]. Journal of Biotechnology, 1995, 39(3): 193-203.

[40] Yoshimatsu T, Nagawa F. Effect of artificially inserted intron on gene expression in Saccharomyces cerevisiae[J]. DNA and cell biology, 1994, 13(1): 51-58.

[41] Xiaoyi Cui, Xiaoqiang Ma, Kristala L J Prather, et al. Controlling protein expression by using intron-aided promoters in Saccharomyces cerevisiae[J]. Biochemical Engineering Journal, 2021, 176: 108197.

[42] Myburgh M W, Rose S H, Viljoen-Bloom M. Evaluating and engineering Saccharomyces cerevisiae promoters for increased amylase expression and bioethanol production from raw starch[J]. FEMS yeast research, 2020, 20(6).

[43] Dang T, Süssmuth R D. Bioactive Peptide Natural Products as Lead Structures for Medicinal Use[J]. Accounts of chemical research, 2017, 50(7): 1566-1576.

[44] Nguyen K T, Ritz D, Gu J Q, et al. Combinatorial biosynthesis of novel antibiotics related to daptomycin[J]. Proceedings of the National Academy of Sciences of the United States of America, 2006, 103(46): 17462-17467.

[45] Zhou J, Liu L, Chen J. Improved ATP supply enhances acid tolerance of Candida glabrata during pyruvic acid production[J]. Journal of applied microbiology, 2011, 110(1): 44-53.

[46] Luo Z, Zeng W, Du G, et al. Enhanced Pyruvate Production in Candida glabrata by Engineering ATP Futile Cycle System[J]. ACS synthetic biology, 2019, 8(4): 787-795.

[47] Chen X, Wu J, Song W, et al. Fumaric acid production by Torulopsis glabrata: engineering the urea cycle and the purine nucleotide cycle[J]. Biotechnology and bioengineering, 2015, 112(1): 156-67.

[48] Li S, Liu L, Chen J. Compartmentalizing metabolic pathway in Candida glabrata for acetoin production[J]. Metabolic engineering, 2015, 28: 1-7.

[49] Chen X, Dong X, Wang Y, et al. Mitochondrial engineering of the TCA cycle for fumarate production[J]. Metabolic engineering, 2015, 31: 62-73.

[50] Luo Z, Liu S, Du G, et al. Enhanced pyruvate production in Candida glabrata by carrier engineering[J]. Biotechnology and bioengineering, 2018, 115(2): 473-482.

[51] Jeong Y, Kim J N, Kim M W, et al. The dynamic transcriptional and translational landscape of the model antibiotic producer Streptomyces coelicolor A3(2)[J]. Nature communications, 2016, 7: 11605.

[52] Wang X, Zhang C, Wang M, et al. Genome-scale metabolic network reconstruction of Saccharopolyspora spinosa for spinosad production improvement[J]. Microbial cell factories, 2014, 13(1): 41.

[53] Liu Y, Rose J, Huang S, et al. A pH-gated conformational switch regulates the phosphatase activity of bifunctional HisKA-family histidine kinases[J]. Nature communications, 2017, 8(1): 2104.

[54] Wang W, Yang T, Li Y, et al. Development of a Synthetic Oxytetracycline-Inducible Expression System for Streptomycetes Using de Novo Characterized Genetic Parts[J]. ACS synthetic biology, 2016, 5(7): 765-773.

[55] Jung W S, Kim E, Yoo Y J, et al. Characterization and engineering of the ethylmalonyl-CoA pathway towards the improved heterologous production of polyketides in Streptomyces venezuelae[J]. Applied microbiology and biotechnology, 2014, 98(8): 3701-3713.

[56] Zhang L, Yan K, Zhang Y, et al. High-throughput synergy screening identifies microbial metabolites as combination agents for the treatment of fungal infections[J]. Proceedings of the National Academy of Sciences of the United States of America, 2007, 104(11): 4606-4611.

[57] Huang L, Dong H, Zheng J, et al. Highly efficient single base editing in Aspergillus niger with CRISPR/Cas9 cytidine deaminase fusion[J]. Microbiological research, 2019, 223-225: 44-50.

[58] Knuf C, Nookaew I, Remmers I, et al. Physiological characterization of the high malic acid- producing Aspergillus oryzae strain 2103a-68[J]. Applied microbiology and biotechnology, 2014, 98(8): 3517-3527.

[59] Xu Y, Shan L, Zhou Y, et al. Development of a Cre-loxP-based genetic system in Aspergillus niger ATCC1015 and its application to construction of efficient organic acid-producing cell factories[J]. Applied microbiology and biotechnology, 2019, 103(19): 8105-8114.

[60] Perakakis N, Yazdani A, Karniadakis G E, et al. Omics, big data and machine learning as tools to propel understanding of biological mechanisms and to discover novel diagnostics and therapeutics[J]. Metabolism: clinical and experimental, 2018, 87: A1-A9.

[61] Volk M J, Lourentzou I, Mishra S, et al. Biosystems Design by Machine Learning[J]. ACS synthetic biology, 2020, 9(7): 1514-1533.

[62] Zhang J, Chen Y, Fu L, et al. Accelerating strain engineering in biofuel research via build and test automation of synthetic biology[J]. Current opinion in biotechnology, 2021, 67: 88-98.

[63] Camacho D M, Collins K M, Powers R K, et al. Next-Generation Machine Learning for Biological Networks[J]. Cell, 2018, 173(7): 1581-1592.

[64] Opgenorth P, Costello Z, Okada T, et al. Lessons from Two Design-Build- Test-Learn Cycles of Dodecanol Production in Escherichia coli Aided by Machine Learning[J]. ACS synthetic biology, 2019, 8(6): 1337-1351.

[65] Costello Z, Martin H G. A machine learning approach to predict metabolic pathway dynamics from time-series multiomics data[J]. NPJ systems biology and applications, 2018, 4: 19.

[66] Konstantakos V, Nentidis A, Krithara A, et al. CRISPR-Cas9 gRNA efficiency prediction: an overview of predictive tools and the role of deep learning[J]. Nucleic acids research, 2022, 50(7): 3616-3637.

[67] Segler M H S, Preuss M, Waller M P. Planning chemical syntheses with deep neural networks and symbolic AI[J]. Nature, 2018, 555(7698): 604-610.

[68] Tetko I V, Karpov P, Van Deursen R, et al. State-of-the-art augmented NLP transformer models for direct and single-step retrosynthesis[J]. Nature communications, 2020, 11(1): 5575.

[69] Liu B, Ramsundar B, Kawthekar P, et al. Retrosynthetic Reaction Prediction Using Neural Sequence- to-Sequence Models[J]. ACS central science, 2017, 3(10): 1103-1113.

[70] Badowski T, Gajewska E P, Molga K, et al. Synergy Between Expert and Machine-Learning Approaches Allows for Improved Retrosynthetic Planning[J]. Angewandte Chemie (International ed in English), 2020,

59(2): 725-730.

[71] Duigou T, Du Lac M, Carbonell P, et al. RetroRules: a database of reaction rules for engineering biology[J]. Nucleic acids research, 2019, 47(D1): D1229-D35.

[72] Zheng S, Rao J, Zhang Z, et al. Predicting Retrosynthetic Reactions Using Self-Corrected Transformer Neural Networks[J]. Journal of chemical information and modeling, 2020, 60(1): 47-55.

[73] Kreutter D, Schwaller P, Reymond J L. Predicting enzymatic reactions with a molecular transformer[J]. Chemical science, 2021, 12(25): 8648-8659.

[74] Ding S, Liao X, Tu W, et al. EcoSynther: A Customized Platform To Explore the Biosynthetic Potential in E. coli[J]. ACS chemical biology, 2017, 12(11): 2823-2829.

[75] Jervis A J, Carbonell P, Vinaixa M, et al. Machine Learning of Designed Translational Control Allows Predictive Pathway Optimization in Escherichia coli[J]. ACS synthetic biology, 2019, 8(1): 127-136.

[76] Press M O, Queitsch C, Borenstein E. Evolutionary assembly patterns of prokaryotic genomes[J]. Genome research, 2016, 26(6): 826-833.

[77] Konno N, Iwasaki W. Machine learning enables prediction of metabolic system evolution in bacteria[J]. Science advances, 2023, 9(2): eadc9130.

第 11 章　人工智能在 DNA 计算及存储中的应用

近年来，随着新一轮科技革命和产业变革蓬勃兴起，大数据、物联网等技术迅速发展，依据传统摩尔定律微缩的半导体技术所面临的挑战越来越大，需要的成本越来越高，性能提升也趋于放缓。同时，数据呈爆炸式增长，基于磁、光及集成电路的现代数据存储介质在耗电量、数据访问速度、存储密度等方面受限。基因技术的进步促使人们探索新的计算与存储方式，基于生物分子的计算与存储在这种背景下应运而生。

DNA 计算是以脱氧核糖核酸和生物酶等生物材料为基础，利用多种生物化学与生物物理反应进行数字运算的新型分子计算方法。DNA 计算涉及合成生物学、分子生物学、计算机科学以及电子电气工程等多学科交叉领域。DNA 具备低能耗、存储密度高且体积微小等优点，因此成为应用于神经拟态计算的理想材料。基于生物材料构造人工神经网络是神经拟态计算迈向分子计算层面的重要一步，而由此集成的人工智能芯片则有望应用于航空航天、信息安全及国防建设等领域。

本章概述了 DNA 计算及其在人工智能中的应用，总结了基于 DNA 和基因线路的神经拟态计算的研究进展，介绍了人工智能在 DNA 存储技术中的应用，并讨论了 DNA 计算和存储所面临的挑战。

11.1　DNA 计算

DNA 计算是一种新兴的计算模式，它利用生物分子代替数字物理开关元器件，凭借分子间的信息处理能力实现数字运算功能。DNA 计算的核心原理是利用 DNA 分子的双螺旋结构和碱基互补配对的性质，将所要处理的问题编码为特定的 DNA 分子链。当输入的 DNA 分子链与作为开关的特定 DNA 分子链进行碱基互补配对时，将产生输出 DNA 分子链，且输出 DNA 分子链的浓度与输入 DNA 分子链的浓度呈正比例关系，上述过程构成了一个简单的模拟电路，在生物酶反应或其他生化反应的作用下，通过合成或者破坏化学键实现加减法、乘法的运算。DNA 电路使用特定的 DNA 链的浓度作为信号，通过各种现代分子生物技术测量反应达到平衡时的特定浓度来解决数学问题，并得出运算结果。

随着合成生物学技术的迅速发展，DNA 计算以其并行运算、良好的相容性引起研究者的广泛关注。

11.1.1 DNA 计算原理

DNA 是生物体内遗传信息的载体，其基本构件是核苷酸，由糖基、磷酸基和含氮碱基组成。DNA 中有 4 种含氮碱基：腺嘌呤（A）、胸腺嘧啶（T）、鸟嘌呤（G）和胞嘧啶（C）。这些含氮碱基在 DNA 中按特定顺序排列以编码遗传信息。一个核苷酸的磷酸基与另一个核苷酸的糖基结合并形成共价键，从而形成核苷酸序列，即单链 DNA（single-stranded DNA，ssDNA）。腺嘌呤和胸腺嘧啶（A-T）之间以及鸟嘌呤和胞嘧啶（G-C）之间形成氢键，称为碱基互补配对，即 Watson-Crick 碱基配对。

DNA 计算的本质就是利用大量的不同核酸分子杂交，产生类似数学计算过程中某种组合的结果，并且根据限制条件得出约束解。由于不同的 DNA 分子具有不同的编码形式，当大量随机的 DNA 分子进行杂交后，每个 DNA 分子的原始信息就会与其他分子所携带的原始信息进行组合。

DNA 计算的核心问题是将经过编码后的 DNA 分子链作为输入，对 DNA 分子进行生物化学操作，主要是在试管内或其他载体上经过一定时间完成受外部条件（温度与酸碱度）控制的生物化学反应，通过各种酶的操作，例如合并、分离、加热与退火、扩增、切割、连接、聚合等分子生物技术，最后对结果 DNA 分子（即待求问题的解）进行萃取。DNA 计算流程大致如下：首先，研究人员对需要解决的问题进行编码，即将运算对象编码成 DNA 分子，并采用合成生物学方法合成单链或双链 DNA；其次，将编码合成后的 DNA 分子链混入生物酶溶液中，生成计算待用数据池；再次，在生物酶的作用下，按照一定规则将解决问题的过程映射成 DNA 分子链的可控生化反应过程；最后，利用聚合酶链反应等分子生物学技术，得到最终的运算结果。

11.1.2 DNA 计算模块

DNA 链可经过电路设计以执行不同的复杂逻辑运算，并且优于现在计算机的并行处理信息的方式，尤其是集成的 DNA 计算模块具有超强的计算能力，可解决传统计算机难以处理的难题。

DNA 计算模块由 3 个基本元件构成：第一个元件是生物传感器，用于感知生物信息的变化，将其他物理输入转换为可供 DNA 电路计算设备处理的生化信号；第二个元件是控制器，用于调节与生物计算装置相关的信号；第三个元件是执行器，用来接收控制器所发出的生化信号并做出相应的电路计算操作。DNA 计算模块可基于生物分子的逻辑门分为细胞内系统和无细胞系统，也可将其根据不同底物分为基于核酸和基于蛋白质的计算。根据酶的有无，基于核酸的计算可进一步分为有酶计算和无酶计算。

　　目前，DNA 链置换反应为 DNA 计算中最常用的一种计算模块。此外，利用基因线路的计算模块因具有强大的发展潜力也备受关注。

　　（1）DNA 链置换反应作为 DNA 计算的一种主要模块，具有自发性、并行性、可编程、动态级联等特点，在 DNA 计算发展历史上占据重要的地位。DNA 链置换反应是单链黏性末端介导的分支迁移和链置换反应的简称，也是一种物理实现复杂计算或行为的方法。DNA 链置换的过程如图 11-1 所示。单链黏性末端是一个通常含有 3 ～ 6 个碱基对的短 DNA 片段。图中每个数字代表链中的一个片段。带星号（*）的数字代表该片段的互补链，不同字母代表不同的链。链 A 是具有单链黏性末端 2* 的部分双链，由于链 B 具有片段 2（片段 2* 的互补链），其可与链 A 进行反应。与链 A 结合后，单链黏性末端将链 E 从链 A 中置换出来。图中链 C 为中间链，而终产物是链 D 和链 E。自由能驱动的 DNA 链置换反应受限于反应物初始量，且达到平衡状态的系统无法处理更多的信息。DNA 链置换反应的一个重要特性是可级联，一个反应的输出可作为其下游反应的输入。这一特性使 DNA 链置换反应能够被放大并执行更复杂的运算。尽管寿命有限且耗时较长，DNA 链置换反应设计可通过预测核酸杂交和链置换动力学进行控制。实验证实可通过调整单链黏性末端长度和序列组成在 10^6 数量级范围内定量控制链置换反应速率。序列设计日益增长的重要性推动了自动化软件的开发，如"DNA 链位移"软件。

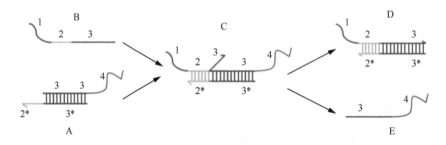

图 11-1　DNA 链置换过程

　　（2）基于生物调控功能的基因线路则是 DNA 计算的另一种重要模块。基因线路代表一组可以执行特定功能的基因连锁反应。线路信号是基因表达的浓度或特定基因表达的有无。基因线路的输出基因可用作执行装置的触发器。通过信号接收器，实现转录活化激活，产生下游基因表达并输入基因回路。在分子遗传的基本过程中，转录发生在先，RNA 聚合酶将特定的 DNA 序列复制到信使 RNA。之后翻译启动，核糖体根据信使 RNA 产生多肽，多肽折叠形成功能蛋白。基因表达的最终输出信号是蛋白质；输入信号是能够影响基因表达的分子，如阻遏蛋白可抑制转录或翻译，RNA 聚合酶和转录因子启动基因表达，诱导因子可通过抑制阻遏蛋白或激活转录因子促进转录。不同的基因调控可以看作不同的基因线路构件，以集成具有复杂逻辑运算能力的基因电路。例如，Cho

等人通过将 CAR-T 固定式的细胞外 scFV 单链抗体与细胞内 CD3z 信号结构域拆分为由亮氨酸拉链（leucine-zipper）通用结构连接的两部分，分别实现了对两部分的模块化设计和可编程性，创造了名为 "SUPRA CAR" 的 CAR-T 新疗法。

11.1.3 DNA 计算数字逻辑

逻辑门是构成数字电路的基本元件，其信号状态为真（逻辑高或 1）或假（逻辑低或 0）。在传统电子电路中，这些信号由不同的电压水平表示。基本逻辑门有 AND、OR、XOR、NOT、NAND、NOR 和 XNOR。其中，NAND 和 NOR 是通用门，可以用来构建任何复杂的电路。

除了传统的电子电路，逻辑门可以由 DNA 分子等生物分子构建，成为 DNA 计算的重要组成部分。例如，基于扩散设计的 DNA 逻辑门和 DNA 折纸表面局部设计的 DNA 逻辑门。在基于扩散的架构中，DNA 链在试管中混合，以链浓度作为信号，并基于阈值分配逻辑高和逻辑低信号。2002 年，Stojanovic 等人首次报道了一种基于 DNA 脱氧核酶的逻辑门，为利用核酶逻辑门设计多层电路做出了开创性的探索。然而，这种策略在经过酶促反应输出信号时，其输出信号的分子构成与输入信号不同，导致很难进行进一步级联，限制了其发展。随后，Seelig 等人提出了一种无酶参与的 DNA 逻辑门，主要基于 DNA 链置换反应，即黏性末端介导的链置换反应（toehold-mediated strand displacement，TMSD）。在此过程中，一条信号链结合到一个门复合物暴露的单链黏性末端上，经历一个随机游走过程（分支迁移），取代最初与门结合的信号链，形成信号输出或下游电路的输入。染料 - 猝灭剂复合物的分离产生可测量的荧光，用于对输出进行定量分析。可逆 TMSD 的反应动力学可以通过诸如单链黏性末端隔离和单链黏性末端交换等技术来调节，其反应速率可以通过改变单链黏性末端的长度或序列组成来调节，调节幅度可达多个数量级。这些简单通用的元件使 TMSD 成为一种可用于设计复杂及可扩展的 DNA 计算架构的强大编程语言。基于以上技术，Qian 和 Winfree 于 2011 年提出了一种被称为"跷跷板逻辑门"的 DNA 逻辑门。在跷跷板逻辑门中，如果一条 DNA 链的浓度高于特定阈值，则认为该信号为逻辑高，否则为逻辑低。这种架构中的基本逻辑门是由积分门和放大门组合而成的阈值门。设计中使用的阈值决定了阈值门的数字逻辑操作。通过跷跷板逻辑门将所有逻辑门组合在一起。设计者可以通过 5 部分完成 DNA 电路的设计，这 5 部分为给定 AND-OR-NOT 电路、双轨逻辑（dual-rail logic）、跷跷板逻辑门、DNA 结构域和 DNA 序列。这种 DNA 逻辑电路缺少 NOT 操作，故采用双轨逻辑结构。Qian 等人在 2018 年提出一种赢者通吃网络，将所能够分类识别的分子模式数量扩展至 9 种。该网络的输入 / 输出为布尔值，但是计算模式为神经网络。但是，基于扩散的电路需要为每个逻辑门提供唯一的 DNA 链用于门操作，这不利于实现无泄漏的大型复杂数字电路。

与上述 DNA 链作为信号的传统设计不同，由基因调控过程构建数字逻辑门，则是用更为接近生物学的方法来建立基因电路。此种方法旨在集成合成基因网络，使其不但能够像目前控制计算机一样轻松编程，而且其逻辑层次与网络规模可逐级扩展。该种方法经过近些年的不断发展，已有多种基础电路和信号处理电路等基因电路构件，主要的细胞构件包括胞内计算组件和胞外通信器件。Nielsen 等人通过参考 FPGA 的编码方式设计了一个自动化设计基因电路的平台 Cello。该平台的编码方式与 Verilog 相似，在设计一个基因电路时，先选择输入的小分子和输出的蛋白质，然后将真值表以 Verilog 的格式编写，并在平台内运行。随后，平台会根据真值表生成一个数字电子电路，应采用数据库中的生物分子（如蛋白质小分子）构建成生物电路。采用荧光蛋白来表示最终输出，若荧光蛋白的浓度高于阈值则为真，否则为假。DNA 链是可移动的，从而使其能够在电路中重复使用。DNA 链的存在与否（而不是链浓度）在空间定位 DNA 电路中代表逻辑高或低。已有文献论及多种相关架构，包括基于局部发夹（localized hairpin-based circuit）、基于化学反应网络（chemical reaction network，CRN）和基于分子漫步的电路（molecular-walker circuit）。在这些架构中，基于局部发夹的电路可以进行 AND、OR 和多逻辑（majority logic）运算，而基于表面 CRN 和分子漫步的电路可以实现 AND、OR 和 NOT 逻辑运算。此外，Zadegan 等人提出一种用于操作所有逻辑门的设计方法，包括 AND、OR、XOR 及其反操作。用于概念验证的模糊逻辑门系统已在 DNA 折纸盒中实现。这些基本的布尔 DNA 逻辑门都具有通用结构，即两类 DNA 复合物，易于放大。在此研究中，输入信号是 DNA 链，输出信号则用荧光共振能量转移（fluorescence resonance energy transfer，FRET）表示。

11.1.4　DNA 计算模拟电路

DNA 电路是实现任何 DNA 计算和逻辑功能的基本构件，其由数字逻辑电路或模拟电路组成，DNA 计算也同样基于此类逻辑门。传统意义上的术语"电路"用于表示可以执行特定功能或算法的物理架构。与之类似，DNA 电路代表一组可以执行特定功能的 DNA 链。DNA 电路不使用任何类型的电压和电流，以 DNA 链的浓度或 DNA 链中特定片段的有无作为电路信号。基于跷跷板逻辑门的电路（seesaw-based circuit）使用 DNA 链浓度作为信号，而局部电路（localized circuit）使用 DNA 链中特定片段的有无作为信号。DNA 电路并不限于数字电路，也有文献报道了多种模拟电路。模拟 DNA 电路与数字 DNA 电路的一个显著区别是，模拟 DNA 电路的输入和输出信号通常用分子浓度来表示，即模拟 DNA 元件能够感知特定分子在具体环境中的浓度，然后通过适当的模拟计算产生固定浓度的输出信号。在如细胞内部等资源有限的环境中，模拟电路优于数字电路。首先，由于在给定精度范围内，模拟 DNA 电路中应用于执行数值计算的逻辑门数明显少于数字 DNA 电路，因此模拟 DNA 电路可显著节省相关反应所需的各种物质；其次，模拟 DNA 电路的效率高于数字 DNA 电路，各种生化反应的本质是模拟计算，细胞因此具有模拟信号的基础而非数字信号；最后，数字 DNA 电路中的 "1" 和 "0" 过于简单，不能充分反映信号的影响。

模拟电路中最基础的一个元件为晶体管，但是 DNA 电路无法转变为 DNA 晶体管电路，因此在 DNA 模拟电路中在行为层面上将模拟电子电路映射到模拟 DNA 电路。此外，放大器和定时器电路也是重要的模拟 DNA 电路。所有此类电路使用 DNA 链浓度作为信号。在 DNA 链置换反应中，DNA 模拟电路的输入和输出信号为单链 DNA 的浓度；双链 DNA 复合物用于传递信息可以理解为电子电路中的导线。Yordanov 等人构建了模拟电子电路中最常见的反馈控制电路。Chen 等人通过比较两种 DNA 链的浓度，依据 DNA 链会从浓度低的向浓度高的转化，构建了一个基于 3 种 DNA 反应的决策器。Song 等人设计出一些模拟运算如加法、减法和乘法，并利用这些基本运算设计出多项式函数和其他函数。采用 DNA 链置换反应的模拟电路，可以与不同模拟电路进行连接以完成更加复杂的任务。两个模拟电路进行连接时，需要采用一个额外的模块，将第一个模拟电路的输出信号转为所连接的另一个模拟电路的输入信号，并且不改变信号的唯一性。

基于调控表达的模拟电路可以在活细胞内进行逻辑运算。Sarpeshkar 等人通过输入两种物质刺激不同的启动子产生相同的蛋白，将蛋白的浓度作为输出结果，从而实现一个加法运算。在模拟电路的输出蛋白浓度可以作为另一个电路的输入信号，从而构成基因电路的级联。Daniel 等人采用级联的方式在活细胞中构建对数域的模拟电路。输入信号 x 为 AHL 诱导因子的浓度，输出信号 y 为 mCherry 蛋白质的浓度。输入信号 x 诱导因子 AHL 会协助转录因子 LuxR 和启动子 pLux 结合，产生蛋白 LuxR 和绿色荧光蛋白（green fluorescent protein，GFP）。作为产物的蛋白 LuxR 也可作为转录因子与启动子结合，因此基因表达 A 是一个正反馈。基因表达 B 可以利用基因表达 A 产生的 LuxR 蛋白作为转录因子激活启动子 pLux，从而产生红色荧光蛋白 mCherry。由 A 和 B 组成模拟电路，其输入 AHL 的浓度和输出 mCherry 的浓度对应关系符合函数 $y=\ln(1+x)$。Friedland 等人已经证明在电子电路中，模拟电路与数字电路相结合后资源利用率达到最高。类比电子电路，研究人员在 DNA 电路中也可以做出相同的假设，即模拟电路与数字电路共同作用后可获得最高的资源利用率。但是，模拟电路与数字电路相结合，需要一种装置完成数字量和模拟量间的转换。为此，Sarpeshkar 等人提出了关于神经生物学的模数转换和数模转换。

11.2　神经拟态计算

神经拟态计算由于具有在线机器学习和并行计算的优势，有望满足下一代人工智能系统的要求。与此同时，随着合成生物学的兴起，生物计算也得到了持续的发展，成为新一代半导体合成生物学（SemiSynBio）技术发展的原动力。基于 DNA 的生物分子可以潜在地执行布尔运算作为逻辑门的功能，并用于构建人工神经网络，提供了在分子水平上执行神经拟态计算的可能性。通过工程化基因线路构建人工神经网络实现神经拟态计算的方法，因具有低能耗、自适应学习和高并行计算等优点成为研究热点。

11.2.1 神经拟态计算概述

神经拟态计算（neuromorphic computing），也称为神经形态工程（neuromorphic engineering），使用包含电子模拟电路的超大规模集成系统（very-large-scale integration, VLSI）来模仿人脑中神经网络的计算结构。神经拟态计算起源于 20 世纪 80 年代，其最初目的是用晶体管模拟生物神经元（neuron）和突触（synapse）功能，随后迅速发展到事件驱动计算（离散"脉冲"），并最终在 21 世纪初促进了大规模神经形态计算芯片的出现。神经拟态计算是以数学模型来模拟人类神经元及突触的结构，并结合多层次传导来模拟大量神经元的互联结构。这种仿生学方法创造了高度连接的合成神经元和突触结构，可以执行复杂的计算任务。大规模计算平台中的数字逻辑电路由集成在单个硅片上的数十亿晶体管构成，类似于大脑的层级结构，各种硅基计算按照层级排列，以实现高效的数据交换。利用人工神经网络实现神经拟态计算已在深度学习中取得了空前的成功，并广泛应用于人工智能的各种研究方向。其如何定量、准确、简化地描述神经元和突触，直接决定了计算系统的性能、功耗与设计复杂度。

受大脑层次结构和神经突触框架的启发，最先进的人工智能应基于神经网络。现代深度学习网络本质上是由层或变换构成的层级人工架构。神经拟态计算即模拟人脑神经网络结构的计算方法，包括神经网络的各种组成部分及其相互协调运作的原理。人类大脑是一个动态且可重新配置的复杂系统，是由数十亿个神经元通过数万亿个突触相互连接而成的神经网络。神经拟态计算的灵感正是来源于大脑，其采用电子设备构建类神经系统，并通过模仿大脑内神经网络的分布式拓扑结构执行高度复杂的计算任务。虽然大脑仍有很多未知领域，但其高效的计算能力可归于其在神经科学领域中的基本特性：广泛的连通性、结构和功能化的组织层次，以及具有时间依赖性的神经元和突触连接。神经元是大脑通过离散动作电位或"脉冲"交换或传递信息的计算单元，而突触是记忆和学习的储存单元。基于脉冲的时间处理机制使大脑中的信息传递变得稀疏而高效。神经拟态计算的硬件系统则通过基于脉冲驱动通信的方式实现神经元和突触的计算，来模拟大脑的运行方式。采用该种计算方式可使硬件系统实现低能耗。虽然神经网络源于模拟大脑层次结构和神经突触框架，但人工设计构建的计算系统在拓扑结构和处理信息的方式上都与人脑的神经系统有很大的不同。例如，深度学习本质上是由多个层（如卷积层、池化层和全连接层等）构成的人工拓扑结构，这些不同层代表的信息为输入的不同潜在特征。然而，与人脑神经系统的层级结构类似，此类基于硅的神经网络计算方式都是以层级排列来实现高效的数据交换。

Maass 根据潜在神经元功能将用于神经拟态计算的人工神经网络划分为三代，依次为感知器（perceptron）、深度学习网络（deep learning network，DLN）和脉冲神经网络（spiking neural network，SNN）。

第一代用于神经拟态计算的人工神经网络称为 McCulloch-Pitt 感知器，可执行阈值操作并产生一个数字输出（1 或 0）。第二代用于神经拟态计算的人工神经网络基于 Sigmoid 单元或修正线性单元（rectified linear unit，ReLU）增加了神经元的连续非线性，使其能够评估一组连续输出值。第二代用于神经拟态计算的人工神经网络相对于第一代网络的这种非线性提升对神经网络在复杂深入应用方面的扩展有关键作用。目前 DLN 都是基于输入和输出之间有多个隐藏层的第二代神经元。由于其连续的神经元功能，此类模型支持梯度下降反向传播学习，这也是当今训练 DLN 的标准算法。第三代用于神经拟态计算的人工神经网络使用 "integrate-and-fire" 型脉冲神经元并通过脉冲交换信息。

第二代和第三代用于神经拟态计算的人工神经网络之间最重要的区别在于信息处理的方法。前者使用实值计算（如信号振幅），而后者则使用信号时间特征（脉冲）处理信息。脉冲是二值事件，即 0 或 1。SNN 中的神经元只有在接收或发出脉冲时才是活动的，因此是事件驱动的，这有助于提高给定时间内的能量效率，而未发生任何事件的 SNN 单元保持空闲状态。DLN 则与之相反，无论实值输入或输出如何，其所有单元都处于活动状态。此外，SNN 的输入为 1 或 0，将数学点积运算简化为计算量较小的求和运算。

不同脉冲神经元模型，如 LIF（leaky integrate-and-fire）和 Hodgkin-Huxley 已被用于描述具有不同生物保真度的脉冲。对于突触可塑性，研究人员提出了 Hebbian 和 non-Hebbian 等方案。突触可塑性或突触权重调节（为 SNN 中的学习）基于突触前和突触后脉冲的相对时间。神经拟态计算工程师的主要目标是建立合理且具有适当突触可塑性的脉冲神经元模型，使其同时具有基于事件和数据驱动更新功能（基于事件的传感器），以高效计算实现识别和推理等智能应用。基于硅计算框架的神经拟态计算的主要目标是构建合理的神经元模型，以利用高效的计算实现识别和推理等智能应用。神经拟态计算的商业化价值在于在低功耗以及少量训练数据的条件下持续不断自我学习，并且在理想情况下，神经形态芯片的能耗较传统的 CPU 或 GPU 降低了 99.9% 以上。来自清华大学的 Wu 等人提出了一种结合全局与局部权重更新规则的混合模型，其中结合了神经形态学计算。该模型可用于开发低能耗的在线混合学习硬件，也可与现有的几种有效学习算法相结合，提高学习算法的效率，有可能实现神经形态学算法与神经形态计算芯片的协同开发。然而，这样的人工神经网络都是以硅芯片为基础的，这些芯片存在能量利用率低、存储密度低等缺点，因此迫切需要能够取代硅的材料。生物材料的出现为这个问题提供了一个可能的解决方案。

神经拟态计算拥有 4 个特点：一是借鉴人脑的结构，存算一体，采用了特别细粒度的并行，用很多的、特别微小的计算单元并行起来，解决一个大的问题；二是事件驱动，在处理问题时不是一直在工作，而是在事件发生时才开始计算、耗能，完成相应的任务，从而降低功耗；三是计算模式是低精度模式；四是具有自适应性和自我修正、持续学习和改造的能力。神经拟态计算有望解决行业面临的三大问题：一是数据量极大；二是数字形态日趋多元化，很多数据已不能依靠手动编辑输入或人工处理解决，需要智能化处理；三是应用对延时要求愈加强烈，传统单一计算架构会遭遇性能和功耗的瓶颈。

11.2.2　基于 DNA 分子的神经拟态计算

从感知、模式识别和记忆形成到决策和运动活动控制，人脑不断给人工智能带来启发。人脑是生物计算器，它将大量复杂而模糊的感官信息转化为连贯的思想和行动，使一个有机体能够感知并模拟其所处的环境，从不同的信息流中整合并做出决定，不断适应环境。

DNA 计算是为特定任务而设计的，遵循计算原理，包括数字和模拟设计，所以在生物背景下，这种方法不适用于多项任务。随着任务的增加，基因线路中的生物元件也会增加，在生物环境中并不能准确定量地对线路每个部分的输入与输出进行控制，因此很难在湿实验中完成。受人脑启发的人工神经网络，由灵活的交互计算组成，支持自适应设计，这种结构可以大大减少生物元件的数量。神经拟态计算中最大的难点便是利用生物元件构建神经网络，而基于人工神经网络结构特性的生物分子神经拟态计算得到迅猛发展。基于 DNA 计算和链置换电路的相关研究展示了分子系统在体外如何表现出自主的神经拟态计算方式。Qian 和 Winfree 以 DNA 链置换级联为基础，将 112 个不同的 DNA 链设计成 4 个神经元相互连接的神经网络，使之可以自主地表现类似人脑的行为。采用 Hopfield 联想记忆实验进行测试，这些神经元经过电子计算机的模拟训练后，能够记住 4 个单链 DNA 模式，并在面对不完整模式时可以回忆起与之最相似的模式。结果表明，DNA 链置换级联反应可以赋予自主生物系统识别分子事件模式、做出决策和对环境做出反应的能力。但该方法仅限于识别 4 种以下的模式，且每个模式仅由 4 个不同的 DNA 分子组成。与该方法相比，"赢者通吃计算"（winner-take-all computation）被认为是提高基于 DNA 分子构造神经网络能力的一种潜在策略。Cherry 等人构建了一个基于 DNA 链置换反应的"赢者通吃神经网络"（winner-take-all neural network），其计算能力更强，并简化了使用的分子，不受模式数量及其复杂性的限制。该神经网络通过学习记忆已定义类别的手写数字"1"至"9"，之后对测试模式进行分类。结果表明，该网络成功地对测试模式进行了分类，可以识别大量的简单图案和少量的复杂图案，这意味着该网络能够根据学习所获记忆的相似性，完成对高度复杂和嘈杂的信息进行分类的复杂任务。然而，基于 DNA 链置换反应的神经网络的设计遵循了数字和模拟电路等电子工程的原理，也就是说，其是为特定任务设计与合成构建的，不能灵活地用于解决其他问题。合成生物学中的多细胞系统（multi-cellular system）则为这个问题提供了一个解决方案，其核心是利用人工神经网络和细胞网络结构的相似性构建一种自适应人工神经网络。已有研究利用细菌群落的动态结构获得了比单个细菌更复杂的功能。此外，多细胞系统还允许分布式和并行计算，群落中的细胞可以灵活地组织起来，例如分层形成逻辑门或排列成各种神经网络结构。

　　尽管 DNA 计算在神经拟态计算的研究中前景广阔，但目前仍存在一些局限性。第一，基于 DNA 链置换反应的分子计算是预编程的一次性体系。不仅如此，DNA 或酶反应多为不可逆反应，导致逻辑门不能反复地"打开"和"关闭"，这从根本上限制了 DNA 计算电路从单层扩展到多层结构。第二，DNA 计算在生物实验中容易出现错误。Deaton 等人认为，主要问题是 DNA 合成本身容易出错。Parker 等人认为，DNA 计算在杂交过程中的不匹配等错误对 DNA 计算过程影响更大。Arkin 则认为，虽然使用 DNA 计算处理海量大数据更具优势，但出错的概率也随之呈指数级增长。由于错误可能发生在任何步骤，因此必须注意确保所用材料（例如酶）的质量，以尽可能地减少实验污染的机会。Kaplan 等人认为，聚合酶链反应（polymerase chain reaction，PCR）所使用的高保真酶在提取技术的效率和可靠性方面，有时会干扰 DNA 计算的实验结果。第三，当前 DNA 计算用于神经拟态计算，因缺乏生物实验自动化系统，而需要投入大量的人力资源和机械干预，该计算过程可能需要数小时至数天才能完成。Seeman 等人认为，持续较长时间或设计较为复杂的生物实验方案，会导致更多人为错误的产生，从而延长计算完成所需的时间。第四，DNA 计算应用于神经拟态计算缺乏可扩展性。Lee 等人通过从模型中检索信息来显示体外 DNA 计算分类结果，该模型经过更新训练，增加匹配 DNA 链浓度的操作时，模型的适应性和可扩展性受到限制。其中部分原因是创建具有固定可变长度的单链 DNA（特征）限制了模型输出。此外，Bishop 等人从深度学习的角度认为仅使用正向更新具有很大的局限性。例如在神经网络中，需要正负两个条件进行分类。由于没有对训练集和测试集进行分割，并且对特征（DNA 池）进行了人工设计，因此误差很小，从而导致结果出现过拟合等现象。其他研究正在尝试创建更多复杂的体外分子系统和计算机模拟研究来克服这些局限性，例如基于 DNA 链置换技术的监督学习等。

11.2.3　利用基因线路构建神经拟态计算

　　在利用基因线路构建的人工神经网络中，基因电路元件称为动态单元，这些动态单元可以随着输入或输出的不同而反复使用，并可动态地将上游电路的输出直接连接到下游电路的输入，从而实现更复杂的逻辑模式识别。杨姗等人提出通过工程化基因线路构建人工神经网络实现神经拟态计算，其以基因表达作为反应机理的生物神经拟态计算策略，通过基因线路构建复杂的人工神经网络，从而实现更高效的分子神经拟态计算。与基于 DNA 核酶和 DNA 链置换反应的逻辑计算不同，其可以构建在活细胞体内，并通过细胞中或细胞间的分泌物传输信号，可以更优地监控生物体内化学物质的变化，在生物医疗方面有很大的发展前景。此外，如果将基因线路构建的人工神经网络通过细菌集成人工智能芯片，则会具有更高效的计算能力和更普适的应用前景。

1. 利用基因线路构建神经拟态计算的设计原理

在利用基因线路构建的神经网络结构中，通过基因的表达与调控实现复杂的神经拟态计算。展示了神经网络结构与基因线路的对应关系，神经网络的结构中包括神经元以及神经元间的连接关系。其中，神经网络的输入层、隐藏层和输出层的神经元，分别对应基因线路中的诱导剂（例如异丙基 - β -D- 硫代半乳糖苷、阿拉伯糖等）、阻遏蛋白（基因线路的中间产物）以及荧光蛋白（最终输出产物）。其中基因线路中的所有生物元件均根据其对应启动子下测量的荧光值并以相对启动子单元（relative promoter unit，RPU）表示。

在基因线路的表达调控中，其输入与输出的响应关系符合希尔方程 [式（11-1）]，即基因表达可以完成输入和输出的非线性变换。权重值设置为 0 或 1，表示连接两个生物元件的启动子是否存在。因此，式（11-2）表示在基因线路中输入元件 X 激活或抑制启动子促进或阻止输出元件 Y 的生成的加权运算与激活运算过程。基于输入元件 X_1、X_2 通过式（11-2）得到的 Y_1、Y_2 在扩散反应中实现求和过程，式（11-3）进行了求和、加权以及激活运算过程。

$$y = y_{min} + \frac{(y_{max} - y_{min})K^n}{x^n + K^n} \tag{11-1}$$

$$f(X \times W) \rightarrow Y \tag{11-2}$$

$$f((Y_1 + Y_2) \times W) \rightarrow Y_3 \tag{11-3}$$

式（11-1）为希尔方程，其中 y_{max} 和 y_{min} 分别为观测 RPU 的最大值和最小值；K 是响应阈值，即最大输出 RPU 的一半处对应的输入 RPU 的大小；n 为希尔方程的系数。因此，不同启动子所对应的希尔方程是不同的。式（11-2）中，X 为输入 RPU；W 为权重；箭头右侧 Y 为输出 RPU；$f()$ 为激活函数，即对应的希尔方程曲线。式（11-3）中，Y_1 和 Y_2 为式（11-2）在不同输入下的输出。希尔方程描述了高分子被配体饱和的分数是一个关于配体浓度的函数，该函数的曲线会呈现 S 形。为了便于基因线路的设计，将希尔方程的输入和输出均定义为 RPU。诱导剂通过作用于启动子区域激活下游基因表达的生化反应过程符合希尔方程激活型曲线；阻遏蛋白（中间产物）抑制下游基因表达的生化反应过程符合希尔方程抑制型曲线。连接两个生物元件的启动子根据其存在与否，可以分为开状态和关状态，与神经网络的权值 1 和 0 对应。

在基因线路中，将神经网络中的神经元视为生物元件，根据神经网络的层次与连接关系设计基因线路的结构与调控关系。首先，每层基因线路的结构与神经网络每个隐藏层相对应，隐藏层中神经元的个数与每层基因线路中生物元件的个数相同。其次，隐藏层某一神经元与上一层神经元的权重为 1 时，则与之对应的生物元件由上一层生物元件调控产生。调控是启动子受到上一层神经元刺激或抑制的生化过程。最后，神经网络的输出层对应的是生物元件荧光蛋白，因此输出层可以视作一个感受器，该感受器的输入为上一隐藏层的生物元件，感受器的输出为荧光蛋白。此外，神经网络的输入是激活第一个隐藏层中启动子的小分子。通过上述步骤，将得到实现神经网络的基因线路。

2. 利用基因线路构建神经拟态计算实例

基因线路构建神经网络实现神经拟态，通过神经网络的结构可以得到基因线路中每个生物元件的连接关系，利用迭代的方式在生物元件库中寻求最合适元件，判断元件的标准是模拟基因线路的输出与神经网络的需求是否一致。Xiong 等人提出了卷积神经网络算法的系统分子实现，该算法具有基于简单开关门架构的合成 DNA 调节电路。研究人员基于 DNA 的权重共享卷积神经网络可以同时实现对 144 位输入的并行多重累积操作，并自动识别多达 8 个类别的模式。图案分类是可以验证神经网络的计算能力的应用。Yang 等人构建了一个简单的图案分类。其中，对图 11-2 中的下层 3×3 网格形成的图案进行分类，这些图案是由 3 个输入（图 11-2a 中的上层 1×3 网格）控制。1×3 网格中每个格子代表一个输入，当输入存在时，该格子为绿色，对应的 3×3 网格形成具有黄色形状的图案。不同输入构成的图案可以进行叠加，上述这些 3×3 网格形成的图案也被称为"内存"。目标模式（见图 11-2b）作为权重，示例网络具有两个目标模式，即网络可以记住"L"和"T"两个模式。网络中存在 3 个输入，通过不同的排列组合，可以形成 8 种不同的"内存"（见图 11-2c）。这 8 种"内存"是含有噪声的"L"和"T"。网络通过将"内存"与目标模式进行比较，用于判断"内存"与目标模式中的"L"和"T"中的哪个模式最为相似。判断的依据是"内存"分别与目标模式进行权重和运算，计算结果越大，则"内存"与该目标模式越相近，若计算结果相同，则认定"内存"为目标模式"L"。图 11-2c 所包含的 8 种不同"内存"中，3 种与目标模式"T"情况相似，5 种与目标模式"L"情况相似。

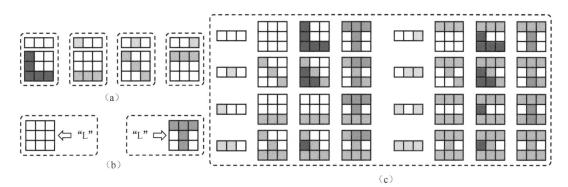

图 11-2　基因线路构建神经网络实现图案分类的过程

　　图 11-3 展示了基因线路构建神经网络实现图案分类的仿真结果。图 11-3a 为实现图案分类的神经网络，图 11-3b 为实现图案分类神经网络的基因线路。每个"内存"通过对应 3 个输入元件的有无形成了由二进制数（0/1）构成的属于自己的编号。该编号类似于基因线路中输入元件 X_1、X_2、X_3 的存在与否。在基因线路中，X_1、X_2、X_3 为输入元件，Y_1、Y_2、Y_3 和 Y_4 为三层隐藏层中的元件，Y_5 为最终输出元件。通过对输入元件 X_1、X_2、X_3 的不同状态进行响应，按图 11-3b 所示方式进行基因的表达和调控，通过荧光蛋白的荧光值作为检测标准判断"内存"的分类情况。图 11-3c 仿真图纵坐标的 RPU 代表"内存"的分类情况，当输入为"000""010""100""101""110"，此时输出元件 Y_5 的 RPU 较低，表示输出信号为"0"，即在这 5 种输入情况下构成的"内存"与目标模式"L"更接近。因此，该基因线路通过神经网络的方式并以输出荧光值作为检测标准实现了图案分类。

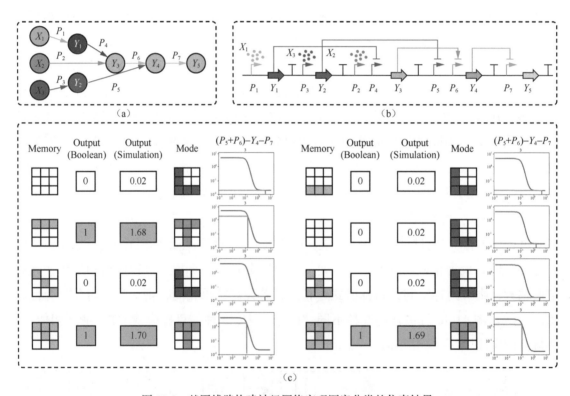

图 11-3　基因线路构建神经网络实现图案分类的仿真结果

11.3　DNA 存储

　　在人类历史上，优秀存储介质的出现往往标志着新存储时代的来临。随着材料和技术的不断迭代，存储介质经历了长期的演变，从岩石和动物骨头到竹简、丝帛，再到造纸术的出现，直到现代依靠磁、电或光等介质进行数据存储。数据存储通常包括信息编码、信息储存、信息读取等主要步骤。首先，将人对事物的认知转化为可被存储介质记载的标记（数据编码）。然后，将标记保留在存储介质上（数据存储）。最后，通过对标记的识别，获得存储介质上记载的事物（数据读取）。

随着大数据、云计算和人工智能等技术的迅速发展，目前的数据存储能力已经不能满足日益增长的信息量的需求。信息生产与数据存储能力之间的差距逐步扩大。20 世纪 60 年代，"遗传存储"的概念就被提出，在研究者们的不懈努力下，DNA 编码、DNA 合成、DNA 测序等技术逐步成熟，最终完成了存储技术的闭环。DNA 具有高达 10^{18}bit/mm^3 的存储密度，比传统数据存储介质密度高大约 7 个数量级；数据存储于 DNA，可通过低温冷冻或者固态封存方式存放，这有助于以较低的能耗成本长时间保存分子中的数据。相比商业磁带和光盘等档案存储介质的几十年寿命，以 DNA 作为存储介质的数据存储系统可实现长达千年的存储周期。此外，DNA 易于复制，可通过聚合酶链式反应（PCR）实现大量数据的复制，这些优势使得 DNA 成为一种非常有前途的存储介质。

11.3.1 DNA 存储简介

用 DNA 进行数据存储的基本概念可以追溯到 20 世纪 60 年代中期，当时 Norbert Wiener 和 Mikhail Neiman 提出了"遗传存储器"（genetic memory）的概念。然而当时的 DNA 测序和合成技术还处于起步阶段，直到 20 多年后（大约在同一时间，Richard Dawkins 在其 1986 年出版的 *The Blind Watchmaker* 一书中讨论了这一概念），DNA 数据存储的概念才首次被 Joe Davis 以生物艺术作品"Microvenus"的形式进行验证。这一概念于 1999 年再次被证明可用于将秘密信息通过密写术隐藏在滴加于纸张上的 DNA 微点中。该微点实验是第一个也是 2012 年之前唯一在存储或恢复过程中不涉及活细胞操作的 DNA 数据存储实验。这种存储方法既实用且富有前瞻性，因为合成 DNA 通常被克隆到复制型载体中以方便测序和选择正确合成的序列。

21 世纪初的重大突破之一就是 George 等人和 Goldman 等人重新审视了 DNA 数据存储的概念，保存了数百千字节数据，并发现写入和读取技术的进步可使 DNA 数据存储在不久的将来变成现实。多数研究使用基于经过数十年完善的亚磷酰胺 DNA 合成方法；虽然酶促 DNA 合成仍然是一个新兴研究领域，但已经成功用于数据存储。大部分研究采用合成测序（由 Illumina 推广的一种商业化测序方法）进行数据读取。近期，多个研究小组利用牛津纳米孔技术及 MinION 平台成功对纳米孔测序数据进行了解码，虽然目前处理的数据量有限，但预计在不久的将来会有所增加。

11.3.2 DNA 存储基本流程

DNA 数据存储包括信息编码、信息写入、信息储存、信息检索和信息读取等主要步骤，如图 11-4 所示。

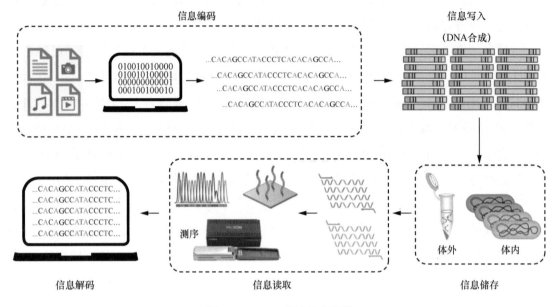

图 11-4　DNA 存储基本流程

（1）信息编码，即将数字信息转化为 DNA 序列，这个过程通常采用与 DNA 存储信道匹配的纠错编码算法完成。然后，合成编码后的 DNA 序列。DNA 序列可任意排列，但其长度有限，因此比特序列被分解成较小的块，这些块在后续恢复处理中可以重新组装成原始数据。为了在数据读出时，检索无序的测序数据，需要在每个块中加入一个索引或在 DNA 序列中存储相互重叠的数据块。Heckel 等人描述了索引方式下的理论存储容量，并证明基于索引的编码是最优方案。实用的存储信息量都需要合成大量不同的 DNA 序列，此类工作更适于采用基于阵列的合成，因其能够以并行方式合成许多独特的序列。

（2）合成的 DNA 需要以合适的方式进行存储，常见的方式是寡核苷酸池存储。Organick 等人估计单个物理隔离的 DNA 池可以存储约 10^{12} 字节数据，而扩展至大型存储系统需要由若干此类 DNA 池组成池库。

（3）对相应的合成 DNA 池进行物理检索和采样，即信息检索。为了避免读取池中所有数据，存储介质需要具有快速的随机访问能力，或从庞大的数据集中选择要读取特定数据项的能力。虽然这在主流数字存储介质中易于实现，但在分子存储中，由于同一分子池中缺乏跨数据项的物理组织结构，这种操作较难实现。DNA 数据存储中的随机存取可以通过选择性过程实现，如使用映射到数据项的探针进行磁珠提取或在编码过程期间使用与数据项关联的引物进行 PCR。

（4）对选定的 DNA 样本进行测序，获得一组测序仪测序片段，并将其以高保真度解码回原始数字数据，即信息读取，其成功与否取决于整个过程中的测序覆盖率和错误率。

11.3.3　DNA 存储模式

DNA 存储模式主要包括体外 DNA 存储和体内 DNA 存储。

1. 体外 DNA 存储

体外 DNA 数据存储主要是借助 DNA 的高通量芯片合成与测序技术实现 DNA 数据存储。体外 DNA 存储是将存储介质 DNA 以脱水 / 冻干、添加剂或保护材料等方法保存在生物体体外，依托高通量 DNA 芯片合成技术和高通量二代测序技术来写入和读出数据。写入数据时，DNA 编码技术作为其中的重要衔接，可降低合成过程的难度，提升测序过程的容错。此外，体外 DNA 存储已经实现了一定规模的自动化存储验证。

由于 DNA 合成、扩增、测序等过程中存在非理想因素，导致 DNA 存储系统容易发生错误。其中典型错误包括部分序列丢失和序列内部碱基发生错误。为保证 DNA 存储系统的可靠性，采用信息学科中的纠错编码技术是一种非常有效的手段。Erlich 等人将数字喷泉码同 DNA 存储特性巧妙结合，提出 "DNA Fountain" 编码策略，有效解决了体外存储模式下的分子丢失问题。Chen 等人采用低密度奇偶校验（low-density parity-check，LDPC）码与里德 - 所罗门（Reed-Solomon，RS）码的乘积码编码方案，实现了高可靠的数据存储，并面向音视频档案文件进行了全流程实验验证。

数字信息在转换成 DNA 序列时，提供了密集、稳定、节能和可持续的数据存储新模式。Fei 等人设计了一种热响应功能梯度水凝胶作为一种简单、经济、有效的 DNA 存储方法。由于无损 DNA 提取，该水凝胶显示出高 DNA 摄取、长期保护和可重复使用性。高负载量是通过直接从溶液中吸收 DNA 来实现的，并且由于其温度响应性，可以通过多次溶胀 / 消溶胀循环使水凝胶中的 DNA 浓度保持不变，最终实现每克 7.0×10^9 GB 的高密度 DNA 数据存储。

目前，DNA 存储也可通过光等介质直接捕获空间信息和输入信号，并将图像等信息存储起来。Lim 等人利用光遗传学电路将光暴露记录到 DNA 中，用条形码编码空间位置，并通过高通量二代测序来检索存储的图像，从而找到了一种将二维光模式捕获到 DNA 中的方法。他们将多幅图像编码成 DNA，并使用多个波长的光进行成功的复用，使用红光和蓝光同时捕获两幅不同的图像。这项工作可谓构建了一个"活的数码相机"，为生物系统与数字设备的集成铺平了道路。

2. 体内 DNA 存储

体内 DNA 存储是借助细胞体内 DNA 组装技术或动态基因组工程将信息记录在细胞体内。与传统存储介质（硅基芯片，10 nm 以下）相比，细胞（大多数 1 μm 以上）尺寸较大且总存储密度较低，因此体内 DNA 数据存储不太可能成为当前主流数字数据存储的可行替代方案。另外，对活细胞内的天然 DNA 进行修饰和添加的过程比较复杂，写入 / 读取成本较高。但体内 DNA 数据记录和存储仍然具有一些新的应用和优势，例如，利用细胞自身复制能力，快速低成本地拷贝 DNA 数据；记录关于细胞历史和环境的信息；通过诱导 CRISPR/Cas 9 活性的方式实现反复的擦写和重写；结合基因线路设计，提供生物"逻辑门"发展新的思路。

2021 年，天津大学研究团队采用稀疏化 LDPC 码叠加伪随机序列（"水印"）的编码方法，从头设计合成了一条 254kb 的酵母人工染色体并存储于酿酒酵母细胞体内，借助细胞自我复制进行数据的拷贝扩增；数据读出时，结合高效的组装与纠错策略，实现了数据快速读出与高错误率下的可靠恢复。北京大学研究团队针对纳米孔测序的高错误率，提出了一种基于插入引导碱基的混合纠错编码方案，结合序列锚定方法，将编码后的数据存储于细胞体内大片段 DNA 中。南方科技大学研究团队推出了一种与人工染色体结合的芽孢杆菌底盘，用于实现 DNA 数据存储与检索。深圳华大生命科学研究院为提高 DNA 信息存储密度，提出了名为"阴阳码"的约束编码方案，并在酵母细胞体内进行了实验验证。2023 年 5 月，上海人工智能研究院、祥符实验室、转化医学国家科学中心（上海）联合发布了 DNA 存储领域预训练大模型"ChatDNA"，有望设计出更复杂和智能的生物计算系统。

虽然 DNA 数据存储技术不断发展，但其在工程实践中依然面临挑战。首先，DNA 存储的读写通量与成本是最大的瓶颈。目前的 DNA 合成能力与主流的档案云存储系统依然有 6 个数量级的差距，DNA 测序能力则有 2 ～ 3 个数量级的差距。成本方面，2016 年磁带存储成本约为 16 美元 /TB，并以每年约 10% 的速度下降，而阵列法 DNA 合成约为 8 亿美元 /TB，比磁带高 7 ～ 8 个数量级。其次，DNA 合成和测序过程容易出错。DNA 合成会受到物理约束，例如 (G+C) 含量、连续的 A-T 和 G-C，以及同一链的不同部分互补产生二级结构。DNA 测序也存在测序误差，例如对连续重复碱基进行测序时，碱基插入删节错误率显著增加。DNA 数据物理存储库需要在完全自动化和可扩展的模式下运行，同时又不能显著降低存储密度，这在很大程度上仍是一个有待研究的课题。另外，DNA 分子的物理存储和保存仍存在诸多难题。

合成 DNA 存储系统的未来依然光明。虽然通量和成本差距令人望而生畏，但预计相应的成本会不断降低，因为可将成本在更多数量的合成底物和更大批量的 DNA 中进行分摊。由于数据存储所需每个序列的拷贝数比生命科学低几个数量级，通过更多的平行合成和更小的生长点尺寸来提高通量也将以相应比例降低试剂使用成本。在学术界和工业界的共同努力下，相信在可预见的未来构建低成本且实用的 DNA 存储系统将成为可能。

11.4 人工智能在 DNA 存储中的应用

人工智能可以广泛应用于 DNA 存储的多个环节，有望为大幅提高寡核苷酸的读取速度提供高效、准确的随机访问方法，推动商业化的大规模 DNA 存储系统的进一步实现。深度学习还可以通过计算机模拟来扩大 DNA 存储系统的容量，这能够为设计复杂的 DNA 引物序列提供有益的指导。对于大规模的 DNA 存储系统，通常需要对引物进行精心设计，然而所涉及的实验成本问题，是在大多数研究环境中难以负担的。利用深度学习的能力进行计算机模拟，是一种更为有效且低成本的方案。精确控制和预测 DNA 杂交过程是设计大规模 DNA 存储系统的关键。例如，Buterez 对 DNA 杂交预测的机器学习技术进行了全面研究，在一个包含超过 250 万对 DNA 序列对的硅生成的杂交数据集上对多个机器学习模型进行了性能评估。他使用 CNN、RNN 和 RoBERTa 模型对该数据集进行评估，并认为通过研究基于序列的算法，可以将现有的语言处理知识转移到 DNA 存储和计算中。总的来说，深度学习可以应用于快速提高 DNA 测序的基本识别精度，扩大分子类型的范围，并提供高速 DNA 阅读的可能性，从而促进 DNA 存储的发展以及大规模商业化。

合成 DNA 是一种新型的数据存储介质，具有高密度和持久的数据存储潜力。提高存储在 DNA 中的数据的安全性尤为重要。DNA 出色的存储容量和紧凑的物理体积使其适用于数据加密和信息隐藏。Teng 等人提出了基于深度学习的 DNA 存储加密算法（encryption algorithm with deep learning for DNA storage，ENIGMA），其将信息通过 Base64 和 Huffman 编码转换为 DNA 序列，并使用平衡代买控制编码过程中的（G+C）含量。ENIGMA 使用加权神经网络生成的密钥被用来确保存储信息的安全性，与哈夫曼密码表一起构成了用于解密的密钥。为了证明所提出的方法的长期数据存储能力，研究人员将由信息和密钥组成的 DNA 分子合成并嵌入两个环形质粒中，以较高的特定逻辑密度实现了有效、稳定、长期的数字数据存储，并能够防止未经授权的人访问生物加密数据。与数字存储相比，使用核苷酸的方法更为安全，因为它不会受到网络攻击的影响。ENIGMA 可以提供定制的服务，因为它可以根据不同的需求调整信息和密钥或生物安全层次。随着生命和信息领域的深度交叉融合，具有信息安全性的 DNA 存储将成为一种不容忽视的颠覆性应用。

在数据读取方面，深度学习在快速分析纳米孔读取方面具有巨大的潜力。2020 年，Doroschak 等人提出了一种方法，在射频识别标签和快速响应代码等传统方法不适用的情况下，使用 DNA 或其他分子来标记物理物体。他们通过开发一种终端用户的分子标记系统，用卷积神经网络直接从原始纳米孔信号中进行分类，能够使用便携式纳米孔设备在几秒内读取基于 DNA 的标签。该方法避免了对 DNA 序列进行碱基识别处理，从而大大减少 DNA 数据的读取时间需求和复杂性。

11.5 小结

随着大数据时代的到来，现有硅基计算体系已经不能满足人工智能与类脑计算等新技术的发展需求。神经拟态计算提供了一种潜在的解决方案，具备低能耗并行化等优势的生物计算对其研究至关重要。

DNA 分子具有互补的碱基配对特性，可以特异性地实现分子识别、自组装和大规模平行反应，基于 DNA 链置换反应的生物分子计算向人们展示了分子系统如何表现出类脑计算的自主行为，使计算形式得到了革命性的突破。使用简单的 DNA 逻辑门结构，可以系统地将人工神经网络转换为 DNA 链置换级联反应，并可以执行类似大脑的学习和记忆等操作。这展示了利用生物材料构造人工神经网络的巨大发展前景，并将促进神经拟态计算的广泛部署。然而，通过 DNA 链置换级联反应构建神经网络也面临诸多挑战。基因线路作为一种新型的 DNA 计算方式为解决上述问题提供了新的思路。在利用基因线路构建的人工神经网络中，基因电路元件称为动态单元，这些动态单元可以随着输入或输出的不同而反复使用，并可动态地将上游电路的输出直接连接到下游电路的输入，从而实现更复杂的逻辑模式识别。但值得注意的是，基因线路中存在天然噪声，且在实验中对输入的测量也可能因实验而产生差异。

生物计算与人工智能的结合，有望替代当前主流的计算形式，成为迈向具有低能耗、高功效和微型化的人工智能芯片的关键。同时，DNA 将成为信息系统与生命系统的桥梁，为生物计算和生物传感（生物传感器在微小生命单元中的实现）等技术的发展提供支撑。从 DNA 存储到生物计算，再到生物制造、细胞治疗、脑机接口等领域，生物系统与神经网络正在多个层次上进行全面融合，这将不断推动未来技术的创造与发展。

11.6 参考文献

[1] George A K, Kunnummal I O, Lubna Alazzawi, et al. Design of DNA digital circuits[J]. IEEE Potentials, 2020, 39(2): 35-40.

[2] Marchisio M A. Parts & pools: a framework for modular design of synthetic gene circuits[J]. Front Bioeng Biotechnol, 2014, 2: 42.

[3] George A K, Harpreet Singh. Enzyme-free scalable DNA digital design techniques: A Review[J]. IEEE Transactions on NanoBioscience, 2016, 15(8): 928-938.

[4] Ting Fu, Yifan Lyu, Hui Liu, et al. DNA-Based Dynamic Reaction Networks[J]. Trends Biochem Sci, 2018,

43(7): 547-560.

[5] Takafumi Miyamoto, Shiva Razavi, Robert DeRose, et al. Synthesizing biomolecule-based boolean logic gates[J]. ACS Synthetic Biology, 2013, 2(2): 72-82.

[6] Fei Wang, Hui Lv, Qian L, et al. Implementing digital computing with DNA-based switching circuits[J]. Nat Commun, 2020, 11(1): 121.

[7] David Yu Zhang, Georg Seelig. Dynamic DNA nanotechnology using strand-displacement reactions[J]. Nature Chemistry, 2011, 3(2): 103-113.

[8] David Yu Zhang 1, Erik Winfree. Control of DNA strand displacement kinetics using toehold exchange[J]. Journal of the American Chemical Society, 2009, 131(47): 17303-17314.

[9] Phillips A, Cardelli L. A programming language for composable DNA circuits[J]. J R Soc Interface, 2009, 6 Suppl 4(Suppl 4): S419-S436.

[10] Weinberg B H, Hang Pham N T, Caraballo L D, et al. Large-scale design of robust genetic circuits with multiple inputs and outputs for mammalian cells[J]. Nature Biotechnology, 2017, 35(5): 453-462.

[11] Cho J H, Collins J J, Wong W W. Universal chimeric antigen receptors for multiplexed and logical control of T cell responses[J]. Cell, 2018, 173(6): 1426-1438.e11.

[12] Siuti P, Yazbek J, Lu T K. Synthetic circuits integrating logic and memory in living cells[J]. Nat Biotechnol, 2013, 31(5): 448-452.

[13] Karl L. DNA computing: Arrival of biological mathematics[J]. The Mathematical Intelligencer, 1997, 19(2): 9-22.

[14] Tabatabaei Yazdi S M H , Yongbo Yuan, Jian Ma, et al. A rewritable, random-access DNA-based storage system[J]. Scientific Reports, 2015, 5(1): 14138.

[15] Stojanovic M N, Mitchell T E, Stefanovic D. Deoxyribozyme-based logic gates[J]. J Am Chem Soc, 2002, 124(14): 3555-3561.

[16] Georg Seelig, David Soloveichik, David Yu ZhangSeelig, et al. Enzyme-free nucleic acid logic circuits[J]. Science, 2006, 314(5805): 1585-1588.

[17] David Yu Zhang, Andrew J Turberfield, Bernard Yurke, et al. Engineering entropy-driven reactions and networks catalyzed by DNA[J]. Science, 2007, 318(5853): 1121-1125.

[18] David Yu Zhang, Winfree E. Control of DNA strand displacement kinetics using toehold exchange[J]. J Am Chem Soc, 2009, 131(47): 17303-17314.

[19] Lulu Qian, Erik Winfree. Scaling up digital circuit computation with DNA strand displacement cascades[J]. Science, 2011, 332(6034): 1196-1201.

[20] Cherry K M, LuluQian, Scaling up molecular pattern recognition with DNA-based winner- take-all neural networks[J]. Nature, 2018, 559(7714): 370-376.

[21] Ron Weiss, Subhayu Basu, Sara Hooshangi, et al. Genetic circuit building blocks for cellular computation, communications, and signal processing[J]. Natural Computing, 2003, 2(1): 47-84.

[22] Alec A K Nielsen, Bryan S Der, Jonghyeon Shin, et al. Genetic circuit design automation[J]. Science, 2016, 352(6281): aac7341.

[23] Zadegan R M, Mette D E Jepsen, Lasse L Hildebrandt, et al. Construction of a fuzzy and Boolean logic gates based on DNA[J]. Small, 2015, 11(15): 1811-1817.

[24] Aby K George, Harpreet Singh. Design of computing circuits using spatially localized DNA majority logic gates[C]//ICRC 2017. [S. l.]: PMLR.

[25] Green A A, Jongmin Kim, Duo Ma, et al. Complex cellular logic computation using ribocomputing devices[J]. Nature, 2017, 548(7665): 117-121.

[26] Piro Siuti, John Yazbek, Timothy K Lu. Synthetic circuits integrating logic and memory in living cells[J]. Nature Biotechnology, 2013, 31(5): 448-452.

[27] Boyan Yordanov, Jongmin Kim, Rasmus L Petersen, et al. Computational design of nucleic acid feedback control circuits[J]. ACS Synthetic Biology, 2014, 3(8): 600-616.

[28] Yuan-Jyue Chen, Neil Dalchau, Niranjan Srinivas, et al. Programmable chemical controllers made from DNA[J]. Nature Nanotechnology, 2013, 8(10): 755-762.

[29] Tianqi Song, Sudhanshu Garg, Reem Mokhtar, et al. Analog computation by DNA strand displacement circuits[J]. ACS Synth Biol, 2016, 5(8): 898-912.

[30] Sarpeshkar R. Analog synthetic biology[J]. Philos Trans A Math Phys Eng Sci, 2014, 372(2012): 20130110.

[31] Ramiz Daniel, Jacob R Rubens, Rahul Sarpeshkar, et al. Synthetic analog computation in living cells[J]. Nature, 2013, 497(7451): 619-623.

[32] Friedland A E, Timothy K Lu, Xiao Wang, et al. Synthetic gene networks that count[J]. Science, 2009, 324(5931): 1199-1202.

[33] Sarpeshkar R. Analog versus digital: extrapolating from electronics to neurobiology[J]. Neural Comput, 1998, 10(7): 1601-1638.

[34] Roy K, Jaiswal A, Panda P. Towards spike-based machine intelligence with neuromorphic computing[J]. Nature, 2019, 575(7784): 607-617.

[35] Mead C. How we created neuromorphic engineering[J]. Nature Electronics, 2020, 3(7): 434-435.

[36] Felleman D J, Van Essen D C. Distributed hierarchical processing in the primate cerebral cortex[J]. Cereb Cortex, 1991, 1(1): 1-47.

[37] Bullmore E, Sporns O. The economy of brain network organization[J]. Nat Rev Neurosci, 2012, 13(5): 336-349.

[38] Maass W. Networks of spiking neurons: The third generation of neural network models[J]. Neural Networks, 1997, 10(9): 1659-1671.

[39] McCulloch W S, Pitts W. A logical calculus of the ideas immanent in nervous activity. 1943[J]. Bull Math Biol, 1990, 52(1-2): 99-115.

[40] Nair V, Hinton G E. Rectified linear units improve restricted boltzmann machines[C]//ICML 2010. Haifa: Omnipress, 2010: 807-814.

[41] Rumelhart D E, Hinton G E, Williams R J. Learning representations by back-propagating errors[J]. Nature, 1986, 323(6088): 533-536.

[42] Izhikevich E M. Simple model of spiking neurons[J]. IEEE Transactions on Neural Networks, 2003,14(6): 1569-1572.

[43] Yujie Wu, Rong Zhao, Jun Zhu , et al. Brain-inspired global-local learning incorporated with neuromorphic computing[J]. Nature Communications, 2022, 13(1): 65.

[44] Cox D D, Dean T. Neural networks and neuroscience-inspired computer vision[J]. Curr Biol, 2014, 24(18): R921-R929.

[45] Maher M A, Stephen P DeWeerth, Misha Mahowald , et al. Implementing neural architectures using analog VLSI circuits[J]. IEEE Transactions on Circuits and Systems, 1989, 36: 643-652.

[46] Mead C. Neuromorphic electronic systems[J]. Proceedings of the IEEE, 1990, 78(10): 1629-1636.

[47] Ximing Li, Luna Rizik, Valeriia Kravchik, et al. Synthetic neural-like computing in microbial consortia for pattern recognition[J]. Nature Communications, 2021, 12(1): 3139.

[48] Deaton R, Murphy R C, Rose J A, et al. A DNA based implementation of an evolutionary search for good encodings for DNA computation[J]. Proceedings of 1997 IEEE International Conference on Evolutionary Computation (ICEC '97), 1997: 267-271.

[49] Tianshu Chen, Lingjie Ren, Xiaohao Liu, et al. DNA nanotechnology for cancer diagnosis and therapy[J]. Int J Mol Sci, 2018, 19(6):1671.

[50] Lessard J C. Molecular cloning[J]. Methods Enzymol, 2013, 529: 85-98.

[51] Ji-Hoon Lee, Seung Hwan Lee, Christina Baek, et al. In vitro molecular machine learning algorithm via symmetric internal loops of DNA[J]. Biosystems, 2017, 158: 1-9.

[52] Bishop C M, Nasrabadi N M. Pattern recognition and machine learning[J]. J. Electronic Imaging, 2006, 16: 049901.

[53] Lakin M R, Stefanovic D. Supervised learning in adaptive DNA strand displacement networks[J]. ACS Synth Biol, 2016, 5(8): 885-897.

[54] 杨姗 , 李金玉 , 崔玉军 , 等 . DNA 计算的发展现状及未来展望 [J]. 生物工程学报 , 021. 37(04): 1120-1130.

[55] Weiss J N. The Hill equation revisited: uses and misuses[J]. Faseb J, 1997, 1(11): 835-841.

[56] Xiewei Xiong, Tong Zhu, Yun Zhu, et al. Molecular convolutional neural networks with DNA regulatory circuits[J]. Nature Machine Intelligence, 2022, 4(7): 625-635.

[57] Shan Yang, Ruicun Liu,Tuoyu Liu,et al. Constructing artificial neural networks using genetic circuits to realize neuromorphic computing[J]. Chinese Science Bulletin, 2021, 66(31): 3992-4002.

[58] Sheth R U, Wang H H. DNA-based memory devices for recording cellular events[J]. Nat Rev Genet, 2018, 19(11): 718-732.

[59] Goda K, Kitsuregawa M. The history of storage systems[J]. Proceedings of the IEEE, 2012, 100(13): 1433-1440.

[60] Martin G T A Rutte, Vaandrager F , Elemans J, et al. Encoding information into polymers[J]. Nature Reviews Chemistry, 2018, 2(11): 365-381.

[61] Jong Bum Lee, Michael John Campolongo, Jason Samuel Kahn, et al. DNA-based nanostructures for molecular sensing[J]. Nanoscale, 2010, 2(2): 188-197.

[62] Rossetti M, Porchetta A. Allosterically regulated DNA-based switches: From design to bioanalytical applications[J]. Anal Chim Acta, 2018, 1012: 30-41.

[63] Jinyu Li, Shan Yang, Yujun Cui , et al. Research progress of bacterial minimal genome[J]. Yi Chuan, 2021, 43(2): 142-159.

[64] Robert N Grass, Reinhard Heckel, Michela Puddu, et al. Robust chemical preservation of digital information on DNA in silica with error-correcting codes[J]. Angew Chem Int Ed Engl, 2015, 54(8): 2552-2555.

[65] Dawkins, R. The Blind Watchmaker[M]. New York:W. W. Norton & Company, 1986.

[66] Davis J. Microvenus[J]. Art Journal, 1996, 55(1): 70-74.

[67] Clelland C T, Risca V, Bancroft C. Hiding messages in DNA microdots[J]. Nature, 1999, 399(6736): 533-534.

[68] Church G M, Yuan Gao, Sriram Kosuri. Next-generation digital information storage in DNA[J]. Science, 2012, 337(6102): 1628.

[69] Nick Goldman, Paul Bertone, Siyuan Chen, et al. Towards practical, high-capacity, low- maintenance information storage in synthesized DNA[J]. Nature, 2013, 494(7435): 77-80.

[70] Henry H Lee, Reza Kalhor, Naveen Goela, et al. Enzymatic DNA synthesis for digital information storage[J]. bioRxiv, 2018.

[71] Reinhard Heckel, Ilan Shomorony, Kannan Ramchandran, et al. Fundamental limits of DNA storage systems[J]. IEEE International Symposium on Information Theory (ISIT), 2017: 3130-3134.

[72] Lee Organick, Siena Dumas Ang, Yuan-Jyue Chen, et al. Random access in large-scale DNA data storage[J]. Nature Biotechnology, 2018, 36(3): 242-248.

[73] Takahashi C N, Nguyen B H ,Karin Strauss, et al. Demonstration of end-to-end Automation of DNA Data Storage[J]. Sci Rep, 2019, 9(1): 4998.

[74] Erlich Y, Zielinski D. DNA Fountain enables a robust and efficient storage architecture[J]. Science, 2017, 355(6328): 950-954.

[75] WeiGang Chen, Gang Huang, Bingzhi Li, et al. DNA information storage for audio and video files[J]. Sci Sin Vitae, 2020, 50(1): 81–85.

[76] Lim C K, Jing Wui Yeoh, Kunartama A A, et al. A biological camera that captures and stores images directly into DNA[J]. Nat Commun, 2023, 14(1): 3921.

[77] Allentoft M E, Matthew Collins, David Harker, et al. The half-life of DNA in bone: measuring decay kinetics in 158 dated fossils[J]. Proc Biol Sci, 2012, 279(1748): 4724-4733.

[78] Weigang Chen, Mingzhe Han, Jianting Zhou, et al. An artificial chromosome for data storage[J]. National Science Review, 2021, 8(5): nwab028.79.

[79] Fajia Sun, Yiming Dong, Ming Ni, et al. Mobile and self-sustained data storage in an extremophile genomic DNA[J]. Advanced Science, 2023, 10(10): 2206201.

[80] Liu Feng, Jiashu Li, Tongzhou Zhang, et al. Engineered spore-forming bacillus as a microbial vessel for long-term DNA data storage[J]. ACS Synthetic Biology, 2022, 11(11): 3583-3591.

[81] Zhi Ping, Shihong Chen, Guangyu Zhou, et al. Towards practical and robust DNA-based data archiving using the yin–yang codec system[J]. Nature Computational Science, 2022, 2(4): 234-242.

[82] Yangyi Liu, Yubin Ren, Jingjing Li, et al. In vivo processing of digital information molecularly with targeted specificity and robust reliability[J]. Science Advances, 2022, 8(31): eabo7415.

[83] Buterez D. Scaling up DNA digital data storage by efficiently predicting DNA hybridisation using deep learning[J]. Sci Rep, 2021, 11(1): 20517.

[84] Yue Teng, Shan Yang, Liyan Liu, et al. Nanoscale storage encryption: data storage in synthetic DNA using a cryptosystem with a neural network[J]. Science China Life Sciences, 2022, 65(8): 1673-1676.

[85] Dunlap G, Pauwels E. The intelligent and connected bio-labs of the future[EB/OL]. (2017-9-5)[2023-10-25]

[86] Griffin A. NHS hack: cyber attack takes 16 hospitals offline as patients are turned away [EB/OL]. (2017-8-20) [2023-9-25].

[87] Weise E. Millions of Anthem customers alerted to hack[EB/OL]. (2015-24-5) [2023-10-25].

[88] Greenberg A. Biohackers encoded malware in a strand of DNA[EB/OL]. (2017-5-12) [2023-10-25].

[89] Laura Adam, Michael Kozar, Gaelle Letort, et al. Strengths and limitations of the federal guidance on synthetic DNA. Nat Biotechnol, 2011, 29(3): 208-10.

[90] Shaban H, Nakashima E. Pharmaceutical giant rocked by ransomware attack[EB/OL]. (2017-6-27)[2023-6-23].

第 12 章　合成生物学与人工智能赋能的生物经济

合成生物学以工程化设计为理念，对生物体进行有目标的设计、改造乃至重新合成，突破了生物进化的自然法则，促进了对生命密码从"读"到"写"的跨越，在生物技术颠覆式创新方面展现出巨大潜力。合成生物学在生物产业中具有举足轻重的作用，为生物经济（bioeconomic）的出现与发展奠定了坚实的科学基础。

生物经济是以生命科学和生物技术的发展进步和普及应用为基础的新经济形态，为健康医疗、农业、能源、环境等产业创造了新的可持续发展平台，将成为国民经济的重要组成部分以及国力竞争的主战场。生物技术的加速演进、生命健康需求的快速增长以及生物产业的迅猛发展，推动了生物经济的高质量发展。2022 年 5 月，我国印发了《"十四五"生物经济发展规划》，将生物经济列为战略性重点发展方向。生物技术（biotechnology，BT）与信息技术（information technology，IT）作为 21 世纪引领社会发展的两大技术，正在引领医药、农业、能源、食品、材料等领域取得具有重大产业变革前景的颠覆性突破。特别是，合成生物学和人工智能等技术的飞速发展和广泛应用，加速提升了药物设计、智能医疗、生物大数据等领域的创新能力，为生物经济发展提供了前所未有的驱动力。

12.1　生物经济概述

1999 年，美国政府发布了《开发和推进生物基产品和生物能源》（*Developing and Promoting Bio-based Products and Bioenergy*），首次提出了"以生物为基础的经济"概念；2000 年，美国联邦政府发布《促进生物经济革命：基于生物的产品和生物能源》战略计划，引发了关于"生物经济是否取代信息经济"的大讨论。进入新世纪以来，生物技术的飞速发展为环境可持续生产和各种创新产品开发提供了源源不绝的动力，生命科学领域持续取得重大技术突破，推动了生物经济概念的形成以及生物经济时代的来临。

12.1.1　生物经济的定义

当前，全球发展面临一些亟待解决的问题，包括缓解气候问题、保障粮食安全、减少海洋污染、保护生物多样性等，要应对这些重大挑战，需显著降低目前全球范围内对燃料和化学品原料的依赖，对目前经济形态进行变革。

生物经济以生命科学与生物技术的研究开发与应用为基础产业之上的经济，是继农业经济、工业经济、信息经济之后，推动人类社会可持续性发展的第四种经济形态。其以保护、开发、利用生物资源为基础，以深度融合医药、健康、农业、林业、能源、环保、材料、信息等产业为特征，积极推进生物资源的保护和利用。

12.1.2　生物经济的发展趋势

1953 年，DNA 双螺旋结构被发现。1983 年，聚合酶链式反应技术诞生。2000 年，人类基因组草图破译完成。2006 年，诱导多能干细胞技术问世。进入 21 世纪，生物技术的发展可谓突飞猛进，合成生物学、基因编辑、代谢工程、多组学等技术在众多领域对人类健康和社会发展产生了巨大的推动作用，生物经济已从孕育阶段进入成长阶段，逐渐走向成熟阶段，进而步入真正的生物经济时代。生物经济旨在推动可再生资源的高质量跃升发展，推动工业、农业、能源向绿色低碳的目标转型升级，向具有可持续性的循环生物经济领域创新。

1. 赋能医疗发展，提升人类健康管理水平

21 世纪以来，随着生物科技基础研究不断取得新的突破，人类对生物遗传发育和疾病发生发展机制的研究逐渐深入，疾病预防、治疗等手段得以不断拓展。尤其是，生命科学与信息科学、工程学、物理学、化学等多学科汇聚融合，影响未来的重大技术如雨后春笋般涌现，靶向药物、细胞治疗、基因检测、干细胞技术、克隆技术、生物芯片、远程医疗、健康大数据等对现代生命科学及生物医药产业产生了巨大影响，智慧医疗正在改变着传统的疾病预防、检测及治疗模式。此外，多组学技术产生海量数据，推进了生物科学研究走向"大数据时代"，加深了对生物体生理功能的认知；基因治疗、细胞治疗以及免疫治疗等可大幅度提升疾病治疗水平；再生医学工程及干细胞技术推动了替代、修复、重建或再生人体各种组织器官的新研究，有望实现损伤或功能障碍的部分器官再生；大数据与人工智能技术也已广泛应用于生命科学与医疗健康领域，在药物设计和开发、疾病诊断以及传染病防控等领域取得了令人瞩目的成就。

随着人民生活水平的提升与健康观念的转变，我国大力推进"以治病为中心"向"以人民健康为中心"转变。生物医药产业是具有极强生命力和成长性的新兴产业，我国已有 80 多个地区（城市）建设了医药科技园、生物园、药谷等，成为经济增长的新亮点。在该领域，生物药是综合利用微生物学、化学、药学等学科的原理和方法制造的一类用于预防、诊断和治疗的制品。其中，嵌合抗原受体 T 细胞免疫疗法（chimeric antigen receptor T-cell immunotherapy，CAR-T）是一种新型的细胞疗法，在治疗各种血液肿瘤

（疾病）方面取得了成功。与传统的癌症治疗药物不同，CAR-T 细胞疗法主要利用 T 细胞来激活人体的自然宿主防御机制，从而特异性地识别和杀伤肿瘤细胞。2017 年，全球首个针对白血病的免疫改造疗法正式获得 FDA 批准上市，以 CAR-T 为代表的肿瘤免疫细胞疗法大门从此被打开；2021 年，我国首个 1 类生物药的细胞治疗产品获批，新型精准靶向疗法正为患者带来抗癌新希望。新型生物医药对实施健康中国战略起着至关重要的作用，对应对人口老龄化挑战、维护人民生命健康具有重要意义。目前，我国生物药的研发尚处于发展初期，仍具备较大的发展空间。

2. 发展绿色能源，实现材料和能源可持续生产

生物经济中最重要的领域之一是开发可再生生物资源替代使用化石燃料产品。依托生物制造技术，实现化工原料和过程的替代，有望彻底变革未来物质加工和生产模式，进而建立、健全绿色低碳循环发展经济体系。再生生物质资源包括糖、油脂、非粮生物质、有机废弃物、二氧化碳等，可以用于生产一系列能源与化工产品，包括基础化工原料、溶剂、表面活性剂、化学中间体以及塑料、尼龙、橡胶等，甚至能生产淀粉、蛋白质、油脂等食品成分。例如，生物乙醇、生物柴油和生物燃气可以逐步替代化石燃料，开发"绿色能源"；聚乳酸（polylactic acid，PLA）或其他生物基聚合物可以取代聚对苯二甲酸乙二醇酯（polyethylene terephthalate，PET）或其他塑料，以生产可生物降解的塑料制品。中国科学院天津工业生物技术研究所在淀粉人工合成方面取得突破性进展，从头设计并构建了 11 步反应的非自然固碳与淀粉合成途径，在国际上首次实现从二氧化碳到淀粉分子的全合成。我国已通过合成生物制造技术研发出了一批大宗发酵产品、可再生化学与聚合材料、精细与医药化学品、天然产物、未来食品等重大产品的生物制造产品，让原本依赖于不可再生资源的各类产品逐步实现绿色、高效生产，使得资源循环利用模式得以改进，为人类社会的可持续发展做出巨大贡献。

3. 助推农业转型，提高农产品和食品质量

顺应"解决温饱"转向"营养多元"的新趋势，生物经济促使传统农业向现代化农业发展，以满足人们更高水平的食品消费需求。现代化生物农业旨在建立基于生物原理的农业产业体系，依靠各种生物过程来保持土壤肥力以获得作物营养，并开发生物监测系统来防治杂草和虫害。目前，生物农业主要包括基因工程作物（转基因植物育种）、动物疫苗、生物饲料、非化学害虫防治和生物农药 5 个领域。其中，转基因植物育种是农业生物技术应用中增长速度最快的领域。自 1996 年第一种转基因作物问世以来，2017 年全球转基因育种作物的累计种植面积达到 121 万平方千米。此外，随着生物遗传改良与先进育种技术、固氮技术不断发展，智慧农业、植物工厂等新型应用推进传统农业生产方式变革，农业综合生产能力稳步提升，基于植物提取、基因工程、干细胞培养、3D 打印等手段的动物蛋白人工合成技术将得到快速发展。我国已布局人造肉、人造奶及重要功能性食品添加剂的绿色农产品研发与生物合成市场，在细胞培养肉、植物基蛋白肉和乳蛋白异源合成方面已取得若干进展。

4. 改善生态环境，减缓全球气候变化

在"双碳减排战略"的目标下，可再生生物质能源被广泛用于农业肥料、饲料或发电供热和天然气供应，以及建筑生物材料等，生物质能源产业在促进农业绿色发展转型、生物资源循环利用、缓解环境污染、减少温室气体排放等方面具有重要意义。生物质资源来源广泛，包括木材和森林废弃物、城市有机废弃物、海藻和能源作物，以及玉米秸秆等。生物质能发电与水电、风电、太阳能发电一起被列为可再生能源发电产业。开发利用生物质能，是能源生产和消费革命的重要内容，是改善环境质量、发展循环经济的重要任务。除此之外，生物经济主张用温室气体排放较少的材料替代石油化学品，以生物催化或发酵等生物过程替代化学处理，以减轻对气候变化的影响。未来也可能通过二氧化碳转化利用来实现可持续碳循环，优化生物质的整体利用水平，发展可再生循环经济。

12.1.3 国外生物经济的发展战略

进入 21 世纪以来，生物科技领域进一步展现出巨大的发展潜力，不断在医药、农业、化工、材料、能源等方面获得新的应用。全球生物经济的规模不断扩大，为人类解决环境污染、气候变化、粮食安全、能源危机等重大挑战提供了崭新的解决方案，持续勾勒人类社会可持续发展美好蓝图。越来越多的国家高度关注生物经济发展态势，陆续发布或更新了生物经济发展战略，正将生物经济政策作为经济社会发展的主流政策予以推动，力图紧跟新一轮科技革命和产业变革，抢占未来产业竞争制高点。2009 年 5 月，经济合作与发展组织（Organization for Economic Co-operation and Development，OECD）发布《2030 年生物经济：制定政策议程》（*The Bioeconomy to 2030: Designing a Policy Agenda*）报告，对生物技术潜在影响最大的农业、卫生和工业三个部门的未来发展进行了全面分析，到 2030 年，生物技术对全球 GDP 的贡献率将达到 2.7% 以上。报告提出，要利用生物技术应对各种挑战，并将生物技术转化为经济优势。这份报告的发布引起了全球对生物经济的重视。2018 年 4 月，OECD 再次发布《面向可持续生物经济的政策挑战》（*Meeting Policy Challenges for a Sustainable Bioeconomy*）报告，指出世界各国对生物经济已从最初利益层面的关注发展到纳入政策主流的重视，全球 50 多个国家、地区及组织制定了生物经济战略及生物经济政策，从国家安全、经济、产业、科研、创新以及可持续发展等不同方面布局生物经济的发展。

1. 美国生物经济发展战略

2012 年，美国发布《国家生物经济蓝图》（*National Bioeconomy Blueprint*），提出

美国未来生物经济依赖合成生物学、蛋白组学、生物信息学以及其他新技术的开发应用，再次强调了生物经济对未来社会的影响力；2018 年 11 月，美国国家科学院发布《到 2030 年推动食品与农业研究的科学突破》（*Science Breakthroughs to Advance Food and Agricultural Research by 2030*）报告，指出了未来十年美国食品与农业研究的主要目标和面临的关键挑战，目的是保持美国在绿色农业等领域的领先优势；2019 年 3 月，美国生物质研究与开发理事会发布《生物经济计划实施框架》（*Bioeconomy Initiative Implementation Framework*）战略报告，这是在《国家生物经济蓝图》指引下制定的具体实施方案，提出振兴美国生物经济，促进经济可持续增长，确保能源安全以及改善环境等战略目标，最大限度地促进生物质资源在国内平价生物燃料、生物基产品和生物能源方面的持续利用；同年 6 月，美国工程生物学研究联盟发布了题为《工程生物学：下一代生物经济的研究路线图》（*Engineering Biology: A Research Roadmap for the Next-Generation*）的战略研究报告，通过路线图对工程生物学及生物经济的发展现状和未来潜力进行分析，提出了工程生物学的 4 个技术主题，包括工程 DNA、生物分子工程、宿主工程和数据科学，以及它们在工业生物技术、健康与医学、食品与农业、环境生物技术、能源 5 个领域的应用和影响；2020 年 1 月，美国发布了《护航生物经济》（*Safeguarding the Bioeconomy*）重要报告，评估了美国生物经济的生态体系现状，全面、深入地梳理了美国生物经济所处的内外部环境，以及面临的风险与挑战，同时提出了保护生物经济的未来战略，以确保美国在生物经济未来发展和革新过程中保持领先地位；2020 年 5 月，美国参议院通过《2020 年生物经济研发法案》（*Bioeconomy Research and Development Act of 2020*），明确将建立国家生物经济研发计划。

2022 年 9 月，美国总统拜登签署了行政令《推进生物技术和生物制造创新：实现可持续、安全和可靠的美国生物经济》（*Executive Order on Advancing Biotechnology and Biomanufacturing Innovation for a Sustainable, Safe, and Secure American Bioeconomy*），将投入更多资金用于美国生物技术研发，推进生物技术和生物制造，以在卫生、气候变化、能源、粮食安全、农业、供应链以及国家和经济安全方面找到创新解决方案。该行政令旨在改善和扩大生物制造的生产能力和工艺，培养更多的生物技术人才，计划投入更多资金用于生物技术研发，促进制药业以及农业、能源等行业的"美国制造"，承诺"用国内强大的供应链替代来自国外的脆弱供应链"，以减少在相关领域对国外的依赖，帮助美国增强在全球范围内生物经济领域的竞争力。

2023 年 3 月，美国公布了一份长达 64 页的《美国生物技术和生物制造的明确目标》（*Bold Goals for U.S. Biotechnology and Biomanufacturing*）报告。这份报告由美国能源部、农业部、商务部、卫生与公共服务部以及美国国家科学基金会共同编撰完成，概述了美国生物制造在生物经济中的明确研究和发展目标，涵盖了"气候变化解决方案""增强粮食和农业创新""提高供应链弹性""促进人类健康"和"推进交叉研究领域"5 个部分，以实现生物经济的长期目标，包括使用生物基替代品取代 90% 以上的塑料聚合物；通过可持续和具有成本效益的生物制造途径满足至少 30% 化学品需求；在 7 年内减少 30% 的农业甲醛排放；通过合成生物学、人工智能等方法扩大细胞疗法规模，将制造成本降低 10%；在 5 年内对 100 万种微生物进行基因组测序，解析 80% 新发现基因的生物学功能。这份报告将成为美国未来生物技术发展方向的"指南针"，其中提到的新兴技术或是未来数年全球范围内的行业热点。

2. 欧盟生物经济发展战略

在生物经济时代背景下，生物经济已经成为大国科技经济竞争的主战场，未来世界各国围绕生物资源、技术、人才、资本的竞争将愈演愈烈。2010 至 2012 年，欧盟连续发布《基于知识的欧洲生物经济：成就与挑战》(*The Knowledge Based Bio-Economy in Europe: Achievements and Challenges*) 战略白皮书，《2030 年的欧洲生物经济：应对巨大社会挑战实现可持续增长》和《为可持续增长创新：欧洲生物经济》(*Innovating for Sustainable Growth: a Bioeconomy for Europe*) 战略方针。2018 年 10 月，欧盟委员会发布新版生物经济战略《欧洲可持续发展生物经济：加强经济、社会和环境之间的联系》(*A Sustainable Bioeconomy for Europe: Strengthening the connection between economy, society and the environment*)，旨在发展为欧洲社会、环境和经济服务的可持续和循环型生物经济，协助应对气候变化等全球性和区域性挑战；2021 年 5 月，欧盟委员会发布《生物经济未来向可持续发展和气候中和经济的转变：2050 年欧盟生物经济情景展望》，对欧洲乃至全球生物经济的气候中和与可持续发展趋势进行了情景分析；2022 年 6 月，发布《欧盟生物经济战略进展报告》(*Adoption of the Bioeconomy Strategy Progress Report*)，指出生物经济将成为未来欧盟核心发展任务之一。该报告提出，生物经济在欧洲绿色协议框架下及复杂的新政治环境中重要性日益增加，基于可持续和循环利用的生物资源经济已成为欧盟的核心任务之一，将有助于欧盟在俄乌问题中解决粮食安全和能源危机。

3. 英国生物经济发展战略

2018 年 12 月，英国发布首个国家生物经济战略《发展生物经济，改善民生及强化经济：至 2030 年国家生物经济战略》(*Growing the Bioeconomy Improving lives and strengthening our economy: A national bioeconomy strategy to 2030*)，通过对现有生物技术、能源等细分领域的相关政策、做法、标准和立法进行全面梳理和整合，明确了未来英国生物经济发展的战略性目标，建立世界级的研究、开发和创新基地，最大限度地提高现有英国生物经济部门的生产力和发展潜力，为英国经济提供实际、可测量的利益，创造合适的社会和市场环境与条件，以满足社会对健康、食品、能源、材料和化学品的需要；2020 年 7 月，英国政府发布《英国研发路线图》(*UK research and development roadmap*），希望在新冠疫情背景下推动新一轮创新，加强和巩固英国在研究领域的全球科学超级大国地位，增加科学基础设施投资和重点资助领域及科技转化等方面的部署，通过研发促进生物经济发展，实现净零碳排放、建立应对气候变化的能力、提升生产力，建设更绿色、更健康、更具有活力的英国。

4. 德国生物经济发展战略

德国是世界上较早发布国家生物经济战略规划的经济体之一。早在 2010 年 11 月，德国即发布了《国家研究战略：生物经济 2030》（*National Research Strategy Bioeconomy 2030*），提出了在自然物质循环基础上建立可持续生物经济的愿景，标志着德国已成为欧盟生物经济发展的主力军；2018 年 9 月，德国政府发布了《高技术战略 2025》（*Die Hightech-Strategie 2025*），确定了德国未来研究与创新资助三大行动领域的总共 12 项使命，其中 6 项与生物技术相关；2020 年 1 月，德国政府正式通过了新版《国家生物经济战略》（*National Bioeconomy Strategy*），计划至 2024 年为生物经济行动计划总投入 36 亿欧元。

5. 法国生物经济发展战略

2018 年 2 月，法国发布《法国生物经济战略：2018—2020 年行动计划》（*A Bioeconomy Strategy for France: 2018-2020 Action Plan*），为法国食品、材料和能源需求提供可持续的响应，同时保护自然资源，并保证提供高质量环境服务，该行动计划将整个生物经济战略转化为生物经济知识传播行动、生物经济及其产品宣传、配套条件完善、可持续的生物资源生产和加工、资助计划等 5 个执行领域，以推进其生物经济发展。

6. 意大利生物经济发展战略

2017 年 4 月，意大利发布《意大利生物经济：连接环境、经济与社会的特别机遇》（*Bioeconomy in Italy: a unique opportunity to connect the environment, economy and society*）报告；2019 年，意大利发布新版《意大利生物经济：为了可持续意大利的新生物经济战略》（*Bioeconomy in Italy: A new bioeconomy strategy for a sustainable Italy*）报告。上述报告明确了实现"从领域到系统"的转化，利用生物多样性、生态系统服务和生物质循环经济模式创造价值，进而实现"从经济到可持续生物经济"的过渡，围绕农业、林业、渔业、海洋、食品和生物基产品（包括化学品、药品、材料）和生物能源等领域，提出了创新研究行动计划、需应对的挑战及系列政策措施。

7. 俄罗斯生物经济发展战略

2018 年 2 月，俄罗斯政府出台《2018—2020 年发展生物技术和基因工程发展措施计划》，旨在扩大国内需求，推动生物技术产品开发和出口，制定了发展生物医药、农业生物技术、工业生物技术、生物能源等领域的具体措施。2019 年 4 月，俄罗斯发布了《2019—2027 年联邦基因技术发展规划》，旨在加速发展基因编辑技术在内的基因技术，为医学、农业和工业建立相关科技储备，完善生物领域紧急状况预警和监测系统。

12.1.4　国内生物经济的发展战略

生物产业是我国长期以来重点支持的高技术产业，生物经济是我国国民经济的重要组成部分。"十五"到"十二五"规划期间，我国提出重点发展生物医药、生物农业、生物能源、生物制造等领域（见图12-1）。2007年，中华人民共和国科学技术部提出了生物经济"三步走"战略和推进生物经济发展的十大科技行动，为我国生物经济发展指明了方向。

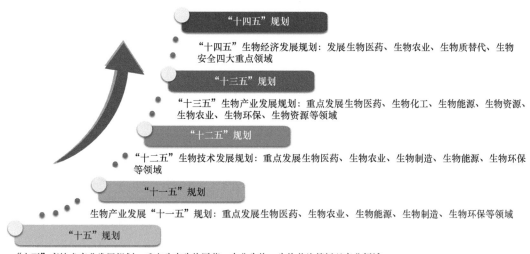

图 12-1　中国生物经济政策发展

"十三五"时期，我国把战略性新兴产业摆在经济社会发展的突出位置，大力构建现代产业新体系，把生物产业列为战略性新兴产业的重要领域，为推动经济社会持续健康发展，提出《"十三五"生物产业发展规划》，并将"生物产业倍增计划"纳入国民经济和社会发展规划纲要的重大工程之一。《"十三五"生物产业发展规划》强调提高生物制造产业创新发展能力，推动生物基材料、新型发酵产品等的规模化生产与应用，加强绿色生物工艺在化工、医药、轻纺、食品等行业的应用示范，为我国经济社会的绿色、可持续发展做出重大贡献。

在国家规划和产业政策的指引下，我国坚持强化顶层设计及规划引领，不断推动生物技术迈上新台阶，生物产业得到蓬勃发展。我国在2008—2020年期间对生物技术研发投入了38亿美元，生物经济已经成为中国的支柱产业之一。2022年5月，国家发展改革委印发《"十四五"生物经济发展规划》（2021—2025），明确发展生物经济是顺应全球生物技术加速演进趋势、实现高水平科技自立自强的重要方向，是前瞻布局培育壮大生物产业、推动经济高质量发展的重要举措，是满足生命健康需求快速增长、满足人民对美好生活向往的重要内容，是加强国家生物安全风险防控、推进国家治理体系和治理能力现代化的重要保障（见图 12-2）。该规划基于生命科学、生物技术发展趋势和国内经济社会发展需求，概述了中国生物经济在生物医药、生物农业、生物制造和生物安全四大重点领域的发展目标，部署了大力夯实生物经济创新基础、培育壮大生物经济支柱产业、积极推进生物资源保护利用、加快建设生物安全保障体系、努力优化生物领域政策环境五方面的重点任务。相关部门已陆续制定配套政策，共同推动生物经济发展壮大，确保该规划目标和整体战略任务落地落实。

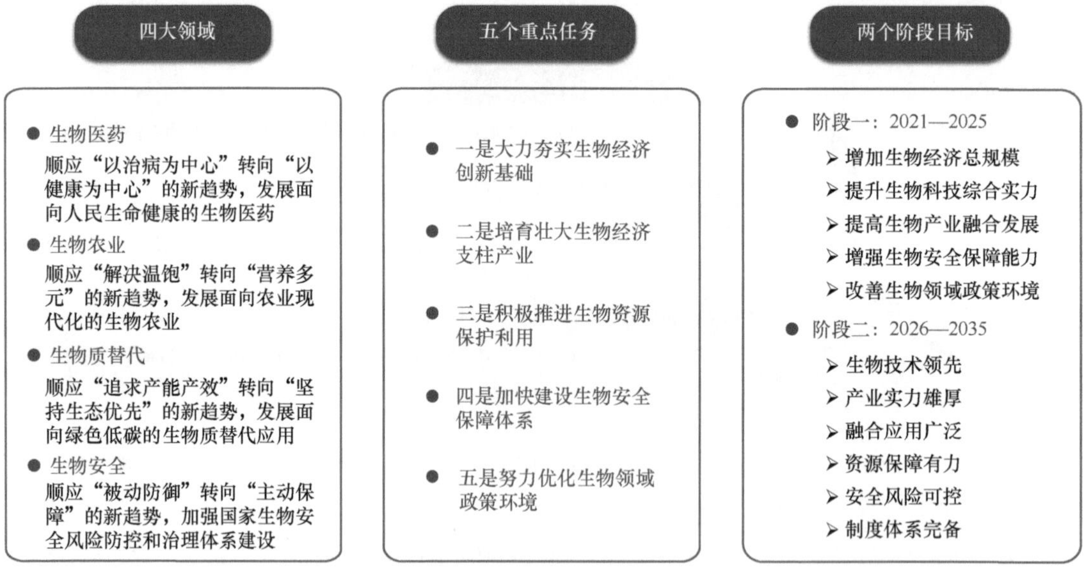

四大领域	五个重点任务	两个阶段目标
● 生物医药 顺应"以治病为中心"转向"以健康为中心"的新趋势，发展面向人民生命健康的生物医药 ● 生物农业 顺应"解决温饱"转向"营养多元"的新趋势，发展面向农业现代化的生物农业 ● 生物质替代 顺应"追求产能产效"转向"坚持生态优先"的新趋势，发展面向绿色低碳的生物质替代应用 ● 生物安全 顺应"被动防御"转向"主动保障"的新趋势，加强国家生物安全风险防控和治理体系建设	● 一是大力夯实生物经济创新基础 ● 二是培育壮大生物经济支柱产业 ● 三是积极推进生物资源保护利用 ● 四是加快建设生物安全保障体系 ● 五是努力优化生物领域政策环境	● 阶段一：2021—2025 ➢ 增加生物经济总规模 ➢ 提升生物科技综合实力 ➢ 提高生物产业融合发展 ➢ 增强生物安全保障能力 ➢ 改善生物领域政策环境 ● 阶段二：2026—2035 ➢ 生物技术领先 ➢ 产业实力雄厚 ➢ 融合应用广泛 ➢ 资源保障有力 ➢ 安全风险可控 ➢ 制度体系完备

图 12-2　"十四五"生物经济发展规划

12.2　合成生物学是生物经济发展的关键驱动因素

合成生物学推动了生物经济相关技术的颠覆性革新，为工业生物技术、生物医药、医疗诊断、生物燃料、食品与农业、环境生物技术等领域提供了全新解决方案，实现了相关产品高效、低成本、绿色可持续的商业化制造与生产，这使其在生物经济相关领域具有广阔的应用前景和巨大的转化潜力。

1. 能源和化学品领域

利用合成生物学技术对大肠杆菌、酵母和蓝细菌等底盘生物系统性地设计和改造，并以糖、淀粉、纤维素、木质素、二氧化碳等可再生碳资源实现清洁、高效、可持续的化学品和生物能源产品的生产，创建和优化了从葡萄糖到丁二酸、戊二胺、己二酸、5-氨基乙酰丙酸等途径，具备强大的市场发展潜力。例如，美国斯坦福大学研究人员设计并构建了生产生物柴油的大肠杆菌，并实现了多功能模块的集成，通过在大肠杆菌中引入外源酶，使其能够同时合成脂肪酯、脂肪醇及蜡；美国劳伦斯伯克利国家实验室研究人员在细菌中合成了聚环丙烷化脂肪酸甲酯新型生物燃料，能量密度大于 50 MJ/L；清华大学应用化学研究所团队以甘油为原料生产 1,3- 丙二醇，是国内外最早实现生物法 1,3- 丙二醇产业化的团队之一，解决了高端材料卡脖子的技术难题；国外及我国团队构建了一系列获得抗逆性能提高的光合蓝细菌底盘细胞，通过光合模块、CO_2 固定和生物合成模块的重构和优化，实现了从 CO_2 生物合成酮、醇、酸等典型化合物，为发展和利用新的碳资源提供了可能。根据麦肯锡公司的统计，未来生物制造将覆盖约 60% 的化学品，合成生物学技术在能源、化工等领域具有改变世界工业格局的潜力。

2．生物材料领域

合成生物学技术的发展，为材料科学的发展注入新的思路和活力。通过改造微生物并利用细菌代谢通路可制备相应的材料分子，清华大学研究人员利用合成生物学技术改造细菌 β - 氧化途径，实现了聚羟基脂肪酸酯的高效生产。聚羟基脂肪酸酯是一种具有生物可降解和生物相容性等特点的塑料材料。利用合成生物学技术能够理性设计新型材料，美国加州理工大学研究人员利用合成生物学技术改造具有较好的细胞相容性的蛋白分子，使其在生理条件下形成凝胶；麻省理工学院的研究人员将 CsgA 和 Mgfp3/5 进行融合表达，使该融合蛋白具有了强大的水下黏合特性。此外，细菌的生物膜因其性质稳定、耐酸碱、可再生等特点，已被作为新型生物材料进行开发和利用。上海科技大学研究人员利用合成生物学和材料科学交叉手段首次成功搭建和表征了基于枯草芽孢杆菌 TasA 淀粉样蛋白的活体生物被膜材料，为活体功能材料的应用拓宽了思路。中国科学院深圳先进技术研究院利用工程改造的大肠杆菌生物被膜原位矿化作用，构建了一个全新的生物 – 半导体兼容界面，并基于此实现了从单酶到全细胞尺度上可循环光催化反应。

3．生物药物领域

合成生物学通过设计和构建人工细胞工厂，为复杂天然产物的绿色高效合成提供了新的思路，在氨基糖苷类抗生素、核苷类抗生素、核糖体肽、萜类以及聚酮类化合物等天然药物的发掘、生物合成以及新结构创制等方面已经取得了诸多应用成果。美国加州大学研究团队在大肠杆菌中实现了青蒿酸前体（青蒿二烯）的人工合成，通过异源表达酿酒酵母甲羟戊酸途径克服了大肠杆菌中萜类前体物合成的技术障碍；他们还阐明了促肠活动素的生物合成途径，并成功在体外实现了促肠活动素的合成。随着蛋白质工程的发展，研究人员对 5 种酶进行定向进化与改造，使其能够稳定作用于非天然底物并进行多酶级联反应，从而实现了抗 HIV 药物伊斯拉曲韦（islatravir，ISL）的生物合成。近年来，研究人员利用合成生物学技术改造的高产药物菌株开始投入工业化生产，实现了纳他霉素、玫瑰孢链霉菌达托霉素、他克莫司等药物的生物合成。

　　利用合成生物学技术，以工程化细胞或微生物为基础的新型治疗方法的发展，为传统医学难以解决的问题提供了新的思路和技术手段，为癌症、糖尿病等复杂疾病开发出更多有效的药物和治疗方法。合成生物学可以利用原核细胞或真核细胞作为底盘细胞装备生物传感器检测疾病靶标，并通过响应环境刺激来调控效应分子，激活下游信号通路。2017 年，FDA 批准了第一个 CAR-T 细胞治疗药物，成为细胞治疗领域重要的里程碑；康奈尔大学研究团队通过设计高复杂度和高精准度的基因线路控制人体共生细菌促胰岛素蛋白胰高血糖素样肽 -1（glucagon-likepeptide-1，GLP-1）和胰岛素促进因子 -1（Pancreatic duodenal homeobox-1，PDX-1）分泌，从而刺激肠上皮细胞中葡萄糖依赖性胰岛素的产生；此外，通过构建可响应细菌密度、低氧水平和低葡萄糖浓度等多种调控信号的生物传感器，利用肿瘤环境特异启动子来驱动抗癌基因表达，能够实现响应肿瘤微环境释放抗癌分子，例如前药酶、siRNA 等。

4．食品与农业领域

　　在食品与农业领域，合成生物学所涉产业主要包括育种、生物农药、生物肥料、生物饲料、功能食品、替代蛋白等。利用合成生物学技术，创建适用于食品工业的细胞工厂，将可再生原料转化为重要食品组分，将成为克服传统食品技术带来的不可持续性问题的重要手段。研究人员已研发了人造肉、人造奶等"未来食品"制造技术，其通过构建正反馈基因线路设计等合成生物学技术改造和优化了巴斯德毕赤酵母，生产大豆血红蛋白，然后将其添加到人造肉饼中以模拟肉的口感和风味；通过基因工程和细胞工程等技术手段高效表达天然奶中的各种乳蛋白组分，剔除乳糖、胆固醇、抗生素和致敏原等不良因子，获得人造乳制品。合成生物学技术在提高农业生产力、提高农产品质量、实现可持续发展、降低生产成本等方面具有一定潜力，例如，通过合成代谢途径来提高植物的碳利用效率；通过优化植物氮和磷的利用量来减少农业中的化肥使用量；改善农作物营养价值的工程策略；利用光合自养生物作为大规模生产平台。目前，相关技术领域已取得了突破性进展。

5．环境治理与修复领域

　　利用合成生物学技术人工促进或强化微生物代谢功能，从而降低有毒污染物活性或使其降解成无毒物质，实现对污染环境的修复，也可开发出人工合成的微生物传感器，帮助人类监测环境，设计构建能够识别和富集土壤或水中的镉、汞、砷等重金属污染物的微生物，以大幅提升污染治理效能。研究人员利用代谢模型技术人工设计并合成除草剂阿特拉津代谢微生物组，定量解析微生物代谢污染物的动态过程，以修复污染土壤环境；Patoward 等人设计了一个强大的微生物群落，用于石油污染场地的生物净化，分析结果表明 5 周后总石油烃降解率高达 84%；在去除重金属方面，希瓦氏菌等异化金属还原菌对金属污染场地的生物修复和可持续能源生产具有重要意义，Li 等人设计了一个胞外电子传递调节系统，可以根据细菌生长状态重新平衡细胞资源的分配，结果表明经该系统改造的希瓦氏菌胞外电子传递能力显著增强，可将六价铬去除效率提高 5.5 倍。

12.3 人工智能赋能新一代生物经济

21 世纪是生物技术与信息技术交叉融合发展的新时代，新一轮的科技革命和产业变革蓬勃兴起，在生物计算、类脑智能、脑机接口、智慧医疗等科技创新领域不断取得突破。例如，以 DNA 分子等生物材料代替传统硅基数字元件进行信息处理实现分子计算，具有体积小、能耗低、储存密度高、可大规模并行计算等优点；半导体合成生物技术（semiconductor synthetic biology，SemiSynBio）将生物技术的引入视为半导体领域发展，加深对未来信息通信技术的认识，充分展现了生物技术与信息技术的未来趋势；网络信息技术已经融入现代生物医学领域，推进了生物医疗行业信息化进程，逐步形成了远程问诊、数字化健康数据等"智慧医疗"的新模式；此外，随着算力的提升和海量数据的积累，以神经网络为核心算法的深度学习技术在疾病诊断、新药研发以及基因测序等生物医疗领域取得了巨大进展。生物科技创新与应用越来越依赖新兴的信息和互联网技术体系，生物研究与生物制造相关信息系统等关键基础设施的网络化程度不断提升，促进了生物经济向自动化、信息化、智能化、工程化转型。

12.3.1 人工智能推动生物产业的智能化与自动化

当前，由于算力的提高及神经网络应用的拓展，机器学习和深度学习算法已在生命科学与医疗健康领域中广泛使用，并开始推广到合成生物学与绿色生物制造领域。随着人工智能与大数据等信息技术整合至现代生物制造技术的各个领域，其已在药物设计和开发、疾病诊断、基因组学、进化生物学、传染病防控以及蛋白质折叠等领域取得令人瞩目的成就。例如，人工智能算法在复杂生物特征的挖掘与生物分子的设计中表现出巨大潜力，实现了新型药物分子、DNA 及功能性蛋白质的智能化设计。特别是，通过人工智能技术预测蛋白质结构并设计蛋白质功能，使蛋白质工程从传统实验走向计算机虚拟设计，为科研、医疗、工业提供了更多从头设计的功能性蛋白质，变革性地推动绿色生物制造的发展。

现代生物制造已经成为全球性的战略性新兴产业，云实验平台等信息化和远程生物制造技术正在加速生物制造产业自动化生产和分散化布局。自动化和人工智能的融合已经为生物工程与生物制造等领域的自动化铺平了道路，实现了高效率与高产量。基于人工智能等技术的操作系统可通过不断的学习和迭代来增强自动化方案的精度，甚至可在外部指导较少的情况下开展新实验的计算机模拟设计。越来越多的实验室使用机器替代实验人员以提高通量，逐渐发展成"无人、高效、智能"的自动化实验室。

12.3.2   人工智能助力合成生物学产业——以生物制药业为例

人工智能与合成生物学等现代技术的融合，将进一步推动合成生物学产业的发展进步。随着全球对生物治疗药物需求的蓬勃发展，生物制药产业急需进行可靠、可扩展和颠覆性的变革，以开发新产品、提高生产效率和降低制造成本。随着人工智能技术的发展，其在药物发现、蛋白质工程、个性化医疗、临床试验等创新领域具有强大的应用潜力，可应用于药物开发阶段、临床试验阶段、生物制药生产阶段和上市阶段。与基于机械模型的过程控制不同的是，基于机器学习的方法是过程数据驱动的，可以使用从生产设施的现有传感器中收集的数据集进行开发。

生物制药生产通常涉及复杂的反应过程，如细胞培养生物反应器中的蛋白质表达、色谱法中的复合树脂结合、基于 pH 值的病毒灭活等，操作失误极容易导致该批次生产失败。此外，制造过程的各个环节需要对中间产物和最终产品进行频繁的分析定性和质量检测，而生物药物质量可能难以用传统传感器（如 pH 值、电导率、紫外线或压力等传感器）测量，而需要更为复杂的分析方法，如质谱法、高效液相色谱仪或表面等离子体共振等。在生物制药过程中，上述挑战难以用传统的、基于模型或经验的控制方法来解决，而机器学习算法提供了新的解决策略。尤其是，机械方程与数据驱动和机器学习方法相结合，可用于上游和下游生物制药过程的优化、监测和控制。在生物制造中过程传感器通常会产生大量的数据，如 pH 值、温度、电导率、氧化还原、紫外线、质量、流速和压力等，这为机器学习算法的应用进一步铺平了道路。

到目前为止，在生物制药相关应用中受到最多关注的是多元数据分析（multivariate data analysis，MVDA）的算法，即多元线性回归（multiple linear regression）、非线性回归（nonlinear regression）、逻辑回归（logistic regression）、偏最小二乘法（partial least square，PLS）回归和主成分分析（principal component analysis）。人工神经网络和强化学习作为新兴领域，也逐步得到了应用。此外，决策树（decision tree）、遗传算法（genetic algorithm）、随机森林（random forest）、K- 近邻（k-nearest neighbor）和支持向量机（support vector machine）等算法被广泛应用于药品生产和开发。

在上游生物反应器中，人工神经网络可实现对生物量或蛋白质浓度等数据的预测。例如，研究人员使用径向基函数 ANN 与 PLS 回归分析多波长荧光探针的数据，实时预测大肠杆菌中重组生物制药蛋白的可溶性；ANN 与 PLS 回归数据结合使用可用于预测仓鼠卵巢细胞（Chinese hamster ovary，CHO）培养过程中不同操作策略下的营养物质、代谢物和有活力的细胞浓度；另一种前馈 ANN 的方法被用于预测由重组 Pichia pastoris Mut+ 产生生物制药分子乙肝表面抗原（HBsAg）的产品滴度，结果表明作为生物分子的软传感器，在生产过程中可以取代对昂贵定量分析技术（如酶联免疫吸附法）的需要。

　　Stosch 等人将数据与理论机械模型结合起来，通过将大肠杆菌中生物量和蛋白质表达的数学方程与人工智能模型相结合，用于模拟生物制药中的过程状态，包括生物量、营养物、代谢物和蛋白质生产水平等非线性基本过程参数。用于训练 ANN 模型的生物反应器数据包括温度、pH 值、溶解氧、气流速率、压力和反应器容积，最终实现了生物反应器关键工艺参数对生产力影响的可靠预测；强化学习算法也被应用于生物制药制造优化和工艺改进方面。Treloar 等人应用强化学习算法来控制工程合成群落的细胞数量，通过平行运行 5 个生物反应器，可以在 24h 的实验中学习到可靠的控制策略，使细胞数量保持在目标水平，已达到较高的生物制造工作效率。

　　合成生物学产业正处于数字化、自动化和智能化的新变革中，结合人工智能和大数据的第四研究范式来推动生物制造产业是未来生物经济发展的关键驱动力，也代表着未来巨大的科学发展与产业创新的新机会。

12.4　小结

　　生物技术逐渐与信息技术并行成为支撑经济社会发展的底层共性技术，生物技术创新及应用制度体系日趋完善，生物经济时代的序幕徐徐拉开。随着公众对于生物技术产品和服务的认知度、接受度和需求量快速提升，生物经济时代由成长期向成熟期迈进的节奏将进一步加快。根据《"十四五"生物经济发展规划》，我国将推动生物技术和信息技术融合创新生物经济，加快发展医疗卫生、生物农业、生物能源、环境保护和生物信息学，完善生物风险控制、预防和治理体系。

　　通过聚焦合成生物新制造、合成生物新经济、合成生物自动化和大设施、合成生物未来产业可持续发展，以及合成生物领域的技术创新、产业转化、资本应用等热点，合成生物时代下的新兴力量将共同助力合成生物学实现"造物致知、造物致用"愿景，为"创造万物"提供强力引擎。合成生物学产业将进一步推动生物经济创新，促进高质量发展，建立一个深度融入产业链和供应链的现代创新生态系统，促进生物经济产业的智能和绿色发展。

12.5　参考文献

[1] Flores Bueso Y, Tangney M. Synthetic Biology in the Driving Seat of the Bioeconomy[J]. Trends Biotechnol, 2017, 35(5): 373-378.

[2] de Lorenzo V, Krasnogor N, Schmidt M. For the sake of the Bioeconomy: define what a Synthetic Biology

Chassis is![J]. N Biotechnol, 2021, 60: 44-51.

[3] Bugge M M, Hansen T, Klitkou A. What Is the Bioeconomy? A Review of the Literature[J]. Sustainability, 2016, 8(7): 691.

[4] Hamet P, TremblayJ. Artificial intelligence in medicine[J]. Metabolism, 2017, 69S: S36-S40.

[5] Thomas Dietz, Jan Börner, Jan Janosch Förster, et al. Governance of the Bioeconomy: A Global Comparative Study of National Bioeconomy Strategies[J]. Sustainability, 2018, 10(9): 3190.

[6] Bröring S, Laibach N, Wustmans M, Innovation types in the bioeconomy[J]. Journal of Cleaner Production, 2020, 266: 121939.

[7] Ruiyuan Wang, Qin Cao, Qiuwei Zhao, et al. Bioindustry in China: An overview and perspective[J]. New biotechnology, 2018, 40: 46-51.

[8] Mullard A. FDA approves first CAR T therapy[J]. Nat Rev Drug Discov, 2017, 16(10): 669.

[9] Xu Zhang, Cuihuan Zhao, Ming-Wei Shao, et al. The roadmap of bioeconomy in China[J]. Eng Biol, 2022, 6(4): 71-81.

[10] Aguilar A, Wohlgemuth R, Twardowski T. Perspectives on bioeconomy[J]. N Biotechnol, 2018, 40(Pt A): 181-184.

[11] Gerssen-Gondelach S J, Junginger M, Faaijet A P C. Competing uses of biomass: Assessment and comparison of the performance of bio-based heat, power, fuels and materials[J]. Renewable and Sustainable Energy Reviews, 2014, 40: 964-998.

[12] Tao Cai,Hongbing Sun,Jing Qiao, et al. Cell-free chemoenzymatic starch synthesis from carbon dioxide[J]. Science,2021, 373(6562): 1523-1527.

[13] I B. Global status of commercialized biotech/GM crops in 2017: Biotech crop adoption surges as economic benefits accumulate in 22 years[EB/OL]. (2018-6-26)[2023-10-25].

[14] Jiaxin He, Runqing Zhu , Boqiang Lin, Prospects, obstacles and solutions of biomass power industry in China[J]. Journal of Cleaner Production, 2019,237: 117783.

[15] Zhihua Xiao, William A Kerr. Biotechnology in China-regulation, investment, and delayed commercialization[J]. GM Crops Food, 2022,13(1): 86-96.

[16] Trinh C T, Unrean P, Srienc F. Minimal Escherichia coli cell for the most efficient production of ethanol from hexoses and pentoses[J]. Appl Environ Microbiol, 2008,74(12): 3634-3643.

[17] Steen E J, Chan M, Prasad N,et al. Microbial production of fatty-acid-derived fuels and chemicals from plant biomass[J]. Nature, 2010, 463(7280): 559-562.

[18] Meng Wensi, Yongjia Zhang, Liting Ma, et al. Non-Sterilized Fermentation of 2,3-Butanediol with Seawater by Metabolic Engineered Fast-Growing Vibrio natriegens[J]. Front Bioeng Biotechnol, 2022, 12(10):955097.

[19] Cruz-Morales P, Seoane M, Rodriguez A, et al. Biosynthesis of polycyclopropanated high energy biofuels[J]. Joule, 2022, 6(7): 1590-1605.

[20] Zihua Li , Yufei Dong , Yu Liu, et al. Systems metabolic engineering of Corynebacterium glutamicum for high-level production of 1,3-propanediol from glucose and xylose[J]. Metab Eng, 2022, 70: 79-88.

[21] Banerjee C, Dubey K K, Shukla P. Metabolic Engineering of Microalgal Based Biofuel Production: Prospects and Challenges[J]. Front Microbiol, 2016,7: 432.

[22] Chung A L, Hongliang Jin, Longjian Huang, et al. Biosynthesis and characterization of poly(3-hydroxydodecanoate) by β -oxidation inhibited mutant of Pseudomonas entomophila L48[J]. Biomacromolecules, 2011, 12(10): 3559-3566.

[23] Fei Sun, Wenbin Zhang, Mahdavi Alborz,et al. Synthesis of bioactive protein hydrogels by genetically encoded SpyTag-SpyCatcher chemistry[J]. Proc Natl Acad Sci U S A, 2014, 111(31): 11269-11274.

[24] Chao Zhong, Thomas Gurry,Cheng Allen A,et al. Strong underwater adhesives made by self-assembling multi-protein nanofibres[J]. Nat Nanotechnol, 2014, 9(10): 858-866.

[25] Xinyu Wang, Francis Pu, Yingfeng Li, et al.Programming Cells for Dynamic Assembly of Inorganic Nano-Objects with Spatiotemporal Control[J]. Adv Mater, 2018,30(16): e1705968.

[26] Xinyu Wang, Jicong Zhang, Ke Li, et al. Photocatalyst-mineralized biofilms as living bio-abiotic interfaces for single enzyme to whole-cell photocatalytic applications[J]. Sci Adv, 2022,8(18): 7665.

[27] Alexander Einhaus, Jasmin Steube, Robert Ansgar Freudenberg, et al. Engineering a powerful green cell factory for robust photoautotrophic diterpenoid production[J]. Metab Eng, 2022, 73: 82-90.

[28] Paddon C J , Westfall P J, Pitera D J, et al. High-level semi-synthetic production of the potent antimalarial artemisinin[J]. Nature, 2013, 496(7446): 528-532.

[29] Haili Zhang, Ge Liao, Xiaozhou Luo, et al. Harnessing nature's biosynthetic capacity to facilitate total synthesis[J]. Natl Sci Rev, 2022, 9(11): 178.

[30] Qian Cheng, Longkuan Xiang, Miho Izumikawa, et al. Enzymatic total synthesis of enterocin polyketides[J]. Nat Chem Biol, 2007, 3(9): 557-558.

[31] Mark A Huffman, Anna Fryszkowska, Oscar Alvizo, et al. Design of an in vitro biocatalytic cascade for the manufacture of islatravir[J]. Science, 2019, 366(6470): 1255-1259.

[32] 刘拓宇，李艳冰，张海东，等 . 人工智能在疟原虫检测中的应用研究 [J]. 中国科学：生命科学，2023,53(6).

[33] Jin Lin, Ruicun Liu, Yulu Chen, et al. Computer-Aided Rational Engineering of Signal Sensitivity of Quorum Sensing Protein LuxR in a Whole-Cell Biosensor[J]. Front Mol Biosci. 2021 Aug 13;8:729350.

[34] 滕越，杨姗，刘芮存 . 基于生物分子的神经拟态计算研究进展 [J]. 科学通报，2021, 66(31): 3944-3951.

[35] 杨姗，刘芮存，刘拓宇，等 . 利用基因线路构建神经网络实现神经拟态计算的研究 [J]. 科学通报，2021, 66(31): 3992-4002.

[36] Franklin F Duan, Joy H Liu, John C March. Secretion of insulinotropic proteins by commensal bacteria:

rewiring the gut to treat diabetes[J]. Appl Environ Microbiol, 2008,74(23): 7437-7438.

[37] Nissim L, Bar-Ziv R H. A tunable dual-promoter integrator for targeting of cancer cells[J]. Mol Syst Biol, 2010, 6: 444.

[38] Sarah P F Bonny, Graham E Gardner, David W Pethick, et al. What is artificial meat and what does it mean for the future of the meat industry?[J]. Journal of Integrative Agriculture, 2015, 14(2): 255-263.

[39] 周正富, 庞雨, 张维, 等. 乳蛋白重组表达与人造奶生物合成：全球专利分析与技术发展趋势 [J]. 合成生物学 , 2021, 2(05): 764-777.

[40] Mark Reisinger, Ernest Aanders, Karsten Temm, et al. Temporally and spatially targeted dynamic nitrogen delivery by remodeled microbes:EP19833252.0[P]. 2021.

[41] Xihui Xu, Zarecki Raphy, Medina Shlomit, et al. Modeling microbial communities from atrazine contaminated soils promotes the development of biostimulation solutions[J]. Isme j, 2019, 13(2): 494-508.

[42] Patoway Kaustuvmani, Patoway Rupshikha, Kalita Mohan C, et al. Development of an Efficient Bacterial Consortium for the Potential Remediation of Hydrocarbons from Contaminated Sites[J]. Front Microbiol, 2016, 7: 1092.

[43] Li Fenghe, Zhang Haowei, Zhang Yifan, et al. Developing a population-state decision system for intelligently reprogramming extracellular electron transfer in Shewanella oneidensis[J]. Proc Natl Acad Sci U S A, 2020, 117(37): 23001-23010.

[44] Yue Teng, Shan Yang, Liyan Liu, et al. Nanoscale storage encryption: data storage in synthetic DNA using a cryptosystem with a neural network[J]. Science China Life Sciences, 2022, 65(8): 1673-1676.

[45] 杨姗, 李艳冰, 刘拓宇, 等 . 人工智能在疟原虫检测中的应用进展 [J]. 中国科学 : 生命科学 , 2022, 52(04): 575-586.

[46] 杨姗, 李金玉, 崔玉军, 等 . DNA 计算的发展现状及未来展望 [J]. 生物工程学报 , 2021. 37(04): 1120-1130.

[47] Nielsen Alec A K, Der Bryan S, Shin Jonghyeon，et al. Genetic circuit design automation. Science[J], 2016. 352(6281).

[48] Brooks S, MAlper H S. Applications, challenges, and needs for employing synthetic biology beyond the lab[J]. Nat Commun, 2021, 12(1): 1390.

[49] Yue Teng, Dehua Bi, Guigang Xie, et al. Model-informed risk assessment for Zika virus outbreaks in the Asia-Pacific regions[J]. Journal of Infect, 2017, 74(5): 484-491.

[50] Yuchen Wang, Yiming Zhang, Zhen Chen, et al. Synthetic promoter design in Escherichia coli based on a deep generative network[J]. Nucleic Acids Res, 2020, 48(12): 6403-6412.

[51] Rathore Anurag S, Gupta Ravi, James Gomes, et al. Artificial intelligence and machine learning applications in biopharmaceutical manufacturing[J]. Trends Biotechnol, 2023, 41(4): 497-510.

[52] Mak K K, Pichika M R. Artificial intelligence in drug development: present status and future prospects[J]. Drug

Discov Today, 2019, 24(3): 773-780.

[53] Woo M. An AI boost for clinical trials[J]. Nature, 2019, 573(7775): S100-S102.

[54] Harrer Stefan, Shah Pratik, Antony Bhavna, et al. Artificial intelligence for clinical trial design[J]. Trends Pharmacol Sci, 2019. 40(8): 577-591.

[55] Bohu Li, Bao cun Hou, Wentao Yu, et al. Applications of artificial intelligence in intelligent manufacturing: a review[J]. Frontiers of Information Technology & Electronic Engineering, 2017, 18(1): 86-96.

[56] Ramkumar P N, Goyal Kshitij, Haeberle Heather S, et al. Artificial Intelligence and Arthroplasty at a Single Institution: Real-World Applications of Machine Learning to Big Data, Value-Based Care, Mobile Health, and Remote Patient Monitoring[J]. J Arthroplasty, 2019, 34(10): 2204-2209.

[57] Garcia-Ochoa F, Gomez E. Bioreactor scale-up and oxygen transfer rate in microbial processes: an overview[J]. Biotechnol Adv, 2009, 27(2): 153-176.

[58] Bayer B, Striedner, Duerkop M. Hybrid Modeling and Intensified DoE: An Approach to Accelerate Upstream Process Characterization[J]. Biotechnol J, 2020. 15(9).

[59] Harini Narayanan, Tobias Seidler, Martin Francisco Luna, et al. Hybrid Models for the simulation and prediction of chromatographic processes for protein capture[J]. Journal of Chromatography A, 2021,1650.

[60] Smiatek J, Jung A, Bluhmki E. Towards a Digital Bioprocess Replica: Computational Approaches in Biopharmaceutical Development and Manufacturing[J]. Trends Biotechnol, 2020,38(10): 1141-1153.

[61] Markus Luchner, Gerald Striedner, Monika Cserjan-Puschmann, et al. Online prediction of product titer and solubility of recombinant proteins in Escherichia coli fed-batch cultivations[J]. Journal of Chemical Technology & Biotechnology, 2015,90: 283-290.

[62] Takahashi M B, Santos J C S, Araújo E F, et al. Artificial neural network associated to UV/Vis spectroscopy for monitoring bioreactions in biopharmaceutical processes[J]. Bioprocess Biosyst Eng, 2015,38(6): 1045-1054.

[63] Hosseini S N, Javidanbardan A, Khatami M. Accurate and cost-effective prediction of HBsAg titer in industrial scale fermentation process of recombinant Pichia pastoris by using neural network based soft sensor[J]. Biotechnol Appl Biochem, 2019, 66(4): 681-689.

[64] von Stosch M, Hamelink J M, Oliveira R. Hybrid modeling as a QbD/PAT tool in process development: an industrial E. coli case study[J]. Bioprocess and Biosystems Engineering, 2016, 39(5): 773-784.

[65] Treloar N J, Zhuang K, Chou C, et al. Deep reinforcement learning for the control of microbial co-cultures in bioreactors[J]. PLoS Comput Biol, 2020, 16(4): e1007783.

[66] Murch R S, So W, Buchholz W, et al. Cyberbiosecurity: An Emerging New Discipline to Help Safeguard the Bioeconomy[J]. Front Bioeng Biotechnol, 2018, 6: 39.

[67] George A M. The National Security Implications of Cyberbiosecurity[J]. Front Bioeng Biotechnol, 2019, 7: 51.

[68] Bryant D H, Bashir A, Sinai S, et al. Deep diversification of an AAV capsid protein by machine learning[J].

Nature Biotechnology, 2021,39(6): 691-696.

[69] Marques A D, Michael Kummer, Oleksandr Kondratov,et al. Applying machine learning to predict viral assembly for adeno-associated virus capsid libraries[J]. Mol Ther Methods Clin Dev, 2021,20: 276-286.

[70] Malandraki-Miller Sophia, Paul R R. Use of artificial intelligence to enhance phenotypic drug discovery[J]. 2021, 26(9).

[71] Dunlap G, Pauwels E. The intelligent and connected bio-labs of the future[EB/OL]. (2017-10-16)[2023-10-25].

[72] Griffin A. NHS hack:cyber attack takes 16 hospitals offline as patients are turned away.The Independent [EB/OL]. (2017-05-13)[2023-10-25].

[73] Weise E. Millions of Anthem customers alerted to hack[EB/OL]. (2018-04-05)[2023-10-25].

[74] Greenberg A. Biohackers encoded malware in a strand of DNA[EB/OL]. (2017-08-10) [2023-10-25].

[75] Laura Adam, Michael Kozaret, Gaelle Letort ,et al.Strengths and limitations of the federal guidance on synthetic DNA[J]. Nat Biotechnol, 2011,29(3): 208-210.

[76] Shaban H, Nakashima E, Pharmaceutical giant rocked by ransom ware attack[J]. The Washington Post, 2018, 45(7):1-6.